VORLESUNGEN ÜBER DIE THEORIE DER ALGEBRAISCHEN ZAHLEN

VON

ERICH HECKE
O. PROFESSOR AN DER UNIVERSITÄT
HAMBURG

CHELSEA PUBLISHING COMPANY
BRONX, NEW YORK

SECOND EDITION

THE FIRST EDITION OF THE PRESENT WORK WAS PUBLISHED IN LEIPZIG, IN 1923. A TEXTUALLY UNALTERED REPRINT OF THE FIRST EDITION WAS PUBLISHED IN NEW YORK, IN 1948. THE PRESENT, SECOND EDITION IS BASICALLY A RE-ISSUE OF THE EDITION OF 1948, TO WHICH THERE HAS BEEN ADDED A FULL INDEX (SUBJECT AND NAME INDEX) AND IN WHICH VARIOUS ERRATA HAVE BEEN CORRECTED. PUBLISHED (ALKALINE PAPER) NEW YORK, N.Y., 1970

STANDARD BOOK NUMBER 8284-0046-6

PRINTED IN THE UNITED STATES OF AMERICA

Vorwort.

Das vorliegende Buch, aus Vorlesungen entstanden, die ich mehrfach in Basel, Göttingen, Hamburg gehalten habe, setzt sich zum Ziel, den Leser, ohne irgendwelche zahlentheoretische Kenntnisse vorauszusetzen, in das Verständnis der Fragen einzuführen, welche gegenwärtig den Gipfel der Theorie der algebraischen Zahlkörper bilden. Die ersten sieben Kapitel enthalten sachlich nichts Neues was die Form angeht, so habe ich die Konsequenz aus der Entwickelung der Mathematik und insbesondere der Arithmetik gezogen und von vornherein überall die Ausdrucksweise und die Methoden der Gruppentheorie benutzt, dazu im II. Kapitel die nötigen Sätze über endliche und unendliche Abelsche Gruppen entwickelt. Das bringt erhebliche formale und begriffliche Vereinfachungen mit sich. Für den Kenner der Theorie werden immerhin vielleicht einige Einzelheiten von Interesse sein, wie der Beweis des Fundamentalsatzes über Abelsche Gruppen (§ 8), die Theorie der Relativdiskriminanten (§ 36, 38), die ich mit dem ursprünglichen Ansatz von Dedekind behandele, und die Klassenzahlbestimmung ohne die Zetafunktion (§ 50).

Das letzte, VIII. Kapitel führt den Leser auf den Gipfel der modernen Theorie. Es bringt einen neuen Beweis des allgemeinsten quadratischen Reziprozitätsgesetzes in beliebigen algebraischen Zahlkörpern, der, mit Thetafunktionen operierend, wesentlich kürzer als die bisher bekannten Beweise ist. Wenn diese Methode auch nicht verallgemeinerungsfähig ist, so hat sie doch den Vorzug, dem Anfänger sehr rasch einen Überblick über die neuartigen Begriffe zu geben, welche bei Potenzresten in algebraischen Zahlkörpern auftreten, und ihm von hier aus auch die höheren Reziprozitätsgesetze leichter zugänglich zu machen. Mit dem Nachweis der Existenz der Klassenkörper vom Relativgrade 2, die sich hier als eine Folge des Reziprozitätsgesetzes ergibt, schließt das Buch ab.

An Vorkenntnissen werden nur die Elemente der Differential- und Integralrechnung und der Algebra, für das letzte Kapitel auch die Elemente der komplexen Funktionentheorie vorausgesetzt.

Für Hilfe bei den Korrekturen und mannigfache Ratschläge bin ich den Herren Behnke, Hamburger, Ostrowski verpflichtet. Der Verlag hat mit dankenswerter Beharrlichkeit an dem schon vor dem Kriege gefaßten Plan des Buches festgehalten und trotz der ungünstigen Verhältnisse jetzt das Erscheinen des Buches ermöglicht. Ihm gebührt für seine Mühe mein besonderer Dank.

Hamburg, Mathematisches Seminar, März 1923.

E. Hecke.

Inhalt.

Kapitel I.

Elemente der rationalen Zahlentheorie.

§ 1. Teilbarkeit. Größter gemeinsamer Teiler. Moduln. Primzahlen. Fundamentalsatz der Zahlentheorie.

Gegenstand der Arithmetik sind zunächst die ganzen Zahlen, 0, ± 1, ± 2, ... die man durch die Addition, Subtraktion, Multiplikation und (nicht immer) Division wieder zu ganzen Zahlen verknüpfen kann. Die höhere Arithmetik unterwirft auch noch andere reelle oder komplexe Zahlen ähnlichen Untersuchungsmethoden, auch benutzt sie zur Ableitung ihrer Sätze analytische Hilfsmittel, welche anderen Gebieten der Mathematik wie Infinitesimalrechnung und komplexer Funktionentheorie angehören, und da auch hiervon in den letzten Teilen dieses Buches die Rede sein soll, so setzen wir als bekannt die Gesamtheit der reellen und der (gemeinen) komplexen Zahlen voraus, ein Zahlgebiet, in welchem die vier Spezies (außer der Division durch 0) unbeschränkt ausführbar sind, wie es genauer in den Elementen der Algebra oder der Differentialrechnung dargestellt zu werden pflegt. In diesem umfassenden Bereich von Zahlen ist eine Zahl, die Einheit 1, als diejenige ausgezeichnet, welche die Gleichung

$$1 \cdot a = a$$

für jede Zahl a erfüllt. Aus der Zahl 1 entstehen durch den Prozeß der Addition und Subtraktion sukzessive sämtliche *ganzen Zahlen*, und übt man hierauf noch den Prozeß der Division aus, so entsteht die Menge der *rationalen Zahlen* als die Gesamtheit von Quotienten ganzer Zahlen. Später erst, von § 21 ab, wird der Begriff „ganze Zahl" eine wesentliche Erweiterung erfahren.

In diesem einleitenden Teil sollen kurz die Grundtatsachen der rationalen Arithmetik zur Darstellung kommen, soweit sie die Teilbarkeitseigenschaften ganzer Zahlen betreffen.

Während aus zwei ganzen rationalen Zahlen a, b in der Form $a + b$, $a - b$, $a \cdot b$ immer wieder ganze Zahlen entstehen, braucht $\frac{a}{b}$ nicht ganz zu sein. Ist dies doch der Fall, so liegt eine besondere Eigenschaft von a und b vor, welche wir durch das Zeichen $\boldsymbol{b/a}$ ausdrücken wollen, in Worten: b teilt a oder b geht in a auf, b ist ein **Teiler** von a oder a ist ein Vielfaches von b. Jede ganze Zahl $a (\neq 0)$ hat die trivialen Teiler $\pm a$, ± 1; a und $-a$ haben dieselben Teiler; die einzigen Zahlen, welche in jeder Zahl aufgehen, sind die beiden „Einheiten" 1 und -1. Eine von Null verschiedene ganze Zahl a hat stets nur endlich viele Teiler, da diese ja dem Betrage nach nicht größer als $|a|$ sein können; dagegen geht in 0 jede andere ganze Zahl auf.

Ist $b \neq 0$ und ganz, so gibt es unter den Vielfachen von b, welche nicht größer als eine gegebene Zahl a sind, genau ein größtes, etwa $q \cdot b$, und dafür ist dann $a - qb = r$ eine nicht-negative ganze Zahl, welche kleiner als $|b|$ ist. Diese eindeutig zu a und b durch die Forderung

$$a = qb + r, \quad q \text{ ganz}, \quad 0 \leqq r < |b|$$

bestimmte ganze Zahl r heißt der Rest der Division von a durch b, oder **Rest von a modulo b.** Die Aussage b/a ist also gleichbedeutend mit $r = 0$.

Richten wir unser Augenmerk jetzt auf die gemeinsamen Teiler c von zwei ganzen Zahlen a, b, wofür also c/a und c/b gilt, so ist zunächst wieder ein eindeutig bestimmter größter gemeinsamer Teiler (abgekürzt: **gr. gem. T.**) vorhanden, wir bezeichnen ihn mit $(\boldsymbol{a}, \boldsymbol{b}) = d$. Nach dieser Definition ist stets $d \geqq 1$. Um die Eigenschaften dieses (a, b) zu finden, bedenken wir, daß stets auch $d/ax + by$ für alle ganzen x, y. Betrachten wir nun die Gesamtheit der Zahlen $L(x, y) = ax + by$, wenn x, y alle ganzen Zahlen durchlaufen, so ist d offenbar auch gr. gem. T. aller $L(x, y)$; denn er geht in allen $L(x, y)$ auf, und es gibt keine größere Zahl mit dieser Eigenschaft, da es ja keine größere geben soll, welche gleichzeitig in $a = L(1, 0)$ und $b = L(0, 1)$ aufgeht. Unter den positiven der Zahlen $L(x, y)$ sei nun etwa $d_0 = L(x_0, y_0)$ die kleinste, so daß aus

$$L(x, y) > 0 \quad \text{sogleich} \quad L(x, y) \geqq d_0 \tag{1}$$

folgt.

Wir zeigen nun, daß jedes $n = L(x, y)$ ein Multiplum von d_0 ist und daß $d = d_0$. Man bestimme nämlich den Rest r von n mod. d_0,

$$r = n - q \cdot d_0 = L(x - qx_0,\ y - qy_0).$$

Hierbei ist $0 \leqq r < d_0$; aus $r > 0$ würde aber nach (1) $r \geqq d_0$ folgen, also kann nur $r = 0$, d. h. $n = qd_0$ sein. Darnach sind also die Zahlen $L(x, y)$ identisch mit allen Vielfachen von d_0, denn jedes Vielfache $qd_0 = L(qx_0, qy_0)$ kommt ja auch unter den $L(x, y)$ vor. Mithin ist d_0 ebenfalls gr. gem. T. aller $L(x, y)$, ist daher mit d identisch. Insbesondere folgt daraus:

Satz 1. Wenn $(a, b) = d$, so ist die Gleichung

$$n = ax + by$$

in ganzen x, y dann und nur dann lösbar, wenn d/n.

Und hieraus folgt weiter, daß jeder gemeinsame Teiler von a und b in dem gr. gem. T. von a, b aufgeht.

Zur Ermittelung des gr. gem. T. benutzt man bekanntlich ein auf Euclid zurückgehendes Verfahren, den sog. Euclidischen Algorithmus. Der Sinn desselben besteht darin, die Berechnung von (a, b) auf die des gr. gem. T. zweier kleinerer Zahlen zurückzuführen. Aus $a = qb + r$ folgt nämlich, daß die gemeinsamen Teiler von a und b identisch mit denjenigen von b und r sind, also auch $(a, b) = (b, r)$. Nehmen wir der Bequemlichkeit halber $a > 0$, $b > 0$ an und setzen der Symmetrie wegen $a = a_1$, $b = a_2$, so sei der Rest von a_1 mod. a_2 gleich a_3, allgemein

$$a_{i+2} \text{ der Rest von } a_i \text{ mod. } a_{i+1}, \quad \text{für } i = 1, 2, \ldots$$

solange der Rest bestimmbar, d. h. $a_{i+1} > 0$ ist, und zwar sei

$$a_i = q_i a_{i+1} + a_{i+2}, \quad 0 \leqq a_{i+2} < a_{i+1}.$$

Da die a_i für $i \geqq 2$ hiernach eine monoton abnehmende Folge ganzer Zahlen bilden, muß das Verfahren nach endlich vielen Schritten sein Ende erreichen, was nur dadurch eintreten kann, daß der Rest Null wird. Es sei etwa $a_{k+2} = 0$. Wegen

$$(a_1, a_2) = (a_2, a_3) = \cdots (a_i, a_{i+1}) = (a_{k+1}, a_{k+2}) = (a_{k+1}, 0) = a_{k+1}$$

ist der letzte nicht verschwindende Rest a_{k+1} der gesuchte gr. gem. T.

Beim Beweise von Satz 1 haben wir von der Zahlmenge $L(x, y)$ nur eine Eigenschaft gebraucht, nämlich die, daß sie ein Modul ist. Dabei definieren wir:

Definition: Ein System S von ganzen Zahlen heißt ein ***Modul****, wenn es mindestens eine von 0 verschiedene Zahl enthält, und wenn mit m, n stets auch $m + n$, $m - n$ zu S gehören.*

Gehört also m zu S, so auch $m + m = 2m$, $m + 2m = 3m$ usw.; aber auch $m - m = 0$, $m - 2m = -m$, $m - 3m = -2m$ usf., also allgemein gehört auch mx für jedes ganze x zu S, sofern m zu S gehört, und folglich gehört $mx + ny$ auch zu S mit jedem ganzen x, y, wenn dies für m, n gilt.

Über Moduln können wir dann unter Anlehnung an den Beweis von Satz 1 folgenden, sehr allgemeinen Satz beweisen:

Satz 2. Die Zahlen eines Moduls S sind mit allen Vielfachen einer gewissen Zahl d identisch. d ist durch S bis auf den Faktor ± 1 festgelegt.

Zum Beweise bedenken wir, daß S jedenfalls auch positive Zahlen enthält. Sei d die kleinste in S vorkommende positive Zahl. Gehört n zu S, so gehört nach dem Vorangehenden auch $n - qd$ für jedes ganze q zu S, insbesondere auch der Rest von n mod. d, welcher $< d$, aber $\geqq 0$ ist, also $= 0$ sein muß. Mithin ist jedes n aus S ein Vielfaches von d, und da d zu S gehört, so tun dies auch alle Vielfachen von d. Ist d' eine zweite Zahl, welche auch die Eigenschaft hat: Die Zahlen von S sind mit den Vielfachen von d' identisch — so muß d ein Vielfaches von d' sein und auch umgekehrt, d. h. $d' = \pm d$.

Läßt man in einer beliebigen linearen Form $a_1x_1 + a_2x_2 + \cdots + a_nx_n$ mit ganzen Koeffizienten $a_1, \ldots a_n$ die $x_1, \ldots x_n$ alle ganzen Zahlen durchlaufen, so ist der so definierte Wertevorrat der Form offenbar ein Modul. Daher gilt insbesondere

*Satz 3. Der Wertevorrat einer linearen Form von n Variabeln mit ganzen nicht sämtlich verschwindenden Koeffizienten ist identisch mit dem Wertevorrat einer gewissen Form **einer** Variabeln, $d \cdot x$. Hierbei ist d der gr. gem. T. der Koeffizienten der ursprünglichen Form.*

Damit die Gleichung (eine sog. Diophantische Gleichung)

$$k = a_1x_1 + a_2x_2 + \cdots + a_nx_n$$

in ganzen Zahlen $x_1, \ldots x_n$ lösbar ist, ist also notwendig und hinreichend, daß der gr. gem. T. von $a_1, \ldots a_n$ in k aufgeht.

Ist $(a, b) = 1$, so nennen wir a und b **teilerfremd** oder **relativ prim**. Nach Satz 1 ist notwendig und hinreichend, damit $(a, b) = 1$, die Lösbarkeit von

$$ax + by = 1$$

in ganzen Zahlen x, y.

Als wichtigste Rechenregel für das Symbol (a, b) sprechen wir aus:

Satz 4. Für drei ganze Zahlen a, b, c, wo $c > 0$, gilt stets

$$(a, b)c = (ac, bc). \tag{2}$$

In der Tat, ist $(a, b) = d$, so folgt aus der nach Satz 1 gewiß lösbaren Gleichung $ax + by = d$ die Gleichung $acx + bcy = cd$, mithin ist cd ein Vielfaches von (ac, bc), wieder nach Satz 1; andrerseits ist aber offenbar cd gemeinschaftlicher Teiler von ac, bc und muß daher $= (ac, bc)$ sein.

Wir merken noch den Begriff des *kleinsten gemeinschaftlichen Vielfachen* zweier Zahlen a, b an. Es ist dies die kleinste positive Zahl v, welche sowohl durch a als auch durch b teilbar ist. Hierfür gilt

$$v = \frac{|a \cdot b|}{d}, \text{ wenn } (a, b) = d. \tag{3}$$

Denn nach (2) ist

$$\left(\frac{a}{d}, \frac{b}{d}\right) = 1, \quad v = \left(\frac{a}{d} v, \frac{b}{d} v\right).$$

$\frac{ab}{d}$ ist aber gemeinsamer Teiler von $\frac{a}{d} v$ und $\frac{b}{d} v$, geht also in v auf, d. h. $v \geqq \frac{|ab|}{d}$; andrerseits ist $\frac{ab}{d}$ eine sowohl durch a als auch durch b teilbare Zahl und mithin dem Betrage nach $\geqq v$. Also kann nur $\frac{ab}{d} = \pm v$ sein.

Da die durch a und b teilbaren Zahlen einen Modul bilden und v die kleinste positive darin vorkommende Zahl ist, so muß jede durch a und b teilbare Zahl ein Vielfaches von v sein.

Nunmehr wenden wir uns zur *multiplikativen Zerfällung* einer Zahl a. Wenn es außer der trivialen Zerfällung in ganzzahlige Faktoren, bei der ein Faktor ± 1 und der andere $\pm a$ ist, keine andere gibt, so nennen wir a eine **Primzahl**. Solche gibt es, wie $\pm 2, \pm 3, \pm 5 \ldots$ Die Einheiten ± 1 wollen wir nicht zu den Primzahlen rechnen. Beschränken wir uns der Einfachheit halber auf die Zerlegung positiver Zahlen a in positive Faktoren, so erkennen wir zunächst, daß jedes $a > 1$ durch mindestens eine positive Primzahl teilbar ist, da der kleinste positive Teiler von a, welcher > 1 ist, offenbar nur eine Primzahl sein kann. Indem wir von der positiven Zahl a durch eine Zerlegung $a = p_1 \cdot a_1$ eine Primzahl p_1, von a_1, wenn es > 1, wieder durch $a_1 = p_2 a_2$ eine weitere p_2 abspalten usf., müssen wir nach endlich vielen Schritten, da die $a_1, a_2 \ldots$ eine abnehmende Reihe ganzer positiver Zahlen bilden, zu einem Abschluß des Verfahrens gelangen, d. h. ein a_k muß

$= 1$ werden. Damit ist a als Produkt von Primzahlen $p_1 \cdot p_2 \ldots p_k$ dargestellt. Hiernach sind also Primzahlen die Bausteine, aus denen man jede ganze Zahl durch Multiplikation aufbauen kann. Es gilt nun

Satz 5. ***(Fundamentalsatz der Arithmetik.)*** *Jede positive ganze Zahl > 1 läßt sich auf eine und — von der Reihenfolge der Faktoren abgesehen — nur eine Art als Produkt von positiven Primzahlen darstellen.*

Hierzu genügt es, zu zeigen, daß eine Primzahl p nur dann in einem Produkt von zwei ganzen Zahlen $a \cdot b$ aufgehen kann, wenn sie in mindestens einem Faktor aufgeht. Das folgt aber aus Satz 4. Geht nämlich die Primzahl p nicht in a auf, so kann sie als Primzahl mit a überhaupt keinen Teiler gemein haben, also $(a, p) = 1$. Für jedes positive ganze b ist dann nach Satz 4

$$(ab, pb) = b.$$

Wenn nun p/ab, so ist hiernach auch p/b, die Primzahl p muß also in dem andern Faktor b des Produktes ab aufgehen. Dieser Satz überträgt sich sogleich auf Produkte von mehreren Faktoren.

Um den Satz 5 zu beweisen, betrachten wir zwei Darstellungen einer positiven Zahl a als Produkt von Potenzen verschiedener positiver Primzahlen p_i, q_i:

$$p_1^{a_1} p_2^{a_2} \ldots p_r^{a_r} = q_1^{b_1} q_2^{b_2} \ldots q_k^{b_k}.$$

Nach dem eben Bewiesenen geht jede Primzahl q in mindestens einem Primfaktor der linken Seite auf, ist also mit einem p_i identisch. Die $q_1, \ldots q_k$ stimmen daher mit $p_1, \ldots p_r$, eventuell von der Reihenfolge abgesehen, überein, also auch $k = r$. Die Numerierung wählen wir so, daß $p_i = q_i$. Wären nun entsprechende Exponenten nicht gleich, etwa $a_1 > b_1$, so folgt nach Division der Gleichung durch $q_1^{b_1}$, daß die linke Seite noch den Faktor $p_1 = q_1$ besitzt, die rechte aber nicht mehr; also ist $a_1 = b_1$ und allgemein $a_i = b_i$.

Mit diesem Satz über die *eindeutige* Zerlegbarkeit jeder Zahl in Primfaktoren ist eine wesentlich andere Methode gegeben, um die oben behandelten Fragen zu entscheiden, z. B. ob eine gegebene Zahl b in einer andern a aufgeht, wie man (a, b) oder das kleinste gem. Vielfache von a und b findet usw. Denken wir uns nämlich a und b in ihre Primfaktoren $p_1 \ldots p_r$ zerlegt,

$$a = p_1^{a_1} p_2^{a_2} \ldots p_r^{a_r}, \quad b = p_1^{b_1} p_2^{b_2} \ldots p_r^{b_r},$$

wobei als Exponenten a_i, b_i auch Nullen zugelassen werden sollen, so gilt offenbar b/a dann und nur dann, wenn stets $a_i \geqq b_i$. Ferner ist

$$(a, b) = p_1^{d_1} p_2^{d_2} \dots p_r^{d_r} \qquad d_i = \text{Min}\,(a_i, b_i) \quad i = 1, 2 \dots r.$$

$$v = p_1^{c_1} p_2^{c_2} \dots p_r^{c_r} \qquad c_i = \text{Max}\,(a_i, b_i) \quad i = 1, 2 \dots r.$$

Daß es unendlich viele Primzahlen gibt, geht sofort daraus hervor, daß

$$z = p_1 \cdot p_2 \dots p_n + 1$$

eine durch keine der Primzahlen $p_1, \dots p_n$ teilbare Zahl ist. Also ist z durch mindestens eine von $p_1, \dots p_n$ verschiedene Primzahl teilbar und folglich gibt es auch $n + 1$ Primzahlen, wenn es n Primzahlen gibt.

§ 2. Kongruenzen und Restklassen.

Durch eine ganze Zahl $n \neq 0$ ist nach dem Vorangehenden sogleich eine Einteilung aller ganzen Zahlen bestimmt, je nach dem Rest, den sie mod. n ergeben. Wir rechnen zwei ganze Zahlen a, b, welche mod. n denselben Rest haben, zu derselben **„Restklasse mod. n"** oder einfacher „Klasse mod. n" und schreiben

$$a \equiv b \ (\text{mod. } n), \quad (a \text{ kongruent } b \text{ modulo } n),$$

was also gleichbedeutend mit $n/a - b$ ist. Ist a nicht mit b kongruent nach dem Modul n, so schreiben wir $a \not\equiv b$ (mod. n). $a \equiv 0$ (mod. n) besagt, daß a durch n teilbar ist. Jede Zahl heißt ein *Repräsentant* ihrer Klasse. Da die verschiedenen Reste mod. n die Zahlen $0, 1, 2 \dots |n| - 1$ sind, so ist die Anzahl der verschiedenen Restklassen mod. $n = |n|$. Für das Rechnen mit Kongruenzen gelten folgende leicht verifizierbare Regeln: Sind a, b, c, d, n ganze Zahlen, $n \neq 0$, so ist

I. $a \equiv a$ (mod. n)

II. Aus $a \equiv b$ (mod. n) folgt $b \equiv a$ (mod. n)

III. Aus $a \equiv b$ (mod. n) und $b \equiv c$ (mod. n) folgt $a \equiv c$ (mod. n)

IV. Aus $a \equiv b$ (mod. n) und $c \equiv d$ (mod. n) folgt $a \pm c \equiv b \pm d$ (mod. n)

V. Aus $a \equiv b$ (mod. n) folgt $ac \equiv bc$ (mod. n).

Allgemein folgt aus $a \equiv b$ (mod. n) und $c \equiv d$ (mod. n) auch $ac \equiv bd$ (mod. n). Insbesondere ist $a^k \equiv b^k$ (mod. n) für jedes positive ganze k, sobald $a \equiv b$ (mod. n). Und durch wiederholte Anwendung von IV und V ergibt sich: Wenn $a \equiv b$ (mod. n), so ist $f(a) \equiv f(b)$

(mod. n), falls $f(x)$ eine ganze rationale Funktion von x (Polynom in x) mit ganzen Zahlkoeffizienten ist.

Man kann also, kurz gesagt, mit Kongruenzen nach demselben Modul ebenso wie mit Gleichungen rechnen, was die ganzen rationalen Operationen (Addition, Subtraktion, Multiplikation) anlangt. Anders bei Division. Aus $ca \equiv cb$ (mod. n) folgt nicht $a \equiv b$ (mod. n), denn die Voraussetzung bedeutet: $n/c(a-b)$. Ist nun $(n, c) = d$ so gilt weiter

$$\left(\frac{n}{d}, \frac{c}{d}\right) = 1, \qquad \frac{n}{d} \Big/ \frac{c}{d} \cdot (a-b),$$

also nach Satz 4

$$\frac{n}{d} \Big/ a - b, \text{ d. h. } a \equiv b \left(\text{mod. } \frac{n}{d}\right).$$

Z. B.: Aus $5 \cdot 4 \equiv 5 \cdot 1$ (mod. 15) folgt nicht $4 \equiv 1$ (mod. 15), sondern nur mod. $\frac{15}{5} = 3$. Also gilt

Satz 6. Aus $ca \equiv cb$ *(mod.* n*) folgt* $a \equiv b \left(\text{mod. } \frac{n}{d}\right)$, *wenn* $(c, n) = d$, *und umgekehrt.*

Im Zusammenhang damit steht die Tatsache:

Ein Produkt zweier ganzer Zahlen kann der Null kongruent sein mod. n, obwohl keiner der Faktoren diese Eigenschaft hat.

Z. B. ist $2 \cdot 3 \equiv 0$ (mod. 6), aber weder 2 noch 3 ist $\equiv 0$ (mod. 6). In Betreff des Zusammenhanges von Kongruenzen nach *verschiedenen Moduln* sehen wir unmittelbar aus der Definition: Gilt eine Kongruenz mod. n, so gilt sie auch nach jedem Teiler von n, insbesondere auch nach $-n$. Wenn ferner

$$a \equiv b \text{ (mod. } n_1) \text{ und } a \equiv b \text{ (mod. } n_2),$$

so ist auch

$$a \equiv b \text{ (mod. } v),$$

wo v das kleinste gemeinschaftliche Vielfache von n_1 und n_2 ist.

Da die Restklassen nach n und nach $-n$ zusammenfallen, reicht es aus, die Restklassen nach einem positiven n zu untersuchen.

Ein System von ganzen Zahlen, welches aus jeder Restklasse mod. n genau einen Repräsentanten enthält, nennen wir ein **vollständiges Restsystem mod. n**. Da es aus $|n|$ verschiedenen Zahlen besteht, so bilden $|n|$ nach dem Modul n inkongruente Zahlen stets ein vollständiges Restsystem mod. n, z. B. die Zahlen $0, 1, 2 \ldots |n| - 1$. Allgemeiner:

Satz 7. Wenn $x_1, x_2, \ldots x_n$ *ein vollständiges Restsystem mod.* n

$(n > 0)$ bilden, so sind auch $ax_1 + b, \ldots ax_n + b$ ein solches, sofern a, b ganze Zahlen und $(a, n) = 1$.

Denn die n Zahlen $ax_i + b$ $(i = 1, 2, \ldots n)$ sind nach Satz 6 ebenfalls nach dem Modul n inkongruente Zahlen.

Eine sehr oft brauchbare Darstellung eines Restsystems nach einem zusammengesetzten Modul gibt folgender

Satz 8. Wenn $a_1, a_2, \ldots a_n$ ganze zu je zweien teilerfremde Zahlen sind, so erhält man ein vollständiges Restsystem mod. A, wo $A = a_1 \cdot a_2 \ldots a_n$, in der Form

$$L(x_1, \ldots x_n) = \frac{A}{a_1} c_1 x_1 + \frac{A}{a_2} c_2 x_2 + \cdots + \frac{A}{a_n} c_n x_n,$$

wenn die x_i unabhängig voneinander je ein vollständiges Restsystem mod. a_i $(i = 1, 2, \ldots n)$ durchlaufen. Hierbei dürfen c_i beliebige, zu a_i teilerfremde ganze Zahlen sein.

Die Anzahl dieser Zahlen L ist nämlich A, und sie sind inkongruent mod. A. Denn aus der Kongruenz mod. A

$$L(x_1, \ldots x_n) \equiv L(x_1', \ldots x_n') \pmod{A}$$

folgt diese Kongruenz auch nach jedem a_i. Wegen

$$\frac{A}{a_k} \equiv 0 \pmod{a_i} \text{ für } k \neq i,$$

ist also dann für $i = 1, 2, \ldots n$

$$c_i \frac{A}{a_i} x_i \equiv c_i \frac{A}{a_i} x_i' \pmod{a_i}$$

und wegen $(c_i, a_i) = 1$ und $\left(\frac{A}{a_i}, a_i\right) = 1$ nach Satz 6 $x_i \equiv x_i' \pmod{a_i}$. Zwei Zahlen L, wie sie in Satz 8 vorkommen, sind also stets inkongruent mod. A.

Ebenso beweist man, daß man ein vollständiges Restsystem mod. $a \cdot b$ erhält, wenn man in $x + by$ die Größe x ein vollständiges Restsystem mod. b und darnach y ein vollständiges Restsystem mod. a durchlaufen läßt.

Ein Charakteristikum jeder Restklasse mod. n ist der gr. gem. Teiler, den eine beliebige Zahl aus der Klasse mit n gemein hat. Dieser hängt wirklich nur von der Klasse ab, da aus

$$a \equiv b \pmod{n} \text{ folgt } a = b + qn$$

mit ganzem q und daher jeder gemeinsame Teiler von a und n auch ein solcher von b und n ist und umgekehrt. Es hat also einen Sinn, von dem *gr. gem. T. einer Restklasse mod. n mit n* zu reden.

Wir fragen insbesondere nach der *Anzahl der zu n teilerfremden Restklassen* mod. n. Ihre Anzahl ist die Eulersche Funktion $\boldsymbol{\varphi(n)}$. Zunächst bestimmt sich $\varphi(n)$ leicht für den Fall, daß $n = p^k$ Potenz einer positiven Primzahl p ist. Denn $\varphi(p^k)$ ist die Anzahl derjenigen unter den Zahlen $1, \ldots p^k$, welche durch p nicht teilbar sind. Die Anzahl der durch p teilbaren darunter ist die Zahl der Vielfachen von p zwischen 1 und p^k, also p^{k-1}, und daher

$$\varphi(p^k) = p^k - p^{k-1} = p^k\left(1 - \frac{1}{p}\right).$$

Um $\varphi(n)$ für zusammengesetztes n zu bestimmen, beweisen wir den

Hilfssatz: $\varphi(ab) = \varphi(a) \cdot \varphi(b)$, wenn $(a, b) = 1$.

Ein volles Restsystem mod. ab erhält man nämlich nach Satz 8 in der Gestalt $ax + by$, wenn x mod. b und y mod. a je ein vollständiges Restsystem durchlaufen. Damit eine solche Zahl aber zu ab, d. h. sowohl zu a als auch zu b teilerfremd ist, ist notwendig und hinreichend, daß $(ax, b) = 1$ und $(by, a) = 1$, d. h. wegen $(a, b) = 1$: $(x, b) = 1$ und $(y, a) = 1$. Man erhält also die zu ab teilerfremden Zahlen $ax + by$, wenn man x die zu b und y die zu a teilerfremden Restklassen mod. b resp. mod. a durchlaufen läßt, womit der Hilfssatz bewiesen ist. Durch mehrmalige Anwendung ergibt sich, wenn n in seine positiven Primfaktoren zerlegt wird: Für $n = p_1^{a_1} p_2^{a_2} \ldots p_r^{a_r}$ ist

$$\varphi(n) = \varphi(p_1^{a_1}) \cdot \varphi(p_2^{a_2}) \ldots \varphi(p_r^{a_r}) = n \prod_{p/n} \left(1 - \frac{1}{p}\right). \tag{4}$$

In dem Produkt hat p alle verschiedenen in n aufgehenden positiven Primzahlen zu durchlaufen.

Das vollständige System zu n teilerfremder Restklassen mod. n heißt ein **reduziertes Restklassensystem** mod. n. Es enthält $\varphi(n)$ Klassen, und ein System von je einem Repräsentanten aus diesen Klassen heißt ein **vollständiges reduziertes Restsystem mod. n**. Wie bei Satz 7 beweist man:

Wenn $x_1, x_2, \ldots x_h$ ein vollständiges reduziertes Restsystem mod. n ist, so ist auch $ax_1, ax_2, \ldots ax_h$ ein solches, sofern $(a, n) = 1$.

Hieraus ergibt sich nun eine höchst wichtige Aussage über jede zu n teilerfremde Zahl a. Da nämlich jede der Zahlen $ax_1, \ldots ax_h$ mit genau einer der Zahlen $x_1, \ldots x_h$ nach dem Obigen kongruent mod. n ist, so ist das Produkt der Zahlen $ax_1, \ldots ax_h$ kongruent dem Produkt $x_1 \ldots . x_h$, d. h.

$$a^h x_1 x_2 \ldots x_h \equiv x_1 x_2 \ldots x_h \pmod{n}$$

und da jedes x zu n teilerfremd, ergibt sich

$$a^h \equiv 1 \pmod{n},$$

und damit wegen $h = \varphi(n)$

Satz 9. (Fermatscher Satz.) Für jede zu n teilerfremde Zahl a ist

$$a^{\varphi(n)} \equiv 1 \pmod{n}.$$

Ist speziell n eine Primzahl p (> 0), so ist $\varphi(p) = p - 1$, und durch Multiplikation mit a folgt die nun für jede ganze Zahl a gültige Kongruenz

$$a^p \equiv a \pmod{p}. \tag{5}$$

Die Bedeutung dieses Satzes und der Kern seines Beweises wird erst richtig verständlich werden im II. Kapitel, wenn wir den allgemeinen Gruppenbegriff in diese Untersuchungen hineinziehen. Der Satz enthält eine Aussage über die Lösungen der Kongruenz $x^p - x \equiv 0 \pmod{p}$ und bildet die Grundlage der Theorie der höheren Kongruenzen.

§ 3. Ganzzahlige Polynome. Funktionenkongruenzen. Teilbarkeit mod. p.

Lassen wir uns bei der Weiterentwicklung der bisher dargestellten Ideen von Analogieen aus der Algebra leiten, so ist das nächste Ziel die Untersuchung von Polynomen $f(x)$ mit ganzen Zahlkoeffizienten hinsichtlich ihres Verhaltens nach einem Modul n und sodann die Frage nach der Lösbarkeit einer Kongruenz $f(x) \equiv 0 \pmod{n}$ zunächst in ganzen Zahlen x.

Unter einem *ganzzahligen Polynom* $f(x) = c_0 + c_1 x + \cdots + c_k x^k$ verstehen wir ein solches, wo $c_0, c_1, \ldots c_k$ ganze Zahlen sind. Zwei ganzzahlige **Polynome** $f(x)$ und $g(x)$, wo $g(x) = a_0 + a_1 x + \cdots + a_k x^k$ **heißen kongruent nach dem Modul** n oder

$$f(x) \equiv g(x) \pmod{n},$$

wenn

$$c_i \equiv a_i \pmod{n} \quad \text{für } i = 0, 1, 2, \ldots k.$$

(Für Konstante, d. h. Polynome 0ten Grades, deckt sich dieser Kongruenzbegriff mit dem bisherigen). Diese Definition betrifft also das Verhalten von $f(x)$ und $g(x)$ identisch in der Variabeln x, nicht etwa nur für spezielle Zahlwerte von x. Auch wenn für alle ganzzahligen Werte x_0 stets

$$f(x_0) \equiv g(x_0) \pmod{n},$$

brauchen deshalb die Polynome $f(x)$ und $g(x)$ noch nicht kongruent zu sein, wie das Beispiel (p eine Primzahl > 0)

$$x^p \equiv x \pmod{p}$$

zeigt. Nach dem Fermatschen Satz ist das eine richtige *Zahlkongruenz* für jede ganze Zahl x; aber die *Polynome* x^p und x sind einander nicht kongruent.

Für diese Funktionenkongruenzen gelten genau dieselben Rechenregeln I—V auf Seite 7 wie für Zahlkongruenzen, und der Beweis ist ebenso einfach, weshalb wir nicht darauf eingehen.

Definition: Von zwei ganzzahligen Polynomen $f(x)$ und $g(x)$ heißt $f(x)$ durch $g(x)$ **teilbar mod. n**, *wenn es ein ebensolches Polynom $g_1(x)$ gibt, so daß*

$$f(x) \equiv g(x) \cdot g_1(x) \pmod{n}.$$

Wenn ferner a eine solche ganze Zahl ist, daß

$$f(a) \equiv 0 \pmod{n},$$

so heiße a eine **Wurzel von $f(x)$ mod. n.**

Ist a eine Wurzel von $f(x)$ mod. n und $a \equiv b \pmod{n}$, so ist offenbar auch b eine Wurzel von $f(x)$ mod. n.

Der Zusammenhang von Wurzeln mod. n und Teilbarkeit mod. n wird durch folgende Tatsache hergestellt:

Satz 10. Wenn a eine Wurzel des ganzzahligen Polynoms $f(x)$ mod. n ist, so ist $f(x)$ durch $x - a$ teilbar mod. n und umgekehrt.

Denn wegen $f(a) \equiv 0 \pmod{n}$ ist

$$f(x) \equiv f(x) - f(a) \pmod{n},$$

$\frac{f(x) - f(a)}{x - a}$ ist aber ein ganzzahliges Polynom $g(x)$, weil für jedes positive m

$$\frac{x^m - a^m}{x - a} = x^{m-1} + a x^{m-2} + a^2 x^{m-3} + \cdots + a^{m-2} x + a^{m-1}$$

ein ganzzahliges Polynom ist und $f(x) - f(a)$ eine ganzzahlige Kombination von Ausdrücken $x^m - a^m$ ist. Daher

$$f(x) \equiv (x - a)\, g(x) \pmod{n}.$$

Die Umkehrung ist trivial.

Sind f, g, g_1 ganzzahlige Polynome und $f(x) \equiv g(x) g_1(x) \pmod{n}$, so braucht aber *nicht*, wie man nach Analogie mit der Algebra vermuten könnte, eine Wurzel a von $f(x)$ mod. n auch Wurzel von $g(x)$ oder $g_1(x)$ mod. n zu sein. Es ist z. B.

$$x^2 \equiv (x - 2)(x - 2) \pmod{4}.$$

4 ist Wurzel von x^2 mod. 4, aber nicht Wurzel von $x - 2$ mod. 4. Nur für Primzahlmoduln gilt

Satz 11. Ist $f(x) \equiv g(x) g_1(x) \pmod{p}$, *wo* p *eine Primzahl, dann ist jede Wurzel von* $f(x)$ *mod.* p *Wurzel von mindestens einem der beiden Polynome* $g(x)$, $g_1(x)$ *mod.* p.

Wenn für die ganze Zahl a: $f(a) \equiv 0 \pmod{p}$, so ist

$$g(a) \cdot g_1(a) \equiv f(a) \equiv 0 \pmod{p};$$

geht die Primzahl p in dem Produkt $g(a) \cdot g_1(a)$ auf, so geht sie auch in einem der beiden Faktoren auf.

Satz 12. Ein ganzzahliges Polynom k*-ten Grades* $f(x)$ *hat nach einem Primzahlmodul* p *nicht mehr als* k *inkongruente Wurzeln, außer wenn* $f(x) \equiv 0 \pmod{p}$, *also alle Koeffizienten durch* p *teilbar sind.*

Der Satz ist richtig für die Polynome vom Grade 0, die Konstanten. Denn wenn $f(x) = c_0$ von x unabhängig ist, so hat $f(x) \equiv 0 \pmod{p}$ entweder 0 Lösungen — wenn nämlich p nicht in c_0 aufgeht — oder es hat mehr als 0 Lösungen — nämlich jede ganze Zahl — wenn c_0 durch p teilbar, d. h. das Polynom $f(x) \equiv 0 \pmod{p}$. Unser Satz sei nun bewiesen für alle Polynome vom Grade $\leqq k - 1$. Dann zeigen wir seine Richtigkeit auch für die Polynome vom Grade k. Ist a eine Wurzel von $f(x)$ mod. p, so können wir nach dem Beweise von Satz 10 setzen

$$f(x) \equiv (x - a) f_1(x) \pmod{p},$$

wo $f_1(x)$ höchstens vom Grade $k - 1$. Nach Satz 11 ist jede Wurzel von $f(x)$ mod. p entweder Wurzel von $f_1(x)$ oder Wurzel von $x - a$ mod p (oder beides), $x - a \equiv 0 \pmod{p}$ hat aber nur eine inkongruente Lösung, und $f_1(x) \equiv 0 \pmod{p}$ hat nach Annahme entweder höchstens $k - 1$ inkongruente Lösungen — alsdann hat $f(x)$ höchstens $k - 1 + 1 = k$ Lösungen, oder es ist das Polynom $f_1(x) \equiv 0 \pmod{p}$, dann ist aber auch das Polynom $f(x) \equiv 0 \pmod{p}$. Damit ist durch vollständige Induktion der Satz bewiesen.

Der Satz ist nicht richtig für zusammengesetzte Moduln, wie das Beispiel $x^2 - 1$ nach dem Modul 8 zeigt. Dieses Polynom 2. Grades hat vier inkongruente Wurzeln mod. 8, nämlich $x = 1, 3, 5, 7$.

Satz 13. Wenn für zwei ganzzahlige Polynome $f(x)$ *und* $g(x)$

$$f(x) \cdot g(x) \equiv 0 \pmod{p}, \quad p \text{ eine Primzahl,}$$

dann ist entweder $f(x) \equiv 0 \pmod{p}$ *oder* $g(x) \equiv 0 \pmod{p}$ *oder beides.*

Wäre der Satz falsch, wäre also weder $f(x)$ noch $g(x) \equiv 0 \pmod{p}$, so lasse man in $f(x)$ und $g(x)$ alle durch p teilbaren Glieder weg und erhält zwei nicht verschwindende Polynome $f_1(x)$, $g_1(x)$, deren sämtliche Koeffizienten durch p nicht teilbar sind, während gleichzeitig

$$f(x) \equiv f_1(x), \quad g(x) \equiv g_1(x), \quad \text{also } f_1(x) \cdot g_1(x) \equiv 0 \pmod{p}.$$

Das höchste Glied in $f_1(x) \cdot g_1(x)$ muß also einerseits $\equiv 0 \pmod{p}$ sein, ist aber andrerseits gleich dem Produkt der höchsten Glieder von $f_1(x)$ und $g_1(x)$. Da p eine Primzahl und sämtliche Glieder von $f_1(x)$ und $g_1(x)$ durch p nicht teilbar sind, kann auch das Produkt zweier solcher Glieder nicht durch p teilbar sein. Mithin ist die Annahme falsch, der Satz also bewiesen.

Definition: Ein ganzzahliges Polynom $f(x)$ heiße ***primitiv****, wenn seine Koeffizienten teilerfremd sind, wenn also für jede Primzahl p stets $f(x) \not\equiv 0 \pmod{p}$.*

Dann gestattet offenbar Satz 13 auch folgende Formulierung:

Satz 13a. Das Produkt zweier primitiver Polynome ist wieder ein primitives Polynom. (Satz von Gauß.)

§ 4. Kongruenzen ersten Grades.

Die Polynome 1. Grades und ihre Wurzeln mod. n lassen sich noch leicht erledigen. Das führt zur Theorie der linearen Kongruenzen mit einer oder mehreren Unbekannten.

Gegeben seien die ganzen Zahlen a, b, n $(n > 0)$. Was läßt sich über die Lösungen x in ganzen Zahlen von

$$ax + b \equiv 0 \pmod{n} \tag{6}$$

aussagen? Da als Lösungen, wenn es solche gibt, stets gleich sämtliche Zahlen einer Restklasse mod n auftreten, so fragen wir nur nach den mod. n inkongruenten Lösungen. Die Antwort gibt

Satz 14. Die Kongruenz (6) hat eine und zwar mod. n völlig bestimmte Lösung, wenn $(a, n) = 1$.

Denn nach Satz 7 fällt $ax + b$ genau einmal in die Restklasse 0, wenn x ein vollständiges Restsystem mod. n durchläuft.

Ist aber $(a, n) = d$ und (6) lösbar, so ist die Kongruenz auch mod. d richtig und ergibt für b die Bedingung

$$b \equiv 0 \pmod{d}.$$

Nach Satz 6 ist dann (6) gleichwertig mit

$$\frac{a}{d}\,x + \frac{b}{d} \equiv 0 \left(\text{mod. } \frac{n}{d}\right)$$

und diese hat nach Satz 14 genau eine mod. $\frac{n}{d}$ völlig bestimmte

Lösung x_0. Alle Lösungen von (6) sind also die Zahlen

$$x = x_0 + \frac{n}{d} \cdot y$$

mit ganzem y, und unter diesen gibt es genau d mod. n verschiedene. Man erhält sie, wenn man y ein volles Restsystem mod. d durchlaufen läßt.

Im Falle $(a, n) = d > 1$ *ist also* (6) *nur lösbar, wenn* d/b. *Dann aber ist die Anzahl der mod.* n *verschiedenen Lösungen gleich* d.

Die Kongruenz (6) ist gleichbedeutend mit einer Gleichung $ax + b = nz$, wo z ganz, d. h. ihre Auflösung ist äquivalent mit der linearen Diophantischen Gleichung $ax - nz = -b$; die Anwendung von Satz 1 auf diese führt natürlich auch auf obiges Resultat. Insbesondere hat, wenn $(a, n) = 1$, die Kongruenz

$$aa' \equiv 1 \pmod{n}$$

immer genau eine mod. n bestimmte Lösung a', und die Lösung der allgemeineren Kongruenz $ax + b \equiv 0 \pmod{n}$ erhält man durch Multiplikation mit a' in der Form

$$x \equiv -a'b \pmod{n}.$$

Nach Satz 9 können wir übrigens für a' die Zahl $a^{\varphi(n)-1}$ nehmen.

Mehrere lineare Kongruenzen mit einer Unbekannten x, aber nach verschiedenen Moduln, können wir uns auf die Form gebracht denken

$$x \equiv a_1 \pmod{n_1}, \quad x \equiv a_2 \pmod{n_2}, \ldots \quad x \equiv a_k \pmod{n_k}. \qquad (7)$$

Sind x, y zwei Zahlen, welche dieses System befriedigen, so ist $x - y$ durch jedes der n_i teilbar, also auch durch das kleinste gemeinschaftliche Vielfache v von $n_1, \ldots n_k$, d. h. $x \equiv y \pmod{v}$; und ist umgekehrt x eine Lösung von (7), und $x \equiv y \pmod{v}$, so ist auch y eine Lösung. Die Lösungen von (7) sind also, falls es solche gibt, eindeutig mod. v bestimmt. Wir interessieren uns nur für den wichtigsten Fall:

Satz 15. Die k Kongruenzen (7) *besitzen genau eine mod.* $n_1 \cdot n_2 \ldots n_k$ *bestimmte Lösung, wenn die Moduln zu je zweien teilerfremd sind.*

Mit Rücksicht auf Satz 8 setze man nämlich

$$x = \frac{v}{n_1} x_1 + \frac{v}{n_2} x_2 + \cdots + \frac{v}{n_k} x_k \quad (v = n_1 \cdot n_2 \ldots n_k)$$

und bestimme die x_i aus den Kongruenzen

$$\frac{v}{n_i} x_i \equiv a_i \pmod{n_i}, \qquad (i = 1, 2 \ldots k)$$

was infolge der Voraussetzung nach Satz 14 immer möglich ist. Ein so sich ergebendes x ist Lösung von (7).

Die Untersuchung der Wurzeln von Polynomen höheren Grades mod. n führt dann zu den Kongruenzen höheren Grades mit einer Unbekannten. Um auch nur die Elemente dieser viel komplizierteren Theorie angreifen zu können, müssen wir das Rechnen mit Restklassen genauer durchdenken. Das Wesentliche an den da vorliegenden Verhältnissen wird uns vielfach in der Folge noch in anderen Formen begegnen, so daß es zweckmäßig ist, den Begriff, welcher so verschiedenartiger Realisierungen fähig ist, herauszuschälen und ihn für sich zum Objekt der Untersuchung zu machen. Es ist dies der *Gruppenbegriff*. Ihm ist das folgende Kapitel gewidmet.

Kapitel II.

Abelsche Gruppen.

§ 5. Der allgemeine Gruppenbegriff. Das Rechnen mit den Elementen der Gruppe.

Definition der Gruppe: Ein System S von irgend welchen Elementen $A, B, C \ldots$ heißt eine **Gruppe**, wenn folgende Bedingungen erfüllt sind:

I. *Es ist eine Vorschrift (Kompositionsregel) gegeben, vermöge der aus einem Elemente A und einem Elemente B stets eindeutig wieder ein Element von S, etwa C, abgeleitet wird.*

Symbolisch schreiben wir diese Beziehung

$$AB = C \quad \text{und} \quad C = AB \quad \text{oder} \quad (AB) = C.$$

Diese Komposition braucht nicht kommutativ hinsichtlich der Elemente A und B zu sein, d. h. es darf AB von BA verschieden sein.

II. *Für die Komposition soll das assoziative Gesetz gelten:* Für je drei Elemente A, B, C ist also stets

$$A(BC) = (AB)C.$$

III. *Sind A, A', B irgend drei Elemente aus S, so soll gelten:*

$$\textit{Aus} \quad AB = A'B \quad \textit{folgt} \quad A = A'.$$

$$\textit{Aus} \quad BA = BA' \quad \textit{folgt} \quad A = A'.$$

IV. *Zu je zwei Elementen A, B aus S gibt es ein Element X aus S, so daß $AX = B$, und ein Element Y aus S, so daß $YA = B$.*

Enthält das System S nur endlich viele verschiedene Elemente — ihre Anzahl sei h — so ist IV als Folge von I und III von selbst erfüllt. Denn es durchlaufe in AX das X die h verschiedenen Elemente $X_1, \ldots X_h$ der Gruppe. Dann stellt AX nach I stets wieder ein Element der Gruppe dar, und die so erhaltenen h Elemente sind nach III alle voneinander verschieden, folglich erscheint auf diese Art jedes Gruppenelement genau einmal, insbesondere auch das Element B, es gibt also ein X, so daß $AX = B$. Analog schließt man für den zweiten Teil von IV.

Enthält eine Gruppe unendlich viele verschiedene Elemente, so heißt sie **unendliche Gruppe**; andernfalls eine **endliche Gruppe vom Grade h**, wenn h die Anzahl ihrer Elemente ist.

Die Gruppeneigenschaft kommt einem System S nicht absolut zu, sondern erst im Hinblick auf eine bestimmte Art der Komposition. Bei der einen Art der Komposition kann S eine Gruppe sein, während dieselben Elemente bei einer anderen Verknüpfungsart keine Gruppe zu bilden brauchen.

Beispiele für Gruppen sind:

Das System aller ganzen Zahlen bei Komposition durch Addition. Das System aller positiven (ganzen und gebrochenen) Zahlen bei Komposition durch Multiplikation.

Dagegen bildet das System der positiven ganzen Zahlen allein bei Komposition durch Multiplikation keine Gruppe, weil die Forderung IV nicht erfüllt ist.

Wenn wir ferner zwei ganze Zahlen als gleich betrachten, falls sie nach einem bestimmten Modul n einander kongruent sind, so bildet das System der Reste mod. n bei Komposition durch Addition eine endliche Gruppe vom Grade n.

Ebenso bildet das System der zu n teilerfremden Reste mod. n bei Komposition durch Multiplikation eine endliche Gruppe vom Grade $\varphi(n)$. In allen diesen Beispielen ist die Verknüpfungsregel kommutativ. Ein Beispiel für eine nicht-kommutative Gruppe ist etwa das System aller Drehungen um den Mittelpunkt eines regulären Körpers, z. B. eines Würfels, welche den Körper mit sich selbst zur Deckung bringen. Dabei soll die Verknüpfung zweier solcher Drehungen A und B, welche AB heißt, diejenige Drehung sein, welche entsteht, wenn man erst B und dann A ausführt.

Auch die Gesamtheit der Permutationen von n Ziffern bildet eine endliche Gruppe. Komposition der Permutation A mit B bedeutet die Permutation AB, welche durch Ausübung von B und darauffolgende Ausübung von A entsteht.

Sind zwei Gruppen $\mathfrak{G}_1$ und $\mathfrak{G}_2$ gegeben, deren Elemente resp. durch die Indizes 1 und 2 markiert werden sollen, und läßt sich zwischen den Elementen von $\mathfrak{G}_1$ und $\mathfrak{G}_2$ eine derartige umkehrbar eindeutige Zuordnung (durch $\rightarrow$ bezeichnet) herstellen, daß stets

$$\text{aus} \quad A_1 \rightarrow A_2 \quad \text{und} \quad B_1 \rightarrow B_2$$
$$\text{folgt} \quad A_1 B_1 \rightarrow A_2 B_2,$$

dann nennen wir die beiden Gruppen $\mathfrak{G}_1$ und $\mathfrak{G}_2$ **isomorph.** Zwei isomorphe Gruppen unterscheiden sich also nur in der Bezeichnung der Elemente und der Bezeichnung der Verknüpfungsoperation. Alle Eigenschaften, welche allein unter Benutzung der Gruppenaxiome I—IV sich aussprechen lassen, kommen daher, wenn sie einer Gruppe zukommen, stets auch jeder zu ihr isomorphen Gruppe zu. Für gruppentheoretische Untersuchungen sind also isomorphe Gruppen als nicht verschieden anzusehen.

Sei nun $\mathfrak{G}$ eine Gruppe. Ihre Elemente sollen im folgenden durch große lateinische Buchstaben bezeichnet sein. Durch das Vorhandensein der Verknüpfung nach I ist das „Produkt" von zwei Elementen aus $\mathfrak{G}$ definiert. Wir definieren jetzt durch vollständige Induktion das Produkt von k Elementen:

Definition: Es sei bereits definiert, welches Element von S ein Produkt $A_1 \cdot A_2 \cdot \ldots \cdot A_n$ *aus n beliebigen Elementen* $A_1, A_2, \ldots A_n$ *von S bedeuten soll. Dann definieren wir das Produkt von* $n+1$ *beliebigen Elementen* $A_1, \ldots A_{n+1}$ *von* $\mathfrak{G}$ *durch die Gleichung*

$$A_1 \cdot A_2 \ldots A_{n+1} = (A_1 \cdot A_2 \ldots A_n) \cdot A_{n+1}.$$

Wir beweisen nun den

Hilfssatz: Es ist für beliebiges ganzes $k \geqq 3$ auch

$$A_1 \cdot A_2 \ldots A_k = A_1 \cdot (A_2 \cdot A_3 \ldots A_k).$$

Für $k = 3$ ist das offenbar richtig, vermöge des assoziativen Gesetzes II. Ist der Satz aber richtig für $k = n$, dann auch für $k = n + 1$, wie sich aus

$$\begin{aligned} A_1 \cdot A_2 \ldots A_{n+1} &= (A_1 \cdot A_2 \ldots A_n) \cdot A_{n+1} = A_1(A_2 A_3 \ldots A_n) \cdot A_{n+1} \\ &= A_1 \cdot (A_2 A_3 \ldots A_{n+1}) \end{aligned}$$

ergibt; also ist der Hilfssatz allgemein bewiesen.

Weiter folgt für $1 < l < k$

$$\begin{aligned} (A_1 \cdot A_2 \ldots A_l)(A_{l+1} \ldots A_k) &= [(A_1 \cdot A_2 \ldots A_{l-1}) \cdot A_l](A_{l+1} \ldots A_k) \\ &= (A_1 \cdot A_2 \ldots A_{l-1}) \cdot [A_l \cdot (A_{l+1} \ldots A_k)] \\ &= (A_1 A_2 \ldots A_{l-1})(A_l A_{l+1} \ldots A_k) \end{aligned}$$

d. h. in dem ursprünglichen Produkte dürfen die beiden inneren Klammern, ohne daß das Resultat sich ändert, um eine Stelle nach links verschoben werden. Folglich können sie auch um beliebig viele Stelle nach rechts oder links verschoben werden und folglich ist

$$(A_1 \cdot A_2 \ldots A_l)(A_{l+1} \ldots A_k) = A_1 \cdot A_2 \ldots A_k$$

ganz unabhängig von der Stelle, wo die Klammern stehen. In einem Produkt von zwei Klammerausdrücken dürfen also, ohne daß dadurch das Resultat geändert wird, die Klammern weggelassen werden, und durch vollständige Induktion beweist man wieder leicht den Satz für mehrere Klammerausdrücke:

Satz 16. Ein Produkt von $r+1$ Klammerausdrücken

$$(A_1 \ldots A_{n_1}) \cdot (A_{n_1+1} \ldots A_{n_2}) \cdot (A_{n_2+1} \ldots A_{n_3}) \ldots (A_{n_r+1} \ldots A_k)$$

ändert sich nicht, wenn man die Klammern fortläßt, und ist also unabhängig davon, an welcher Stelle die Klammern stehen,

$$= A_1 \cdot A_2 \ldots A_k.$$

Satz 17. In jeder Gruppe gibt es genau ein Element E, so daß

$$AE = EA = A$$

für jedes Element A der Gruppe ist. E heißt das ***Einheitselement****.*

Denn es gibt zu A ein E nach IV., so daß

$$AE = A, \quad \text{also auch} \quad YAE = YA.$$

Durchläuft Y alle Gruppenelemente, so gilt dies nach IV auch für $YA = B$, also ist $BE = B$ für jedes B, und E von B unabhängig.

Ferner existiert ebenso ein E', so daß für jedes A

$$E'A = A.$$

Für $A = E$ folgt

$$E'E = E,$$

und aus $AE = A$ folgt für $A = E'$

$$E'E = E', \quad \text{also} \quad E = E',$$

womit der Satz bewiesen ist. Dieses Einheitselement darf daher als Komponente eines Produktes weggelassen werden, spielt also die Rolle der Zahl 1 in der gewöhnlichen Multiplikation und wird auch mit 1 bezeichnet.

Endlich gibt es wieder nach IV zu jedem A ein X und Y, so daß

$$AX = E, \qquad YA = E.$$

Hieraus folgt durch Komposition mit Y

$$YAX = YE, \quad \text{also} \quad EX = YE,$$

$$X = Y.$$

Das so eindeutig zu A definierte Element X nennen wir das **rezi-**

proke Element zu A und bezeichnen es durch A^{-1}. Es ist definiert durch

$$A \cdot A^{-1} = A^{-1} \cdot A = E.$$

Jetzt können wir Potenzen eines Elementes A einführen:

Unter A^m verstehen wir für positive ganze m ein „Produkt" von m Elementen, deren jedes $= A$ ist. Nach Satz 16 gilt dann für jedes positive ganze m, n

$$A^{m+n} = A^m \cdot A^n = A^n \cdot A^m.$$

Ferner ist nach Satz 16

$$A^m \cdot (A^{-1})^m = E,$$

d. h. $(A^{-1})^m$ das Reziproke zu A^m, also $= (A^m)^{-1}$, wir bezeichnen dieses Element durch

$$A^{-m} = (A^{-1})^m = (A^m)^{-1}.$$

Endlich setzen wir für jedes A

$$A^0 = E.$$

Genau wie in der elementaren Algebra beweist man für diese Potenzen mit beliebigen ganzen Exponenten:

Satz 18. Es ist für alle ganzen Zahlen m, n

$$A^m \cdot A^n = A^n \cdot A^m = A^{m+n}$$

$$(A^m)^n = (A^n)^m = A^{nm}.$$

Mit Hilfe der Reziproken läßt sich eine Gleichung zwischen Gruppenelementen mit einer Unbekannten auflösen: Durch Multiplikation mit A^{-1} folgt aus

$$AX = B: \quad X = A^{-1}B$$

und aus

$$YA = B: \quad Y = BA^{-1}$$

§ 6. Untergruppen. Einteilung der Gruppe nach einer Untergruppe.

Es möge nun ein Teil der Elemente von $\mathfrak{G}$ in bezug auf dieselbe Kompositionsregel für sich bereits eine Gruppe bilden. Ein solcher Teil heißt ein *Teiler* von $\mathfrak{G}$ oder eine **Untergruppe von $\mathfrak{G}$**. Eine bestimmte Untergruppe sei etwa durch $\mathfrak{U}$ bezeichnet; die verschiedenen zu $\mathfrak{U}$ gehörigen Elemente (endlich oder unendlich viele) seien $U_1, U_2, \ldots$. Ist A ein beliebiges Element aus $\mathfrak{G}$, so wollen wir mit

$$A\mathfrak{U} = (AU_1, AU_2, \ldots)$$

die Gesamtheit der Elemente $AU_i (i = 1, 2, \ldots)$ bezeichnen. Die Elemente von $\mathfrak{G}$ lassen sich nun in **Reihen**[1]) von der Form $A\mathfrak{U}$ anordnen; dabei gilt

Hilfssatz: Haben zwei Reihen $A\mathfrak{U}$ und $B\mathfrak{U}$ ein Element gemein, so haben sie alle Elemente gemein, stimmen also, von der Reihenfolge derselben abgesehen, überhaupt überein.

Ist nämlich $AU_a = BU_b$ ein gemeinsames Element, so folgt $B = AU_a U_b^{-1}$, also

$$B\mathfrak{U} = (AU_a U_b^{-1} U_1, \quad AU_a U_b^{-1} U_2, \ldots).$$

Nun durchläuft aber $U_a U_b^{-1} U_i$ für $i = 1, 2 \ldots$ wegen der Gruppeneigenschaft IV von $\mathfrak{U}$ sämtliche Elemente von $\mathfrak{U}$, es stimmen also in der Tat $A\mathfrak{U}$ und $B\mathfrak{U}$ überein.

Die Anzahl der verschiedenen in einer Reihe $A\mathfrak{U}$ vorkommenden Elemente ist offenbar von der Wahl von A unabhängig, nämlich gleich dem Grad von $\mathfrak{U}$. Dieser Grad heiße N, wobei also auch $N = \infty$ sein darf. Jedes Element A von $\mathfrak{G}$ kommt auch wirklich in einer solchen Reihe vor, z. B. A kommt in $A\mathfrak{U}$ vor, weil zu $\mathfrak{U}$ als einer Gruppe jedenfalls das Einheitselement E gehören muß und $AE = A$. Wir erhalten also jedes Element von $\mathfrak{G}$ genau einmal, wenn wir alle Elemente in den verschiedenen vorhandenen Reihen $A\mathfrak{U}$ durchlaufen. Das drücken wir symbolisch durch die Gleichung aus

$$\mathfrak{G} = A_1\mathfrak{U} + A_2\mathfrak{U} + \cdots,$$

worin $A_1\mathfrak{U}, A_2\mathfrak{U}, \ldots$ die verschiedenen existierenden Reihen dieser Art bezeichnen.

Falls nun $\mathfrak{G}$ eine *endliche* Gruppe vom Grade h, dann ist auch der Grad N von $\mathfrak{U}$ endlich, und die Zahl der verschiedenen Reihen ist dann auch endlich, etwa $= j$. Da jedes Element von $\mathfrak{G}$ in genau einer Reihe vorkommt und in jeder Reihe genau N verschiedene Elemente enthalten sind, so ist

$$h = j \cdot N$$

und damit ist gezeigt

Satz 19. Bei einer endlichen Gruppe vom Grade h ist der Grad N jeder Untergruppe ein Teiler von h.

Der Quotient $\frac{h}{N} = j$ heißt **Index** der Untergruppe bezüglich $\mathfrak{G}$.

Falls $\mathfrak{G}$ eine *unendliche* Gruppe, so kann sowohl der Grad

1) Diese „Reihen“ werden auch „Nebengruppen“ genannt, obwohl nur bei der Reihe $\mathfrak{U}$ die Elemente eine Gruppe bilden.

von $\mathfrak{U}$ als auch die Anzahl der verschiedenen Reihen unendlich groß sein, und mindestens eines davon muß offenbar auch eintreten. Die Anzahl der verschiedenen Reihen heißt auch hier der **Index** von $\mathfrak{U}$ bezüglich $\mathfrak{G}$, mag er nun endlich sein oder nicht.

Unsere weiteren Untersuchungen beziehen sich zunächst auf endliche Gruppen.

Ein System $S = (U_1, U_2, \ldots)$ von Elementen, die einer endlichen Gruppe $\mathfrak{G}$ angehören, bildet eine Untergruppe von $\mathfrak{G}$, wenn man nur weiß, daß jedes Produkt von zwei Elementen U wieder zu S gehört. Die Gruppenaxiome II und III sind nämlich von selbst erfüllt, I gilt nach Voraussetzung, und IV ist bei endlichen Gruppen eine Folge der übrigen.

Z. B. bilden also die sämtlichen Potenzen eines Elementes A von $\mathfrak{G}$ mit positiven Exponenten stets eine Untergruppe von $\mathfrak{G}$. Diese Potenzen können nicht alle verschieden sein, da $\mathfrak{G}$ nur endlich viele Elemente enthält. Aus $A^m = A^n$ folgt aber $A^{m-n} = E$. Eine gewisse Potenz von A mit von Null verschiedenem Exponenten ist daher stets $= E$.

Um einen Überblick über die Exponenten q zu gewinnen, für die $A^q = E$, bedenken wir, daß diese Exponenten offenbar einen *Modul* bilden. Denn aus $A^q = E$ und $A^r = E$ folgt $A^{q \pm r} = E$. Also sind nach Satz 1 diese q identisch mit allen Vielfachen einer ganzen Zahl $a\,(> 0)$. Dieser eindeutig durch A bestimmte Exponent a heißt der **Grad von** A. Er hat die Eigenschaft:

$A^r = E$ dann und nur dann, wenn $r \equiv 0 \pmod{a}$.

Das einzige Element vom Grade 1 ist E.

Allgemeiner gilt

Satz 20. Ist a der Grad von A, so ist dann und nur dann

$$A^m = A^n, \text{ wenn } m \equiv n \pmod{a}.$$

Folglich sind unter den Potenzen von A nur a untereinander verschiedene vorhanden, etwa $A^0 = E, A^1, \ldots A^{a-1}$, und diese bilden nach dem Vorstehenden eine Untergruppe von $\mathfrak{G}$ vom Grade a. Aus Satz 19 folgt daher weiter

Satz 21. Der Grad a jedes Elementes von $\mathfrak{G}$ ist ein Teiler des Grades h von $\mathfrak{G}$ und daher ist

$$A^h = E$$

für jedes Element A.

§ 7. Abelsche Gruppen. Produkt zweier Abelscher Gruppen.

Diejenigen Gruppen, welche in der Zahlentheorie vorkommen, sind fast ausschließlich solche, deren Kompositionsgesetz *kommutativ* ist: $AB = BA$ für alle ihre Elemente. Gruppen dieser Art heißen **Abelsche Gruppen**. Wir werden in diesem und dem nächsten Paragraphen eine genauere Untersuchung der Struktur einer beliebigen endlichen Abelschen Gruppe vornehmen. $\mathfrak{G}$ bedeute im Folgenden eine endliche Abelsche Gruppe vom Grade h.

Satz 22. Geht eine Primzahl p im Grade h von $\mathfrak{G}$ auf, so gibt es in $\mathfrak{G}$ ein Element vom Grade p.

Dann seien $C_1, C_2, \ldots C_h$ die h Elemente von $\mathfrak{G}$, ihre Grade resp. $c_1, c_2, \ldots c_h$. Wir bilden alle Produkte

$$C_1^{x_1} \cdot C_2^{x_2} \ldots C_h^{x_h}, \tag{8}$$

worin jedes x_i je ein vollständiges Restsystem mod. c_i durchläuft. Dann erhalten wir $c_1 \cdot c_2 \ldots c_h$ formal verschiedene Produkte, unter ihnen alle Elemente von $\mathfrak{G}$, und da aus zwei verschiedenen Darstellungen desselben Elementes sofort eine Darstellung des Einheitselementes entsteht, so kommen in der Gestalt (8) alle Elemente gleich oft, etwa Qmal vor. Also ist

$$c_1 c_2 \ldots c_h = h \cdot Q.$$

Die in h aufgehende Primzahl p muß daher in mindestens einem c_i, etwa c_1 aufgehen. Dann ist

$$A = C_1^{\frac{c_1}{p}}$$

nach Satz 20 ein Element vom Grade p.

Satz 23. Sei $h = a_1 \cdot a_2 \ldots . a_r$ und die ganzen Zahlen $a_1, \ldots a_r$ zu je zweien teilerfremd. Dann läßt sich jedes Element C von $\mathfrak{G}$ auf eine und nur eine Art in der Form darstellen

$$C = A_1 \cdot A_2 \ldots A_r$$

mit den Bedingungen

$$A_1^{a_1} = A_2^{a_2} \cdots = A_r^{a_r} = E.$$

Man bestimme nämlich r ganze Zahlen $n_1, \ldots n_r$, so daß

$$\frac{h}{a_1} n_1 + \frac{h}{a_2} n_2 + \cdots + \frac{h}{a_r} n_r = 1,$$

was wegen der Voraussetzung über die a_i stets möglich ist nach Satz 3. Setzen wir dann

$$A_i = C^{\frac{h}{a_i} n_i}, \qquad (i = 1, 2 \ldots r)$$

so ist nach Satz 21

$$A_i^{a_i} = C^{h n_i} = E$$

und damit

$$C = A_1 \cdot A_2 \dots A_r$$

in der verlangten Form dargestellt. Um die Eindeutigkeit der Darstellung zu erkennen, sei $C = B_1 \cdot B_2 \dots B_r$ noch eine Darstellung dieser Art. Dann ist

$$(B_1 \cdot B_2 \dots B_r)^{\frac{h}{a_1}} = (A_1 \cdot A_2 \dots A_r)^{\frac{h}{a_1}}. \tag{9}$$

Weil aber die Komposition kommutativ ist, wovon erst an dieser Stelle Gebrauch gemacht wird, folgt aus (9)

$$B_1^{\frac{h}{a_1}} \cdot B_2^{\frac{h}{a_1}} \dots B_r^{\frac{h}{a_1}} = A_1^{\frac{h}{a_1}} \cdot A_2^{\frac{h}{a_1}} \dots A_r^{\frac{h}{a_1}}.$$

Da nun $\frac{h}{a_1}$ ein Vielfaches von jedem $a_2, a_3 \dots a_r$ ist, müssen wegen der Voraussetzung über die A_i, B_i die Faktoren mit den Indizes $2, 3 \dots r$ gleich E sein, also

$$B_1^{\frac{h}{a_1}} = A_1^{\frac{h}{a_1}}.$$

Wegen $\left(a_1, \frac{h}{a_1}\right) = 1$ gibt es ganze x, y mit $a_1 x + \frac{h}{a_1} y = 1$, und mit Rücksicht auf

$$E = B_1^{a_1} = A_1^{a_1}$$

ist daher

$$B_1 = B_1^{a_1 x + \frac{h}{a_1} y} = A_1^{a_1 x + \frac{h}{a_1} y} = A_1.$$

Allgemein folgt auf diese Art $A_i = B_i$ und damit die Eindeutigkeit der Darstellung von C.

Ist a_i' die Anzahl der verschiedenen Elemente A mit der Eigenschaft

$$A^{a_i} = E,$$

so bildet offenbar die Gesamtheit derselben eine Untergruppe von $\mathfrak{G}$ vom Grade a_i' weil das Produkt zweier Elemente dieser Art wieder die gleiche Eigenschaft hat. Nach Satz 23 ist jedenfalls

$$h = a_1' \cdot a_2' \dots a_r' = a_1 \cdot a_2 \dots a_r. \tag{10}$$

Man erkennt nun, daß $a_i' = a_i$ sein muß.

Denn ist p eine Primzahl und p/a_i', so existiert nach Satz 22 unter den Elementen A mit $A^{a_i} = 1$ eines vom Grade p, also gilt p/a_i. Daher enthält a_i' keine anderen Primfaktoren als a_i. Wegen der Gl. (10) und weil die a_i zu je zweien teilerfremd sind, muß also $a_i' = a_i$ sein.

Wir haben damit bewiesen:

Satz 24. Ist c/h, $\left(\frac{h}{c}, c\right) = 1$ $(c > 0)$, *so bildet die Gesamtheit der Elemente von* $\mathfrak{G}$ *mit der Eigenschaft*

$$A^c = 1$$

eine Untergruppe vom Grade c.

Der Satz 23 legt es nahe, eine besondere Bezeichnung für das Verhalten der Gruppe $\mathfrak{G}$ zu den r Untergruppen der $A_1, \ldots A_r$ einzuführen, aus denen die Gruppe $\mathfrak{G}$ nach jenem Satz aufgebaut werden kann. Man kann $\mathfrak{G}$ einfach als das „Produkt" dieser Untergruppen definieren. Will man aber, von zwei Gruppen $\mathfrak{G}_1$ und $\mathfrak{G}_2$ ausgehend, erst die Gruppe $\mathfrak{G}$ definieren, welche $\mathfrak{G}_1$ und $\mathfrak{G}_2$ als Untergruppen enthält und welche dann das Produkt dieser Untergruppen genannt werden soll, so hat man zu berücksichtigen, daß von vornherein ein „Produkt" eines Elementes aus $\mathfrak{G}_1$ mit einem aus $\mathfrak{G}_2$ noch gar keinen Sinn hat.

Wir gehen deshalb so vor: Die Elemente der Abelschen Gruppe $\mathfrak{G}_i$ $(i = 1, 2)$ bezeichnen wir durch den Index i. Wir definieren nun eine neue Gruppe, deren Elemente die *Paare* (A_1, A_2) sind, und setzen fest:

1. $(A_1, A_2) = (B_1, B_2)$ bedeutet $A_1 = B_1$ und $A_2 = B_2$.
2. Kompositionsregel für diese Paare soll sein:

$$(A_1, A_2) \cdot (B_1, B_2) = (A_1 B_1, A_2 B_2).$$

Auf diese Art sind die $h_1 \cdot h_2$ neuen Elemente (h_i der Grad von $\mathfrak{G}_i$) zu einer Abelschen Gruppe $\mathfrak{G}$ vereinigt. Das Einheitselement derselben ist (E_1, E_2), wenn E_i das Einheitselement aus $\mathfrak{G}_i$ ist. Die h_1 Elemente (A_1, E_2), wobei A_1 die Gruppe $\mathfrak{G}_1$ durchläuft, bilden offenbar eine Untergruppe von $\mathfrak{G}$, und diese ist mit $\mathfrak{G}_1$ isomorph, ebenso ist die Gruppe der Elemente (E_1, A_2) mit $\mathfrak{G}_2$ isomorph. Die beiden Untergruppen haben nur das eine Element (E_1, E_2) gemeinsam. Jedes Element aus $\mathfrak{G}$ läßt sich auf genau eine Art als Produkt von zwei Elementen der beiden Untergruppen darstellen:

$$(A_1, A_2) = (A_1, E_2) \cdot (E_1, A_2).$$

Wir definieren endlich

3. $(A_1, E_2) = A_1$, $(E_1, A_2) = A_2$, insbesondere also $E_1 = E_2$.

Diese Festsetzungen „=" sind erlaubt, weil zwischen den Elementen von $\mathfrak{G}$, $\mathfrak{G}_1$ und $\mathfrak{G}_2$ die Relation „=" noch nicht definiert ist, und die Komposition als gleich erklärter Elemente wieder gleiche Resultate gibt. Die so durch 1), 2), 3) definierte Gruppe $\mathfrak{G}$ mit den $h_1 \cdot h_2$ Elementen $A_1 \cdot A_2$ nennen wir das **Produkt der beiden Gruppen** $\mathfrak{G}_1$ und $\mathfrak{G}_2$ und schreiben

$$\mathfrak{G} = \mathfrak{G}_1 \cdot \mathfrak{G}_2 = \mathfrak{G}_2 \cdot \mathfrak{G}_1 .$$

Mit Benutzung dieser Terminologie folgt dann sofort aus Satz 23, da diese Produktbildung assoziativ ist:

Satz 25. Jede endliche Abelsche Gruppe läßt sich als Produkt von Abelschen Gruppen darstellen, deren Grade Primzahlpotenzen sind.

§ 8. Basis einer Abelschen Gruppe.

Und nun können wir folgenden Satz beweisen, der uns völligen Aufschluß über die Struktur der allgemeinsten endlichen Abelschen Gruppe gibt:

Satz 26. (Fundamentalsatz über Abelsche Gruppen.) In jeder Abelschen Gruppe $\mathfrak{G}$ vom Grade h (>1) gibt es gewisse Elemente $B_1, \ldots B_r$ resp. von den Graden $h_1, \ldots h_r$ ($h_i > 1$) derart, daß man jedes Element von $\mathfrak{G}$ genau einmal in der Form erhält

$$C = B_1^{x_1} B_2^{x_2} \ldots B_r^{x_r},$$

wo die ganzen Zahlen x_i unabhängig voneinander je ein vollständiges Restsystem mod. h_i durchlaufen. Überdies sind die $h_i = p_i^{k_i}$ Primzahlpotenzen und $h = h_1 \cdot h_2 \ldots h_r$.

r derartige Elemente heißen eine **Basis von** $\mathfrak{G}$.

Nach dem Vorangehenden ergibt sich die Richtigkeit dieses Satzes sofort für beliebiges h, wenn er nur bewiesen ist für alle Abelschen Gruppen vom Primzahlpotenzgrad.

Es sei also jetzt der Grad h von $\mathfrak{G} = p^k$, wo p eine Primzahl, k ganz, $\geqq 1$. Der Grad jedes Elementes von $\mathfrak{G}$ hat dann einen Wert p^α, wo $0 \leqq \alpha \leqq k$, α ganz.

Ein System von m Elementen $A_1, \ldots A_m$ resp. von den Graden $a_1, \ldots a_m$ heiße **unabhängig**, wenn

$$\text{aus } A_1^{x_1} \cdot A_2^{x_2} \ldots A_m^{x_m} = E \text{ folgt}$$

$$x_i \equiv 0 \pmod{a_i} \text{ für } i = 1, 2, \ldots m.$$

Z. B. ist jedes Element A für sich ein unabhängiges Element. Die Potenzprodukte von m unabhängigen Elementen bilden offenbar eine Gruppe, welche genau $a_1 \cdot a_2 \ldots a_m$ verschiedene Elemente enthält. Mit $A_1, \ldots A_m$ sind auch stets die $m+1$ Elemente $A_1, \ldots A_m, E$ unabhängig und umgekehrt. Wir verabreden jetzt stets eine solche

Numerierung der unabhängigen Elemente, daß die Gradzahlen eine abnehmende Reihe bilden:

$$a_1 \geqq a_2 \geqq a_3 \ldots \geqq a_m \geqq 1.$$

Dieses Zahlsystem: $a_1, a_2, \ldots a_m$ heiße das System von Rangzahlen von $A_1, \ldots A_m$, oder der *Rang R von $A_1, \ldots A_m$*. Nun treffen wir eine bestimmte Anordnung unter den Systemen R. Es seien zwei unabhängige Systeme

$$A_i \text{ vom Grade } a_i = p^{\alpha_i} \qquad (i = 1, 2, \ldots m)$$

$$B_q \text{ vom Grade } b_q = p^{\beta_q} \qquad (q = 1, 2, \ldots n)$$

vorgelegt. Falls $m \neq n$ und etwa $m > n$, definieren wir $\beta_{n+1} = \beta_{n+2} \cdots = \beta_m = 0$. Beide Systeme heißen von *gleichem Rang*, wenn $\alpha_i = \beta_i$ für alle $i = 1, \ldots m$. Im andern Falle heiße der Rang von $(A_1, \ldots A_m)$ *höher* oder *niedriger* als der Rang von $(B_1, \ldots B_n)$, je nachdem, ob die erste nichtverschwindende Differenz $\alpha_i - \beta_i > 0$ oder < 0 ist. Fortlassung oder Hinzufügung von Elementen E ändert also den Rang nicht. Ist der Rang von $(A_1, \ldots)$ höher als der von $(B_1, \ldots)$ und dieser höher als der von $(C_1, \ldots)$, so ist auch der Rang von $(A_1, \ldots)$ höher als der von $(C_1, \ldots)$. Für den Rang von Systemen unabhängiger unter einander und von E verschiedener Elemente bestehen offenbar höchstens h^h Möglichkeiten, folglich gibt es Systeme unabhängiger Elemente von höchstmöglichem Rang, solche wollen wir kurz *Maximalsysteme* nennen. Es sei $B_1, \ldots B_r$ ein Maximalsystem, in welchem kein Element $= E$ ist. Wir zeigen, daß $B_1, \ldots B_r$ ein System von Basiselementen ist. Dazu brauchen wir nur nachzuweisen, daß jedes Element von $\mathfrak{G}$ als Potenzprodukt der B_i darstellbar ist — und dazu dienen folgende Hilfssätze:

Hilfssatz a). Unter den Elementen $B_1, \ldots B_r$ kann keines die p^{te} Potenz eines Elementes aus $\mathfrak{G}$ sein.

Wäre nämlich etwa $B_m = C^p$, so wäre auch das aus den $B_1, \ldots B_r$ durch Ersetzung von B_m durch C und eventuelle Änderung der Numerierung entstehende System unabhängig, aber offenbar von höherem Rang als das Maximalsystem $B_1, \ldots B_r$, was nicht möglich ist.

Hilfssatz b). Ersetzen wir in dem System $B_1, \ldots B_r$ eines der B, etwa B_m, durch

$$A = B_m{}^u B_{m+1}^{x_{m+1}} \ldots B_r{}^{x_r},$$

wo $u \not\equiv 0 \pmod{p}$, die x_i aber beliebige ganze Zahlen, so ändert sich der Rang nicht, und auch das neue System ist wieder ein Maximalsystem.

Denn A hat denselben Grad wie B_m, weil die Grade von $B_{m+1}, \ldots B_r$ nicht größer als der von B_m, also Teiler von diesem sind, ferner ist jedes Potenzprodukt aus $A, B_{m+1}, \ldots B_r$ auch als Potenzprodukt von $B_m, B_{m+1}, \ldots B_r$ darstellbar und umgekehrt. Mithin ist auch das neue System unabhängig, also ein Maximalsystem.

Hilfssatz c). Falls ein Element C^p als Potenzprodukt der B_i darstellbar ist, so gilt dasselbe von C.

Ist nämlich

$$C^p = B_1^{x_1} \ldots B_r^{x_r}, \tag{11}$$

so sind alle $x_i \equiv 0 \pmod{p}$. Denn wäre $x_m = u$ der erste durch p nicht teilbare Exponent, so ersetze man B_m im System der B_i durch

$$A = B_m^{u} B_{m+1}^{x_{m+1}} \ldots B_r^{x_r} = C^p B_1^{-x_1} \ldots B_{m-1}^{-x_{m-1}}.$$

Dieses neue System wäre nach b) wieder ein Maximalsystem, enthielte aber die p^{te} Potenz eines Elementes, nämlich A, im Widerspruch zu a). Mithin kann man in (11) $x_i = py_i$ setzen mit ganzen y_i und daher

$$(C^{-1} B_1^{y_1} \ldots B_r^{y_r})^p = 1.$$

Wäre nun C nicht als Potenzprodukt der B_i darstellbar, so würde das auch für alle C^n mit $n \not\equiv 0 \pmod{p}$ gelten, und es wäre auch obige Klammer

$$C' = C^{-1} B_1^{y_1} \ldots B_r^{y_r} \neq 1,$$

also ein Element vom Grade p. Mithin wären auch die $r+1$ Elemente

$$B_1, B_2, \ldots B_r, C'$$

unabhängig, richtig angeordnet nach abnehmenden Gradzahlen (weil der Grad von B_r größer als 1 und daher $\geqq p$ ist), hätten aber einen höheren Rang als das Maximalsystem $B_1, \ldots B_r$, was unmöglich ist. Also ist die Annahme falsch und c) bewiesen.

Durch wiederholte Anwendung von c) ergibt sich aber die Darstellbarkeit jedes Elementes A von $\mathfrak{G}$ durch die B_i. Denn ist A vom Grade p^m, so ist

$$A^{p^m} = 1$$

sicher durch die B_i darstellbar, also nach c) auch $A^{p^{m-1}}$, und also auch $A^{p^{m-2}}$, wenn $m > 1$, usf. bis wir zu $A^{p^0} = A$ selbst gelangen.

Die Elemente einer Basis von 𝔊 sind durch 𝔊 nicht eindeutig bestimmt. Gewisse Eigenschaften der Basis sind aber doch charakteristisch für 𝔊 selbst. Als wichtigste durch 𝔊 allein bestimmte Konstante kommt in Betracht die Anzahl $e = e(p)$ derjenigen Basiselemente, deren Grad durch die Primzahl p teilbar ist; wir nennen e **die zu p gehörige Basiszahl.** Ihre Unabhängigkeit von der Auswahl der Basiselemente wird gezeigt durch

Satz 27. Ist p eine Primzahl, so ist die Anzahl der verschiedenen Elemente von 𝔊 mit der Eigenschaft

$$A^p = 1$$

gleich p^e, wo e die zu p gehörige Basiszahl.

Denn wenn $B_1, B_2, \ldots B_e$ diejenigen Basiselemente sind, deren Grade Potenzen von p sind, so folgt aus

$$A = B_1^{x_1} B_2^{x_2} \ldots B_e^{x_e} B_{e+1}^{x_{e+1}} \ldots B_r^{x_r} \text{ und } A^p = 1$$

die Reihe der Kongruenzen

$$p x_i \equiv 0 \pmod{h_i} \qquad i = 1, 2, \ldots r,$$

also für $i = e+1, \ldots r$ wegen $(h_i, p) = 1 : x_i \equiv 0 \pmod{h_i}$ und für $i = 1, 2, \ldots e$ wegen $h_i = p^{k_i}$

$$x_i \equiv 0 \left(\mathrm{mod.}\ \frac{h_i}{p}\right);$$

und auch umgekehrt haben diese Kongruenzen die Gleichung $A^p = 1$ zur Folge. Die Anzahl der mod. h_i inkongruenten Lösungen jeder dieser Kongruenzen ist 1 für $i = e+1, \ldots r$ und p für $i = 1, 2, \ldots e$. Mithin ist die Anzahl der inkongruenten Lösungssysteme p^e.

Die Aussage ist auch richtig, wenn p nicht im Gruppengrade h aufgeht, weil dann $e = 0$ ist.

Die einfachsten Abelschen Gruppen entstehen durch Potenzieren eines Elementes: $A^0 = 1, A, A^2, \ldots$ und $A^{-1}, A^{-2}, \ldots$. Wenn alle Elemente einer Abelschen Gruppe Potenzen eines einzigen von ihnen sind, so heißt die Gruppe **zyklisch** und A ein **erzeugendes Element** der Gruppe. Hier gilt

Satz 28. Eine Abelsche Gruppe 𝔊 vom Grade h ist dann und nur dann zyklisch, wenn für jede in h aufgehende Primzahl p die Anzahl der Elemente A mit $A^p = 1$ gleich p ist.

Nach dem vorhergehenden Satz ist diese Bedingung gleichbedeutend mit der: Es soll die zu p gehörige Basiszahl $= 1$ sein.

Die Bedingung ist notwendig. Denn wenn

$$C, C^2, \ldots C^{h-1}, C^h = 1$$

die h Elemente von $\mathfrak{G}$ sind, so folgt aus $A^p = 1$ für $A = C^x$

$$px \equiv 0 \pmod{h}$$
$$x \equiv 0 \left(\operatorname{mod.} \frac{h}{p}\right)$$

d. h. x hat mod. h einen der p Werte $\frac{h}{p}, 2\frac{h}{p}, \ldots p \cdot \frac{h}{p}$, und umgekehrt erhält man so auch p verschiedene Elemente A mit $A^p = 1$.

Die Bedingung ist aber auch hinreichend; denn wenn die Zerlegung von h in verschiedene Primfaktoren $h = p_1^{k_1} \ldots p_r^{k_r}$ ist, so gehört zu jedem p_i nach Voraussetzung nur ein Basiselement; es sind also alle Elemente von $\mathfrak{G}$ von der Form

$$A = B_1^{x_1} \ldots B_r^{x_r},$$

wo

$$B_i^{h_i} = 1 \quad \text{mit} \quad h_i = p_i^{k_i}.$$

Dann erhält man aber h verschiedene Elemente, also alle Elemente von $\mathfrak{G}$, wenn man etwa die sukzessiven Potenzen von

$$C = B_1 \cdot B_2 \ldots B_r$$

bildet. Ist u der Grad von C, so folgt nämlich wegen der Basiseigenschaft der B

$$u \equiv 0 \pmod{h_i} \quad \text{für} \quad i = 1, 2, \ldots r,$$

und da die h_i zu je zweien teilerfremd sind, ist also u durch $h_1 \ldots h_r = h$ teilbar, also $= h$, da es nicht größer sein kann.

§ 9. Komposition der Nebengruppen. Die Faktorgruppe.

Ist $\mathfrak{U}$ eine Untergruppe der Abelschen Gruppe $\mathfrak{G}$, also selbst auch Abelsch, so gibt $\mathfrak{U}$ zur Entstehung einer weiteren Gruppe Anlaß. Mit $\mathfrak{U}$ sind nämlich eindeutig nach § 6 die Reihen oder Nebengruppen $A\mathfrak{U}$ bestimmt. Ihre Anzahl ist $\frac{h}{N}$, wo N der Grad von $\mathfrak{U}$; wir bezeichnen sie mit $R_1, R_2, \ldots$ Zwischen den R setzen wir jetzt ein Verknüpfungsgesetz fest durch folgende Überlegung. Sind A_1 und A_1' Elemente aus R_1, A_2 und A_2' aus R_2, so gehören $A_1 A_2$ und $A_1' A_2'$ derselben Reihe R_3 an. Denn

$$A_1' = A_1 U_1$$
$$A_2' = A_2 U_2$$

wo U_1, U_2 Elemente von $\mathfrak{U}$ sind, also $A_1' A_2' = A_1 A_2 U_1 U_2$ (Hierbei benutzen wir, daß die Verknüpfung der Elemente von $\mathfrak{G}$ kommutativ ist.) Da $A_1 A_2$ und $A_1' A_2'$ sich also nur um einen Faktor aus $\mathfrak{U}$ unterscheiden, so gehören sie zu derselben Reihe R_3 und daher ist R_3 eindeutig durch R_1 und R_2 bestimmt. Wir schreiben

$$R_1 \cdot R_2 = R_3.$$

Bei dieser Art von Komposition der R sind die Gruppenaxiome I—III erfüllt. Überdies ist offenbar diese Komposition kommutativ. Mithin bilden die Reihen R eine Abelsche Gruppe $\mathfrak{R}$ vom Grade $\frac{h}{N}$.

Definition: Die so definierte Gruppe $\mathfrak{R}$ heißt die **Faktorgruppe** *von $\mathfrak{U}$. Ihr Grad ist gleich dem Index von $\mathfrak{U}$. Man schreibt*

$$\mathfrak{R} = \mathfrak{G}/\mathfrak{U}.$$

Wir können sie auch so beschreiben: Sie entsteht aus $\mathfrak{G}$, wenn man zwei Elemente von $\mathfrak{G}$ als nicht verschieden ansieht, sobald sie sich nur um ein Element von $\mathfrak{U}$ als Faktor voneinander unterscheiden, und wenn man im übrigen die Kompositionsregel von $\mathfrak{G}$ beibehält.

Wir werden späterhin diese Begriffsbildungen vorzugsweise auf den Fall anzuwenden haben, daß $\mathfrak{U}$ die Gruppe derjenigen Elemente aus $\mathfrak{G}$ ist, welche sich als p^{te} Potenzen von Elementen aus $\mathfrak{G}$ darstellen lassen, wobei p eine in h aufgehende Primzahl ist. Diese Untergruppe $\mathfrak{U}$ mag insbesondere jetzt mit $\mathfrak{U}_p$ bezeichnet werden. Es gilt

Satz 29. Der Grad von $\mathfrak{G}/\mathfrak{U}_p$ ist p^e, wenn e die zu p gehörige Basiszahl von $\mathfrak{G}$ ist. Die Gruppe $\mathfrak{G}/\mathfrak{U}_p$ ist isomorph mit der Gruppe der Elemente C von $\mathfrak{G}$, wofür $C^p = 1$.

In der Tat erkennen wir aus Satz 26, daß sich jedes Element X von $\mathfrak{G}$ in der Form

$$X = B_1^{x_1} B_2^{x_2} \ldots B_e^{x_e} A^p$$

darstellen läßt, wo die $B_1, \ldots B_e$ die e zur Primzahl p gehörigen Basiselemente sind, und die e Zahlen $x_1, \ldots x_e$ mod. p eindeutig bestimmt durch X sind, während A^p eine geeignet gewählte p^{te} Potenz d. h. ein Element aus $\mathfrak{U}_p$ ist. Ein solches Element X ist dann und nur dann eine p^{te} Potenz, wenn alle $x_i \equiv 0 \pmod{p}$ sind. Folglich ist die Anzahl der durch $\mathfrak{U}_p$ bestimmten Reihen oder Nebengruppen gleich der Anzahl der mod. p verschiedenen Systeme x_i, d. h. $= p^e$. Die p^{te} Potenz jeder Nebengruppe ist mit dem System $\mathfrak{U}_p$ selbst identisch, d. h. in der Gruppe $\mathfrak{G}/\mathfrak{R}_p$ vom Grade p^e hat jedes Element den Grad p, wenn es nicht das Einheitselement ist. $\mathfrak{G}/\mathfrak{U}_p$ muß also genau e Basiselemente enthalten, jedes vom Grade

p. Dieselbe Struktur hat nach Satz 27 die Gruppe der C mit $C^p = 1$. Im übrigen sieht man, daß in der Faktorgruppe die e Reihen

$$B_i \mathfrak{U} \qquad i = 1, 2, \ldots e$$

ein System von Basiselementen bilden, und in der Gruppe der C mit $C^p = 1$ sind die e Elemente

$$B_i^{\frac{h_i}{p}} \qquad i = 1, 2, \ldots e$$

Basiselemente. Beide Gruppen sind daher isomorph.

§ 10. Charaktere Abelscher Gruppen.

Da das Kompositionsgesetz einer Abelschen Gruppe kommutativ ist wie die gewöhnliche Multiplikation, so verhalten sich ihre Elemente wegen der symbolischen Gleichung $A^h = 1$ formal ähnlich wie h-te Einheitswurzeln, also wie gewisse Zahlen, und es liegt die Frage nahe, ob es nicht möglich ist, die Untersuchung Abelscher Gruppen überhaupt in eine Frage über Zahlen zu transformieren, etwa in folgender Art:

Es soll jedem Element A einer bestimmten Abelschen Gruppe $\mathfrak{G}$ eine Zahl, etwa mit $\chi(A)$ bezeichnet, zugeordnet werden, so daß für je zwei Elemente A, B aus $\mathfrak{G}$ stets

$$\chi(A) \cdot \chi(B) = \chi(AB) \tag{12}$$

ist, der Komposition der Elemente also die Multiplikation der zugeordneten Zahlen entspricht.

Die Aufstellung aller dieser „Funktionen" $\chi(A)$ ergibt sich vermöge des Fundamentalsatzes in folgender Weise.

Die triviale Lösung „$\chi(A) = 0$ für alle A" bleibe bei Seite.

Zunächst muß für das Einheitselement

$$\chi(E) = 1$$

sein. Denn für jedes A ist

$$\chi(A)\,\chi(E) = \chi(A \cdot E) = \chi(A).$$

Ist weiter $B_1, \ldots B_r$ eine Basis von $\mathfrak{G}$, so folgt durch wiederholte Anwendung von (12) für

$$A = B_1^{x_1} \cdot B_2^{x_2} \ldots B_r^{x_r}$$

$$\chi(A) = \chi(B_1)^{x_1} \ldots \chi(B_r)^{x_r}, \tag{13}$$

folglich ist $\chi(A)$ für jedes Element A bekannt, wenn es für die r Basiselemente B_i bekannt ist. Diese Werte $\chi(B_i)$ sind aber nicht willkürlich, sondern müssen so gewählt werden, daß alle Exponentensysteme x_i, welche zu demselben A führen, auch in (13) denselben Wert für $\chi(A)$ ergeben. D. h. es muß $\chi(B_i)$ eine solche Zahl sein, daß

$$\chi(B_i)^{x_i}$$

nur von dem Werte von x_i mod. h_i abhängt. Wegen $1 = \chi(E) = \chi(B_i^{h_i}) = \chi(B_i)^{h_i}$ ist $\chi(B_i) \neq 0$ und also eine h_i-te Einheitswurzel.

Diese Bedingung ist aber auch hinreichend. Denn seien

$$\chi(B_m) = \zeta_m$$

für $m = 1, \ldots r$ irgend welche h_m-ten Einheitswurzeln,

$$\zeta_m = e^{\frac{2\pi i}{h_m} \cdot a_m}, \qquad (a_m \text{ beliebig ganz})$$

so definieren wir

$$\chi(A) = \zeta_1^{x_1} \ldots \zeta_r^{x_r}, \quad \text{wenn } A = B_1^{x_1} \ldots B_r^{x_r}. \tag{14}$$

Da der Ausdruck $\chi(A)$ in der Tat nur davon abhängt, welcher Restklasse die x_m mod. h_m angehören, und da diese durch das Element A eindeutig bestimmt ist, so ist $\chi(A)$ damit eindeutig erklärt und genügt auch der Forderung (12). Nun gibt es genau h_m verschiedene Einheitswurzeln des Grades h_m, entsprechend den Werten $a_m = 1, 2, \ldots h_m$. Folglich existieren genau $h = h_1 \cdot h_2 \ldots h_r$ formal verschiedene Funktionen $\chi(A)$, von denen auch keine zwei für alle Elemente identisch sind, da sie ja für mindestens ein Basiselement differieren. Damit ist bewiesen:

Satz 30. Es gibt genau h verschiedene Funktionen $\chi(A)$, welche die Eigenschaft haben: $\chi(AB) = \chi(A) \cdot \chi(B)$ und $\chi(A)$ nicht $= 0$ für alle Elemente A von $\mathfrak{G}$. Jedes χ ist eine h-te Einheitswurzel.

Eine jede solche Funktion $\chi(A)$ heißt ein **Gruppencharakter** oder **Charakter von $\mathfrak{G}$**.

Unter den Charakteren $\chi(A)$ ist einer für alle $A = 1$, er heißt der *Hauptcharakter*. Umgekehrt ist genau ein Element, nämlich E, vorhanden, so daß $\chi(E) = 1$ für jeden Charakter.

Die Charaktere lassen sich selbst wieder zu einer Abelschen Gruppe vom Grade h vereinigen. Denn sind $\chi_1(A)$ und $\chi_2(A)$ Charaktere, so erfüllt auch $f(A) = \chi_1(A) \cdot \chi_2(A)$ die Definitionsgleichungen eines χ, ist also auch ein Charakter von $\mathfrak{G}$. Durchläuft $\chi(A)$ alle Charaktere und ist $\chi_1(A)$ ein bestimmter, so durchläuft auch $\chi(A)\chi_1(A)$ alle Charaktere von $\mathfrak{G}$. Verstehen wir unter $\sum\limits_A$ eine Summe, erstreckt über alle h Elemente A von $\mathfrak{G}$, unter $\sum_{\chi}$ eine Summe, erstreckt über alle h Charaktere χ, so gilt

Satz 31. Es ist

$$\sum_{A} \chi(A) = \begin{cases} h, & \textit{wenn } \chi \textit{ der Hauptcharakter.} \\ 0, & \textit{wenn } \chi \textit{ nicht der Hauptcharakter.} \end{cases}$$

$$\sum_{\chi} \chi(A) = \begin{cases} h, & \textit{wenn } A = E. \\ 0, & \textit{wenn } A \neq E. \end{cases}$$

Die erste Hälfte jeder Aussage ist trivial, da jeder Summand dann $= 1$ ist. Ist B ein beliebiges Element, so durchläuft mit A auch AB alle Elemente von $\mathfrak{G}$, also ist

$$\sum_{A} \chi(A) = \sum_{A} \chi(AB) = \chi(B) \sum_{A} \chi(A), \text{ also}$$

$$(1 - \chi(B)) \sum_{A} \chi(A) = 0.$$

Ist nun χ nicht der Hauptcharakter, so ist $\chi(B) \neq 1$ für mindestens ein B, also ist die $\sum_{A}$ gleich 0.

Ebenso sei χ_1 ein beliebiger Charakter, dann ist

$$\sum_{\chi} \chi(A) = \sum_{\chi} \chi_1(A)\, \chi(A) = \chi_1(A) \sum_{\chi} \chi(A)$$

$$(1 - \chi_1(A)) \sum_{\chi} \chi(A) = 0$$

Ist $A \neq E$, so ist für mindestens einen Charakter $\chi_1(A) \neq 1$, also ist $\sum_{\chi}$ gleich 0.

Das Element A ist durch die h Zahlen $\chi_n(A)$, wenn χ_n für $n = 1, 2 \ldots h$ die h Charaktere sind, eindeutig bestimmt. Denn hätte ein zweites Element B dieselben Werte $\chi_n(B)$, so wäre $\chi_n(AB^{-1}) = 1$ für alle n, und AB^{-1} das Einheitselement, also $A = B$.

Die h Zahlen $\chi_n(A)$ sind aber nicht beliebig. Vielmehr gilt folgender

Satz 32. Ist A ein Element vom Grade f, so ist $\chi_n(A)$ eine f-te Einheitswurzel. Unter den h Zahlen $\chi_n(A)$ für $n = 1, \ldots h$ kommen alle f-ten Einheitswurzeln gleich oft, nämlich $\frac{h}{f}$ mal vor.

Zunächst ist nämlich wegen $A^f = 1 : \chi_n(A)^f = \chi_n(A^f) = \chi_n(1) = 1$, also der 1. Teil des Satzes richtig. Sei nun ζ eine beliebige f-te Einheitswurzel, so betrachte man die Summe

$$\sum_{n=1}^{h} (\zeta^{-1}\chi_n(A) + \zeta^{-2}\chi_n(A^2) + \cdots + \zeta^{-f}\chi_n(A^f)) = S.$$

Da nach Voraussetzung A^m für $1 < m < f$ nicht das Einheitselement ist — wenn wir den trivialen Fall $f = 1$, d. h. $A = E$ ausschließen —, so folgt nach Satz 31, wenn wir die Summe in f einzelne Summen spalten, $S = h$.

Andrerseits ist jede Klammer gleich $\varepsilon + \varepsilon^2 + \cdots + \varepsilon^f$, wo

$$\varepsilon = \zeta^{-1}\chi_n(A), \quad \varepsilon^f = 1,$$

also gleich 0 oder f, je nachdem ob $\varepsilon \neq 1$ oder $= 1$ ist, d. h. ob $\chi_n(A) \neq \zeta$ oder $= \zeta$ ist. Bezeichnet k die Anzahl der Charaktere $\chi_n(A)$, wofür $\chi_n(A) = \zeta$, so folgt also $S = kf$, in Verbindung mit dem ersten Resultat daher

$$kf = h, \quad k = \frac{h}{f},$$

unabhängig von ζ, was zu beweisen war.

Die Gruppe der Charaktere ist übrigens isomorph mit der Gruppe $\mathfrak{G}$ selbst. Man ordne etwa den Basiselementen B_q je eine primitive h_q-te Einheitswurzel, etwa

$$\zeta_q = e^{\frac{2\pi i}{h_q}}$$

zu. Dann ist jeder Charakter $\chi(A)$ durch die r Basischaraktere

$$\chi_q(A) = \zeta_q^{x_q} \quad (q = 1, 2 \ldots r)$$

eindeutig in der Form

$$\chi(A) = \chi_1^{y_1}(A) \cdot \chi_2^{y_2}(A) \ldots \chi_r^{y_r}(A),$$

wenn

$$A = B_1^{x_1} \ldots B_r^{x_r},$$

darstellen, wobei die y_q eindeutig mod. h_q bestimmte ganze Zahlen sind. Ordnen wir jetzt dem Charakter

$$\chi = \chi_1^{y_1} \chi_2^{y_2} \cdots \chi_r^{y_r}$$

das Element

$$B_1^{y_1} B_2^{y_2} \ldots B_r^{y_r}$$

zu, so ist damit offenbar eine isomorphe Beziehung zwischen der Gruppe der Charaktere und der Gruppe $\mathfrak{G}$ hergestellt.

Mit Hilfe der Charaktere einer Abelschen Gruppe läßt sich jede Untergruppe festlegen. Nimmt man irgend welche verschiedene Charaktere $\chi_1, \chi_2, \ldots \chi_k$ von $\mathfrak{G}$, so bildet die Gesamtheit der Elemente U, wofür $\chi_1(U) = \chi_2(U) = \cdots \chi_k(U) = 1$ offenbar eine Untergruppe $\mathfrak{U}$ von $\mathfrak{G}$, da mit zwei Elementen U_1, U_2 auch das Produkt $U_1 \cdot U_2$ jene Eigenschaft hat.

Daß man aber auch jede Untergruppe $\mathfrak{U}$ von $\mathfrak{G}$ auf diese Art erhält, erkennt man folgendermaßen: Sei $\mathfrak{U}$ eine beliebige Untergruppe von $\mathfrak{G}$; die Faktorgruppe $\mathfrak{G}/\mathfrak{U}$, deren Elemente die verschiedenen Nebengruppen $A\mathfrak{U}$ sind, ist auch eine Abelsche Gruppe und besitzt demgemäß genau j Charaktere, die etwa mit $\lambda_1(A\mathfrak{U})$, $\lambda_2(A\mathfrak{U}) \ldots \lambda_j(A\mathfrak{U})$ bezeichnet seien. Mit ihrer Hilfe definieren wir einen Charakter $\chi_k(A)$ durch die Festsetzung

$$\chi_k(A) = \lambda_k(A\mathfrak{U}) \quad \text{für } k = 1, 2 \ldots j.$$

Für jedes k ist diese Festsetzung eindeutig, da jedes Element A nur einer einzigen Nebengruppe angehört. Ferner ist für irgend zwei Elemente A, B von $\mathfrak{G}$ stets

$$\chi_k(A) \cdot \chi_k(B) = \lambda_k(A\mathfrak{U}) \cdot \lambda_k(B\mathfrak{U}) = \lambda_k(AB\mathfrak{U}) = \chi_k(AB),$$

mithin ist wirklich $\chi_k(A)$ ein Charakter der Gruppe $\mathfrak{G}$. Die sämtlichen Charaktere $\lambda_k(A\mathfrak{U})$ für $k = 1, 2 \ldots j$ haben den Wert 1 nur für das Einheitselement der Gruppe $\mathfrak{G}/\mathfrak{U}$, d. h. für diejenige Nebengruppe, die mit $\mathfrak{U}$ selbst identisch ist. Also sind alle j Charaktere $\chi_k(A)$ nur genau für diejenigen Elemente A sämtlich gleich 1, die zu $\mathfrak{U}$ gehören. D. h. die Untergruppe $\mathfrak{U}$ ist zu definieren als die Gesamtheit derjenigen Elemente A, wofür die j Bedingungen

$$\chi_k(A) = 1 \quad \text{für } k = 1, 2 \ldots j \tag{15}$$

erfüllt sind.

Diese j Bedingungen, denen jedes einzelne Element A aus $\mathfrak{U}$ zu genügen hat, sind aber nicht unabhängig voneinander, da mit χ_1 und χ_2 auch $\chi_1 \cdot \chi_2 = \chi_3$ unter den χ_k vorkommt, also die Bedingung $\chi_3(A) = 1$ aus den beiden $\chi_1(A) = \chi_2(A) = 1$ schon folgt. Um die Anzahl der voneinander unabhängigen unter den j Bedingungen (15) zu ermitteln, bedenken wir, daß die λ_k, welche die χ_k eindeutig definieren, als die Gesamtheit der Charaktere der Gruppe $\mathfrak{G}/\mathfrak{U}$ eine mit dieser isomorphe Gruppe bilden und daher durch eine Basis darstellbar sind, etwa $\lambda_1, \ldots \lambda_{r_0}$, wenn r_0 die Anzahl der Basiselemente von $\mathfrak{G}/\mathfrak{U}$ ist. D. h. jeder Charakter λ_k ist ein Potenzprodukt dieser r_0 Charaktere. Aus den r_0 Bedingungen

$$\chi_1(A) = \chi_2(A) = \cdots = \chi_{r_0}(A) = 1$$

folgt also bereits das Erfülltsein aller j Bedingungen (15) für A und damit die Zugehörigkeit von A zu $\mathfrak{U}$. Ist h_i der Grad des Basischarakters λ_i, und sind ζ_i $(i = 1, 2 \ldots r_0)$ beliebig gegebene

h_i-te Einheitswurzeln, so gibt es aber stets eine Nebengruppe $A\mathfrak{U}$, so daß $\lambda_i(A\mathfrak{U}) = \zeta_i$ für $i = 1, 2 \ldots r_0$. Damit ist also bewiesen:

Satz 33. Ist $\mathfrak{U}$ *eine Untergruppe von* $\mathfrak{G}$ *und hat die Faktorgruppe* $\mathfrak{G}/\mathfrak{U}$ r_0 *Basiselemente, so gibt es unter den* h *Charakteren zu* $\mathfrak{G}$ r_0 *Charaktere* χ_i *von Primzahlpotenzgrad* h_i $(i = 1, 2 \ldots r_0)$, *derart daß die* r_0 *Bedingungen*

$$\chi_i(A) = 1 \qquad (i = 1, 2 \ldots r_0)$$

für alle und nur die Elemente A *aus* $\mathfrak{U}$ *erfüllt sind, während andrerseits stets Elemente* B *in* $\mathfrak{G}$ *existieren, wofür jene* r_0 *Charaktere* $\chi_i(B)$ *beliebig vorgegebene* h_i*-te Einheitswurzeln sind.*

§ 11. Unendliche Abelsche Gruppen.

Die Theorie der unendlichen Abelschen Gruppen ist gegenwärtig noch in keiner Richtung von ähnlicher Abgeschlossenheit, wie die vorstehend entwickelte Theorie der endlichen Abelschen Gruppen. Die wenigen Sätze, welche darüber existieren, beziehen sich auf Gruppen, welche noch weiter spezialisiert sind. Die Begriffe und Tatsachen, welche im weiteren Verlauf dieser Darstellung innerhalb der Arithmetik eine Anwendung finden, sollen in diesem Paragraphen auseinandergesetzt werden. Übrigens wird die Theorie der unendlichen Abelschen Gruppen erst später, von Kap. IV ab in der Theorie der Körper Verwendung finden.

In einer unendlichen Gruppe $\mathfrak{G}$ unterscheiden wir Elemente endlichen Grades und solche von **unendlichem Grade**, je nachdem, ob eine Potenz des Elementes einmal gleich E ist oder nicht — die nullte Potenz natürlich ausgenommen. Wie sich später an Beispielen zeigen wird, kann es vorkommen, daß eine unendliche Abelsche Gruppe nur Elemente von unendlichem Grade enthält (E ausgenommen) oder auch nur solche von endlichem Grade.

Wir nennen ein System von endlich vielen Elementen aus $\mathfrak{G}$ $A_1, A_2, \ldots A_r, T_1, T_2, \ldots T_q$, wobei jedes A unendlichen Grad, jedes T_i einen endlichen Grad h_i habe, voneinander **unabhängig**, wenn eine Relation

$$A_1^{x_1} A_2^{x_2} \ldots A_r^{x_r} T_1^{y_1} \ldots T_q^{y_q} = 1$$

mit ganzen x, y nur dann besteht, wenn alle $x_i = 0$ und jedes $y_i \equiv 0 \pmod{h_i}$ ist. In diesem Falle stellt der Ausdruck auf der linken Seite offenbar lauter verschiedene Elemente dar, wenn jedes x alle ganzen (positiven und negativen) Zahlen, jedes y_i ein vollständiges Restsystem mod. h_i durchläuft.

Ein System von endlich oder unendlich vielen Elementen aus $\mathfrak{G}$: $A_i\ (i = 1, 2, \ldots)$, $T_k (k = 1, 2 \ldots)$ (A_i von unendlicher Ordnung, T_k von endlicher Ordnung), heiße eine **Basis von $\mathfrak{G}$**, wenn jedes Element von $\mathfrak{G}$ sich in der Form

$$A_1^{x_1} A_2^{x_2} \ldots T_1^{y_1} T_2^{y_2} \ldots = C$$

darstellen läßt, wobei

1. die Exponenten x_i und y_k ganze Zahlen und nur endlich viele $\neq 0$,

2. durch C die Exponenten x_i eindeutig, die Exponenten y_k eindeutig mod. h_k bestimmt sein sollen.

Die Elemente einer Basis müssen offenbar zu je endlich vielen unabhängig sein. — Die Forderung, daß die Grade h_k Primzahlpotenzen sein sollen, stellen wir der Einfachheit halber hier nicht.

Eine Basis heiße endlich, wenn sie nur aus endlich vielen Elementen besteht.

Satz 34. Wenn eine unendliche Abelsche Gruppe $\mathfrak{G}$ eine endliche Basis besitzt, so hat auch jede Untergruppe von $\mathfrak{G}$ eine endliche Basis.

Es sei etwa $B_1, B_2, \ldots B_m$ eine Basis von $\mathfrak{G}$, worin $B_1, \ldots B_r$ die Elemente von unendlich hohem Grade, $B_{r+1}, \ldots B_m$ diejenigen der endlichen Grade $h_1, \ldots h_{m-r}$ sein mögen. Wir betrachten die Exponentensysteme aller Potenzprodukte

$$U = B_1^{u_1} \ldots B_m^{u_m},$$

welche zu $\mathfrak{U}$ gehören; auch die letzten $u_{r+1}, \ldots u_m$ sollen alle, nicht nur die mod. h_i verschiedenen Zahlen durchlaufen, soweit das Produkt zu $\mathfrak{U}$ gehört. Wegen der Gruppeneigenschaft von $\mathfrak{U}$ gilt aber offenbar: Mit den Exponentensystemen $(u_1, \ldots u_m)$ und $(u_1', \ldots u_m')$ treten bei Elementen U stets auch die Systeme $(u_1 + u_1', \ldots u_m + u_m')$ und $(u_1 - u_1', \ldots u_m - u_m')$ auf. Fassen wir insbesondere für ein bestimmtes k die zu $\mathfrak{U}$ gehörigen Elemente

$$U = B_k^{z_k} B_{k+1}^{z_{k+1}} \ldots B_m^{z_m} \qquad (1 \leqq k \leqq m) \quad (16)$$

ins Auge, bei denen also $u_1 = \cdots u_{k-1} = 0$ ist — solche gibt es, da ja, wenn alle $u_t = 0$ sind, das zu $\mathfrak{U}$ gehörige Einheitselement herauskommt — so bildet die Gesamtheit der in (16) möglichen ersten Exponenten z_k einen Modul von ganzen Zahlen im Sinne von § 1, falls nicht etwa immer $z_k = 0$. Alle Zahlen eines Moduls sind aber identisch mit den Vielfachen einer gewissen ganzen Zahl; mithin gibt es, wenn nicht immer $z_k = 0$, ein Element U_k in $\mathfrak{U}$ mit einem solchen $r_k \neq 0$,

$$U_k = B_k^{r_k} B_{k+1}^{r'_{k+1}} \ldots,$$

daß in (16) z_k ein Vielfaches dieses r_k ist. Unter den — eventuell in unendlicher Zahl vorhandenen — U_k mit diesem r_k wählen wir für jedes $k = 1, \ldots m$ ein bestimmtes aus, wobei $U_k = E$, $r_k = 0$ gesetzt werden soll, falls in (16) für dieses k immer $z_k = 0$ ist.

Wir zeigen, daß als Produkt dieser Elemente $U_1, \ldots U_m$ jedes Element aus $\mathfrak{U}$ darstellbar ist. Sei nämlich

$$U = B_1^{u_1} \ldots B_m^{u_m}$$

ein Element aus $\mathfrak{U}$. Nach dem Vorangehenden ist u_1 ein Vielfaches von r_1, $u_1 = v_1 r_1$, und daher

$$U U_1^{-v_1} = B_2^{u_2'} B_3^{u_3'} \ldots B_m^{u'_m} \tag{17}$$

ein Potenzprodukt nur noch der $B_2, \ldots B_m$, das wegen der Gruppeneigenschaft auch noch zu $\mathfrak{U}$ gehört. Sollte $r_1 = 0$, $U_1 = E$ sein, so ist $v_1 = 0$ zu nehmen. In (17) muß ebenso u_2' ein Vielfaches von r_2, falls dieses $\neq 0$, sein, $u_2' = v_2 r_2$. Wenn aber $r_2 = 0$, so muß ja auch $u_2' = 0$ sein, und wir nehmen $v_2 = 0$. Jedenfalls ist dann $U U_1^{-v_1} U_2^{-v_2}$ ein Element aus $\mathfrak{U}$ und als Potenzprodukt nur noch der $B_3 \ldots B_m$ darstellbar usf., bis wir in dieser Art auf das Einheitselement kommen und eine Darstellung

$$U = U_1^{v_1} U_2^{v_2} \ldots U_m^{v_m}$$

erhalten.

Die $U_1, \ldots U_r$ sind von unendlichem Grade, soweit sie $\neq E$ sind, die übrigen von endlichem.

Die Potenzprodukte der $U_{r+1} \ldots U_m$ bilden eine endliche Abelsche Gruppe und lassen sich daher nach Satz 26 durch eine Basis $C_1, \ldots C_q$ darstellen. Wir behaupten nun, daß $U_1, \ldots U_r, C_1, \ldots C_q$, wenn wir die Elemente $U_i = E$ weglassen, eine Basis von $\mathfrak{U}$ bilden. Jedes Element aus U läßt sich zunächst durch die $U_1, \ldots U_m$, also auch durch $U_1, \ldots U_r, C_1, \ldots C_q$ darstellen. Ist nun

$$U_1^{v_1} U_2^{v_2} \ldots U_r^{v_r} C_1^{c_1} \ldots C_q^{c_q} = 1 \tag{18}$$

eine Darstellung des Einheitselementes, wobei $v_i = 0$ für $U_i = E$ (d. h. $r_i = 0$) angenommen ist, so folgt durch Einsetzen der B_i an Stelle der U_i und C_k, zunächst

$$v_1 r_1 = 0,$$

also entweder $v_1 = 0$ oder $r_1 = 0$, in letzterem Falle aber auch $v_1 = 0$ infolge der Verabredung. Ebenso darauf $v_2 = 0$ usf. $v_r = 0$. Da weiter die C_k eine Basis der endlichen Gruppe bilden, so muß alsdann in (18) jedes c_k ein Vielfaches des Grades von C_k sein. Da nun jedes

Element durch die U_i und C_k gleich oft, also so oft wie das Einheitselement dargestellt wird, so bilden in der Tat jene Elemente eine Basis von $\mathfrak{U}$, was zu beweisen war.

Das Hauptinteresse nehmen diejenigen unendlichen Abelschen Gruppen in Anspruch, in denen außer E kein Element von endlichem Grade auftritt. Solche Gruppen mögen **reine unendliche Gruppen** heißen, die andern **gemischte** Gruppen.

Mit $\mathfrak{G}$ ist gleichzeitig auch jede Untergruppe von $\mathfrak{G}$ eine reine Gruppe. Sei $\mathfrak{U}$ insbesondere eine Untergruppe von $\mathfrak{G}$ von endlichem Index (§ 6). Dann muß eine gewisse Potenz jedes Elementes von $\mathfrak{G}$ mit von Null verschiedenem Exponenten stets zu $\mathfrak{U}$ gehören. Denn ist A ein Element aus $\mathfrak{G}$, so sind die Reihen oder Nebengruppen

$$A\mathfrak{U},\ A^2\mathfrak{U},\ \ldots\ A^m\mathfrak{U}\ \ldots$$

nicht alle untereinander verschieden, da ja der Index endlich sein soll. Also muß einmal $A^m\mathfrak{U} = A^n\mathfrak{U}$ sein, d. h. A^{m-n} zu $\mathfrak{U}$ gehören, wobei $m - n \neq 0$. Bei dem obigen Beweise, angewandt auf $\mathfrak{G}$ und $\mathfrak{U}$, kann daher offenbar nie der Fall $r_k = 0$, $U_k = E$ eintreten, da ja stets ein Wertsystem $z_k \neq 0$, $z_{k+1} = \ldots z_m = 0$ existiert, so daß

$$U_k = B_k^{z_k} \text{ zu } \mathfrak{U} \text{ gehört.}$$

Daraus ergibt sich unmittelbar

Satz 35. Ist $\mathfrak{G}$ eine reine unendliche Gruppe mit der endlichen Basis $B_1, \ldots B_n$, so hat jede Untergruppe $\mathfrak{U}$ von $\mathfrak{G}$ von endlichem Index eine Basis $U_1, \ldots U_n$ von der Form

$$\begin{aligned} U_1 &= B_1^{r_{11}} B_2^{r_{12}} \ldots B_n^{r_{1n}}, \\ U_2 &= \phantom{B_1^{r_{11}}} B_2^{r_{22}} \ldots B_n^{r_{2n}}, \\ &\vdots \\ U_n &= \phantom{B_1^{r_{11}} B_2^{r_{22}} \ldots} B_n^{r_{nn}} \end{aligned}$$

mit $r_{ii} \neq 0$ für $i = 1, 2, \ldots n$.

Satz 36. Der Index von $\mathfrak{U}$ innerhalb $\mathfrak{G}$ ist $j = |r_{11} \cdot r_{22} \ldots r_{nn}|$.

Zum Beweise haben wir festzustellen, wieviel Elemente in $\mathfrak{G}$ existieren, die sich nicht nur um einen Faktor aus $\mathfrak{U}$ unterscheiden. Wir zeigen zunächst, daß ein Element

$$B_1^{x_1} B_2^{x_2} \ldots B_n^{x_n},$$

wo alle $|x_i| < r_{ii}$, nur dann zu $\mathfrak{U}$ gehört, wenn alle $x_i = 0$ sind. Es muß nämlich nach der Definition der U_i bei dem vorigen Beweise x_1 durch r_{11} teilbar und, da $|x_1| < r_{11}$, also $= 0$ sein. Dann aber muß x_2 durch r_{22} teilbar und folglich auch $= 0$ sein usf.

Daraus folgt dann weiter, daß unter den $j = |r_{11} \cdot r_{22} \ldots r_{nn}|$ Elementen

$$\left.\begin{array}{l} B_1^{z_1} \cdot B_2^{z_2} \ldots B_n^{z_n}, \\ 0 \leqq z_i < r_{ii} \end{array}\right\} \qquad (19)$$

sich keine zwei um einen Faktor aus $\mathfrak{U}$ unterscheiden; es gibt daher mindestens j verschiedene Nebengruppen — repräsentiert durch je eines dieser Elemente. Andererseits erhalten wir aber aus diesen durch Multiplikation mit allen Elementen aus $\mathfrak{U}$ sämtliche Elemente aus $\mathfrak{G}$, und j ist daher der genaue Wert des Index. Denn zu einem beliebigen Produkte der $B_k, B_{k+1} \ldots B_n$

$$P = B_k^{x_k} B_{k+1}^{x_{k+1}} \ldots B_n^{x_n}$$

läßt sich stets eine ganze Zahl b_k so bestimmen, daß

$$P U_k^{-b_k} = B_k^{z_k} B_{k+1}^{z'_{k+1}} \ldots$$

und hierin der erste Exponent z_k die Bedingung $0 \leqq z_k < r_{kk}$ erfüllt. Offenbar ist z_k der kleinste positive Rest von x_k mod. r_{kk}. Durch mehrmalige Anwendung dieses Schlusses erkennen wir, daß zu jedem A aus $\mathfrak{G}$ eine Exponentenfolge $b_1, \ldots b_n$ gefunden werden kann, so daß

$$A U_1^{-b_1} U_2^{-b_2} \ldots U_n^{-b_n}$$

ein Element aus dem System (19) ist; mithin unterscheidet sich A von einem dieser Elemente nur um einen Faktor aus $\mathfrak{U}$.

Wir untersuchen jetzt den Zusammenhang zwischen verschiedenen Basissystemen einer Gruppe $\mathfrak{G}$, um die allein durch $\mathfrak{G}$ bestimmten Eigenschaften einer Basis zu finden.

Satz 37. Besitzt die reine unendliche Gruppe $\mathfrak{G}$ eine endliche Basis aus n Elementen $B_1, \ldots B_n$, so ist n die von der Auswahl der Basis unabhängige Maximalzahl unabhängiger Elemente in $\mathfrak{G}$.

Da die $B_1, \ldots B_n$ jedenfalls unabhängig sind, so gibt es n unabhängige Elemente in $\mathfrak{G}$ und wir brauchen also nur noch zu zeigen, daß $n+1$ Elemente in $\mathfrak{G}$ nicht unabhängig sind. In der Tat besteht zwischen $n+1$ beliebigen Elementen

$$A_i = B_1^{c_{i1}} \cdot B_2^{c_{i2}} \ldots B_n^{c_{in}} \qquad (i = 1, 2 \ldots n+1)$$

die Relation

$$A_1^{x_1} A_2^{x_2} \ldots A_{n+1}^{x_{n+1}} = 1,$$

wenn wir die $n+1$ ganzen Zahlen x_i so wählen, daß sie den n linearen homogenen Gleichungen

$$\sum_{i=1}^{n+1} x_i c_{ik} = 0 \qquad (k = 1, 2 \ldots n)$$

genügen. Das ist bekanntlich stets möglich, da die Koeffizienten c_{ik} ganze Zahlen sind.

Satz 38. Aus einer Basis $B_1, \ldots B_n$ einer reinen unendlichen Gruppe $\mathfrak{G}$ erhält man sämtliche Basissysteme $B_1', \ldots B_n'$ von $\mathfrak{G}$ in der Form

$$B_i' = B_1^{a_{i1}} \cdot B_2^{a_{i2}} \ldots B_n^{a_{in}}, \quad . \qquad (i = 1, 2 \ldots n)$$

wo das Exponentensystem a_{ik} aus beliebigen ganzen Zahlen mit der Determinante ± 1 besteht.

Erstens bilden die B_i' stets eine Basis. Dazu braucht man nur zu zeigen, daß man die B_i durch die B_i' darstellen kann. Die Gleichung

$$B_m = B_1'^{x_1} \cdot B_2'^{x_2} \ldots B_n'^{x_n}$$

ist erfüllt, wenn man die ganzen Zahlen x so wählt, daß die n Gleichungen

$$x_1 a_{1i} + x_2 a_{2i} + \cdots x_n a_{ni} = \begin{cases} 0, & \text{wenn } i \neq m \\ 1, & \text{wenn } i = m \end{cases}$$

gelten. Da die Determinante der (ganzen) Koeffizienten $= \pm 1$ ist und die rechten Seiten auch ganz sind, sind die x eindeutig bestimmte ganze Zahlen.

Sollen zweitens n Elemente

$$B_i' = B_1^{c_{i1}} \ldots B_n^{c_{in}} \qquad (i = 1, 2 \ldots n)$$

eine Basis bilden, so muß B_q durch die B_i' darstellbar sein,

$$B_q = B_1'^{b_{q1}} \cdot B_2'^{b_{q2}} \ldots B_n'^{b_{qn}}, \qquad (q = 1, \ldots n)$$

und wenn man hier für die B' wieder die B einträgt, erhält man wegen der Basiseigenschaft der B die n^2 Gleichungen

$$\sum_{i=1}^{n} b_{qi} c_{ik} = \begin{cases} 0, & \text{wenn } q \neq k, \\ 1, & \text{wenn } q = k. \end{cases}$$

Die Determinante dieses Schemas ist daher $= 1$, andererseits aber nach dem Multiplikationssatz der Determinantentheorie gleich dem Produkt der beiden Determinanten $|b_{ik}|$ und $|c_{ik}|$. Jede von diesen ganzen Zahlen muß also in 1 aufgehen, ist daher selbst $= \pm 1$; also $|c_{ik}| = \pm 1$.

Durch Kombination der letzten drei Sätze ergibt sich endlich

Satz 39. Ist $\mathfrak{G}$ eine reine unendliche Gruppe mit endlicher Basis $B_1, \ldots B_n$, $\mathfrak{U}$ eine Untergruppe von endlichem Index j, so hat auch $\mathfrak{U}$ eine endliche Basis $U_1 \ldots U_n$, und in den n Gleichungen

$$U_i = B_1^{a_{i1}} B_2^{a_{i2}} \ldots B_n^{a_{in}}. \qquad (i = 1, 2 \ldots n)$$

ist stets die Determinante a_{ik} dem Betrage nach gleich j.

Die letzte Behauptung trifft zu für die spezielle in Satz 36 erwähnte Basis. Der Übergang von dieser speziellen Basis U' zu einer beliebigen Basis U findet nach Satz 38 durch ein Exponentenschema mit der Determinante ± 1 statt. Beim Übergang von B zu U erhält man aber offenbar ein Exponentenschema, dessen Determinante gleich dem Produkt der Determinanten ist, welche beim Übergang von B zu U' und von U' zu U auftreten, also gleich $\pm j$ ist.

Wir formulieren schließlich noch ein einfaches Kriterium dafür, daß $\mathfrak{U}$ von endlichem Index ist:

Satz 40. Ist $\mathfrak{G}$ eine Gruppe mit endlicher Basis $B_1, \ldots B_m$, so ist eine Untergruppe $\mathfrak{U}$ dann und nur dann von endlichem Index, wenn von jedem Element von $\mathfrak{G}$ eine Potenz zu $\mathfrak{U}$ gehört.

Ist die N_h^{te} Potenz $(N_h > 0)$ von B_h zu $\mathfrak{U}$ gehörig, und setzt man

$$N = N_1 \cdot N_2 \ldots N_m,$$

so gehört auch B_h^N zu $\mathfrak{U}$ und folglich die N^{te} Potenz jedes Elementes ebenfalls zu $\mathfrak{U}$. Daher unterscheidet jedes Element aus $\mathfrak{G}$ sich von einem

$$B_1^{x_1} \ldots B_m^{x_m} \qquad (0 \leqq x_i < N)$$

um einen Faktor aus $\mathfrak{U}$, es gibt daher höchstens N^m verschiedene Nebengruppen, repräsentiert durch obige Elemente. Der Index von U ist also endlich.

Umgekehrt können im Falle eines endlichen Index die unendlich vielen Reihen

$$A\mathfrak{U},\ A^2\mathfrak{U},\ A^3\mathfrak{U} \ldots$$

nicht alle voneinander verschieden sein, es muß also eine Potenz von A zu $\mathfrak{U}$ gehören.

Wir erkennen auch, daß die Definition der Faktorgruppe $\mathfrak{G}/\mathfrak{U}$ sich unverändert von den endlichen Gruppen auf unendliche Abelsche Gruppen überträgt, wobei es nicht in Betracht kommt, ob die Gruppe $\mathfrak{G}$ eine Basis besitzt.

Kapitel III.

Abelsche Gruppen in der rationalen Zahlentheorie.

§ 12. Gruppen ganzer Zahlen bei Addition und bei Multiplikation.

In den Elementen der rationalen Zahlentheorie haben wir es beständig mit Abelschen Gruppen zu tun. Die Gesamtheit der ganzen Zahlen hat die Eigenschaften:

I) $a+b$ ist eine ganze Zahl, wenn a und b es sind; $a+b=b+a$

II) $a+(b+c)=(a+b)+c$

III) Aus $a+b=a'+b$ folgt $a=a'$

IV) Zu a und b gibt es eine ganze Zahl x, so daß $a+x=b$.

Bei Komposition durch Addition bildet also die Gesamtheit der (positiven und negativen!) ganzen Zahlen eine unendliche Abelsche Gruppe $\mathfrak{G}$. Das Einheitselement ist die Zahl Null: $a+0=a$. Diese Gruppe entsteht durch Komposition des Elementes 1 mit sich selbst. Wir haben es also mit einer *reinen Gruppe* mit *einem* Basiselement, also einer *zyklischen Gruppe* zu tun. Auch die ganzen Zahlen eines Moduls bilden offenbar eine Abelsche Gruppe, und zwar eine Untergruppe von $\mathfrak{G}$. Was wir früher über einen Modul im Satz 2 bewiesen haben, drückt sich in der Terminologie der Gruppentheorie so aus: *Jede Untergruppe einer unendlichen zyklischen Gruppe ist wieder eine zyklische Gruppe.*

Der Modul der durch eine feste Zahl k teilbaren Zahlen bildet eine Untergruppe $\mathfrak{U}_k$ von $\mathfrak{G}$. Der Index von $\mathfrak{U}_k$ ist die Anzahl der verschiedenen ganzen Zahlen, die sich nicht um ein Element aus $\mathfrak{U}_k$, d. h. um ein Vielfaches von k additiv unterscheiden; es ist also der Index von $\mathfrak{U}_k$ gleich der Anzahl der mod. k inkongruenten Zahlen, d. h. $=k$ ($k>0$ angenommen). Was wir in der Gruppentheorie Reihen oder Nebengruppen $A\mathfrak{U}_k$ nannten, ist in diesem Fall das System der Zahlen, die aus einer bestimmten a durch Komposition mit allen Elementen aus $\mathfrak{U}_k$, also durch Hinzufügen aller Vielfachen von k entstehen; *die Nebengruppen sind also einfach die verschiedenen Restklassen mod. k*. Die Komposition der Nebengruppen, welche uns zur Faktorgruppe $\mathfrak{G}/\mathfrak{U}_k$ führte, erscheint hier als eine Komposition der Restklassen mod. k, die man als Addition der Restklassen bezeichnen wird.

Die k Restklassen mod. k bilden also bei Komposition durch Addition eine Abelsche Gruppe, welche mit der Faktorgruppe $\mathfrak{G}/\mathfrak{U}_k$ isomorph ist.

In allen diesen Fällen handelt es sich um zyklische, also sehr einfache Gruppen. Wichtiger und schwieriger ist die Untersuchung der andern Art von Komposition der Zahlen, der Multiplikation.

Wir stellen zunächst fest, daß die positiven ganzen Zahlen bei Komposition durch Multiplikation *keine Gruppe* bilden, da wohl die Gruppenaxiome I—III, nicht aber IV gelten: Es gibt zu ganzen a, b nicht immer ein ganzes x mit $ax = b$. Ziehen wir aber die gebrochenen Zahlen mit hinzu, so sehen wir:

Bei Komposition durch Multiplikation bilden die positiven rationalen Zahlen eine unendliche Abelsche Gruppe, und zwar eine reine Gruppe $\mathfrak{M}$. Das Einheitselement ist die Zahl 1. Der Satz über die eindeutige Zerlegbarkeit der ganzen Zahlen in Primfaktoren besagt offenbar:

In der Gruppe $\mathfrak{M}$ bilden die positiven Primzahlen eine unendliche Basis.

Die einfachsten Untergruppen von $\mathfrak{M}$ erhält man etwa in Gestalt aller rationalen Zahlen, zu deren Darstellung nur bestimmte (endlich oder unendlich viele) Primzahlen gebraucht werden.

Durch Hinzunahme der negativen rationalen Zahlen (exkl. 0) erhalten wir eine erweiterte Gruppe, in der ein Element endlichen Grades, nämlich -1, vorkommt.

Wir wollen jetzt die Restklassen mod. n durch eine Art Multiplikation komponieren. Seien A und B zwei Restklassen mod. n und $a_1 \equiv a_2 \pmod{n}$, $b_1 \equiv b_2 \pmod{n}$ je zwei Repräsentanten von A und B, so ist $a_1 b_1 \equiv a_2 b_2 \pmod{n}$; d. h. die Restklasse, welcher $a_1 \cdot b_1$ angehört, ist allein durch die Klassen A, B bestimmt, nicht abhängig von der Wahl der Repräsentanten. Die so durch A, B definierte Klasse schreiben wir $A \cdot B$ oder kürzer AB. Offenbar ist $AB = BA$ und $A(BC) = (AB)C$. Die Restklassen mod. n bilden aber keine Gruppe, da $R_0 A = R_0 B$ für jedes A, B, wenn R_0 die Restklasse der Null bedeutet, also Axiom III nicht erfüllt ist.

Sind aber A und B zu n teilerfremde Restklassen mod. n, so gilt das auch für AB. Und aus $ab \equiv a'b \pmod{n}$ folgt $a \equiv a'$ (mod. n), wenn b und n teilerfremd sind. Damit ist bewiesen:

Satz 41. Bei Komposition durch Multiplikation bildet das System aller Restklassen mod. n keine Gruppe. Wohl aber bilden die $\varphi(n)$ zu n teilerfremden Restklassen bei Komposition durch Multiplikation eine Abelsche Gruppe. Diese heiße schlechtweg die **„Gruppe der Restklassen mod. n"** *und werde mit $\mathfrak{R}(n)$ bezeichnet. Das Einheitselement ist die Klasse, welche* 1 *enthält.*

Aus dieser Tatsache entnehmen wir als Folge des Gruppensatzes 21 sofort den Fermatschen Satz: $A^{\varphi(n)} = E$ oder $a^{\varphi(n)} \equiv 1 \pmod{n}$, wenn $(a, n) = 1$.

Wir stellen uns die Aufgabe, die Struktur dieser endlichen Abelschen Gruppe anzugeben.

§ 13. Struktur der Gruppe $\mathfrak{R}(n)$ der zu n teilerfremden Restklassen mod. n.

Zunächst reduzieren wir die Untersuchung von $\mathfrak{R}(n)$ auf den Fall, daß n eine Primzahlpotenz ist, durch

Satz 42. Sei $(n_1, n_2) = 1$, $n = n_1 \cdot n_2$. Dann ist

$$\mathfrak{R}(n) = \mathfrak{R}(n_1) \cdot \mathfrak{R}(n_2).$$

Man ordne nämlich jedem Element A von $\mathfrak{R}(n)$ ein Paar von Elementen C_1 aus $\mathfrak{R}(n_1)$ und C_2 aus $\mathfrak{R}(n_2)$ folgendermaßen zu: Ist a eine Zahl aus A, so wähle man irgend zwei Zahlen c_1, c_2 gemäß den Bedingungen

$$\begin{aligned} c_1 &\equiv a \pmod{n_1} \\ c_2 &\equiv a \pmod{n_2}. \end{aligned} \tag{20}$$

Die Restklasse C_1 mod. n_1 von c_1 ist eindeutig durch A bestimmt, ebenso die Restklasse C_2 mod. n_2 von c_2. Wir setzen

$$A = (C_1, C_2).$$

C_1 gehört zu $\mathfrak{R}(n_1)$ und C_2 zu $\mathfrak{R}(n_2)$ Sind umgekehrt c_1 und c_2 zwei zu n_1 resp. n_2 teilerfremde Zahlen, so gibt es nach Satz 15 wegen $(n_1, n_2) = 1$ ein eindeutig nach dem Modul $n = n_1 \cdot n_2$ bestimmtes a, welches (20) erfüllt. Offenbar folgt weiter aus

$$A = (C_1, C_2), \quad A' = (C_1', C_2')$$

auch

$$AA' = (C_1 C_1', C_2 C_2').$$

Die Gruppe $\mathfrak{R}(n)$ ist damit in der Tat als Produkt der Gruppen $\mathfrak{R}(n_1)$ und $\mathfrak{R}(n_2)$ dargestellt.

Durch wiederholte Anwendung des Satzes für ein Produkt aus verschiedenen Primzahlen $p_1, p_2, \ldots p_k$ folgt

$$\mathfrak{R}(p_1^{\alpha_1} p_2^{\alpha_2} \ldots p_k^{\alpha_k}) = \mathfrak{R}(p_1^{\alpha_1}) \cdot \mathfrak{R}(p_2^{\alpha_2}) \ldots \mathfrak{R}(p_k^{\alpha_k}).$$

Die Untersuchung von $\mathfrak{R}(n)$ ist damit auf den Fall einer Primzahlpotenz n zurückgeführt.

Satz 43. Ist p eine Primzahl, so ist die Gruppe $\mathfrak{R}(p)$ der Restklassen mod. p eine zyklische Gruppe vom Grade $p-1$.

Nach Satz 27 brauchen wir nur zu zeigen, daß, wenn q eine in $p-1$ aufgehende Primzahl ist, die Anzahl der Klassen A mit $A^q = 1$ gleich q ist. (Nach Satz 22 muß sie ja mindestens q sein). Die Anzahl dieser Klassen A ist aber identisch mit der Anzahl der mod. p inkongruenten Zahlen a mit $a^q \equiv 1$ (mod. p), d. h. mit der Anzahl der mod. p verschiedenen Wurzeln von $x^q - 1 \equiv 0$ (mod. p). Nach Satz 12 ist diese höchstens gleich dem Grade q, weil der Modul eine Primzahl ist. Mithin ist sie genau gleich q.

Es gibt daher eine erzeugende Klasse mod. p. Jede Zahl g aus dieser Klasse heißt eine **Primitivzahl** mod. p. g ist darnach eine Primitivzahl mod. p, wenn $g, g^2, g^3, \ldots g^{p-1}$ lauter inkongruente Zahlen mod. p sind. Die Potenzen g^u, wo $(u, p-1) = 1$, und nur diese, sind wieder Primitivzahlen. Es gibt also $\varphi(p-1)$ verschiedene Primitivzahlen mod. p.

Satz 44. Ist p eine ungrade Primzahl, so ist auch die Restklassengruppe nach jeder Potenz p^α zyklisch.

Der Grad dieser Gruppe ist nämlich $h = \varphi(p^\alpha) = p^{\alpha-1}(p-1)$. Hierin dürfen wir $\alpha \geqq 2$ annehmen. Die in h aufgehenden Primzahlen sind p und die Primteiler q von $p-1$. Die Basiszahl e, die in $\mathfrak{R}(p^\alpha)$ zu p gehört, ist die Anzahl der mod. p^α inkongruenten Lösungen a von

$$a^p \equiv 1 \pmod{p^\alpha}. \tag{21}$$

Nach dem Fermatschen Satz ist jedes solche $a \equiv 1$ (mod. p). Wir setzen $a \neq 1$ voraus und $a = 1 + up^m$, wo p^m die höchste in $a-1$ aufgehende Potenz von p ist, also

$$m \geqq 1, \ (u, p) = 1. \tag{22}$$

Aus (21) folgt

$$(1 + up^m)^p \equiv 1 \pmod{p^\alpha}. \tag{23}$$

Wir entwickeln nun die p^{te} Potenz nach dem binomischen Satze und bedenken, daß für eine Primzahl p alle Binomialkoeffizienten

$$\binom{p}{k} = \frac{p(p-1)(p-2)\dots(p-k+1)}{1\cdot 2\cdot 3\dots k} \quad (\text{für } k = 1, 2, \dots p-1)$$

durch p teilbar sind, da der Zähler durch p teilbar, während der Nenner durch die Primzahl p nicht teilbar ist. Für m in (23) wollen wir jetzt zeigen: $m \geqq \alpha - 1$. Wäre nämlich $m \leqq \alpha - 2$, so folgte aus (23)

$$(1 + up^m)^p \equiv 1 \pmod{p^{m+2}} \tag{24}$$

$$(1 + up^m)^p = 1 + \binom{p}{1} up^m + \dots + \binom{p}{p-1} u^{p-1} p^{m(p-1)} + u^p p^{mp};$$

wegen $p > 2$, $m \geqq 1$ sind die Glieder vom 3. ab durch p^{m+2} teilbar. d. h.

$$(1 + up^m)^p \equiv 1 + up^{m+1} \pmod{p^{m+2}}.$$

Aus (24) folgt also

$$up^{m+1} \equiv 0 \pmod{p^{m+2}}$$

$$u \equiv 0 \pmod{p} \text{ im Widerspruch zu (22).}$$

Also ist in (23) $a = 1 + up^m$ mit $m \geqq \alpha - 1$. Unter diesen Zahlen sind aber höchstens p nach p^α inkongruente Zahlen.

Die Basiszahl e der Gruppe, welche zu p gehört, ist daher $\leqq 1$, also $= 1$. Daß nun auch die Basiszahl für die Primzahlen q gleich 1 ist, erkennt man am einfachsten so: Die Elemente der Klassengruppe mod. p^α lassen sich nach Satz 23 und 24 in der Form

$$A \cdot B$$

darstellen, wo B die $p-1$ Klassen mit $B^{p-1} = 1$, A die $p^{\alpha-1}$ Klassen mit $A^{p^{\alpha-1}} = 1$ durchläuft. Es braucht also nur noch die Untergruppe der B als zyklisch nachgewiesen zu werden. Ist nun a eine Primitivzahl mod. p, so ist wegen $a \equiv a^p \equiv a^{p^2} \dots \equiv a^{p^{\alpha-1}} = b$ auch b eine solche, daher sind die Zahlen $b, b^2, \dots b^{p-1}$ mod. p, also a fortiori mod. p^α verschieden, während ihre $(p-1)^{\text{ten}}$ Potenzen $\equiv 1 \pmod{p^\alpha}$ sind. Die Gruppe der Klassen B ist also durch die Potenzen der Klasse von b dargestellt, also zyklisch, womit der Satz 44 bewiesen ist.

Die Ausnahmestellung der Primzahl 2 behandelt

Satz 45. Die Gruppen $\mathfrak{R}(2)$ und $\mathfrak{R}(4)$ sind zyklisch. Ist $\alpha \geqq 3$, so hat die Klassengruppe $\mathfrak{R}(2^\alpha)$ vom Grade $h = \varphi(2^\alpha) = 2^{\alpha-1}$ genau zwei Basisklassen, die eine ist vom Grade 2, die andere vom Grade $\frac{h}{2} = 2^{\alpha-2}$.

Die Aussagen für die Moduln 2 und 4 sind trivial. Es sei also $\alpha \geqq 3$. Die Klassengruppe mod. 2^α hat den Grad $h = \varphi(2^\alpha) = 2^{\alpha-1}$,

Die Anzahl inkongruenter Lösungen von $x^2 \equiv 1 \pmod{2^\alpha}$ ist 2^2, d. h. $e = 2$, weil jedenfalls x ungrade sein muß, $x = 1 + 2v$ und dann folgt

$$0 \equiv x^2 - 1 \equiv (1 + 2v)^2 - 1 \equiv 4v(v + 1) \pmod{2^\alpha}$$

$$v(v + 1) \equiv 0 \pmod{2^{\alpha - 2}}.$$

Hierbei kann offenbar nur einer der Faktoren grade und muß dann durch $2^{\alpha - 2}$ teilbar sein, d. h.

$$v = 2^{\alpha - 2} w \quad \text{oder} \quad v = -1 + 2^{\alpha - 2} w$$

$$x = 1 + 2^{\alpha - 1} w \quad \text{oder} \quad x = -1 + 2^{\alpha - 1} w$$

mit ganzem w. Jedes solche x ist in der Tat auch Lösung von $x^2 \equiv 1 \pmod{2^\alpha}$. Unter diesen Zahlen sind genau vier nach dem Modul 2^α inkongruente, nämlich für $w = 0$ und 1.

Da aber zwei Basisklassen in dieser Gruppe vom Grade $h = 2^{\alpha - 1}$ vorhanden sind, kann eine jede Klasse höchstens vom Grade $\frac{h}{2}$ sein. Existiert eine Klasse vom Grade $\frac{h}{2}$, so muß diese auch eine Basisklasse vom Grade $\frac{h}{2}$ sein, die andere hat dann den Grad 2. Wir zeigen, daß die durch die Zahl 5 repräsentierte Klasse nach 2^α den Grad $\frac{h}{2} = 2^{\alpha - 2}$ besitzt. Dazu zeigen wir

$$5^{2^k} \not\equiv 1 \pmod{2^\alpha} \quad \text{für} \quad \alpha \geqq 3 \quad \text{und} \quad k < \alpha - 2,$$

$$\text{aber} \quad 5^{2^{\alpha - 2}} \equiv 1 \pmod{2^\alpha}.$$

Das ist offenbar gleichbedeutend mit

$$5^{2^{\alpha - 2}} = 1 + 2^\alpha u, \quad \text{wo } u \text{ ungrade} \quad (\alpha \geqq 3).$$

Wegen $25 = 1 + 8 \cdot 3$ ist die Gleichung richtig für $\alpha = 3$. Ist sie allgemein für α richtig, so folgt durch Quadrieren

$$5^{2^{\alpha - 1}} = (1 + 2^\alpha u)^2 = 1 + 2^{\alpha + 1} u + 2^{2\alpha} u^2 = 1 + 2^{\alpha + 1} u (1 + 2^{\alpha - 1} u)$$

also die Richtigkeit der Behauptung auch für $\alpha + 1$.

Wir merken uns noch an, daß für zusammengesetzte Moduln n die Gruppe $\mathfrak{R}(n)$ im allgemeinen nicht zyklisch ist. Denn ist p ein Teiler von $\varphi(n)$, so ist wegen Satz 42 die zu p gehörige Basiszahl $e(p)$ von $\mathfrak{R}(n)$ gleich der Summe der zu p gehörigen Basiszahlen $e_i(p)$ in $\mathfrak{R}(p_i^{\alpha_i})$, wenn $n = p_1^{\alpha_1} p_2^{\alpha_2} \ldots$ die Primfaktorenzerlegung von n ist. Für ungrade Primzahlen p_i ist aber 2 ein Teiler von $\varphi(p_i^{\alpha_i})$, mithin $e_i(2) = 1$. Gehen also in n zwei ungerade Primzahlen auf, so ist $e(2)$ für $\mathfrak{R}(n) \geqq 2$, die Gruppe also nicht zyklisch.

§ 14. Potenzreste.

Mit Hilfe vorstehender Sätze lassen sich leicht die Grundlagen der Theorie der Potenzreste, d. h. der Lösbarkeit binomischer Kongruenzen von der Form

$$x^q \equiv a \pmod{n} \tag{25}$$

entwickeln. Beschränken wir uns auf die Fälle, wo folgende Voraussetzungen erfüllt sind:

q sei eine positive Primzahl,

n sei ungrade und eine Primzahlpotenz, $= p^\alpha$.

$(a, n) = 1$,

so sind die Lösungen x, falls es solche gibt, ebenfalls zum Modul p^α teilerfremd, und die Frage nach der Lösbarkeit von (25) in ganzen Zahlen läßt sich dann gruppentheoretisch so formulieren:

In der Restklassengruppe mod. p^α sei eine Klasse A gegeben. Wieviel Elemente X in der Gruppe gibt es, so daß

$$X^q = A.$$

Wir unterscheiden zwei Fälle:

1. Die Primzahl q geht *nicht* im Gruppengrade $h = \varphi(p^\alpha)$ auf. *Dann gibt es genau ein Element X von der verlangten Art.* Man bestimme nämlich die ganzen Zahlen m, n, so daß $qm + hn = 1$, was wegen $(q, h) = 1$ möglich ist. Wegen

$$X^h = 1 \quad \text{folgt aus} \quad X^q = A,$$
$$X = X^{qm+hn} = (X^q)^m = A^m,$$

und dieses Element erfüllt auch wirklich $X^q = A$.

2. q gehe in $h = \varphi(p^\alpha)$ auf. Nach Satz 44 gibt es ein Element C (vom Grade h), dessen Potenzen alle Gruppenelemente liefern. Wir setzen

$$A = C^{a'}, \quad X = C^x$$

mit ganzen a', x, die mod. h völlig bestimmt sind. Aus

$$X^q = A, \quad C^{xq} = C^{a'}$$

folgt nach Satz 20

$$xq \equiv a' \pmod{h}$$

und umgekehrt. Diese Kongruenz ist in ganzen Zahlen x aber wegen q/h nur dann lösbar, falls

$$q/a',$$

und dann hat sie genau q mod. h verschiedene Lösungen. D. h. *die Gleichung $X^q = A$ hat entweder keine oder genau q verschiedene Lösungen X.* Da C eine primitive Klasse ist, so ist die Bedingung q/a' gleichbedeutend mit

$$A^{\frac{h}{q}} = C^{a'\frac{h}{q}} = (C^h)^{\frac{a'}{q}} = 1.$$

Kehren wir von den Restklassen zu den Zahlen selbst zurück, so lauten die bewiesenen Tatsachen so:

Satz 46. Die Kongruenz

$$x^q \equiv a \ (\text{mod.}\ p^\alpha),$$

wo q, p Primzahlen, $p \neq 2$, $(a, p) = 1$, besitzt genau eine Lösung x in ganzen Zahlen, wenn q nicht in $\varphi(p^\alpha)$ aufgeht. Geht aber q in $\varphi(p^\alpha)$ auf, so besitzt sie nur dann solche Lösungen, und zwar genau q, wenn

$$a^{\frac{\varphi(p^\alpha)}{q}} \equiv 1 \ (\text{mod.}\ p^\alpha). \tag{26}$$

Ist der Exponent auch zum Modul teilerfremd, d. h. $q \neq p$, so gestattet die Bedingung (26) noch eine einfachere Formulierung: Aus $q/\varphi(p^\alpha)$, aber $q \neq p$, folgt nämlich, da q Primzahl,

$$q/p-1, \qquad q' = \frac{p-1}{q} \ \text{ganz},$$

und (26) lautet

$$a^{p^{\alpha-1}q'} \equiv 1 \ (\text{mod.}\ p^\alpha), \tag{26a}$$

insbesondere also wegen des Fermatschen Satzes auch

$$a^{q'} \equiv 1 \ (\text{mod.}\ p). \tag{27}$$

Diese Kongruenz, welche die Lösbarkeit von $x^q \equiv a$ (mod. p) zur Folge hat, hat aber auch umgekehrt (26) zur Folge. Denn für jede Primzahl p folgt aus

$$m \equiv n \ (\text{mod.}\ p^r), \qquad m = n + xp^r \ \text{mit ganzem}\ x,$$

$$m^p = (n + xp^r)^p = n^p + \binom{p}{1} xp^r + \cdots \equiv n^p \quad (\text{mod.}\ p^{r+1})$$

$$m^p \equiv n^p \ (\text{mod.}\ p^{r+1}),$$

weil, wie wir schon oben (S. 49) einmal benutzt haben, die Binomialkoeffizienten $\binom{p}{k}$ durch p teilbar sind für $k = 1, 2, \ldots p-1$; aus (27) folgt also (26).

Bedingung für die Lösbarkeit von $x^q \equiv a$ (mod. p^α), wenn $q/p-1$, ist also auch (27), was vom Exponenten α nicht mehr abhängt. Daher

Satz 46a. Ist q ein Primfaktor von $p-1$, p ungrade Primzahl, $(a,p)=1$, so ist die Kongruenz $x^q \equiv a \pmod{p^\alpha}$ dann und nur dann lösbar, wenn sie mod. p lösbar ist. Notwendig und hinreichend dafür ist

$$a^{\frac{p-1}{q}} \equiv 1 \pmod{p}.$$

Die Anzahl der mod. p^α inkongruenten Lösungen ist dann q.

Die Potenzen 2^α als Modul bedürfen wegen Satz 45 einer besonderen Behandlung.

Satz 47. Die Kongruenz $x^q \equiv a \pmod{2^\alpha}$ hat bei ungradem q und a stets genau eine Lösung. Für $q=2$ und ungrades a ist $x^2 \equiv a \pmod{2^\alpha}$ bei $\alpha \geqq 3$ dann und nur dann lösbar, wenn es mod. 8 lösbar ist, d. h. wenn $a \equiv 1 \pmod{8}$, und zwar ist die Anzahl der inkongruenten Lösungen in diesem Falle gleich 4. $x^2 \equiv a \pmod{4}$ hat für $a \equiv 1 \pmod{4}$ zwei Lösungen, sonst bei ungradem a keine Lösung, und $x^2 \equiv a \pmod{2}$ hat stets eine Lösung.

Der erste Teil (q ungrade) wird genau wie oben unter 1) bewiesen. Da die Klassen mod. $2^\alpha (\alpha \geqq 3)$ sich nach Satz 45 in der Form $B_1^{a_1} B_2^{a_2}$ darstellen lassen, wo $B_1^2 = B_2^{2^{\alpha-2}} = 1$, so erkennen wir wie oben unter 2): Nur solche Klassen $A = B_1^{a_1} B_2^{a_2}$ sind in der Form X^2 darstellbar, wo $a_1 = 0$, a_2 grade. Und es gibt dann soviel Klassen X mit $X^2 = B_2^{a_2}$, als es Klassen mit $X^2 = 1$ gibt, d. h. $2^2 = 4$. Als einfache Form der Lösbarkeitsbedingung von $x^2 \equiv a \pmod{2^\alpha}$ für $\alpha \geqq 3$ ergibt sich $a \equiv 1 \pmod{8}$ auf folgende Art.

Ist $x^2 \equiv a \pmod{2^\alpha}$ $(\alpha \geqq 3)$ lösbar ($x = x_0$ sei eine Lösung), so ist die Kongruenz auch mod. $2^{\alpha+1}$ lösbar. Denn man bestimme die ganze Zahl z so, daß

$$(x_0 + 2^{\alpha-1} z)^2 - a = x_0^2 - a + 2^\alpha x_0 z + 2^{2\alpha-2} z^2 \equiv 0 \pmod{2^{\alpha+1}},$$

was wegen

$$2\alpha - 2 = \alpha + (\alpha - 2) \geqq \alpha + 1$$

auf die lösbare Kongruenz

$$\frac{x_0^2 - a}{2^\alpha} + x_0 z \equiv 0 \pmod{2}$$

führt. Ist $x^2 \equiv a \pmod{8}$ lösbar, so ist die Kongruenz mithin auch mod. 2^α lösbar. Nach dem Modul 8 ist sie aber, wie das Ausprobieren der Reste zeigt, nur für $a \equiv 1 \pmod{8}$ lösbar.

Daraus erhalten wir sofort einen Überblick über die Lösungen von

$$x^q \equiv a \pmod{n} \tag{28}$$

für zusammengesetztes n. Sei $(a, n) = 1$. Damit die Kongruenz mod. n lösbar ist, muß sie nach jeder in n aufgehenden Primzahlpotenz lösbar sein. Ist $n = p_1^{\alpha_1} p_2^{\alpha_2} \ldots p_r^{\alpha_r}$, wo die p_i verschiedene Primzahlen, und ist N_i die Anzahl der mod. $p_i^{\alpha_i}$ verschiedenen Lösungen von

$$z^q \equiv a \pmod{p_i^{\alpha_i}},$$

so ist die Anzahl der mod. n verschiedenen Lösungen von (28)

$$N = N_1 \cdot N_2 \cdot \ldots N_r.$$

Denn sind die r Zahlen $z_1, \ldots z_r$ Lösungen von $z_i^q \equiv a \pmod{p_i^{\alpha_i}}$, so bestimme man z aus

$$x \equiv z_i \pmod{p_i^{\alpha_i}}. \qquad (i = 1, 2 \ldots r)$$

Dann ist

$$x^q \equiv z_i^q \equiv a \pmod{p_i^{\alpha_i}}, \quad \text{also} \quad x^q \equiv a \pmod{n}.$$

x ist durch die z_i eindeutig mod. n bestimmt. Zwei verschiedene Systeme z_i und z_i' führen dann und nur dann zu demselben x mod. n, wenn $z_i \equiv z_i' \pmod{p_i^{\alpha_i}}$ für $i = 1, 2 \ldots r$. Andererseits ist auch jede Lösung x von (28) ein Lösungssystem der r einzelnen Kongruenzen, nämlich $z_i = x$. Mithin ist $N_1 N_2 \ldots N_r$ die genaue Anzahl der Lösungen von (28) mod. n.

§ 15. Restcharaktere der Zahlen mod. n.

Zum Abschluß dieser Untersuchungen wollen wir endlich die Zahlen a bei Betrachtung nach einem Modul n mit den in § 10 entwickelten Begriffen der Charaktere Abelscher Gruppen in Verbindung bringen.

Die Elemente der Gruppe $\mathfrak{R}(n)$ sind die verschiedenen zu n teilerfremden Restklassen mod. n, und daher ist ihnen als einer endlichen Abelschen Gruppe ein System von $h = \varphi(n)$ Charakteren zugeordnet. Ist a eine ganze Zahl aus einer solchen Klasse A, so definieren wir aus jedem Charakter $\chi(A)$ durch

$$\chi(a) = \chi(A)$$

eine zahlentheoretische Funktion, welche für jede ganze Zahl a, die zu n teilerfremd ist, erklärt ist und welche folgende Eigenschaften hat:

1. $\chi(a) = \chi(b)$, wenn $a \equiv b \pmod{n}$,
2. $\chi(a)\chi(b) = \chi(ab)$,
3. $\chi(a)$ ist $\neq 0$ für alle zu n primen a.

Wir ergänzen diese Definition noch für die übrigen ganzen Zahlen durch die Festsetzung

4. $\chi(a) = 0$, wenn $(a, n) > 1$.

Auch für dieses umfassendere System von Argumenten, wo also a alle ganzen Zahlen durchlaufen darf, bleiben dann die Aussagen 1. bis 3. bestehen.

Jede Funktion $\chi(a)$ mit den Eigenschaften 1. bis 4. heiße ein **Restcharakter von a mod. n.** Es gibt genau $h = \varphi(n)$ verschiedene Restcharaktere mod. n, und nach Satz 31 gilt für sie

$$\sum_{k \bmod. n} \chi(k) = \begin{cases} 0, & \text{wenn } \chi \text{ nicht der Hauptcharakter,} \\ \varphi(n), & \text{wenn } \chi \text{ der Hauptcharakter.} \end{cases} \tag{29}$$

Dabei nennen wir wieder Hauptcharakter denjenigen, der für alle zu n primen a gleich 1 ist, und der Zusatz: k mod. n an $\sum$ soll bedeuten, daß der Summationsbuchstabe k ein volles Restsystem mod. n durchlaufen soll. Analog gilt

$$\sum_{\chi} \chi(k) = \begin{cases} 0, & \text{wenn } k \not\equiv 1 \pmod{n}, \\ \varphi(n), & \text{wenn } k \equiv 1 \pmod{n}. \end{cases} \tag{30}$$

Mit Hilfe der Restcharaktere mod. n wollen wir jetzt die Bedingungen für die Lösbarkeit einer Kongruenz

$$x^q \equiv a \pmod{n},$$

welche im Vorangehenden entwickelt worden sind, anders formulieren. Dabei wollen wir die Voraussetzung machen, daß

$$(q, n) = 1, \quad q \text{ Primzahl und } (a, n) = 1.$$

In der Gruppe $\mathfrak{R}(n)$ soll also die Klasse A von a eine q^{te} Potenz sein. Die q^{ten} Potenzen aller Klassen bilden nun eine Untergruppe $\mathfrak{U}_q$ von $\mathfrak{R}(n)$. Nach Satz 29 ist der Grad der Faktorgruppe $\mathfrak{R}/\mathfrak{U}_q = q^e$, wo $e = e(q)$ die zu q gehörige Basiszahl in $\mathfrak{R}(n)$ ist, und e ist gleichzeitig auch die Anzahl der Basiselemente in $\mathfrak{R}/\mathfrak{U}_q$. Mithin existieren nach Satz 33 genau e Charaktere zu $\mathfrak{R}(n)$ und folglich auch genau e Restcharaktere mod. n

$$\chi_1(a),\ \chi_2(a) \ldots \chi_e(a)$$

von der Art, daß die e Gleichungen $\chi_i(a) = 1$ $(i = 1, 2 \ldots e)$ die notwendigen und hinreichenden Bedingungen dafür sind, daß die Klasse A von a eine q^{te} Potenz ist. Diese e Charaktere sind in dem Sinne voneinander unabhängig, daß es stets Zahlen a gibt, wofür diese e Charaktere beliebig gegebene q^{te} Einheitswurzeln sind.

Bis hierher wurde nur die Tatsache benutzt, daß $\mathfrak{R}(n)$ eine endliche Abelsche Gruppe ist; die feinere Struktur kommt erst zur Geltung, wenn wir e als Funktion von q und n darzustellen suchen. Ist nun n eine Primzahlpotenz p^a, so ist für ungrades p $e(q) = 0$, wenn q nicht in $\varphi(p^\alpha)$ aufgeht, und $e(q) = 1$, wenn $q/\varphi(p^\alpha)$, weil ja die Gruppe $\Re(p^\alpha)$ zyklisch ist. Ist n aber zusammengesetzt, $n = p_1^{\alpha_1} \ldots p_r^{\alpha_r}$, ungrade, so ist nach Satz 42 $e(q)$ für $\Re(n)$ gleich der Anzahl derjenigen p_i, wofür $q/\varphi(p_i^{\alpha_i})$.

Jeder Restcharakter $\chi(a)$, welcher für alle q^{ten} Potenzen a gleich 1 ist, heiße ein **q^{ter} Potenzcharakter von a mod. n.** Nach Satz 33 ist jeder q^{te} Potenzcharakter durch die Basischaraktere $\chi_1, \ldots \chi_e$ als Potenzprodukt darstellbar.

Der einfachste Fall, der uns weiterhin ausschließlich beschäftigen soll, ist der mit $q = 2$, wo es sich um die Klassen handelt, welche als Quadrate dargestellt werden können, und wo die entsprechenden Potenzcharaktere dann quadratische Charaktere heißen.

§ 16. Quadratische Restcharaktere mod. n.

Eine zu n teilerfremde ganze Zahl a heiße ein **quadratischer Rest mod. n** oder einfacher ein Rest mod. n, wenn die Kongruenz

$$x^2 \equiv a \pmod{n}$$

in ganzen Zahlen x lösbar ist. Im andern Falle heiße a ein *Nichtrest mod. n.* Nach dem vorigen Paragraphen sind die Bedingungen für die Lösbarkeit, daß gewisse $e(2)$ Restcharaktere mod. n für a den Wert 1 haben. Jeder dieser Charaktere $\chi(a)$ ist eine 2te Einheitswurzel, also nur der beiden Werte ± 1 fähig.

Ist zunächst $n = p$ eine ungrade Primzahl, so ist das zugehörige $e(2) = 1$, weil 2 stets in $p - 1$ aufgeht und die Gruppe $\Re(p)$ zyklisch ist. Es gibt also unter den $p - 1$ Charakteren mod. n genau einen, der eine 2. Einheitswurzel, aber nicht stets $= +1$ ist, etwa $\chi(a)$, und $\chi(a) = +1$ ist die Bedingung dafür, daß a ein quadratischer Rest mod. p ist. Wir setzen dieses

$$\chi(a) = \left(\frac{a}{p}\right).$$

Nach seiner Definition ist es für jedes durch p nicht teilbare a gleich ± 1. Es ist also

1. $\left(\frac{a}{p}\right) = \left(\frac{a'}{p}\right)$, wenn $a \equiv a' \pmod{p}$,

2. $\left(\frac{ab}{p}\right) = \left(\frac{a}{p}\right)\left(\frac{b}{p}\right)$,

3. $\left(\frac{a^2}{p}\right) = 1$,

4. $\left(\frac{a}{p}\right)$ nicht für jedes $a = 1$,

wobei a', a, b durch p nicht teilbare ganze Zahlen sind. *Allein durch diese Eigenschaften ist das Symbol* $\left(\frac{a}{p}\right)$ für jedes zu p teilerfremde a *definiert*; denn wegen 1., 2. ist es ein Restcharakter mod. p; wegen 3. hat dieser Charakter nur die Werte ± 1, wegen 4. ist er nicht stets $= +1$, also bilden die Restklassen A, für die er 1 ist, eine Untergruppe von $\mathfrak{R}(p)$, zu der alle Quadrate gehören; ihr Index ist also $\leqq 2$, aber > 1, mithin genau $= 2$. Also ist $\left(\frac{a}{p}\right) = +1$ nur für die quadratischen Reste a mod. p und gleich -1 nur für die Nichtreste mod. p.

Bedenken wir, daß wegen

$$a^{p-1} - 1 \equiv 0 \pmod{p}$$

$$\left(a^{\frac{p-1}{2}} + 1\right)\left(a^{\frac{p-1}{2}} - 1\right) \equiv 0 \pmod{p},$$

so ist mit Rücksicht auf Satz 46 a) $\left(\frac{a}{p}\right)$ als diejenige der beiden Zahlen ± 1 zu definieren, wofür

$$\left(\frac{a}{p}\right) \equiv a^{\frac{p-1}{2}} \pmod{p} \tag{31}$$

ist. Auf diese Art hat *Legendre* das Restsymbol $\left(\frac{a}{p}\right)$ in die Arithmetik eingeführt.

Die Anzahl der mod. p inkongruenten quadratischen Reste mod. p ist $\frac{p-1}{2}$, also die der Nichtreste $= p - 1 - \frac{p-1}{2} = \frac{p-1}{2}$; es gibt daher ebensoviel Reste wie Nichtreste mod. p.

Nach Satz 46a ist die Bedingung $\left(\frac{a}{p}\right) = +1$ gleichzeitig auch die Bedingung dafür, daß a quadratischer Rest mod. p^α ist. Auch mod. p^α ist die Anzahl der Reste gleich der der Nichtreste mod. p^α nämlich $= \frac{\varphi(p^\alpha)}{2} = p^{\alpha-1}\frac{p-1}{2}$ $(\alpha > 1)$.

Für ein zusammengesetztes, zunächst ungrades $n = p_1^{\alpha_1} p_2^{\alpha_2} \ldots p_r^{\alpha_r}$ ist die Bedingung, daß a Rest mod. n ist, durch $e(2)$ Gleichungen für gewisse $e(2)$ Charaktere mod. n gegeben. Dabei ist $e(2) = r$. Die Anzahl der quadratischen Reste mod. n ist $\frac{\varphi(n)}{2^r}$, also für $r > 1$ *nicht gleich der Anzahl der Nichtreste.* Nach den Ausführungen am Schluß von § 14 sind die Bedingungen, daß a Rest mod. n ist, die, daß a Rest nach jeder in n aufgehenden Primzahl p_i ist, d. h. das Bestehen der r Gleichungen

$$\left(\frac{a}{p_i}\right) = 1 \qquad (i = 1, 2, \ldots r).$$

Für den Modul 2^α ist, wie wir wissen, die Gruppe $\mathfrak{R}(2^\alpha)$ bei $\alpha \geqq 3$ nicht mehr zyklisch, sondern hat zwei Basisklassen. Die Entscheidung, ob a quadratischer Rest mod. 2^α ist oder nicht, läßt sich daher nicht durch Angabe *eines* Restcharakters mod. 2^α treffen, sondern dazu sind zwei Angaben nötig. *Vor der Hand sehen wir von der Einführung eines Restsymbols mod.* 2^α *ab* und werden erst später, in § 46 darauf zurückkommen.

Dagegen definieren wir weiter ein Symbol $\left(\frac{a}{n}\right)$ für zusammengesetzte ungrade n. Sei

$$n = p_1^{\alpha_1} \ldots p_r^{\alpha_r},\ n \text{ ungrade.}$$

Wir setzen

$$\left(\frac{a}{n}\right) = \left(\frac{a}{p_1}\right)^{\alpha_1} \left(\frac{a}{p_2}\right)^{\alpha_2} \cdots \left(\frac{a}{p_r}\right)^{\alpha_r},$$

sofern die einzelnen Symbole rechts bereits einen Sinn haben, d. h. wenn $(a, n) = 1$. Und endlich sei

$$\left(\frac{a}{n}\right) = 0, \text{ wenn } (a, n) > 1.$$

Auch für dieses erweiterte Symbol gilt vermöge der Definition

$$\left(\frac{a}{n}\right) = \left(\frac{a'}{n}\right), \text{ wenn } a \equiv a' \pmod{n},$$

$$\left(\frac{ab}{n}\right) = \left(\frac{a}{n}\right) \cdot \left(\frac{b}{n}\right)$$

für beliebige ganze a, a', b, mögen sie zu n teilerfremd sein oder nicht. Dieses Symbol ist daher auch ein Restcharakter mod. n. Wir erinnern uns aber noch einmal daran, daß für zusammengesetztes n *aus dem Wert* $\left(\frac{a}{n}\right)$ *nichts darüber geschlossen werden kann, ob* a *quadratischer Rest mod.* n *ist oder nicht.* Wenn a Rest mod. n ist, so ist $\left(\frac{a}{n}\right) = +1$, aber nicht umgekehrt.

Über dieses Restsymbol hat nun Legendre und vor ihm in speziellen Fällen schon Euler eine merkwürdige und für die ganze Arithmetik höchst folgenreiche Entdeckung gemacht, die man als das *quadratische Reziprozitätsgesetz* heute so formuliert:

Für positive ungrade a, n *ist*

$$\left(\frac{a}{n}\right) = \left(\frac{n}{a}\right) (-1)^{\frac{a-1}{2} \cdot \frac{n-1}{2}}$$

Überdies gelten die sog. Ergänzungssätze

$$\left(\frac{-1}{n}\right) = (-1)^{\frac{n-1}{2}} \quad n \text{ ungrade}, > 0.$$

$$\left(\frac{2}{n}\right) = (-1)^{\frac{n^2-1}{8}} \quad n \text{ ungrade}.$$

Nachdem *Legendre* als erster einen, allerdings in einem wesentlichen Punkte unvollständigen Beweisversuch veröffentlicht hatte, gelang dem neunzehnjährigen *Gauß* (1796) der erste Beweis, den er 1801 in seinem klassischen Werke „Disquisitiones arithmeticae“ publizierte. Seitdem hat man eine große Menge verschiedener Beweise für das Reziprozitätsgesetz geliefert; das Verzeichnis bei Bachmann zählt 45 Nummern, von Gauß allein stammen acht Beweise.

Von der Endeckung des Reziprozitätsgesetzes kann man die moderne Zahlentheorie datieren. Seiner Form nach gehört es noch der Theorie der rationalen Zahlen an, es läßt sich aussprechen als eine einfache Beziehung lediglich zwischen rationalen Zahlen; jedoch weist es seinem Inhalt nach über den Bereich der rationalen Zahlen hinaus. Schon Gauß selbst erkannte dies. Er versuchte zunächst, die arithmetischen Begriffsbildungen auf die ganzen komplexen Zahlen $a + b\sqrt{-1}$, wo a, b ganze rationale Zahlen sind, zu übertragen, und hier gelang ihm die Aufstellung und der Beweis eines ähnlichen Gesetzes für vierte Potenzreste. (Wahrscheinlich war es dieser Erfolg der komplexen Zahlentheorie, der ihn veranlaßte, auch in den übrigen Teilen der Analysis die damals nur mit Mißtrauen und nur gelegentlich benutzten komplexen Zahlen als prinzipiell völlig gleichberechtigt mit den reellen Zahlen einzuführen). Er erkannte, daß jenes Legendresche Reziprozitätsgesetz einen speziellen Fall eines allgemeineren und viel umfassenderen Gesetzes darstellt. Darum haben auch er und viele andere Mathematiker immer wieder neue andere Beweise gesucht, deren wesentliche Gedanken sich auch auf andere Zahlbereiche übertragen ließen, in der Hoffnung, dadurch auch jenem allgemeineren Gesetze näher zu kommen. Den letzten entscheidenden Schritt hat erst *Kummer* durch seine Einführung der idealen Primfaktoren getan. Dann hat *Dedekind* die allgemeine Theorie der Ideale in algebraischen Zahlkörpern begründet, und in der Gegenwart ist endlich durch *Hilbert* und dessen Schüler *Furtwängler* die Aufstellung und der Beweis des allgemeinsten Reziprozitätsgesetzes für q^{te} Potenzreste, wo q eine Primzahl, geleistet worden.

Die Entwicklung der algebraischen Zahlentheorie hat nun wirklich gezeigt, daß der Inhalt des quadratischen Reziprozitätsgesetzes erst verständlich wird, wenn man zu den allgemeinen algebraischen Zahlen übergeht, und daß ein dem Wesen des Problems angemessener Beweis sich auch am besten mit diesen höheren Hilfsmitteln führen läßt, während man von den elementaren Beweisen sagen muß, daß sie mehr den Charakter einer nachträglichen Verifikation besitzen.

Deshalb soll hier auf eine Darstellung eines elementaren Beweises ganz verzichtet werden. Vielmehr stellen wir uns die Aufgabe, die Begriffe der rationalen Zahlentheorie, insbesondere den der ganzen Zahl, auf andere Bereiche von Zahlen zu übertragen, wobei sich dann auch neue Beziehungen zwischen ganzen rationalen Zahlen allein ergeben werden, z. B. auch das quadratische Reziprozitätsgesetz als ein Nebenresultat sich von selbst darbieten wird.

Kapitel IV.

Algebra der Zahlkörper.

§ 17. Zahlkörper. Polynome in Zahlkörpern. Irreduzibilität.

Definition: Ein System von reellen oder komplexen Zahlen heißt ein **Zahlkörper** *(kürzer* **Körper***), wenn es mehr als eine Zahl enthält und wenn es mit den Zahlen* α, β *stets auch* $\alpha + \beta$, $\alpha - \beta$, $\alpha \cdot \beta$ *und, sofern* $\beta \neq 0$, *auch* $\frac{\alpha}{\beta}$ *enthält.*

Das bedeutet, daß man innerhalb des Systems alle rationalen Rechenoperationen unbeschränkt ausführen kann. Statt Körper verwendet man daher nach Kronecker auch die Bezeichnung *„Rationalitätsbereich"*. Die Zusatzbedingung, das System solle mehr als eine Zahl enthalten, schließt das nur aus einem Element 0 bestehende System aus, welches die übrigen Bedingungen der Definition erfüllt.

Der Begriff des Körpers ist verwandt mit dem Gruppenbegriff. Nach der Definition bilden die Zahlen eines Körpers jedenfalls bei Komposition durch Addition eine unendliche Abelsche Gruppe. Und die Zahlen des Körpers exkl. 0 bilden auch bei Komposition durch Multiplikation eine Abelsche Gruppe.

Beispiele für Zahlkörper sind:

Das System aller rationalen Zahlen.

Das System aller reellen Zahlen.

Das System aller (reellen und komplexen) Zahlen.

Das System aller Zahlen von der Form $R(\omega)$, wo $R(x)$ alle rationalen Funktionen von x mit rationalen Zahlkoeffizienten durchläuft, während ω eine feste Zahl ist.

Jeder Körper enthält wegen $\frac{\alpha}{\alpha} = 1$ die Zahl 1, mithin auch $1 + 1 = 2$, $1 - 1 = 0$ usf. also alle ganzen Zahlen, also auch deren Quotienten, d. h. alle rationalen Zahlen. Den Körper der rationalen Zahlen, welchen wir durch $k(1)$ bezeichnen wollen, nennt man daher den *absoluten Rationalitätsbereich*. Dieser ist in jedem Zahlkörper enthalten.

In diesem Kapitel soll uns die *Algebra der Zahlkörper* beschäftigen, während in den übrigen Kapiteln nach Einführung gewisser Körperzahlen als „ganzer" Zahlen die Arithmetik der Zahlkörper behandelt werden wird.

Sei also nun k ein beliebiger Zahlkörper. Unter einem *Polynom in* k verstehen wir ein Polynom, dessen sämtliche Koeffizienten Zahlen aus k sind. Der Quotient zweier Polynome aus k heiße eine rationale Funktion in k. Sind $f(x)$, $g(x)$ Polynome, so lassen sich bekanntlich, wenn $g(x)$ von mindestens 1. Grade, eindeutig zwei Polynome $q(x)$ und $r(x)$ derart bestimmen, daß

$$f(x) = q(x)\,g(x) + r(x) \tag{32}$$

und hierin der Grad von $r(x)$ kleiner als der von $g(x)$ ist. Man nennt $r(x)$ den Rest von $f(x)$ mod. $g(x)$. Die Koeffizienten von $q(x)$, $r(x)$ werden aus denen von $f(x)$ und $g(x)$ lediglich mittels rationaler Operationen berechnet und gehören daher ebenfalls zu k, wenn $f(x)$ und $g(x)$ Polynome in k sind. Ist $r(x)$ gleich 0, so heißt $f(x)$ durch $g(x)$ teilbar, $g(x)$ geht in $f(x)$ auf, in Zeichen

$$g(x)/f(x).$$

Ist in (32) der Grad m von $f(x)$ kleiner als der Grad n von $g(x)$, so ist $q = 0$ und $r(x) = f(x)$. Ist dagegen $m \geqq n$, so ist der Grad von $q(x)$ gleich $m - n$, $q(x)$ ist nicht 0, und der Grad von $r(x)$ ist $< n$. Ist daher von zwei Polynomen $f(x)$ und $g(x)$ jedes durch das andere teilbar, so unterscheiden sie sich nur um einen konstanten Faktor. Triviale Teiler von jedem Polynom $f(x)$ sind die Konstanten c, d. h. die Polynome 0ten Grades und die Polynome $cf(x)$. Ein Polynom von erstem Grade $a(x - \alpha)$ hat keine andern Teiler als diese trivialen. Nach dem Fundamentalsatz der Algebra läßt sich jedes Polynom $f(x)$ vom Grade n auf genau eine Art in Faktoren 1. Grades $x - \alpha$ derart zerlegen, daß

$$f(x) = c(x - \alpha_1)(x - \alpha_2)\ldots(x - \alpha_n),$$

wo c eine von Null verschiedene Konstante, $\alpha_1, \ldots \alpha_n$ n gleiche oder verschiedene reelle oder komplexe Zahlen sind. Läßt man also bei den Polynomen beliebige Koeffizienten zu, so spielen bei Teilbarkeitsuntersuchungen die Polynome 0ten Grades die Rolle der Einheiten ± 1 in der Zahlentheorie und die Polynome 1. Grades die Rolle der Primzahlen.

Wesentlich anders liegen die Verhältnisse, wenn wir uns nur auf Polynome in einem bestimmten Zahlkörper k beschränken. *Wir nennen ein Polynom $f(x)$ in k* **irreduzibel in k** *oder unzerlegbar in k, falls $f(x)$ nicht als Produkt zweier Polynome in k darstellbar ist, deren keines eine Konstante ist.*

Darnach ist z. B. jedes Polynom 1. Grades in k auch irreduzibel in k. Da der Fundamentalsatz der Algebra aber nichts darüber aussagt, ob die Wurzeln α von $f(x)$ ebenfalls zu k gehören, so können auch Polynome höheren Grades noch irreduzibel in k sein. Z. B. ist x^2+1 offenbar im Körper der reellen Zahlen irreduzibel. Wir müssen indessen hier die Frage nach der genaueren Beschaffenheit der in k irreduziblen Polynome unerörtert lassen und begnügen uns mit der Existenz derselben.

Die wichtigste Tatsache über die Polynome in k spricht sich in folgendem Satze aus:

Satz 48. Zwei beliebige nicht verschwindende Polynome $f_1(x)$ und $f_2(x)$ in k besitzen einen eindeutig bestimmten **größten gemeinsamen Teiler** *$d(x)$, d. h. es gibt ein Polynom $d(x)$ mit höchstem Koeffizienten 1, derart daß*

$$d(x)/f_1(x),\ d(x)/f_2(x)$$

und jedes sowohl in $f_1(x)$ als auch in $f_2(x)$ aufgehende Polynom auch in $d(x)$ aufgeht.

Überdies ist $d(x)$ in der Form darstellbar

$$d(x)=g_1(x)f_1(x)+g_2(x)f_2(x), \tag{33}$$

wo $g_1(x)$ und $g_2(x)$ Polynome in k sind, und daher ist auch $d(x)$ ein Polynom in k.

Der Beweis ist aus den Elementen der Algebra bekannt, doch wird da auf die Natur der auftretenden Zahlkoeffizienten kein Gewicht gelegt, weshalb wir hier unter Anlehnung an den Beweis analoger Tatsachen der rationalen Zahlentheorie (Satz 1 u. 2) noch kurz einen Beweis reproduzieren: Unter den Polynomen

$$L(x)=u_1(x)f_1(x)+u_2(x)f_2(x),$$

wo $u_1(x)$ und $u_2(x)$ sämtliche Polynome in k durchlaufen, betrachten wir ein solches mit höchstem Koeffizienten 1, dessen Grad möglichst klein ist. Ein solches sei $d(x)$, und es gelte (33). Ist $d(x)$ vom Grade 0, so ist es $=1$ und geht daher in $f_1(x)$ und $f_2(x)$ auf. Aber auch wenn es von höherem Grade ist, muß es in $f_1(x)$ aufgehen, denn man bestimme den Rest $r(x)$ von $f_1(x)$ mod. $d(x)$

$$f_1(x) = q(x)\,d(x) + r(x)$$
$$r(x) = f_1(x) - q(x)\,d(x)$$
$$r = f_1 - qd = f_1 - q(g_1 f_1 + g_2 f_2) = (1 - qg_1)f_1 - qg_2 f_2.$$

Dieses $r(x)$ gehört also auch zu den Polynomen $L(x)$, während sein Grad (als der eines Restes mod. $d(x)$) kleiner als der Grad von $d(x)$ ist. Mithin darf es keinen von Null verschiedenen Koeffizienten besitzen, ist also $= 0$, also $d(x)/f_1(x)$; ebenso zeigen wir $d(x)/f_2(x)$. Nach (33) geht aber auch jeder gemeinsame Teiler von $f_1(x)$ und $f_2(x)$ in $d(x)$ auf. Hat ein Polynom $d_0(x)$ die im 1. Teil des Satzes genannten Eigenschaften, so gilt $d(x)/d_0(x)$ als auch $d_0(x)/d(x)$, mithin unterscheiden sich $d_0(x)$ und $d(x)$ nur um einen konstanten Faktor; da ihre höchsten Koeffizienten 1 sind, ist also $d_0(x) = d(x)$.

Wir schreiben $(f_1(x), f_2(x)) = d(x)$ und nennen $f_1(x)$ und $f_2(x)$ **teilerfremd**, wenn $d = 1$ ist. Der größte gemeinsame Teiler zweier Polynome ist durch diese allein völlig definiert, nicht erst in bezug auf einen bestimmten Körper k, während die Eigenschaft der Unzerlegbarkeit einem Polynom im allgemeinen erst relativ zu einem Körper k zukommt.

Aus Satz 48 folgt nun sogleich

Satz 49. Hat ein in k irreduzibles Polynom $f(x)$ mit einem Polynom $g(x)$ in k eine Nullstelle $x = \alpha$ gemein, so ist $f(x)$ ein Teiler von $g(x)$ und alle Nullstellen von $f(x)$ sind daher solche von $g(x)$.

Denn $(f(x), g(x))$ ist mindestens durch $x - \alpha$ teilbar, also nicht $= 1$. Andrerseits hat $f(x)$ außer den Konstanten keine andern Teiler in k als $c \cdot f(x)$. Mithin ist $(f(x), g(x)) = cf(x)$, $f(x)/g(x)$.

Insbesondere hat ein irreduzibles Polynom $f(x)$ in k vom Grade n genau n voneinander verschiedene Wurzeln, da es andernfalls mit der Ableitung $f'(x)$, welche auch ein Polynom in k, aber vom Grade $n - 1$ ist, eine Nullstelle gemein hätte, also in $f'(x)$ aufgehen müßte, was nicht der Fall sein kann.

§ 18. Algebraische Zahlen über k.

Eine Zahl ϑ möge nun Wurzel eines Polynoms $P(x)$ in k sein. Unter allen Polynomen in k mit höchstem Koeffizienten 1, welche diese Wurzel ϑ haben, gibt es eines von kleinstem Grade. Dieses ist notwendig irreduzibel in k — weil sonst ϑ bereits Wurzel eines Teilers dieses Polynomes wäre — und daher nach Satz 49 völlig durch ϑ und k bestimmt

Der Grad n dieses Polynomes heißt der **Grad von ϑ in bezug auf k** oder der Relativgrad von ϑ. Die n — sicher voneinander verschiedenen — Wurzeln dieses Polynoms, $\vartheta_1, \vartheta_2, \dots \vartheta_n$ heißen die **Konjugierten von ϑ** in bezug auf k oder relativ-konjugiert zu ϑ. Jede der Zahlen ϑ wird eine **algebraische Zahl über k** genannt. Ist $k = k(1)$ der absolute Rationalitätsbereich, so bleibt in diesen Benennungen die Bezugnahme auf k ganz fort, insbesondere heißt also eine Zahl ϑ eine **algebraische Zahl**, wenn sie Wurzel eines Polynoms mit rationalen Koeffizienten ist.

Die Zahlen aus k selbst sind offenbar Zahlen vom Relativgrade 1. Zur weiteren Untersuchung bedürfen wir aus der Algebra des *Satzes über symmetrische Funktionen*, den wir in folgender Gestalt aussprechen:

Seien $\alpha_1, \alpha_2, \dots \alpha_n$ n unabhängig veränderliche Größen, und ihre n elementarsymmetrischen Funktionen, welche die Koeffizienten des Polynoms in x: $(x - \alpha_1)(x - \alpha_2) \dots (x - \alpha_n)$ sind, seien $f_1, f_2, \dots f_n$. *Dann läßt sich jede ganze rationale in $\alpha_1, \dots \alpha_n$ symmetrische Funktion $S(\alpha_1, \dots \alpha_n)$ als ganze rationale Funktion von $f_1, f_2, \dots f_n$ darstellen:*

$$S(\alpha_1, \dots \alpha_n) = G(f_1, \dots f_n).$$

Die Koeffizienten in G können aus denen in S lediglich durch die Operationen: Addition, Subtraktion und Multiplikation berechnet werden.

Wendet man den Satz zweimal hintereinander an, so ergibt sich: Sind $\beta_1, \dots \beta_m$ m weitere unabhängige Variable und ihre elementarsymmetrischen Funktionen $\varphi_1, \dots \varphi_m$, und bezeichnet $S(\alpha_1, \dots \alpha_n; \beta_1, \dots \beta_m)$ eine ganze rationale Funktion der $n + m$ Argumente, die bei jeder Vertauschung der α untereinander und der β untereinander ungeändert bleibt, so ist S als ganze rationale Funktion der $f_1, \dots f_n$ und $\varphi_1, \dots \varphi_m$ darstellbar:

$$S(\alpha_1, \dots \alpha_n; \beta_1, \dots \beta_m) = G(f_1, \dots f_n, \varphi_1, \dots \varphi_m).$$

Die Koeffizienten in G können durch Addition, Subtraktion und Multiplikation aus denen von S berechnet werden.

Hieraus erkennen wir zunächst:

Satz 50. Sind α, β algebraische Zahlen über k, so gilt das gleiche für $\alpha + \beta$, $\alpha - \beta$, $\alpha \cdot \beta$, und, wenn $\beta \neq 0$, für $\frac{\alpha}{\beta}$.

Sind $\alpha_1, \dots \alpha_n$ die Konjugierten von α und $\beta_1, \dots \beta_m$ die von β in bezug auf k, so sind die elementarsymmetrischen Funktionen der α wie der β Zahlen aus k. Das Produkt

$$H(x) = \prod_{k=1}^{m} \prod_{i=1}^{n} (x - (\alpha_i + \beta_k))$$

ist dann als symmetrisch in den α und in den β auf Grund des eben formulierten Fundamentalsatzes ein Polynom in k, und unter seinen Wurzeln findet sich auch $\alpha + \beta$, das darnach eine algebraische Zahl über k ist. Ebenso folgt das für $\alpha - \beta$ und $\alpha \cdot \beta$.

Bei $\frac{\alpha}{\beta}$ versagt die entsprechende Schlußweise, da das analoge Produkt keine ganze Funktion der β ist und daher der Fundamentalsatz nicht anwendbar ist. Ist aber $\beta \neq 0$, so setze man in der irreduziblen Gleichung in k für β

$$x^m + c_{m-1} x^{m-1} + c_{m-2} x^{m-2} + \cdots c_1 x + c_0 = 0$$

$x = \frac{1}{y}$ und multipliziere mit y^m. Das so entstehende Polynom in y hat dann die Wurzel $\frac{1}{\beta}$, und diese ist daher ebenfalls eine algebraische Zahl über k, mithin nach dem Vorhergehenden auch das Produkt $\alpha \frac{1}{\beta} = \frac{\alpha}{\beta}$.

Satz 51. Ist ω Wurzel eines Polynoms

$$\varphi(x) = x^m + \alpha x^{m-1} + \beta x^{m-2} + \cdots + \lambda,$$

dessen Koeffizienten algebraische Zahlen über k sind, so ist auch ω eine algebraische Zahl über k.

Es möge etwa α_i die Konjugierten von α, β_k die von β usf. durchlaufen, so hat das Polynom

$$F(x) = \prod_{i,k,\ldots s} (x^m + \alpha_i x^{m-1} + \beta_k x^{m-2} + \cdots + \lambda_s)$$

als symmetrischer Ausdruck in den Konjugierten nach dem Satz über symmetrische Funktionen Koeffizienten aus k; wegen $F(\omega) = 0$ ist also ω eine algebraische Zahl über k.

§ 19. Algebraische Zahlkörper über *k*.

Jede algebraische Zahl ϑ über k erzeugt in der Gesamtheit aller rationalen Funktionen von ϑ mit Koeffizienten aus k offenbar einen *Körper*. Dieser Körper werde mit $K(\vartheta; k)$ oder einfacher $K(\vartheta)$ bezeichnet und von ihm gesagt, daß er durch **Adjunktion** von ϑ zu k entstehe. Ebenso entsteht durch Adjunktion *mehrerer algebraischer Zahlen* $\alpha, \beta, \gamma \ldots$ über k zu k ein Körper $K(\alpha, \beta, \gamma \ldots; k)$, dessen

Zahlen die rationalen Funktionen von $\alpha, \beta, \gamma \ldots$ mit Koeffizienten aus k sind.

Satz 52. Jeder durch Adjunktion mehrerer algebraischer Zahlen über k entstehende Körper kann auch durch Adjunktion einer einzigen algebraischen Zahl über k erzeugt werden.

Es genügt offenbar, den Satz für die Adjunktion von zwei Zahlen zu beweisen. Seien also $\alpha_1, \ldots \alpha_n$ die n Konjugierten einer Zahl α_1 vom Relativgrade n und $\beta_1, \ldots \beta_m$ die m Konjugierten von β_1 vom Relativgrade m. Wir werden zeigen, daß bei geeigneter Wahl von u und v aus k die Zahl $u\alpha_1 + v\beta_1 = \omega_{11}$ eine den Körper $K(\alpha_1, \beta_1; k)$ erzeugende Zahl ist. Hierzu ist zu beweisen: α_1 und β_1 selbst — folglich auch jede Zahl aus $K(\alpha_1, \beta_1; k)$ — ist als rationale Funktion ω_{11} mit Koeffizienten aus k darstellbar.

Wir wählen zu diesem Zwecke u, v etwa als rationale Zahlen derart, daß die $n \cdot m$ Zahlen

$$\omega_{ik} = u\alpha_i + v\beta_k \quad (i = 1, 2 \ldots n;\ k = 1, 2 \ldots m)$$

sämtlich voneinander verschieden sind. Das ist möglich, da damit verlangt wird: für alle Indexpaare i, k und i', k' soll sein

$$u(\alpha_i - \alpha_{i'}) + v(\beta_k - \beta_{k'}) \neq 0,$$

außer wenn gleichzeitig $i = i'$ und $k = k'$. In diesen linearen Funktionen von u, v verschwinden nie beide Koeffizienten gleichzeitig, da die α_i untereinander und die β_k untereinander verschieden sind. Man hat daher $\frac{u}{v}$ verschieden von den endlich vielen Zahlen

$$-\frac{\beta_k - \beta_{k'}}{\alpha_i - \alpha_{i'}}, \quad i \neq i',\ k \neq k'$$

und $u \neq 0$, $v \neq 0$ zu wählen; alsdann sind die ω_{ik} alle verschieden, und sind Wurzeln des Polynoms in k

$$H(x) = \prod_{i,k} (x - (u\alpha_i + v\beta_k)) = \sum_{h=0}^{nm} c_h x^h.$$

Wir suchen uns jetzt eine rationale Funktion von x herzustellen, welche für $x = \omega_{1k}$ $(k = 1, 2 \ldots m)$, die Werte β_k annimmt. Betrachten wir dazu in Erinnerung an die Lagrangesche Interpolationsformel den Ausdruck

$$\sum_{i=1}^{n} \sum_{k=1}^{m} \beta_k \frac{H(x)}{x - \omega_{ik}} = \Phi(x).$$

Dieses $\Phi(x)$ ist ein Polynom in k. Denn wegen $H(\omega_{ik}) = 0$ ist

$$\frac{H(x)}{x-\omega_{ik}} = \frac{H(x)-H(\omega_{ik})}{x-\omega_{ik}} = \sum_{h=0}^{nm} c_h \frac{x^h-\omega_{ik}^h}{x-\omega_{ik}} = G(x, \omega_{ik})$$

offenbar ein ganzer rationaler Ausdruck in x und ω_{ik} mit Koeffizienten aus k, und daher ist

$$\Phi(x) = \sum_{i=1}^{n} \sum_{k=1}^{m} \beta_k G(x, u\alpha_i + v\beta_k)$$

ein Polynom in x, dessen Koeffizienten ganze rationale Ausdrücke in den α_i, β_k mit Koeffizienten aus k sind, welche überdies formal symmetrisch in den Größen $\alpha_1, \ldots \alpha_n$ wie auch $\beta_1, \ldots \beta_m$ sind. Mithin sind sie Zahlen aus k, und $\Phi(x)$ ist ein Polynom in k. Setzen wir $x = \omega_{11}$, so verschwindet $G(\omega_{11}, \omega_{ik})$, außer wenn $i = 1$ und $k = 1$, da nach Konstruktion ω_{11} von den übrigen ω_{ik} verschieden ist. Daraus folgt aber

$$\beta_1 = \frac{\Phi(\omega_{11})}{G(\omega_{11}, \omega_{11})}.$$

Analog zeigen wir, daß auch α_1 sich durch ω_{11} ausdrücken läßt, und damit ist bewiesen

$$K(\alpha_1, \beta_1; k) = K(\omega_{11}; k).$$

Es genügt daher, wenn wir uns auf Körper beschränken, welche durch Adjunktion einer einzigen algebraischen Zahl über k entstehen.

Nun sei ϑ eine algebraische Zahl von Grade n über k. Für die Zahlen aus $K(\vartheta; k)$ gilt dann folgender

Satz 53. Man erhält jede Zahl aus $K(\vartheta)$ genau einmal in der Form dargestellt

$$\alpha = c_0 + c_1\vartheta + c_2\vartheta^2 + \cdots + c_{n-1}\vartheta^{n-1}, \tag{34}$$

wenn die $c_0, \ldots c_{n-1}$ sämtliche Zahlen des Grundkörpers k durchlaufen.

Ist nämlich $\alpha = \frac{P(\vartheta)}{Q(\vartheta)}$, $Q(\vartheta) \neq 0$, so hat $Q(x)$ mit der zu ϑ gehörigen in k irreduziblen Funktion $f(x)$ nicht die Wurzel ϑ gemein, ist also nach Satz 49 zu $f(x)$ teilerfremd; also gibt es zwei Polynome $R(x)$ und $H(x)$ in k, so daß

$$1 = Q(x)R(x) + f(x)H(x),$$

und für $x = \vartheta$ wegen $f(\vartheta) = 0$

$$1 = Q(\vartheta) \,.\, R(\vartheta),$$

$$\alpha = \frac{P(\vartheta)}{Q(\vartheta)} = P(\vartheta) \, R(\vartheta) = F(\vartheta),$$

worin $F(x) = P(x)R(x)$ wieder ein Polynom in k ist. Endlich sei $g(x)$ der Rest von $F(x)$ mod. $f(x)$, der auch ein Polynom in k ist, vom Grade $\leqq n-1$,

$$F(x) = q(x)f(x) + g(x),$$
$$F(\vartheta) = g(\vartheta),$$

so ist damit in der Tat α in die Form (34) gebracht. Gäbe es nun zwei Polynome in k, von höchstens $(n-1)^{\text{tem}}$ Grade, $g(x)$ und $g_1(x)$, so daß $g(\vartheta) = g_1(\vartheta)$, so würde $g(x) - g_1(x)$ ein Polynom in k mit der Wurzel ϑ sein, dessen Grad $< n$ ist, das also identisch 0 ist, d. h. $g(x)$ und $g_1(x)$ stimmen in den Koeffizienten überein.

Satz 54. Jede Zahl $g(\vartheta)$ des Körpers $K(\vartheta)$ ist ebenfalls eine algebraische Zahl über k von höchstens n^{tem} Grade. Die Relativkonjugierten zu einer Zahl $\alpha = g(\vartheta)$ sind die verschiedenen unter den Zahlen $g(\vartheta_i)$ $(i = 1, 2 \ldots n)$. Jede Konjugierte zu α tritt hierbei gleich oft auf.

Sind nämlich $\vartheta_1, \ldots \vartheta_n$ die Konjugierten zu ϑ in bezug auf k, so bilde man das Produkt

$$F(x) = \prod_{i=1}^{n} (x - g(\vartheta_i)).$$

Die Koeffizienten dieses Polynomes sind ganze rationale Verbindungen von $\vartheta_1, \ldots \vartheta_n$, die überdies symmetrisch in $\vartheta_1, \ldots \vartheta_n$ sind und deren Koeffizienten zu k gehören; mithin ist $F(x)$ ein Polynom in k und daher jede Zahl $g(\vartheta_i)$ eine algebraische Zahl über k. Ist weiter $\varphi(x)$ ein Polynom, unter dessen Wurzeln auch nur eine der Zahlen $\alpha_i = g(\vartheta_i)$ vorkommt, so sind alle α_i Wurzeln von $\varphi(x)$. Denn das Polynom in k $\varphi(g(y))$ hat mit $f(y)$ eine Wurzel $y = \vartheta_i$ gemein und verschwindet daher nach Satz 49 für alle $y = \vartheta_1, \ldots \vartheta_n$, mithin verschwindet $\varphi(x)$ für jedes $x = \alpha_1, \ldots \alpha_n$.

Ist weiter $\psi(x)$ das irreduzible Polynom in k mit höchstem Koeffizienten 1, welches α_1 zur Wurzel hat, so ist $\psi(x)$ ein Teiler von $F(x)$; sei etwa $\psi(x)^q$ die höchste in $F(x)$ aufgehende Potenz von ψ. Wäre jetzt $\frac{F(x)}{\psi(x)^q}$ nicht konstant, so hätte es eine Wurzel α_i von F zur Wurzel, wäre mithin noch durch $\psi(x)$ teilbar, gegen die Annahme über q. Also ist für ein gewisses ganzes q

$$F(x) = \psi(x)^q.$$

D. h. die n Zahlen $\alpha_i = g(\vartheta_i)\,(i = 1, 2 \ldots n)$ stellen alle Konjugierten zu jedem α_i dar, jede Konjugierte aber $q$mal. Darnach ist aber n auch der höchste Relativgrad, den eine Zahl α aus $K(\vartheta)$ in bezug auf k haben kann, und damit ist n als eine durch den Körper $K(\vartheta)$ allein bestimmte Zahl gekennzeichnet, welche unabhängig von der Auswahl der erzeugenden Zahl ϑ ist. n heißt daher der **Relativgrad des Körpers** $K(\vartheta)$ in bezug auf k. Der Grad jeder Zahl aus $K(\vartheta)$ ist also ein Teiler des Körpergrades.

Wir modifizieren jetzt den Begriff der Konjugierten mit Rücksicht auf obigen Satz durch folgende

Definition: Ist n der Relativgrad von $K(\vartheta)$ in bezug auf k und $\alpha = g(\vartheta)$ eine Zahl aus $K(\vartheta)$, vom Grade $\frac{n}{q}$, so heiße das System der n Zahlen $\alpha_i = g(\vartheta_i)$ $(i = 1, 2 \ldots n)$ die **Konjugierten von α im Körper $K(\vartheta)$** *in bezug auf k. Es sind dies die Konjugierten von α in bezug auf k, jede $q$mal gesetzt.*

Das System dieser Konjugierten als Ganzes ist darnach nur abhängig von α, dem Grundkörper k und dem Körper K, aber unabhängig von der Auswahl des erzeugenden ϑ. Da wir es weiterhin fast ausschließlich mit diesem Begriff der Konjugierten zu tun haben, so soll der Einfachheit halber der Zusatz „im Körper $K(\vartheta)$ in bezug auf k" im allgemeinen fortgelassen werden.

Haben wir die Konjugierten einer erzeugenden Zahl ϑ durch die Numerierung $\vartheta_1, \vartheta_2, \ldots \vartheta_n$ in eine bestimmte Reihenfolge gebracht, so erhalten hierdurch auch die n Konjugierten einer beliebigen Zahl α aus $K(\vartheta)$ eine bestimmte Numerierung, indem wir α nach Satz 53 in der eindeutig bestimmten Form $g(\vartheta)$ darstellen und darauf als die Konjugierte α_i die Zahl $g(\vartheta_i)$ bezeichnen. Wir wollen eine solche Festsetzung uns getroffen denken, dann gilt

Satz 55. Jede rationale Gleichung $R(\alpha, \beta, \gamma \ldots) = 0$ zwischen Zahlen $\alpha, \beta, \gamma \ldots$ aus $K(\vartheta)$ mit Koeffizienten aus k bleibt richtig, wenn man $\alpha, \beta, \gamma \ldots$ durch die Konjugierten mit gleichem Index ersetzt.

Denn R ist als rationale Funktion von $\alpha, \beta, \gamma \ldots$ identisch in $\alpha, \beta, \gamma \ldots$ der Quotient von zwei ganzen rationalen Ausdrücken P und Q

$$R(\alpha, \beta, \gamma \ldots) = \frac{P(\alpha, \beta, \gamma \ldots)}{Q(\alpha, \beta, \gamma \ldots)}.$$

Trägt man hier für $\alpha, \beta, \gamma \ldots$ die Darstellung als Polynom von ϑ ein

$$\alpha = g(\vartheta), \quad \beta = h(\vartheta), \quad \gamma = r(\vartheta), \ldots$$

so wird Q ein Polynom von ϑ, welches für den Zahlwert ϑ nicht verschwindet, da es ja gleich der Zahl $Q(\alpha, \beta, \gamma, \ldots)$ ist, folglich verschwindet es auch für keine der konjugierten $\vartheta_1, \ldots \vartheta_n$. Im Zähler ist aber wegen $R = 0$ der Zahlwert

$$P(g(\vartheta),\quad h(\vartheta),\quad r(\vartheta)\ldots) = 0.$$

Daher muß dieses Polynom von ϑ für alle konjugierten ϑ_i verschwinden, d. h.

$$\left.\begin{array}{l} P(\alpha_i, \beta_i, \gamma_i, \ldots) = 0, \\ Q(\alpha_i, \beta_i, \gamma_i, \ldots) \neq 0, \end{array}\right\} \qquad (i = 1, 2 \ldots n)$$

also sind auch die n Zahlwerte

$$R(\alpha_i, \beta_i, \gamma_i, \ldots) = 0, \qquad (i = 1, 2 \ldots n)$$

was zu beweisen war.

Insbesondere folgt für je zwei Zahlen α, β aus $K(\vartheta)$

$$\alpha_i \pm \beta_i = (\alpha \pm \beta)_i, \quad \alpha_i \beta_i = (\alpha\beta)_i, \quad \frac{\alpha_i}{\beta_i} = \left(\frac{\alpha}{\beta}\right)_i,$$

da z. B. für $\alpha = g(\vartheta)$, $\beta = h(\vartheta)$

$$g(\vartheta)\, h(\vartheta) = r(\vartheta),$$

wo g, h, r Polynome vom Grade $\leqq n-1$, aus dieser einen Gleichung für den Zahlwert ϑ nach dem obigen Satz die n Gleichungen

$$g(\vartheta_i) \cdot h(\vartheta_i) = r(\vartheta_i),$$

folgen d. h.

$$\alpha_i \cdot \beta_i = (\alpha\beta)_i \qquad (i = 1, 2 \ldots n)$$

§ 20. Erzeugende Körperzahlen. Fundamentalsysteme. Unterkörper von $K(\vartheta)$.

Satz 56. Eine Zahl α aus $K(\vartheta)$ gehört dann und nur dann schon dem Grundkörper k an, wenn sie ihren n Konjugierten gleich ist. Eine Zahl α aus $K(\vartheta)$ hat dann und nur dann den Grad n in bezug auf k, wenn sie von ihren sämtlichen Konjugierten verschieden ist. Letzteres ist gleichzeitig notwendig und hinreichend, damit die Zahl α auch den Körper $K(\vartheta)$ erzeugt.

Die beiden ersten Aussagen folgen sofort aus Satz 54 und der nachfolgenden Definition. Soll ferner α aus $K(\vartheta)$ den Körper $K(\vartheta)$ erzeugen, also $K(\vartheta) = K(\alpha)$ sein, so muß der Grad von α gleich dem Grade von $K(\vartheta)$, d. h. $= n$ sein, also die Konjugierten von α alle verschieden sein. Sind aber $\alpha_i = g(\vartheta_i)$ für $i = 1, 2 \ldots n$ sämtlich verschieden, so läßt sich ϑ auch durch α rational ausdrücken, wie wir sehen werden, und daher sind auch sämtliche Zahlen aus $K(\vartheta)$ in $K(\alpha)$ enthalten.

Um ϑ durch α auszudrücken, schließen wir wie beim Beweise von Satz 52, daß

$$H(x) = \prod_{i=1}^{n}(x - \alpha_i) = \prod_{i=1}^{n}(x - g(\vartheta_i))$$

ein Polynom in k ist; ebenso ist

$$\frac{H(x)}{x - \alpha_i} = G(x, \alpha_i)$$

ein Polynom der beiden Größen x, α_i mit Koeffizienten aus k, und daher ist

$$\Phi(x) = \sum_{i=1}^{n}\vartheta_i \frac{H(x)}{x - \alpha_i} = \sum_{i=1}^{n}\vartheta_i G(x, g(\vartheta_i))$$

als symmetrischer Ausdruck in $\vartheta_1, \ldots \vartheta_n$ auch ein Polynom in k, woraus für $x = \alpha_i$ folgt

$$\vartheta_i = \frac{\Phi(\alpha_i)}{G(\alpha_i, \alpha_i)},$$

weil der Nenner nach der Definition sicher $\neq 0$ ist.

Wir haben bisher jede Zahl aus $K(\vartheta)$ als lineare Kombination von $1, \vartheta, \vartheta^2, \ldots \vartheta^{n-1}$ mit Koeffizienten aus k dargestellt. Für sehr viele Zwecke ist aber eine größere Freiheit in der Wahl dieser Grundelemente erwünscht.

Wir nennen n Zahlen $\omega^{(1)}, \omega^{(2)} \ldots \omega^{(n)}$ *ein* **Fundamentalsystem** *von* $K(\vartheta)$, *wenn sich jede Zahl* α *aus* $K(\vartheta)$ *in der Form*

$$\alpha = \sum_{i=1}^{n} x_i \omega^{(i)}$$

mit Koeffizienten x_i *aus* k *darstellen läßt.*

Satz 57. Damit die n Zahlen

$$\omega^{(i)} = \sum_{k=1}^{n} c_{ik}\vartheta^{k-1} \quad (c_{ik} \text{ Zahlen aus } k) \quad (35)$$

ein Fundamentalsystem von $K(\vartheta)$ *bilden, ist notwendig und hinreichend, daß die Determinante* $\|c_{ik}\| \neq 0$.

Offenbar braucht man nur zu untersuchen, wann sich die Zahlen $1, \vartheta, \ldots \vartheta^{n-1}$ durch die $\omega^{(i)}$ darstellen lassen als

$$\vartheta^{p-1} = \sum_{i=1}^{n} a_{pi}\omega^{(i)} \quad (p = 1, \ldots n) \quad (a_{pi} \text{ Zahlen in } k). \quad (36)$$

Ist nun erstens in (35) die Determinante $\neq 0$, so kann man die n Gleichungen nach den n Unbekannten $1, \vartheta, \ldots \vartheta^{n-1}$ auflösen und erhält diese als lineare Kombinationen der $\omega^{(i)}$, mit Koeffizienten, welche durch rationale Operationen aus den c_{ik} sich herleiten, also zu k gehören.

Ist zweitens eine Darstellung der ϑ^{k-1} durch die $\omega^{(i)}$ wie (36) möglich, so setze man hierin für die $\omega^{(i)}$ die Ausdrücke (35) ein und erhält

$$\vartheta^{p-1} = \sum_{i,k=1}^{n} a_{pi} c_{ik} \vartheta^{k-1}. \qquad (p = 1, \ldots n)$$

Da aber zwischen $1, \vartheta, \ldots \vartheta^{n-1}$ keine lineare homogene Relation mit Koeffizienten aus k besteht, es sei denn, daß alle Koeffizienten 0 sind, so ist

$$\delta_{kp} = \sum_{i=1}^{n} a_{ki} c_{ip} = \begin{cases} 0, & \text{wenn } p \neq k, \\ 1, & \text{wenn } p = k. \end{cases}$$

Die Determinante $\|\delta_{kp}\|$ ist also $= 1$, andererseits gleich dem Produkt $\|a_{ki}\| \cdot \|c_{ip}\|$; also ist die Determinante der $c_{ip} \neq 0$.

Satz 58. Die n Zahlen $\omega^{(1)}, \ldots \omega^{(n)}$ in $K(\vartheta)$ bilden dann und nur dann ein Fundamentalsystem, wenn keine lineare Relation

$$\sum_{i=1}^{n} u_i \omega^{(i)} = 0 \tag{37}$$

mit Koeffizienten u_i aus k besteht, es sei denn, daß alle $u_i = 0$.

n derartige Zahlen $\omega^{(i)}$ heißen linear unabhängig.

In der oben benutzten Bezeichnung würde nämlich aus (37) folgen

$$0 = \sum_{i=1}^{n} u_i \sum_{k=1}^{n} c_{ik} \vartheta^{k-1}$$

und wie vorhin, wenn die u_i zu k gehören und nicht alle $u_i = 0$,

$$\sum_{i=1}^{n} u_i c_{ik} = 0, \qquad (k = 1, \ldots n)$$

also

$$\|c_{ik}\| = 0.$$

Ist aber diese Determinante $= 0$, also das System kein Fundamentalsystem, so sind bekanntlich die n homogenen Gleichungen für u_i

$$\sum_{i=1}^{n} u_i c_{ik} = 0 \qquad (k = 1, \ldots n)$$

lösbar, und zwar gibt es unter den nicht verschwindenden Lösungen sicher solche, welche durch rationale Operationen aus den Koeffizienten c_{ik} entstehen, also auch zu k gehören. Hierfür ist dann

$$\sum_{i=1}^{n} u_i \omega^{(i)} = 0.$$

Die Zahl α bestimmt daher auch die Koeffizienten in

$$\alpha = \sum_{i=1}^{n} x_i \omega^{(i)}$$

eindeutig, wenn sie zu k gehören sollen.

Die aus den n Zahlen $\omega^{(i)}$ und ihren n Konjugierten gebildete Determinante sei durch

$$\|\omega_k^{(i)}\| = \Delta(\omega^{(1)}, \ldots \omega^{(n)})$$

bezeichnet. (Der Index k soll hier die Zeile, i die Kolonne in der Determinante angeben.) Aus (35) folgt

$$\Delta(\omega^{(1)}, \ldots \omega^{(n)}) = \|c_{ik}\| \cdot \Delta(1, \vartheta, \ldots \vartheta^{n-1}).$$

Nach Satz 57 ist daher diese Determinante für jedes Fundamentalsystem und nur für dieses $\neq 0$, da nach einer bekannten Formel

$$\Delta(1, \vartheta, \ldots \vartheta^{n-1}) = \begin{vmatrix} 1 & \vartheta_1 & \vartheta_1^2 & \ldots & \vartheta_1^{n-1} \\ 1 & \vartheta_2 & \vartheta_2^2 & \ldots & \vartheta_2^{n-1} \\ \cdot & \cdot & \cdot & \cdot & \cdot \\ 1 & \vartheta_n & \vartheta_n^2 & \ldots & \vartheta_n^{n-1} \end{vmatrix} = \prod_{1 < i < k \leq n} (\vartheta_i - \vartheta_k), \text{ also } \neq 0$$

Diese Determinante ist eine ganze rationale Funktion von $\vartheta_1, \ldots \vartheta_n$ mit Koeffizienten aus k (sogar aus $k(1)$). Vertauscht man irgendwelche der ϑ_i, so ändert sie sich höchstens um den Faktor ± 1, ihr Quadrat ist also symmetrisch in $\vartheta_1, \ldots \vartheta_n$ und daher eine Zahl des Grundkörpers k. Das gleiche gilt also auch von $\Delta^2(\omega_1, \ldots \omega_n)$. Offenbar ist diese Zahl auch unabhängig von der Numerierung der Konjugierten.

Wie in der zweiten Hälfte des Beweises zu Satz 58 ergibt sich leicht, daß zwischen $(n+1)$ Größen des Körpers $\boldsymbol{K}$, etwa $\beta^{(1)}$, $\beta^{(2)}, \ldots \beta^{(n+1)}$ stets eine lineare Relation

$$\sum_{i=1}^{n+1} u_i \beta^{(i)} = 0$$

besteht, wo die u_i Zahlen aus dem Grundkörper k, die nicht alle 0 sind, bedeuten. *Der Grad n von K ist also auch als die Maximalzahl linear unabhängiger Elemente in K zu definieren.*

Betrachten wir endlich den Körper $K(\vartheta)$ nicht relativ zu k, sondern zu einem anderen Körper $K(\alpha)$, der seinerseits ein algebraischer Körper etwa vom Grade m über k ist, erzeugt durch die Zahl α, welche einer in k irreduziblen Gleichung m^{ten} Grades genügt. α möge ferner in $K(\vartheta)$ vorkommen. Der Körper $K(\vartheta)$ ist demnach ein algebraischer Körper über $K(\alpha)$ von einem Grade $q \leqq n$, da ja die erzeugende Zahl ϑ schon einer Gleichung n^{ten} Grades mit Koeffizienten aus k, also a fortiori aus $K(\alpha)$ genügt. $K(\alpha)$ heißt ein **Unterkörper** von $K(\vartheta)$. Jede Größe aus $K(\vartheta)$ läßt sich, wenn wir als Grundkörper $K(\alpha)$ ansehen, eindeutig in die Form

$$\omega = \gamma_0 + \gamma_1 \vartheta + \cdots + \gamma_{q-1} \vartheta^{q-1}$$

bringen, wo die Größen γ Zahlen aus $K(\alpha)$ sind; und jede Zahl aus $K(\alpha)$ gestattet daher ebenso eindeutig eine Darstellung

$$c_0 + c_1 \alpha + \cdots + c_{m-1} \alpha^{m-1},$$

wo die c zu k gehören, mithin gestattet jedes ω eine eindeutige Darstellung als lineare Kombination der mq Größen $\alpha^i \vartheta^k$ ($i = 0, 1 \ldots m-1$, $k = 0, 1 \ldots q-1$) mit Koeffizienten aus k. Diese mq Zahlen bilden also auch ein Fundamentalsystem von $K(\vartheta)$ (in bezug auf den Grundkörper k), also $mq = n$, $q = \frac{n}{m}$. Damit ist folgender Satz bewiesen:

Satz 59. Ist α eine Zahl m^{ten} Grades über k und β eine Zahl q^{ten} Grades über $K(\alpha; k)$, so hat der Körper $K(\alpha, \beta; k)$ den Grad $m \cdot q$ über k. Sind weiter $\vartheta_1, \ldots \vartheta_n$ ($n = mq$) die Konjugierten einer erzeugenden Zahl von $K(\alpha, \beta; k)$ in bezug auf k, so zerfallen diese in m Reihen von je q; dabei sind die q Zahlen einer Reihe stets die Konjugierten in bezug auf $K(\alpha_i)$, wo $\alpha_1, \ldots \alpha_m$ die m Konjugierten von α in bezug auf k.

Ein Körper $K(\beta; k)$, der mit sämtlichen konjugierten Körpern $K(\beta_i; k)$ ($i = 1, \ldots n$) identisch ist, heißt ein **Galoisscher Körper** oder **Normalkörper in bezug auf k.** Ein Zahlkörper $K(\alpha; k)$ ist immer als Unterkörper in einem Galoisschen Körper enthalten. Denn nach dem Beweise von Satz 52 ist der Körper, welcher durch Adjunktion aller relativkonjugierten Zahlen $\alpha_1, \ldots \alpha_n$ entsteht, offenbar ein Galoisscher Körper in bezug auf k.

Wir werden uns nachher ausschließlich mit solchen Zahlen beschäftigen, welche algebraisch in bezug auf $k(1)$ sind, also algebraisch (ohne weiteren Zusatz) heißen. Über die anderen Arten von Zahlen sei nur erwähnt:

Zahlen, welche nicht algebraisch sind, heißen *transzendent*. Daß es transzendente Zahlen gibt, hat zuerst *Liouville* (1851)[1]) bewiesen, indem er gleichzeitig eine Methode angab, um beliebig viele solcher Zahlen zu konstruieren. Später hat *Georg Cantor*[2]) (1874) einen ganz anderen Beweis geliefert, welcher zeigt, daß die Menge der transzendenten Zahlen sogar eine höhere „Mächtigkeit" besitzt als die Menge der algebraischen Zahlen. Von einer bestimmten gegebenen Zahl zu entscheiden, ob sie transzendent ist oder nicht, ist bisher nur selten gelungen. Allgemeine Methoden dafür kennt man nicht. Für die Zahl e hat *Hermite*[3]) (1873), für π *Lindemann*[4]) (1882) die Transzendenz bewiesen; die Beweise sind später sehr vereinfacht worden durch *Hilbert*, *Hurwitz* und *Gordan*[5]).

---

1) *Liouville*, Sur des classes très étendues de quantités dont la valeur n'est ni algébrique, ni même réductible à des irrationnelles algébriques. Journal de Mathématiques pures et appliquées. Sér I. T. 16 (1851).

2) *Cantor*, Über eine Eigenschaft des Inbegriffes aller reellen algebraischen Zahlen. Crelles Journal f. d. reine u. angew. Mathem. Bd. 77 (1874).

3) *Hermite*, Sur la fonction exponentielle. Comptes rendus T. 77 (1873).

4) *Lindemann*, Über die Zahl π. Mathem. Annalen Bd. 20 (1882).

5) Die drei Arbeiten finden sich in Mathem. Ann. Bd. 43 (1892).

Kapitel V.

Allgemeine Arithmetik der algebraischen Zahlkörper.

§ 21. Definition der ganzen algebraischen Zahlen. Teilbarkeit. Einheiten.

Die im vorangehenden Kapitel mit Bezug auf einen Grundkörper k entwickelten Begriffe sollen jetzt gemeint sein in bezug auf den absoluten Rationalitätsbereich $k = k(1)$. Zur Begründung einer Arithmetik algebraischer Zahlen ist zuerst einmal eine Definition der ganzen algebraischen Zahl notwendig. Folgende Forderungen wird man vernünftigerweise an einen Ganzzahligkeitsbegriff stellen:

1. Sind α, β ganze algebraische Zahlen, dann sind es auch $\alpha + \beta$, $\alpha - \beta$, $\alpha \cdot \beta$.

2. Wenn eine ganze algebraische Zahl rational ist, so soll sie eine gewöhnliche ganze Zahl sein.

3. Wenn α ganz algebraisch ist, dann sollen es auch die Konjugierten (in bezug auf $k(1)$) sein.

Nach 1. wäre jede ganze rationale Verbindung von ganzen algebraischen Zahlen mit ganzen rationalen Zahlkoeffizienten eine ganze algebraische Zahl. Insbesondere sind dann nach 3. auch alle elementarsymmetrischen Funktionen einer ganzen algebraischen Zahl und ihrer Konjugierten ganz algebraisch, andererseits rational und daher nach 2. ganz rational. In der irreduziblen Gleichung in $k(1)$ für α mit höchstem Koeffizienten 1 müßten daher die Koeffizienten ganze rationale Zahlen sein, wenn α eine ganze algebraische Zahl ist. Demgemäß definieren wir:

Definition: Eine algebraische Zahl α vom Grade n heißt eine **ganze algebraische Zahl,** *wenn in der in $k(1)$ irreduziblen Gleichung für α mit höchstem Koeffizienten 1 alle Koeffizienten ganze rationale Zahlen sind.*

Fortan verstehen wir unter „ganze Zahl“ stets „ganze algebraische Zahl“.

Die Forderungen 2. und 3. sind für diese ganzen Zahlen offenbar erfüllt.

Satz 60. Genügt α überhaupt einer Gleichung mit ganzen rationalen Koeffizienten, deren höchster gleich 1 ist, so ist α ganz.

Sei $\varphi(x) = x^N + a_1 x^{N-1} + \cdots + a_N$ mit ganzen rationalen a und $\varphi(\alpha) = 0$. Ferner sei

$$f(x) = c_0 x^n + c_1 x^{n-1} + \cdots + c_n$$

das irreduzible Polynom in $k(1)$, welches α zur Wurzel hat, und worin die c_i bereits als ganze rationale teilerfremde Zahlen angenommen seien, $c_0 > 0$. Nach Satz 49 ist $f(x)/\varphi(x)$. Es ist also

$$\frac{\varphi(x)}{f(x)} = \frac{b' g(x)}{b}$$

ein rationalzahliges Polynom, worin wir bei geeigneter Wahl der positiven ganzen rationalen Zahlen b und b' das Polynom $g(x)$ als ganzzahlig mit teilerfremden Koeffizienten annehmen können. Aus

$$b\varphi(x) = b' f(x) g(x)$$

folgt aber $b = b'$, da $f(x) \cdot g(x)$ nach Satz 13a als Produkt von zwei primitiven Polynomen wieder primitiv ist, und $\varphi(x)$ auch primitiv ist. Aus $\varphi(x) = f(x) \cdot g(x)$ ergibt sich aber durch Vergleichung der höchsten Koeffizienten, daß c_0 in dem höchsten Koeffizienten von φ, das ist 1, aufgehen muß, also ist $c_0 = 1$, w. z. b. w.

Um von einer algebraischen Zahl die Ganzzahligkeit nachzuweisen, wird man meist von diesem Satz Gebrauch machen, der nicht wie die Definition den Nachweis der Irreduzibilität eines Polynoms erfordert.

Satz 61. Summe, Differenz und Produkt von zwei ganzen Zahlen ist wieder ganz; daher ist auch jede ganze rationale Funktion von ganzen Zahlen mit ganzen Zahlkoeffizienten wieder ganz.

Denn sind $\alpha_1, \ldots \alpha_n$ die Konjugierten einer ganzen Zahl α, ebenso $\beta_1, \ldots \beta_m$ die Konjugierten einer ganzen Zahl β, so ist

$$F(x) = \prod_{i=1}^{n} \prod_{k=1}^{m} (x - (\alpha_i + \beta_k))$$

ein Polynom in x, dessen Koeffizienten symmetrisch in $\alpha_1, \ldots \alpha_n$ und symmetrisch in $\beta_1, \ldots \beta_m$ sind. Da die elementarsymmetrischen Funktionen der α wie der β nach Voraussetzung aber ganze rationale Zahlen sind, so ist nach dem Fundamentalsatz über symmetrische Funktionen $F(x)$ ein ganzzahliges Polynom in $k(1)$, mithin seine Wurzeln $\alpha + \beta$ ganze Zahlen. Ebenso beweist man die Aussagen über $\alpha - \beta$, $\alpha \cdot \beta$.

Ganz ähnlich wie oben und bei Satz 51 schließt man:

Satz 62. Ist ω Wurzel einer Gleichung

$$x^m + \alpha x^{m-1} + \beta x^{m-2} + \cdots + \lambda = 0,$$

wo $\alpha, \beta \ldots \lambda$ ganze Zahlen sind, so ist auch ω eine ganze Zahl.

Z. B. ist also die m^{te} Wurzel aus einer ganzen Zahl wieder ganz.

Satz 63. Jede algebraische Zahl α läßt sich durch Multiplikation mit einer geeigneten ganzen rationalen Zahl ($\neq 0$) zu einer ganzen Zahl machen.

Denn ist

$$c_0 x^n + c_1 x^{n-1} + \cdots + c_{n-1} x + c_n = 0$$

eine Gleichung für α mit ganzen rationalen Koeffizienten und $c_0 \neq 0$, so erhält man durch Multiplikation mit c_0^{n-1} eine ganzzahlige Gleichung für $y = c_0 x$ mit höchstem Koeffizienten 1, die die Wurzel $c_0 \alpha$ hat.

Mit dem Begriff der ganzen Zahl ist sogleich auch die Definition der Teilbarkeit gegeben:

Eine ganze Zahl α heißt **teilbar** durch die ganze Zahl $\beta (\neq 0)$, wenn $\frac{\alpha}{\beta}$ eine ganze Zahl ist; in Zeichen β / α.

Wenn β / α und β / γ, dann $\beta / \lambda \alpha + \mu \gamma$ für beliebige ganze λ, μ. Denn

$$\frac{\lambda \alpha + \mu \gamma}{\beta} = \lambda \frac{\alpha}{\beta} + \mu \frac{\gamma}{\beta}$$

ist nach Satz 61 ganz.

Eine ganze Zahl ε heißt eine **Einheit,** *wenn auch $\frac{1}{\varepsilon}$ eine ganze Zahl ist.*

Geht ε in 1 auf, so geht ε auch in $1 \cdot \alpha = \alpha$ d. h. in jedem ganzen α auf. Die Konjugierten jeder Einheit (in bezug auf $k(1)$) sind auch wieder Einheiten, und jeder Teiler einer Einheit und jedes Produkt von Einheiten ist auch eine Einheit.

Wenn sich zwei ganze Zahlen α, β nur um einen Faktor unterscheiden, der eine Einheit ist, so heißen α und β **assoziiert.**

Damit die ganze Zahl ε eine Einheit ist, ist notwendig und hinreichend, daß das Produkt aller Konjugierten von ε gleich ± 1 ist.

Denn dieses Produkt $\varepsilon_1 \cdot \varepsilon_2 \ldots \varepsilon_n$ ist als elementarsymmetrische Funktion eine ganze rationale Zahl a und als Produkt von Einheiten auch eine Einheit, d. h. $a/1$, also $a = \pm 1$. Ist aber

$\varepsilon_1 \cdot \varepsilon_2 \ldots \varepsilon_n = \pm 1$, so ist $\frac{1}{\varepsilon_1} = \pm \varepsilon_2 \ldots \varepsilon_n$ eine ganze Zahl, also ε_1 eine Einheit.

Alle Einheitswurzeln sind offenbar Einheiten, und zwar haben diese den Betrag 1. Es gibt aber unendlich viele andere Einheiten, z. B. $2 \pm \sqrt{3}$, denn

$$\frac{1}{2+\sqrt{3}} = 2 - \sqrt{3}, \quad \frac{1}{2-\sqrt{3}} = 2 + \sqrt{3}$$

sind offenbar ganze Zahlen. $\varepsilon = 2 - \sqrt{3}$ ist < 1 und > 0, und unter den Potenzen $\varepsilon, \varepsilon^2, \varepsilon^3, \ldots$ gibt es daher beliebig kleine Zahlen. Die Vielfachen dieser Zahlen $N\varepsilon^k \left(\begin{smallmatrix} N = \pm 1, \pm 2, \ldots \\ k = 1, 2 \ldots \end{smallmatrix}\right)$ liegen daher offenbar überall dicht in der Gesamtheit der reellen Zahlen, und sind überdies sämtlich ganze Zahlen, die dem Körper $K(\sqrt{3})$ angehören. Dieser Umstand, daß, wenn die reellen ganzen algebraischen Zahlen der Größe nach angeordnet werden, *keine nächste ganze Zahl* zu einer gegebenen existiert, hat zur Folge, daß viele Beweismethoden, welche wir in der rationalen Zahlentheorie kennen gelernt haben, sich nicht auf die algebraischen Zahlen übertragen lassen.

Jede ganze Zahl $\alpha (\neq 0)$ hat unendlich viele „triviale" Teiler, nämlich ε, $\varepsilon\alpha$, wo ε alle Einheiten durchläuft. Aber auch, wenn man von diesen trivialen Zerlegungen absieht, ist α noch in ganze Faktoren zerlegbar, z. B.

$$\alpha = \sqrt{\alpha} \cdot \sqrt{\alpha},$$

die beide keine Einheiten sind, wenn α es nicht ist. In dem Bereiche aller ganzen algebraischen Zahlen gibt es daher keine unzerlegbaren Zahlen, also sicher kein Analogon zu den rationalen Primzahlen.

Um unzerlegbare Zahlen zu erhalten, muß man vielmehr erst den Bereich der zugelassenen Zahlen dahin einschränken, daß man nur mit den Zahlen eines bestimmten Zahlkörpers n^{ten} Grades operiert.

§ 22. Die ganzen Zahlen eines Körpers als Abelsche Gruppe. Basis und Diskriminante des Körpers.

Wir legen der weiteren Untersuchung einen bestimmten algebraischen Zahlkörper $K(\vartheta)$ zugrunde, erzeugt durch die algebraische Zahl n^{ten} Grades ϑ. Es ist keine Einschränkung über K, daß wir ϑ auch als ganze Zahl voraussetzen, weil wir ja durch Multiplikation mit einer ganzen rationalen Zahl ϑ stets in eine ganze Zahl verwandeln können. Für die Konjugierten von ϑ setzen wir eine bestimmte Numerierung fest, dadurch ist nach § 19 auch eine bestimmte Numerierung der Konjugierten jeder Zahl in K definiert. Die Konjugierten sollen von nun ab durch obere Indizes bezeichnet werden.

Wir setzen ferner für eine jede Körperzahl α aus K

Norm von $\alpha = N(\alpha) = \alpha^{(1)} \cdot \alpha^{(2)} \cdot \ldots \cdot \alpha^{(n)}$, also $N(\alpha \cdot \beta) = N(\alpha) \cdot N(\beta)$.

Spur von $\alpha = S(\alpha) = \alpha^{(1)} + \alpha^{(2)} + \cdots + \alpha^{(n)}$, also $S(\alpha + \beta) = S(\alpha) + S(\beta)$.

Das sind rationale Zahlen, und ganze rationale, wenn α eine ganze Zahl ist. $N(\alpha) = 0$ nur für $\alpha = 0$.

Satz 64. Bei Komposition durch Addition bilden die ganzen Zahlen von K eine (reine) unendliche Abelsche Gruppe. Diese Gruppe besitzt n Basiselemente. Es gibt also n ganze Zahlen $\omega_1, \ldots \omega_n$ in K, so daß man alle ganzen Zahlen in K genau einmal erhält, wenn in

$$\alpha = x_1 \omega_1 + x_2 \omega_2 + \cdots + x_n \omega_n$$

die x_i alle ganzen rationalen Zahlen durchlaufen. Die Zahlen ω heißen eine **Basis des Körpers.**

Der erste Teil folgt unmittelbar aus Satz 61. Um den zweiten Teil zu beweisen, untersuchen wir erst die Darstellung der ganzen Körperzahlen ϱ in der Form

$$\varrho = c_0 + c_1 \vartheta + \cdots + c_{n-1} \vartheta^{n-1}$$

mit rationalen c. Diese c sind eindeutig aus den n konjugierten Gleichungen

$$\varrho^{(i)} = c_0 + c_1 \vartheta^{(i)} + \cdots c_{n-1} \vartheta^{(i)\,n-1} \qquad (i = 1, 2, \ldots n)$$

bestimmbar, da die Determinante $\Delta(1, \vartheta, \vartheta^2, \ldots \vartheta^{n-1}) \neq 0$. Die Auflösung ergibt $\Delta \cdot c_k$ gleich einer Determinante, unter deren Elementen nur die $\varrho^{(i)}$ und die Potenzen der $\vartheta^{(i)}$ vorkommen. Jedenfalls ist diese Determinante eine ganze algebraische Zahl A_k, weil ϱ und ϑ es sind. Aus

$$c_k = \frac{\mathsf{A}_k}{\Delta} = \frac{\mathsf{A}_k \Delta}{\Delta^2}$$

ergibt sich aber, daß $\mathsf{A}_k \Delta = \Delta^2 c_k$ eine ganze rationale Zahl ist, denn diese Zahl ist ganz, weil A_k und Δ es sind, und rational, weil Δ^2 und c_k es sind. Mithin ist c_k eine rationale Zahl,

$$c_k = \frac{x_k}{D},$$

wo x_k ganz rational, und der Nenner $D = |\Delta^2|$ ist dabei von ϱ unabhängig. Das System aller Zahlen

$$\alpha = x_0 \cdot \frac{1}{D} + x_1 \frac{\vartheta}{D} + x_2 \frac{\vartheta^2}{D} + \cdots + x_{n-1} \frac{\vartheta^{n-1}}{D},$$

wenn die x_i alle ganzen rationalen Zahlen durchlaufen, enthält daher sämtliche ganzen Körperzahlen, überdies vielleicht auch nicht ganze Zahlen, und ist selbst jedenfalls eine (reine) unendliche Abelsche Gruppe (bei Komposition durch Addition) mit einer Basis von n Elementen, nämlich $\frac{1}{D}, \frac{\vartheta}{D}, \ldots \frac{\vartheta^{n-1}}{D}$. Nach Satz 34 hat daher die darin enthaltene Untergruppe der ganzen Körperzahlen ebenfalls eine Basis. Diese Untergruppe ist von endlichem Index nach Satz 40, denn $D \cdot \alpha$ (d. h. im Sinne der Gruppentheorie: die D^{te} Potenz jedes Elementes) ist offenbar eine ganze Zahl und gehört der Untergruppe an. Mithin besteht nach Satz 35 auch die Basis der ganzen Körperzahlen aus n Elementen, etwa $\omega_1, \ldots \omega_n$. Zwei verschiedene Systeme von Basiselementen, etwa α_i und ω_i, hängen nach Satz 38 durch eine Beziehung

$$\alpha_i = \sum_{k=1}^{n} c_{ik}\, \omega_k \qquad (i = 1, 2 \ldots n)$$

mit ganzen rationalen c_{ik}, deren Determinante ± 1 ist, zusammen. Mithin ist $\Delta^2(\omega_1, \ldots \omega_n)$ von der Auswahl der Basis unabhängig und nur durch den Körper selbst völlig bestimmt. Da die ω_i jedenfalls $1, \vartheta, \ldots \vartheta^{n-1}$ durch lineare Kombination darstellen, so bilden sie ein Fundamentalsystem, und mithin ist $\Delta^2 \neq 0$.

Definition. Die von der Auswahl der Basis $\omega_1, \ldots \omega_n$ *unabhängige Zahl* $\Delta^2(\omega_1, \ldots \omega_n)$ *heißt die* **Diskriminante des Körpers,** *und werde mit d bezeichnet. Sie ist eine von Null verschiedene ganze rationale Zahl.*

Man erkennt auch ohne Schwierigkeit, daß $|\Delta^2(\alpha_1, \ldots \alpha_n)|$ für ein Fundamentalsystem aus ganzen α_i stets $\geqq |d|$ ist, und $= |d|$ dann und nur dann, wenn das Fundamentalsystem eine Körperbasis bildet, weshalb eine Körperbasis auch *Minimalbasis* genannt wird.

Es liegt nahe, im Anschluß hieran den Begriff des Moduls einzuführen. *Unter einem* **Modul** *(von ganzen Zahlen) im Körper K soll ein System von ganzen Zahlen in K verstanden werden, das mit* α *und* β *stets auch* $\alpha + \beta$, $\alpha - \beta$ *enthält, und auch eine von 0 verschiedene Zahl enthält.*

Die Zahlen eines Moduls bilden also bei Komposition durch Addition eine (reine) unendliche Abelsche Gruppe, die eine Untergruppe der Gruppe aller ganzen Körperzahlen ist, und daher nach Satz 34 auch eine Basis von k Elementen besitzt, wo $0 < k \leqq n$. Solche Moduln nennen wir k-gliedrige Moduln. Wir werden es nur mit n-gliedrigen Moduln zu tun haben. Solche sind offenbar dadurch gekennzeichnet, daß sie n linear unabhängige Zahlen enthalten.

§ 23. Faktorenzerlegung ganzer Zahlen in $K(\sqrt{-5})$. Größte gemeinsame Teiler, welche nicht dem Körper angehören.

Wir richten unser Augenmerk jetzt auf die multiplikative Zerfällung der ganzen Zahlen eines Körpers. Eine ganze Zahl α heiße *unzerlegbar in K*, wenn α nicht als Produkt von zwei ganzen Zahlen in K dargestellt werden kann, von denen keine eine Einheit ist Die Eigenschaft, unzerlegbar zu sein, kommt also einer Zahl nicht an sich, sondern erst in bezug auf einen bestimmten Körper zu. Jede rationale Primzahl ist unzerlegbar in $k(1)$, aber z. B. ist 3 zerlegbar in $\sqrt{3} \cdot \sqrt{3}$ im Körper $K(\sqrt{3})$.

Gibt es nun auch in algebraischen Körpern von höherem als 1. Grade unzerlegbare Zahlen, und kann man als Produkte von solchen jede ganze Zahl des Körpers auf (im wesentlichen) eine einzige Art darstellen?

Wir werden an einigen Zahlbeispielen feststellen, daß die Eindeutigkeit der Zerlegung *nicht* immer stattfindet, und versuchen, den Grund dafür aufzufinden.

Dazu betrachten wir den Zahlkörper $K(\sqrt{-5})$. Die erzeugende Zahl $\vartheta = \sqrt{-5}$ ist Wurzel von $x^2 + 5 = 0$ und genügt als nicht reelle Zahl sicher keiner Gleichung niedrigeren Grades in $k(1)$, ist also vom 2. Grade. Alle Zahlen aus $K(\sqrt{-5})$ haben also die Form

$$\alpha = r_1 + r_2\sqrt{-5}$$

mit rationalen r_1, r_2. Die Konjugierte zu α soll mit α' bezeichnet werden. Es ist

$$\alpha' = r_1 - r_2\sqrt{-5}, \quad \text{also} \quad (\alpha')' = \alpha.$$

Die ganzen Zahlen in $K(\sqrt{-5})$ sind die Zahlen $m + n\sqrt{-5}$ mit ganzen rationalen m, n. Damit α ganz ist, ist ja notwendig und hinreichend, daß $\alpha + \alpha'$ und $\alpha \cdot \alpha'$ ganze (rationale) Zahlen sind, d. h.

$$2r_1 \quad \text{und} \quad r_1^2 + 5r_2^2$$

müssen ganz sein.

Hiernach dürfen r_1 und r_2 höchstens den Nenner 2 haben. Wir setzen $r_1 = \frac{g_1}{2}$, $r_2 = \frac{g_2}{2}$. Es soll also sein

$$\frac{g_1^2 + 5g_2^2}{4} \text{ ganz, d. h. } g_1^2 + 5g_2^2 \equiv 0 \pmod{4}.$$

Alle Quadratzahlen sind $\equiv 0$ oder 1 (mod. 4), daraus folgt, daß g_1 und g_2 grade, also r_1, r_2 selbst ganz sein müssen.

Im Körper $K(\sqrt{-5})$ gibt es keine anderen Einheiten als ± 1. Denn für eine Einheit $\varepsilon = m + n\sqrt{-5}$ muß sein

$$\pm 1 = N(\varepsilon) = \varepsilon \cdot \varepsilon' = m^2 + 5n^2.$$

Ist $n \neq 0$, so ist die Größe $m^2 + 5n^2 \geqq 5$, also muß $n = 0, m = \pm 1$ sein.

Folgende ganze Zahlen sind in $K(\sqrt{-5})$ unzerlegbar:

$$\alpha = 1 + 2\sqrt{-5},$$
$$\alpha' = 1 - 2\sqrt{-5},$$
$$\beta = 3,$$
$$\varrho = 7.$$

Wäre $\beta = 3$ in $\gamma \cdot \delta$ zerfällbar und γ, δ keine Einheiten, so wäre

$$9 = N(3) = N(\gamma) \cdot N(\delta).$$

Eine Zerlegung von 9 in ganze rationale positive Faktoren, von denen keiner $= 1$, ist aber nur in $3 \cdot 3$ möglich, es müßte also

$$N(\gamma) = N(\delta) = 3$$

und für $\gamma = x + y\sqrt{-5}$ mit ganzem, rationalem x, y, daher

$$x^2 + 5y^2 = 3, \quad x^2 \leqq 3, \quad 5y^2 \leqq 3$$

sein, was offenbar nicht möglich ist. Also ist $\beta = 3$ unzerlegbar, und ebenso zeigt sich $\varrho = 7$ unzerlegbar. Wäre endlich α in $\gamma \cdot \delta$ zerfällbar, $N(\gamma) \neq 1$ und $N(\delta) \neq 1$, so wäre

$$N(\gamma) \cdot N(\delta) = N(\alpha) = 21,$$

also entweder $N(\gamma) = 3$, $N(\delta) = 7$ oder umgekehrt. Eben zeigten wir aber, daß es kein ganzes γ mit $N(\gamma) = 3$ geben kann. Also ist α und daher auch die Konjugierte α' unzerlegbar.

Die Zahl 21 *ist damit auf zwei wesentlich verschiedene Arten als Produkt von unzerlegbaren Zahlen in* $K(\sqrt{-5})$ *dargestellt:*

$$21 = \alpha \cdot \alpha' = 3 \cdot 7.$$

Zum Verständnis dieser Tatsache, daß die unzerlegbare Zahl 3 zwar in dem Produkt $\alpha \cdot \alpha'$ aufgeht, aber in keinem Faktor α oder α', bemerken wir, daß die beiden in $K(\sqrt{-5})$ unzerlegbaren Zahlen α und 3 zwar keinen Faktor aus $K(\sqrt{-5})$ gemein haben (außer ± 1), daß sie aber einen gemeinsamen Teiler (der keine Einheit) besitzen, welcher einem anderen Körper angehört. Denn die Quadrate

$$\alpha^2 = -19 + 4\sqrt{-5}$$
$$\beta^2 = 9$$

sind durch die ganze Zahl

$$\lambda = 2 + \sqrt{-5}$$

teilbar, welche keine Einheit ist:

$$\alpha^2 = (2 + \sqrt{-5})(-2 + 3\sqrt{-5})$$
$$\beta^2 = (2 + \sqrt{-5})(2 - \sqrt{-5}).$$

Also sind $\frac{\alpha^2}{\lambda}$, $\frac{\beta^2}{\lambda}$ ganz und daher nach Satz 62 auch die Quadratwurzeln

$$\frac{\alpha}{\sqrt{\lambda}}, \; \frac{\beta}{\sqrt{\lambda}}$$

ganz. Ebenso sind

$$\alpha'^2 = (-2 + \sqrt{-5})(2 + 3\sqrt{-5})$$
$$\varrho^2 = 7^2 = (2 + 3\sqrt{-5})(2 - 3\sqrt{-5})$$

durch

$$\varkappa = 2 + 3\sqrt{-5}$$

teilbar, also

$$\frac{\alpha'}{\sqrt{\varkappa}}, \; \frac{\varrho}{\sqrt{\varkappa}}$$

ganz. Hier hat weiter die (nicht dem Körper $K(\sqrt{-5})$ angehörige) Zahl $\sqrt{\lambda}$ genau die Eigenschaften eines größten gemeinsamen Teilers von α und β: Jede ganze Zahl ω — aus $K(\sqrt{-5})$ oder nicht — welche in α und β aufgeht, geht auch in $\sqrt{\lambda}$ auf, und jede ganze Zahl, die in $\sqrt{\lambda}$ aufgeht, ist auch Teiler von α und β. Letzteres ist selbstverständlich, eine unmittelbare Folge der Definition der Teilbarkeit; um die erste Behauptung zu beweisen, ziehen wir die Tatsache heran, daß die Zahl $\sqrt{\lambda}$ in der Form

$$\mathsf{A} \cdot \alpha + \mathsf{B} \cdot \beta = \sqrt{\lambda} \qquad (38)$$

mit ganzen (natürlich nicht zu $K(\sqrt{-5})$ gehörigen) A, B darstellbar ist, z. B.

$$A = -\frac{2\alpha}{\sqrt{\lambda}}, \quad B = -\frac{(4-\sqrt{-5})\beta}{\sqrt{\lambda}}.$$

Wenn also ω/α und ω/β, dann folgt in der Tat aus (38) $\omega/\sqrt{\lambda}$.

Die doppelte Zerfällung

$$\alpha \cdot \alpha' = \beta \cdot \varrho$$

in unzerlegbare Faktoren aus $K(\sqrt{-5})$ kommt so zustande, daß

$$\alpha = \sqrt{\lambda} \cdot \sqrt{-\varkappa'}, \quad \beta = \sqrt{\lambda} \cdot \sqrt{\lambda'},$$
$$\alpha' = \sqrt{\lambda'} \cdot \sqrt{-\varkappa}, \quad \varrho = \sqrt{\varkappa} \cdot \sqrt{\varkappa'}.$$

und in dem Produkt

$$21 = \sqrt{\lambda} \cdot \sqrt{\lambda'} \cdot \sqrt{-\varkappa} \cdot \sqrt{-\varkappa'},$$

die vier nicht dem Körper angehörigen Faktoren auf mehrere Arten so zusammengefaßt werden können, daß sie Zahlen in K ergeben, obwohl je zwei der Faktoren keinen gemeinsamen Teiler besitzen.

Die beiden wichtigsten Resultate formulieren wir so:

I. Es kann vorkommen, daß zwei in $K(\sqrt{-5})$ unzerlegbare Zahlen, welche sich nicht nur um Einheitsfaktoren unterscheiden, einen gemeinsamen Teiler besitzen, der alsdann nicht dem Körper angehört.

II. Die Gesamtheit der ganzen Zahlen aus $K(\sqrt{-5})$, welche durch eine unzerlegbare Zahl α aus K teilbar sind, braucht nicht übereinzustimmen mit der Gesamtheit der ganzen Zahlen aus $K(\sqrt{-5})$, welche durch einen (nicht zu K gehörigen) Teiler von α teilbar ist, der keine Einheit ist.

Z. B. ist α unzerlegbar, $\sqrt{\lambda}$ ist ein Teiler von α, die Zahl $\beta = 3$ ist durch $\sqrt{\lambda}$, aber nicht durch α teilbar, obwohl sie dem Körper $K(\sqrt{-5})$ angehört.

Im Körper $k(1)$ kann beides nicht vorkommen. Denn zwei unzerlegbare Zahlen, die sich nicht nur um einen Einheitsfaktor unterscheiden, sind hier immer zwei wesentlich verschiedene, also teilerfremde Primzahlen, etwa p, q, aus denen sich immer die 1 kombinieren läßt:

$$1 = px + qy$$

mit ganzen rationalen x, y. Hieraus folgt, daß alle gemeinsamen Teiler von p und q in der 1 aufgehen müssen, also Einheiten sind.

Ist weiter p wieder Primzahl und φ eine beliebige ganze in p aufgehende (eventl. nicht rationale) Zahl, aber keine Einheit, so ist die Gesamtheit aller durch φ teilbaren ganzen rationalen Zahlen ein

Modul, daher nach Satz 2 identisch mit allen Vielfachen einer ganzen rationalen Zahl n. p muß in n aufgehen, weil sonst aus n und p die 1 kombiniert werden könnte und φ dann in 1 aufginge. Also ist $n = \pm p$, d. h. *jede rationale durch φ teilbare Zahl ist durch p teilbar, sofern φ keine Einheit und ein Teiler von p, p eine Primzahl.*

Wir sind also zu der Einsicht gekommen, daß in höheren algebraischen Körpern die unzerlegbaren Zahlen nicht die letzten Bausteine sind, aus denen sich alle Körperzahlen zusammensetzen lassen, daß sie die eben ausgesprochene Eigenschaft der Primzahlen nicht besitzen.

Es handelt sich nun darum, den Bereich der Zahlen so zu erweitern, daß man auch die Zahlen mit in Betracht zieht, welche wie oben $\sqrt{\lambda}$, $\sqrt{\varkappa}$ als gr. gem. Teiler von Körperzahlen auftreten, ohne selbst dem Körper anzugehören. Und zwar brauchen wir hier nicht genau die Individuen $\sqrt{\lambda}$, $\sqrt{\varkappa}$ selbst zu berücksichtigen, denn für die Untersuchung innerhalb K brauchen wir zwei algebraische Zahlen nicht auseinanderzuhalten, welche die Eigenschaft haben, daß jede durch die eine teilbare Zahl aus K allemal auch durch die andere teilbar ist.

Mithin werden wir einfach eine nicht dem Körper K angehörige Zahl A dadurch zu charakterisieren suchen, daß wir die Gesamtheit aller durch A teilbaren Körperzahlen angeben.

Ein solches System von ganzen Zahlen hat die Eigenschaft: Wenn α, β dazu gehören, dann gehört auch $\lambda\alpha + \mu\beta$ dazu, wenn λ, μ beliebige ganze Körperzahlen sind. Ein in unserer Darstellung sehr viel späteres Ergebnis unserer Theorie ist nun, daß auch das Umgekehrte gilt: Wenn eine Menge von ganzen Zahlen aus K jene Eigenschaft hat, so gibt es eine — vielleicht nicht dem Körper K angehörige — ganze algebraische Zahl A derart, daß die Menge aus allen durch A teilbaren Körperzahlen besteht. Eine solche Menge ist also als Bild einer ganzen Zahl aufzufassen und wird nach Dedekind ein *Ideal* genannt. *Kummer*, welcher vorher diese Verhältnisse im Falle der Kreisteilungskörper als erster untersucht hatte, und als der Schöpfer der Idealtheorie anzusehen ist, nannte solche Zahlen A, die als gr. gem. Teiler von Körperzahlen auftreten, ohne dem Körper anzugehören, *ideale Zahlen des Körpers.*

Bei der im folgenden auseinandergesetzten Theorie der Ideale haben wir uns, wie nach dieser Vorwegnahme der Resultate einleuchten wird, immer vor Augen zu halten, daß die Ideale nur dazu dienen, eine gewisse dem Körper nicht angehörende Zahl durch

Operationen innerhalb des Körpers zu charakterisieren. In dem durch die Ideale erweiterten Bereich wird sich dann der Begriff der Primzahl und die Tatsache der eindeutigen Zerlegbarkeit in Primelemente genau wie in der rationalen Zahlentheorie wiederfinden.

§ 24. Definition und Grundeigenschaften der Ideale.

Definition: Ein System S von ganzen Zahlen des Körpers K heißt ein **Ideal in K** *(kürzer: ein Ideal), wenn mit α und β auch jede Kombination $\lambda\alpha + \mu\beta$ bei beliebigen ganzen Koeffizienten λ, μ aus K zu S gehört.*[1]

Die Idealeigenschaft kommt also einem System S nicht absolut, sondern erst im Hinblick auf einen bestimmten Körper K zu. Ideale sollen fortan durch deutsche Buchstaben $\mathfrak{a}, \mathfrak{b}, \mathfrak{c} \ldots$ bezeichnet werden. Das Ideal, welches aus der einzigen Zahl 0 besteht, mag durch (0) bezeichnet sein, es nimmt in mehreren Hinsichten eine Ausnahmestellung ein. Zwei Ideale $\mathfrak{a}, \mathfrak{b}$ heißen gleich ($\mathfrak{a} = \mathfrak{b}$), wenn sie genau dieselben Zahlen enthalten. Beispiele für Ideale sind:

I. Die Zahlmenge S, welche durch eine bestimmte lineare Form $\xi_1\alpha_1 + \cdots + \xi_r\alpha_r$ mit ganzen $\alpha_1, \ldots \alpha_r$ aus K dargestellt wird, wenn $\xi_1, \ldots \xi_r$ sämtliche ganzen Zahlen aus K durchlaufen. Diese Zahlmenge heiße der Wertevorrat der Form. Dieses Ideal bezeichnen wir durch $(\alpha_1, \ldots \alpha_r)$.

II. Die Menge der ganzen Zahlen aus K, welche durch eine bestimmte ganze Zahl A teilbar sind, gleichgültig, ob A dem Körper angehört oder nicht.

Daß jedes Ideal sowohl unter I als auch unter II fällt, wird, wie schon erwähnt, ein Endergebnis unserer Theorie sein (§ 33). Vorläufig zeigen wir:

Satz 65. Jedes Ideal $\mathfrak{a}$ läßt sich in der Form $(\alpha_1, \ldots \alpha_r)$ schreiben bei geeignet gewählten ganzen α aus K. Überdies kann man sogar $r \leqq n$ nehmen.

Die Zahlen eines Ideals $\mathfrak{a}$, das nicht (0) ist (der Fall $\mathfrak{a} = (0)$ ist trivial), bilden offenbar bei Komposition durch Addition wieder eine unendliche Abelsche Gruppe, welche eine Untergruppe der Gruppe aller ganzen Zahlen aus K ist. Mithin besitzt das Ideal $\mathfrak{a}$ nach Satz 34 eine Basis, deren Elementzahl $\leqq n$ ist, andererseits nach Satz 37 gleich der Anzahl der unabhängigen Zahlen in $\mathfrak{a}$, also $= n$

1) Von § 31 ab wird eine etwas allgemeinere Definition des Ideals benutzt, bei der auch nicht ganze Zahlen berücksichtigt werden.

ist, da ja, wenn $\alpha \neq 0$ zu $\mathfrak{a}$ gehört, auch die n unabhängigen Zahlen $\alpha, \vartheta\alpha, \vartheta^2\alpha, \ldots \vartheta^{n-1}\alpha$ zu $\mathfrak{a}$ gehören müssen. Es gibt also in jedem Ideal $\mathfrak{a} \neq (0)$ genau n Zahlen $\alpha_1, \ldots \alpha_n$, so daß

$$\alpha = x_1\alpha_1 + \cdots + x_n\alpha_n$$

sämtliche Zahlen des Ideals genau einmal darstellt, wenn $x_1, \ldots x_n$ alle ganzen rationalen Zahlen durchlaufen. Ein solches System $\alpha_1, \ldots \alpha_n$ heißt eine **Basis des Ideals.** Vermöge der Definition bilden dann die Zahlen aus $\mathfrak{a}$ gleichzeitig den Wertevorrat der Form

$$\xi_1\alpha_1 + \cdots + \xi_n\alpha_n, \quad \text{also} \quad \mathfrak{a} = (\alpha_1, \ldots \alpha_n).$$

Es ist $(\alpha_1, \ldots \alpha_r) = (\beta_1, \ldots \beta_s)$ dann und nur dann, wenn jedes α linear durch die β und jedes β linear durch die α mit ganzen Koeffizienten aus K dargestellt werden kann. Insbesondere ist also

$$\mathfrak{a} = (\alpha_1, \ldots \alpha_r) = (\alpha_1, \ldots \alpha_r, \omega) = (\alpha_1 - \lambda\omega, \alpha_2, \ldots \alpha_r, \omega), \tag{39}$$

wenn ω eine beliebige Zahl aus $\mathfrak{a}$, λ eine ganze Zahl aus K ist.

Ein Ideal $\mathfrak{a}$ heißt ein **Hauptideal,** *wenn es eine ganze Zahl α gibt, so daß $\mathfrak{a} = (\alpha)$. Es ist $(\alpha) = (\beta)$ dann und nur dann, wenn α und β assoziiert sind, sich also nur um einen Einheitsfaktor unterscheiden.*

Im Körper $k(1)$ ist jedes Ideal, da es ein Modul ist, wenn es $\neq (0)$, nach Satz 2 ein Hauptideal. Dagegen ist im Körper $K(\sqrt{-5})$ auf Grund des vorigen Paragraphen das Ideal $(1 + 2\sqrt{-5}, 3)$ kein Hauptideal. Es besteht aus sämtlichen durch $\sqrt{\lambda}$ teilbaren Zahlen aus K.

Wenn

$$(\alpha_1, \ldots \alpha_r) = (\mathsf{A}_1, \ldots \mathsf{A}_s) \quad \text{und} \quad (\beta_1, \ldots \beta_p) = (\mathsf{B}_1, \ldots \mathsf{B}_q),$$

so ist

$$(\alpha_1\beta_1, \ldots \alpha_i\beta_k, \ldots \alpha_r\beta_p) = (\mathsf{A}_1\mathsf{B}_1, \ldots \mathsf{A}_l\mathsf{B}_m, \ldots \mathsf{A}_s\mathsf{B}_q).$$

Denn

$$\alpha_i = \sum_l \lambda_{il}\mathsf{A}_l, \quad \beta_k = \sum_m \mu_{km}\mathsf{B}_m,$$

$$\alpha_i\beta_k = \sum_{l,m} \lambda_{il}\mu_{km}\mathsf{A}_l\mathsf{B}_m$$

mit ganzen λ, μ und ebenso ist umgekehrt jedes $\mathsf{A}_l\mathsf{B}_m$ eine Kombination der $\alpha_i\beta_k$.

Unter dem **Produkte $\mathfrak{ab}$** *zweier Ideale $\mathfrak{a} = (\alpha_1, \ldots \alpha_r)$ und $\mathfrak{b} = (\beta_1, \ldots \beta_p)$ verstehen wir das hiernach eindeutig durch $\mathfrak{a}, \mathfrak{b}$ definierte Ideal*

$$\mathfrak{ab} = (\alpha_1\beta_1, \ldots \alpha_i\beta_k, \ldots \alpha_r\beta_p).$$

Aus dieser Definition folgt unmittelbar: Die Multiplikation der Ideale ist kommutativ und assoziativ:

$$\mathfrak{a}\mathfrak{b} = \mathfrak{b}\mathfrak{a}, \quad \mathfrak{a}(\mathfrak{b}\mathfrak{c}) = (\mathfrak{a}\mathfrak{b})\mathfrak{c}.$$

Wir setzen $\mathfrak{a} = \mathfrak{a}^1$ und für jedes positive ganze rationale m: $\mathfrak{a}^{m+1} = \mathfrak{a}^m \cdot \mathfrak{a}$, so daß wie bei gewöhnlichen Potenzen $\mathfrak{a}^{p+q} = \mathfrak{a}^p \cdot \mathfrak{a}^q$.

Wir nennen ein Ideal $\mathfrak{a}$ **teilbar** durch ein Ideal $\mathfrak{c}$ oder $\mathfrak{c}$ einen Teiler von $\mathfrak{a}$, wenn $\mathfrak{c} \neq (0)$ und es ein Ideal $\mathfrak{b}$ gibt, so daß $\mathfrak{a} = \mathfrak{b}\mathfrak{c}$. In Zeichen $\mathfrak{c}/\mathfrak{a}$.

Der Zusammenhang zwischen der Teilbarkeit von Zahlen und von Idealen wird durch folgende Tatsache hergestellt: *Das Hauptideal* (α) *ist durch das Hauptideal* $(\gamma) \neq (0)$ *dann und nur dann teilbar, wenn die Zahl* α *durch die Zahl* γ *teilbar ist.*

Denn aus $(\alpha) = (\gamma)(\beta_1, \ldots \beta_r) = (\gamma\beta_1, \ldots \gamma\beta_r)$ folgt $\alpha = \sum\limits_i \lambda_i \gamma \beta_i = \gamma \sum\limits_i \lambda_i \beta_i$ mit ganzen λ_i, also γ/α. Ist umgekehrt γ/α, also mit ganzem β: $\alpha = \gamma\beta$, so ist auch $(\alpha) = (\gamma) \cdot (\beta)$, und $(\gamma)/(\alpha)$.

Das Einheitsideal (1) besteht aus allen ganzen Körperzahlen; wenn in einem Ideal die Zahl 1 vorkommt, so enthält es alle ganzen Zahlen, ist also $= (1)$. Es ist für jedes Ideal $\mathfrak{a} \neq (0)$

$$\mathfrak{a} = \mathfrak{a} \cdot (1), \quad \mathfrak{a}/\mathfrak{a}, \quad (1)/\mathfrak{a}, \quad \mathfrak{a}/(0).$$

Jedes Ideal $\mathfrak{a}$ hat die „trivialen" Teiler $\mathfrak{a}$ und (1).

Definition: Ein Ideal $\mathfrak{p}$ *heiße* **Primideal,** *wenn es von* (1) *verschieden ist und außer* $\mathfrak{p}$ *und* (1) *keine anderen Teiler besitzt.*

Ob es Primideale gibt, bleibt vorläufig dahingestellt.

Für die Begründung der Idealtheorie und das Rechnen mit Idealen ist nun die Tatsache von grundlegender Bedeutung, daß die Teilbarkeit der Ideale auf die Teilbarkeit der Zahlen zurückgeführt werden kann, nicht nur umgekehrt, und zwar vermöge folgenden Satzes:

Satz 66. Zu jedem Ideal $\mathfrak{a}$ *gibt es ein von* (0) *verschiedenes Ideal* $\mathfrak{b}$, *so daß* $\mathfrak{a}\mathfrak{b}$ *ein Hauptideal ist.*

In dem Beweise dieses Satzes unterscheiden sich die verschiedenen Begründungsarten der Idealtheorie. Wir werden hier eine Methode von Hurwitz benutzen, die neuerdings durch Steinitz sehr vereinfacht worden ist. Sie beruht auf einer Verallgemeinerung des Gaußschen Satzes auf Polynome mit ganzen algebraischen Koeffizienten:

Satz 67. Es seien

$$A(x) = \alpha_p x^p + \alpha_{p-1} x^{p-1} + \cdots + \alpha_0, \quad B(x) = \beta_r x^r + \beta_{r-1} x^{r-1} + \cdots + \beta_0$$

Polynome mit ganzen Koeffizienten, $\alpha_p, \beta_r \neq 0$. *Wenn dann eine ganze Zahl* δ *in allen Koeffizienten* γ *von*

$$C(x) = A(x) \cdot B(x) = \gamma_s x^s + \gamma_{s-1} x^{s-1} + \cdots + \gamma_0$$

aufgeht, so geht sie auch in allen Produkten $\alpha_i \beta_k$ *auf.*

Um diese Behauptung zu beweisen, brauchen wir folgende beiden Hilfssätze:

Hilfssatz a). Ist

$$f(x) = \delta_m x^m + \delta_{m-1} x^{m-1} + \cdots + \delta_1 x + \delta_0 \qquad (\delta_m \neq 0)$$

ein Polynom mit ganzen Koeffizienten und ϱ eine Wurzel, so hat auch $\frac{f(x)}{x-\varrho}$ ganze Koeffizienten.

Zunächst ist $\delta_m \varrho$ jedenfalls eine ganze Zahl, wie man nach Satz 62 ähnlich wie beim Beweise von Satz 63 sofort erkennt.

Der Hilfssatz ist ferner richtig für $m = 1$, wo $\varrho = -\frac{\delta_0}{\delta_1}$, $\frac{f(x)}{x-\varrho} = \delta_1$ ist.

Er sei bereits bewiesen für alle Polynome vom Grade $\leqq m-1$; da

$$\varphi(x) = f(x) - \delta_m x^{m-1}(x-\varrho)$$

offenbar ein ganzzahliges Polynom vom Grade $\leqq m-1$ mit der Wurzel ϱ ist, so ist also

$$\frac{\varphi(x)}{x-\varrho} = \frac{f(x)}{x-\varrho} - \delta_m x^{m-1}$$

ganzzahlig, daher auch $\frac{f(x)}{x-\varrho}$, womit durch vollständige Induktion der Hilfssatz a) folgt.

Hilfssatz b). Ist in den obigen Bezeichnungen

$$f(x) = \delta_m (x-\varrho_1)(x-\varrho_2)\cdots(x-\varrho_m),$$

so ist auch $\delta_m \varrho_1 \cdot \varrho_2 \ldots \varrho_k$ für jedes k mit $1 \leqq k \leqq m$ ganz.

Denn durch mehrmalige Anwendung von Hilfssatz a) ergibt sich

$$\frac{f(x)}{(x-\varrho_{k+1})(x-\varrho_{k+2})\ldots(x-\varrho_m)} = \delta_m (x-\varrho_1)\ldots(x-\varrho_k)$$

als ein ganzzahliges Polynom, dessen konstantes Glied $\pm \delta_m \varrho_1 \ldots \varrho_k$ ist.

Nunmehr gelangen wir zum Beweise unseres Satzes 67 folgendermaßen: Sei die Zerlegung in Linearfaktoren

$$A(x) = \alpha_p (x-\varrho_1)(x-\varrho_2)\ldots(x-\varrho_p),$$

$$B(x) = \beta_r (x-\sigma_1)(x-\sigma_2)\ldots(x-\sigma_r).$$

Nach Voraussetzung hat

$$\frac{C(x)}{\delta} = \frac{\alpha_p \beta_r}{\delta}(x - \varrho_1) \ldots (x - \sigma_r)$$

ganze Koeffizienten, also ist nach Hilfssatz b) jedes Produkt

$$\frac{\alpha_p \beta_r}{\delta} \cdot \varrho_{n_1} \varrho_{n_2} \ldots \varrho_{n_i} \cdot \sigma_{m_1} \ldots \sigma_{m_k} \tag{40}$$

ganz, wo $n_1, \ldots n_i$ und ebenso $m_1, \ldots m_k$ irgendwelche verschiedenen Indizes ($i \leqq p$, $k \leqq r$) sind. Da aber $\frac{\alpha_i}{\alpha_p}$ und $\frac{\beta_k}{\beta_r}$ elementarsymmetrische Funktionen der ϱ und σ sind, so ist $\frac{\alpha_i \beta_k}{\delta}$ eine Summe von Gliedern der Form (40) und mithin eine ganze Zahl, was zu beweisen war.

Jetzt endlich sind wir in der Lage, Satz 66 über Ideale zu beweisen. Es sei $\mathfrak{a} = (\alpha_1, \ldots \alpha_r)$. Wir bilden das ganzzahlige Polynom

$$g(x) = \alpha_1 x + \alpha_2 x^2 + \cdots + \alpha_r x^r$$

und die konjugierten Polynome

$$g^{(i)}(x) = \alpha_1^{(i)} x + \alpha_2^{(i)} x^2 + \cdots + \alpha_r^{(i)} x^r, \qquad (i = 1, 2 \ldots n)$$

unter denen etwa für $i = 1$ das ursprüngliche Polynom $g(x)$ vorkomme. Das Produkt

$$F(x) = \prod_{i=1}^{n} g^{(i)}(x) = \sum_p c_p x^p$$

ist als symmetrischer Ausdruck in den Konjugierten ein Polynom mit ganzen rationalen Zahlkoeffizienten c_p, $F(x)$ ist durch $g(x)$ teilbar, und der Quotient

$$h(x) = \frac{F(x)}{g(x)} = \prod_{i=2}^{n} g^{(i)}(x)$$

ist also ein Polynom mit Koeffizienten aus K, welche überdies ganze Zahlen sind, also etwa

$$h(x) = \beta_1 x + \beta_2 x^2 + \cdots + \beta_m x^m$$

mit ganzen β in K. Bezeichnen wir mit N den gr. gem. Teiler der ganzen rationalen Zahlen c_p, so daß also $\frac{F(x)}{N}$ ein primitives Polynom ist, und setzen

$$\mathfrak{b} = (\beta_1, \ldots \beta_m),$$

so behaupten wir die Richtigkeit der Gleichung

$$\mathfrak{a}\mathfrak{b} = (N).$$

Nun ist $\mathfrak{a}\mathfrak{b} = (\ldots \alpha_i\beta_k \ldots)$. Nach Satz 67 geht N in allen $\alpha_i\beta_k$ auf, da es in jedem Koeffizienten von $g(x) \cdot h(x)$ aufgeht. Also ist in

$$\alpha_i\beta_k = \lambda_{ik} N$$

λ_{ik} eine ganze Zahl, und daher gehören alle $\alpha_i\beta_k$ und mithin alle Zahlen von $\mathfrak{a}\mathfrak{b}$ zu (N). Zweitens aber ist N gr. gem. Teiler aller Koeffizienten c_p von $h(x) \cdot g(x)$, und es gibt also ganze rationale x_p, so daß

$$N = c_1 x_1 + c_2 x_2 + \cdots$$

Jedes c ist eine Summe von Produkten $\alpha_i\beta_k$, mithin ist N in der Form

$$N = \sum_{i,k} \mu_{ik}\alpha_i\beta_k$$

mit ganzen (sogar rationalen) μ_{ik} darstellbar, also gehört N und alle Zahlen von (N) zu $\mathfrak{a}\mathfrak{b}$, d. h. $(N) = \mathfrak{a}\mathfrak{b}$.

Auf Grund des letzten Satzes erkennt man jetzt die Eindeutigkeit der Division der Ideale:

Satz 68. Ist $\mathfrak{a}\mathfrak{b} = \mathfrak{a}\mathfrak{c}$, *so ist* $\mathfrak{b} = \mathfrak{c}$, *wenn* $\mathfrak{a} \neq 0$.

Denn man bestimme ein Ideal $\mathfrak{m}$, so daß $\mathfrak{a}\mathfrak{m} = (\delta)$ ein Hauptideal ist; dann gilt

$$\mathfrak{a}\mathfrak{m}\mathfrak{b} = \mathfrak{a}\mathfrak{m}\mathfrak{c}, \qquad (\alpha)\mathfrak{b} = (\alpha)\mathfrak{c}.$$

Letztere Gleichung sagt aus, daß $\alpha \times$ jeder Zahl aus $\mathfrak{b}$ von der Form $\alpha \times$ Zahl aus $\mathfrak{c}$ ist, d. h. jede Zahl von $\mathfrak{b}$ gehört zu $\mathfrak{c}$, und ebenso ist das Umgekehrte richtig, also $\mathfrak{b} = \mathfrak{c}$.

Und nun gewinnen wir eine neue Definition der Teilbarkeit:

Satz 69. Ein Ideal $\mathfrak{c} = (\gamma_1, \ldots \gamma_r)$ *ist dann und nur dann Teiler von* $\mathfrak{a} = (\alpha_1, \ldots \alpha_m)$, *wenn jede Zahl von* $\mathfrak{a}$ *zu* $\mathfrak{c}$ *gehört.*

Wenn $\mathfrak{c}/\mathfrak{a}$, so gibt es ein $\mathfrak{b} = (\beta_1, \ldots \beta_p)$, wofür $\mathfrak{b} \neq (0)$ und

$$(\alpha_1, \ldots \alpha_m) = (\beta_1, \ldots \beta_p) \cdot (\gamma_1, \ldots \gamma_r) = (\ldots \beta_i\gamma_k \ldots),$$

also ist jede Zahl α von $\mathfrak{a}$ in der Form

$$\alpha = \sum_{i,k} \lambda_{ik}\beta_i\gamma_k = \sum_{k=1}^{r} \gamma_k \left(\sum_{i=1}^{p} \lambda_{ik}\beta_i \right)$$

mit ganzen λ_{ik} darstellbar, gehört also zu $\mathfrak{c}$.

Wenn umgekehrt jede Zahl aus $\mathfrak{a}$ auch Zahl aus $\mathfrak{c}$ ist, also zu allen ganzen λ_{ik} ganze μ_{pk} existieren, für welche

$$\sum_i \lambda_{ik}\alpha_i = \sum_p \mu_{pk}\gamma_p,$$

so ist auch für jedes $\mathfrak{d} = (\delta_1, \ldots \delta_s)$

$$\sum_k \sum_i \lambda_{ik}\alpha_i\delta_k = \sum_k \sum_p \mu_{pk}\gamma_p\delta_k,$$

d. h. auch jede Zahl von $\mathfrak{a}\mathfrak{d}$ gehört zu $\mathfrak{c}\mathfrak{d}$. Nun wähle man $\mathfrak{d}$ so, daß $\mathfrak{c}\mathfrak{d} = (\delta)$ ein Hauptideal ($\delta \neq 0$). Ist $\mathfrak{a}\mathfrak{d} = (\varrho_1, \varrho_2, \ldots)$, so ist jedes ϱ_i eine Zahl aus (δ), also von der Form $\lambda_i \delta$ mit ganzem λ und daher

$$(\varrho_1, \varrho_2, \ldots) = (\delta)(\lambda_1, \lambda_2, \ldots),$$
$$\mathfrak{a}\mathfrak{d} = \mathfrak{c}\mathfrak{d} \cdot (\lambda_1, \lambda_2, \ldots),$$
$$\mathfrak{a} = \mathfrak{c} \cdot (\lambda_1, \lambda_2, \ldots), \quad \text{d. h. } \mathfrak{c}/\mathfrak{a}.$$

Als unmittelbare Folgerungen dieses Satzes heben wir hervor:

Sei $\mathfrak{a}$ ein Ideal, das nicht $= (0)$ ist.

Die ganze Zahl α kommt dann und nur dann in $\mathfrak{a}$ vor, wenn $\mathfrak{a}/(\alpha)$.
Wenn $\mathfrak{a}/(\alpha)$ und $\mathfrak{a}/(\beta)$, dann auch $\mathfrak{a}/(\lambda\alpha + \mu\beta)$ für alle ganzen λ, μ.

Aus $\mathfrak{a}\mathfrak{b} = (1)$ folgt $\mathfrak{a} = (1)$ und $\mathfrak{b} = (1)$.

Wenn von zwei Idealen jedes ein Teiler des andern ist, so sind sie einander gleich.

§ 25. Fundamentalsatz der Idealtheorie.

Satz 70. Zu zwei Idealen $\mathfrak{a} = (\alpha_1, \ldots \alpha_r)$, $\mathfrak{b} = (\beta_1, \ldots \beta_s)$, *die nicht beide* $= (0)$ *sind, gibt es einen eindeutig bestimmten größten gemeinsamen Teiler* $\mathfrak{d} = (\mathfrak{a}, \mathfrak{b})$, *der folgende Eigenschaften hat:* $\mathfrak{d}$ *ist Teiler von* $\mathfrak{a}$ *und von* $\mathfrak{b}$. *Und wenn* $\mathfrak{d}_1/\mathfrak{a}$ *und* $\mathfrak{d}_1/\mathfrak{b}$, *dann ist* $\mathfrak{d}_1$ *ein Teiler von* $\mathfrak{d}$. *Und zwar ist* $\mathfrak{d} = (\alpha_1, \ldots \alpha_r, \beta_1, \ldots \beta_s)$.

Wir zeigen, daß $\mathfrak{d} = (\alpha_1, \ldots \alpha_r, \beta_1, \ldots \beta_s)$ die behaupteten Teilbarkeitseigenschaften hat. Weil offenbar jede Summe „Zahl aus $\mathfrak{a}$ + Zahl aus $\mathfrak{b}$" zu $\mathfrak{d}$ gehört, so gehören sämtliche Zahlen von $\mathfrak{a}$ und von $\mathfrak{b}$ zu $\mathfrak{d}$, mithin ist nach Satz 69 $\mathfrak{d}/\mathfrak{b}$.

Ist ferner $\mathfrak{d}_1/\mathfrak{a}$ und $\mathfrak{d}_1/\mathfrak{b}$, so gehören alle Zahlen von $\mathfrak{a}$ und von $\mathfrak{b}$ und folglich auch jede Summe „Zahl aus $\mathfrak{a}$ + Zahl aus $\mathfrak{b}$" zu $\mathfrak{d}_1$, d. h. jede Zahl aus $\mathfrak{d}$ gehört zu $\mathfrak{d}_1$, d. h. wiederum $\mathfrak{d}_1/\mathfrak{d}$.

Hat ein Ideal $\mathfrak{d}_2$ ebenfalls diese Eigenschaften, so ist $\mathfrak{d}_2/\mathfrak{d}$ und $\mathfrak{d}/\mathfrak{d}_2$, also $\mathfrak{d} = \mathfrak{d}_2$. Mithin ist $\mathfrak{d}$ durch diese Eigenschaften eindeutig bestimmt.

Wir sehen, daß darnach ein *Ideal* $\mathfrak{a} = (\alpha_1, \ldots \alpha_r)$ *als gr. gem. Teiler der Hauptideale* $(\alpha_1), (\alpha_2), \ldots (\alpha_r)$ *aufgefaßt werden kann.*

Aus dem Ausdruck für $\mathfrak{d}$ folgt sofort

$$\mathfrak{c} \cdot (\mathfrak{a}, \mathfrak{b}) = (\mathfrak{c}\mathfrak{a}, \mathfrak{c}\mathfrak{b}). \tag{41}$$

Und daraus fließt der eine Teil des Fundamentalsatzes:

Satz 71. Wenn für ein Primideal $\mathfrak{p}$ *gilt:* $\mathfrak{p}/\mathfrak{a}\mathfrak{b}$, *so geht* $\mathfrak{p}$ *entweder in* $\mathfrak{a}$ *oder in* $\mathfrak{b}$ *oder in beiden auf.*

Wenn nämlich $\mathfrak{p}$ nicht in dem Faktor $\mathfrak{b}$ aufgeht, so kann nur

$$(\mathfrak{p}, \mathfrak{b}) = (1)$$

sein, weil $\mathfrak{p}$ als Primideal keine Teiler außer (1) und $\mathfrak{p}$ hat. Nach (41) folgt

$$\mathfrak{a} = \mathfrak{a}(1) = \mathfrak{a}(\mathfrak{p}, \mathfrak{b}) = (\mathfrak{a}\mathfrak{p}, \mathfrak{a}\mathfrak{b})$$

und wegen $\mathfrak{p}/\mathfrak{a}\mathfrak{b}$ muß also $\mathfrak{p}$ in $\mathfrak{a}$ aufgehen.

Daraus ergibt sich, wie in der rationalen Zahlentheorie (Satz 5), daß eine Darstellung eines Ideals als Produkt von Primidealen, wenn überhaupt, dann nur auf eine einzige Art möglich ist, von der Reihenfolge der Faktoren natürlich abgesehen.

Hier fehlt zum Abschluß also noch der Beweis, daß eine Zerlegung in Primidealfaktoren stets möglich ist. Dazu müssen wir zweierlei zeigen:

a) Daß jedes Ideal $\mathfrak{a}$, welches nicht (0) ist, nur endlich viele Teiler besitzt.

b) Daß jeder Teiler von $\mathfrak{a}\,(\mathfrak{a} \neq (0))$, der nicht $= \mathfrak{a}$ ist, weniger Teiler als $\mathfrak{a}$ besitzt.

Zum Beweise von a) bedenken wir, daß jedes Ideal $\mathfrak{a}$, das nicht $= (0)$, in gewissen Hauptidealen (α) aufgeht, und da jeder Teiler von $\mathfrak{a}$ ein solcher von (α) ist, genügt es, die Endlichkeit der Teilerzahl jedes Hauptideals (α) nachzuweisen, und hier darf α als ganze rationale Zahl angenommen werden, da $\alpha/N(\alpha)$, also $(\alpha)/(N(\alpha))$ und $N(\alpha) = N$ eine solche Zahl ist.

Ein Ideal (N) ist nach Satz 69 nur durch solche Ideale $\mathfrak{a}$ teilbar, in denen N vorkommt. Es sei nun $\mathfrak{a} = (\alpha_1, \ldots \alpha_r)$ ein Teiler von (N), es komme also N in $\mathfrak{a}$ vor. Es genügt, $r \leqq n$ anzunehmen, da man ja z. B. für die α eine Basis von $\mathfrak{a}$ wählen kann. Nun ist

$$(\alpha_1, \ldots \alpha_r) = (\alpha_1, \ldots \alpha_r, N) = (\alpha_1 - N\lambda_1, \alpha_2 - N\lambda_2, \ldots \alpha_r - N\lambda_r, N)$$

für beliebige ganze λ_i. Wir zeigen, daß die λ_i so gewählt werden können, daß die Zahlen $\alpha_i - N\lambda_i$ einem bestimmten endlichen Wertevorrat angehören. Sei $\omega_1, \ldots \omega_n$ eine Körperbasis. Zu jeder ganzen Zahl $\alpha = x_1\omega_1 + \cdots + x_n\omega_n$ läßt sich offenbar ein ganzes $\lambda = u_1\omega_1 + \cdots + u_n\omega_n$ (x_i und u_i ganz rational) so bestimmen, daß in

$$\alpha - N\lambda = (x_1 - Nu_1)\omega_1 + \cdots + (x_n - Nu_n)\omega_n$$

die n ganzen rationalen Zahlen $x_i - Nu_i$ dem Intervall $0 \ldots N-1$ angehören. Unter diesen Zahlen, die wir für den Augenblick „reduziert mod. N" nennen wollen, gibt es nur $|N|^n$ verschiedene. Wir wählen nun die λ_i so, daß alle Zahlen $\alpha_i - \lambda_i N$ reduziert mod. N werden; dann gehören die höchstens n Zahlen $\alpha_i - \lambda_i N$ einer bloß durch N bestimmten endlichen Menge von Zahlen an, können also auch nur zu endlich vielen verschiedenen Idealen $\mathfrak{a}$ Anlaß geben, d. h. (N) hat nur endlich viele Teiler, womit der Hilfssatz a) bewiesen ist. Um nun Hilfssatz b) zu beweisen, sei $\mathfrak{c}$ ein Teiler von $\mathfrak{a}$, der nicht $= \mathfrak{a}$ ist, $\mathfrak{a} = \mathfrak{b}\mathfrak{c}$, wo also $\mathfrak{b} \neq (1)$, $\mathfrak{c} \neq \mathfrak{a}$ ist. Dann hat $\mathfrak{c}$ gewiß nicht $\mathfrak{a}$ als Teiler und folglich mindestens einen Teiler weniger als $\mathfrak{a}$.

Unter den endlich vielen, etwa m Teilern von $\mathfrak{a}$, welche $\neq (1)$, muß nun mindestens ein Primideal vorkommen, wenn $\mathfrak{a}$ nicht selbst $= (1)$, nämlich der oder die Teiler, welche eine möglichst geringe Anzahl von Teilern haben, sind offenbar Primideale, eben auf Grund vom Hilfssatz b). Mithin kann man von $\mathfrak{a}$ ein Primideal $\mathfrak{p}_1$ abspalten, $\mathfrak{a} = \mathfrak{p}_1 \mathfrak{a}_1$, wo nun $\mathfrak{a}_1$ höchstens $m - 1$ Teiler $\neq (1)$ besitzt; von $\mathfrak{a}_1$ läßt sich wieder ein Primideal $\mathfrak{p}_2$ abspalten, wofern nicht $\mathfrak{a}_1 = (1)$, $\mathfrak{a} = \mathfrak{p}_1 \mathfrak{p}_2 \mathfrak{a}_2$, wo nun $\mathfrak{a}_2$ höchstens $m - 2$ Teiler $\neq (1)$ besitzt usf. Da die $\mathfrak{a}_1, \mathfrak{a}_2, \ldots$ beständig abnehmende Teilerzahlen haben, muß das Verfahren nach endlich vielen Schritten sein Ende erreichen, was nur dadurch eintritt, daß $\mathfrak{a}_k = (1)$. Dann ist $\mathfrak{a} = \mathfrak{p}_1 \mathfrak{p}_2 \ldots \mathfrak{p}_k$ als Produkt von Primidealen dargestellt, und es ist bewiesen

Satz 72. **(Fundamentalsatz der Idealtheorie):** *Jedes von* (0) *und* (1) *verschiedene Ideal in* K *läßt sich auf eine und (von der Reihenfolge abgesehen) nur eine Art als Produkt von Primidealen darstellen.*

§ 26. Erste Anwendungen des Fundamentalsatzes.

Daß dieser Satz über Ideale zur Untersuchung der Teilbarkeitseigenschaften von Zahlen verwendet werden kann, erkennen wir sogleich z. B. daraus, daß hiermit eine ganz neue Methode gegeben ist, um zu entscheiden, ob eine ganze Zahl α durch eine ganze Zahl β teilbar ist oder nicht. Nach § 24 haben wir zu untersuchen, ob (α) durch (β) teilbar ist. Und nun zerlegen wir beide Ideale in ihre verschiedenen Primfaktoren:

$$\left.\begin{aligned}(\alpha) &= \mathfrak{p}_1^{a_1} \mathfrak{p}_2^{a_2} \ldots \mathfrak{p}_k^{a_k} \\ (\beta) &= \mathfrak{p}_1^{b_1} \mathfrak{p}_2^{b_2} \ldots \mathfrak{p}_k^{b_k}\end{aligned}\right\} \qquad (a_i, b_i \geqq 0).$$

Auf Grund des Fundamentalsatzes geht β dann und nur dann in α auf, wenn $a_i - b_i \geqq 0$ für $i = 1, 2 \ldots k$.

Satz 73. Es gibt unendlich viele Primideale in jedem Körper.

Denn jede rationale Primzahl p definiert ein Ideal (p), und wenn p, q positive verschiedene Primzahlen sind, so ist im Sinne unserer Idealtheorie $(p, q) = (1)$, weil in (p, q) die Zahl 1 in der Form $px + qy$ vorkommt. Mithin gehen in (p) und (q) niemals dieselben Primideale auf, es gibt daher mindestens soviel Primideale, als es positive Primzahlen p gibt.

Wir vereinfachen jetzt die Ausdrucksweise dadurch, daß wir bei der *Bezeichnung der Hauptideale* (α) *die Klammern fortlassen*, wenn kein Mißverständnis zu befürchten ist; wir müssen aber nur darauf Rücksicht nehmen, daß aus der Gleichheit der Ideale α und β nur folgt: $\alpha = \beta \times$ Einheit. Ebenso ersetzen wir in allen Aussagen, welche die Teilbarkeit eines (α) betreffen, das Ideal durch die Zahl α. α ist durch $\mathfrak{a}$ teilbar, bedeutet also: (α) ist durch $\mathfrak{a}$ teilbar. Die Aussage β/α hat bereits einen Sinn, deckt sich aber nach dem früheren wirklich mit $(\beta)/(\alpha)$. Der größte gemeinsame Teiler von $\alpha_1, \ldots \alpha_r$ ist darnach das Ideal $\mathfrak{a} = (\alpha_1, \ldots \alpha_r)$. Ist dieses $= (1)$, so nennen wir die Zahlen $\alpha_1, \ldots \alpha_r$ **teilerfremd.** Damit sie teilerfremd sind, ist notwendig und hinreichend, daß $\mathfrak{a}$ die Zahl 1 enthält, d. h. daß es ganze Zahlen λ_i aus K gibt, so daß

$$\lambda_1 \alpha_1 + \lambda_2 \alpha_2 + \cdots + \lambda_r \alpha_r = 1.$$

Aus $\mathfrak{a}/\alpha$ und $\mathfrak{a}/\beta$ folgt $\mathfrak{a}/\lambda\alpha + \mu\beta$ für jedes ganze λ, μ aus K.

Satz 74. Sind $\mathfrak{a}, \mathfrak{b}$ *von* (0) *verschiedene Ideale, so gibt es stets eine Zahl* ω, *für die*

$$(\omega, \mathfrak{a}\mathfrak{b}) = \mathfrak{a}.$$

Dieses ω besitzt dann offenbar eine Zerlegung $\omega = \mathfrak{a}\mathfrak{c}$, wo $(\mathfrak{c}, \mathfrak{b}) = 1$. Und der Satz sagt also aus: Jedes $\mathfrak{a}$ kann durch Multiplikation mit einem solchen $\mathfrak{c}$, das zu dem gegebenen $\mathfrak{b}$ teilerfremd ist, zu einem Hauptideal gemacht werden.

Zum Beweise seien $\mathfrak{p}_1, \ldots \mathfrak{p}_r$ die sämtlichen in $\mathfrak{a}\mathfrak{b}$ aufgehenden verschiedenen Primideale, und $\mathfrak{a} = \mathfrak{p}_1^{a_1} \ldots \mathfrak{p}_r^{a_r} (a_i \geqq 0)$. Wir definieren die r Ideale $\mathfrak{d}_1, \ldots \mathfrak{d}_r$ durch

$$\mathfrak{p}_i^{a_i+1} \mathfrak{d}_i = \mathfrak{a}\mathfrak{p}_1 \ldots \mathfrak{p}_r, \qquad (i = 1, \ldots r)$$

so daß also $\mathfrak{d}_i$ zu $\mathfrak{p}_i$ teilerfremd ist, aber alle übrigen Primideale $\mathfrak{p}$ in höherer Potenz als $\mathfrak{a}$ enthält. Da diese $\mathfrak{d}$ in ihrer Gesamtheit teilerfremd sind, gibt es Zahlen δ_i aus $\mathfrak{d}_i$, so daß

$$\delta_1 + \delta_2 + \cdots + \delta_r = 1.$$

Hierin ist δ_i durch $\mathfrak{d}_i$, also durch alle $\mathfrak{p}_k (k \neq i)$ teilbar, und folglich, weil 1 es nicht ist, sicher nicht durch $\mathfrak{p}_i$ teilbar.

Wir bestimmen jetzt r Zahlen α_i, so daß $\mathfrak{p}_i^{a_i}/\alpha_i$, aber $\mathfrak{p}_i^{a_i+1}$ nicht in α_i aufgeht, was offenbar stets möglich ist, weil dazu α_i nur eine Zahl aus $\mathfrak{p}_i^{a_i}$ sein muß, welche nicht in $\mathfrak{p}_i^{a_i+1}$ vorkommt. Dann hat die Zahl

$$\omega = \alpha_1 \delta_1 + \alpha_2 \delta_2 + \cdots + \alpha_r \delta_r$$

die im Satz 74 behauptete Eigenschaft. Denn jedes der Primideale $\mathfrak{p}_i$ kommt in $r-1$ Summanden mindestens in der Potenz $\mathfrak{p}_i^{a_i+1}$ vor, in dem i^{ten} Summanden aber genau in der Potenz $\mathfrak{p}_i^{a_i}$; mithin ist ω genau durch die a_i^{te} Potenz von $\mathfrak{p}_i$, aber keine höhere teilbar. Indem wir hier $\mathfrak{a}\mathfrak{b}$ selbst als ein Hauptideal β wählen, welches durch $\mathfrak{a}$ teilbar ist, erhalten wir

Satz 75. Jedes Ideal $\mathfrak{a}$ läßt sich als größter gemeinsamer Teiler von zwei Körperzahlen darstellen: $\mathfrak{a} = (\omega, \beta)$.

§ 27. Kongruenzen und Restklassen nach Idealen. Die Gruppe der Restklassen bei Addition und bei Multiplikation.

Wir übertragen jetzt den Kongruenzbegriff der rationalen Zahlentheorie auf die Idealtheorie. Gegenüber den früher gebrauchten Beweismethoden treten nur geringfügige Änderungen auf, weshalb wir uns bei den Beweisen sehr kurz fassen wollen.

Für zwei ganze Zahlen α, β und ein Ideal $\mathfrak{a}$, das in diesem Paragraphen stets als von 0 verschieden vorausgesetzt wird, soll

$$\alpha \equiv \beta \pmod{\mathfrak{a}} \quad (\alpha \text{ kongruent } \beta \text{ modulo } \mathfrak{a})$$

bedeuten:

$$\mathfrak{a}/\alpha - \beta.$$

Wenn $\mathfrak{a}$ nicht in $\alpha - \beta$ aufgeht, so schreiben wir $\alpha \not\equiv \beta \pmod{\mathfrak{a}}$.

Diese Kongruenzen genügen denselben Rechenregeln aus § 2, wie die Kongruenzen im rationalen Zahlkörper und bedeuten in den Fällen, wo $\alpha, \beta, \mathfrak{a}$ rationale Zahlen sind, genau dasselbe wie früher.

Alle Zahlen, welche einander kongruent sind mod. $\mathfrak{a}$, bilden eine Restklasse mod. $\mathfrak{a}$.

*Satz 76. Die Anzahl der Restklassen mod. $\mathfrak{a}$ ist endlich. Wird ihre Anzahl mit **$N(\mathfrak{a})$** bezeichnet und ist $\alpha_1, \ldots \alpha_n$ eine Basis von $\mathfrak{a}$, so ist* $N(\mathfrak{a}) = \left|\dfrac{\Delta(\alpha_1, \ldots \alpha_n)}{\sqrt{d}}\right|$. *Für ein Hauptideal* $\mathfrak{a} = \alpha$ ist $N(\mathfrak{a}) = |N(\alpha)|$.

Die Zahlen von $\mathfrak{a}$ bilden nämlich eine Untergruppe der Gruppe $\mathfrak{G}$ aller ganzen Zahlen des Körpers. Die verschiedenen durch $\mathfrak{a}$ bestimmten Nebengruppen innerhalb $\mathfrak{G}$ bilden offenbar die verschiedenen Restklassen mod. $\mathfrak{a}$. Die Anzahl der verschiedenen Restklassen mod. $\mathfrak{a}$ ist also der Index von $\mathfrak{a}$ innerhalb $\mathfrak{G}$. *Dieser Index ist endlich.*

Denn ist α irgendeine Zahl $\neq 0$ aus $\mathfrak{a}$, so gehört auch die positive ganze rationale Zahl $a = |N(\alpha)|$ zu $\mathfrak{a}$, weil $\alpha / N(\alpha)$, und folglich gehört das Produkt $a \times$ beliebige ganze Körperzahl zu $\mathfrak{a}$. Im Sinne der Komposition bei der gruppentheoretischen Ausdrucksweise ist also die a^{te} Potenz jedes Elementes von $\mathfrak{G}$ zu $\mathfrak{a}$ gehörig, mithin ist wegen Satz 40 der Index von $\mathfrak{a}$ endlich; er heiße $N(\mathfrak{a})$ (**Norm** von $\mathfrak{a}$). Ist $\alpha_1, \ldots \alpha_n$ eine Basis von $\mathfrak{a}$, $\omega_1, \ldots \omega_n$ eine Basis von $\mathfrak{G}$, so besteht ein System von Gleichungen

$$\alpha_i = \sum_{k=1}^{n} c_{ik} \omega_k \qquad (i = 1, 2 \ldots n)$$

mit ganzen rationalen c_{ik}, und nach Satz 39 ist der Betrag der Determinante $\|c_{ik}\|$ gleich dem Index $N(\mathfrak{a})$. Andererseits folgt durch Übergang zu den Konjugierten

$$\Delta(\alpha_1, \ldots \alpha_n) = \|c_{ik}\| \cdot \Delta(\omega_1, \ldots \omega_n),$$

und wegen

$$\Delta^2(\omega_1, \ldots \omega_n) = d \neq 0$$

ist also

$$N(\mathfrak{a}) = \left| \frac{\Delta(\alpha_1, \ldots \alpha_n)}{\sqrt{d}} \right|.$$

Bei einem Hauptideal (α) erhält man offenbar eine Basis in der Gestalt $\alpha\omega_1, \ldots \alpha\omega_n$, und damit $\Delta(\alpha\omega_1, \ldots \alpha\omega_n) = N(\alpha)\Delta(\omega_1, \ldots \omega_n)$, $N(\mathfrak{a}) = |N(\alpha)|$.

Satz 78. Die Kongruenz

$$\alpha \xi \equiv \beta \pmod{\mathfrak{a}}$$

ist bei gegebenem ganzen α, β durch eine ganze Zahl ξ aus K dann und nur dann lösbar, wenn $(\alpha, \mathfrak{a})/\beta$. Ist $(\alpha, \mathfrak{a}) = 1$, so ist die Lösung mod. $\mathfrak{a}$ völlig bestimmt.

Setzen wir zunächst $(\alpha, \mathfrak{a}) = 1$ voraus und lassen ξ ein System von $N(\mathfrak{a})$ inkongruenten Zahlen mod. $\mathfrak{a}$ durchlaufen, so durchläuft auch $\alpha\xi$ sämtliche Restklassen mod. $\mathfrak{a}$, denn aus $\alpha\xi_1 \equiv \alpha\xi_2 \pmod{\mathfrak{a}}$ folgt $\mathfrak{a}/\alpha(\xi_1 - \xi_2)$; da aber $(\alpha, \mathfrak{a}) = 1$, muß nach dem Fundamentalsatz $\mathfrak{a}/\xi_1 - \xi_2$, d. h. $\xi_1 \equiv \xi_2 \pmod{\mathfrak{a}}$ sein. Also kommen unter den Zahlen $\alpha\xi$ auch solche aus der Restklasse von β vor. Aus demselben Grunde ist offenbar die Lösung eindeutig mod. $\mathfrak{a}$ bestimmt.

Ist nun weiter $(\alpha, \mathfrak{a}) = \mathfrak{d}$ und gibt es die ganze Zahl ξ_0 mit $\alpha\xi_0 \equiv \beta \pmod{\mathfrak{a}}$, so ist $\alpha\xi = \beta + \varrho$, wo $\mathfrak{a}/\varrho$, also $\mathfrak{d}/\varrho$, also $\mathfrak{d}/\alpha\xi_0 - \varrho$, d. h. $\mathfrak{d}/\beta$.

Wenn umgekehrt

$$\mathfrak{d}/\beta, \quad \beta = \mathfrak{d}\mathfrak{b},$$

so setze man $\alpha = \mathfrak{d}\mathfrak{a}_1$, $\mathfrak{a} = \mathfrak{d}\mathfrak{a}_2$, also $(\mathfrak{a}_1, \mathfrak{a}_2) = 1$ und bestimme eine Zahl $\mu = \mathfrak{m}\mathfrak{a}_1$ so, daß $(\mu, \mathfrak{a}_1\mathfrak{d}\mathfrak{a}_2) = \mathfrak{a}_1$, also $(\mathfrak{m}, \mathfrak{d}\mathfrak{a}_2) = 1$, was nach Satz 74 möglich ist. Dann ist $\mathfrak{d}\mathfrak{a}_1/\mathfrak{m}\mathfrak{a}_1\mathfrak{d}\mathfrak{b}$, also $\alpha/\mu\beta$ und die Kongruenz

$$\mu\xi \equiv \frac{\mu\beta}{\alpha} \pmod{\mathfrak{a}_2}$$

ist lösbar in ξ nach dem eben Bewiesenen, weil $(\mu, \mathfrak{a}_2) = (\mathfrak{m}\mathfrak{a}_1, \mathfrak{a}_2) = 1$, wegen $(\mathfrak{m}, \mathfrak{a}_2) = 1$ und $(\mathfrak{a}_1, \mathfrak{a}_2) = 1$. Aus

$$\mathfrak{a}_2/\mu\xi - \frac{\mu\beta}{\alpha} \quad \text{folgt} \quad \alpha\mathfrak{a}_2/(\alpha\mu\xi - \mu\beta),$$

d. h.

$$\mathfrak{d}\mathfrak{a}_1\mathfrak{a}_2/(\mu)(\alpha\xi - \beta), \quad \mathfrak{d}\mathfrak{a}_1\mathfrak{a}_2/\mathfrak{m}\mathfrak{a}_1(\alpha\xi - \beta)$$

$$\mathfrak{d}\mathfrak{a}_2/\mathfrak{m}(\alpha\xi - \beta), \quad \mathfrak{d}\mathfrak{a}_2/\alpha\xi - \beta$$

(weil $(\mathfrak{m}, \mathfrak{d}\mathfrak{a}_2) = 1$), d. h. $\alpha\xi \equiv \beta \pmod{\mathfrak{a}}$.

Zwei nach dem Modul $\mathfrak{a}$ kongruente Zahlen haben mit $\mathfrak{a}$ denselben gr. gem. Teiler, der also eine Eigenschaft der ganzen Restklasse ist. *Die Anzahl der zu $\mathfrak{a}$ teilerfremden Restklassen werde mit $\varphi(\mathfrak{a})$ bezeichnet.*

Satz 79. Für zwei Ideale $\mathfrak{a}, \mathfrak{b}$ gilt stets $N(\mathfrak{a}\mathfrak{b}) = N(\mathfrak{a}) \cdot N(\mathfrak{b})$.

Es sei α eine solche durch $\mathfrak{a}$ teilbare Zahl, daß $(\alpha, \mathfrak{a}\mathfrak{b}) = \mathfrak{a}$. Läßt man ξ_i $(i = 1, 2 \ldots N(\mathfrak{b}))$ ein volles Restsystem mod. $\mathfrak{b}$ und $\eta_k (k = 1, 2 \ldots N(\mathfrak{a}))$ ein volles Restsystem mod. $\mathfrak{a}$ durchlaufen, so sind keine zwei der Zahlen $\alpha\xi_i + \eta_k$ einander kongruent mod. $\mathfrak{a}\mathfrak{b}$. Andererseits ist jede ganze Zahl ϱ einer dieser Zahlen $\alpha\xi_i + \eta_k$ kongruent mod. $\mathfrak{a}\mathfrak{b}$. Denn man bestimme η_k so, daß

$$\eta_k \equiv \varrho \pmod{\mathfrak{a}}$$

und darnach ξ so, daß

$$\alpha\xi \equiv \varrho - \eta_k \pmod{\mathfrak{a}\mathfrak{b}}.$$

Wegen $(\alpha, \mathfrak{a}\mathfrak{b}) = \mathfrak{a}$ und $\mathfrak{a}/\varrho - \eta_k$ ist diese Kongruenz nach Satz 78 lösbar und bestimmt ξ mod. $\mathfrak{b}$, so daß ξ gleich einem ξ_i gewählt werden kann. Mithin bilden die $N(\mathfrak{a}) \cdot N(\mathfrak{b})$ Zahlen $\alpha\xi_i + \eta_k$ ein volles Restsystem mod. $\mathfrak{a}\mathfrak{b}$, ihre Anzahl muß also auch $N(\mathfrak{a}\mathfrak{b})$ sein.

Satz 80. Wenn $(\mathfrak{a}, \mathfrak{b}) = 1$, so ist $\varphi(\mathfrak{a}\mathfrak{b}) = \varphi(\mathfrak{a}) \cdot \varphi(\mathfrak{b})$, und allgemein

$$\varphi(\mathfrak{a}) = N(\mathfrak{a}) \prod_{\mathfrak{p}/\mathfrak{a}} \left(1 - \frac{1}{N(\mathfrak{p})}\right),$$

wo $\mathfrak{p}$ die verschiedenen Primteiler von $\mathfrak{a}$ durchläuft.

Man wähle nämlich α so, daß $(\alpha, \mathfrak{a}\mathfrak{b}) = \mathfrak{a}$ und β so, daß $(\beta, \mathfrak{a}\mathfrak{b}) = \mathfrak{b}$. Dann erhält man ein volles Restsystem mod. $\mathfrak{a}\mathfrak{b}$, wenn in $\alpha\xi + \beta\eta$

das ξ ein volles Restsystem mod. $\mathfrak{b}$, und η ein solches mod. $\mathfrak{a}$ durchläuft. Diese Zahlen sind zu $\mathfrak{a}\mathfrak{b}$ dann und nur dann teilerfremd, wenn $(\xi, \mathfrak{b}) = 1$ und $(\eta, \mathfrak{a}) = 1$.

Für eine Potenz $\mathfrak{p}^a$ eines Primideals $\mathfrak{p}$ sind die zu $\mathfrak{p}^a$ nicht teilerfremden Zahlen diejenigen, welche durch $\mathfrak{p}$ teilbar sind. Unter ihnen gibt es $N(\mathfrak{p}^{a-1}) = N(\mathfrak{p})^{a-1}$ nach dem Modul $\mathfrak{p}^a$ inkongruente, also

$$\varphi(\mathfrak{p}^a) = N(\mathfrak{p})^a - N(\mathfrak{p})^{a-1} = N(\mathfrak{p}^a)\left(1 - \frac{1}{N(\mathfrak{p})}\right).$$

Satz 81. Die Norm eines Primideals $\mathfrak{p}$ *ist Potenz einer gewissen rationalen Primzahl* p, $N(\mathfrak{p}) = p^f$. f *heißt der Grad von* $\mathfrak{p}$. *Jedes Ideal* (p), *wo* p *rationale Primzahl, zerfällt in höchstens* n *Faktoren.*

Jedes Primideal $\mathfrak{p}$ geht nämlich in gewissen rationalen Zahlen und folglich auch in gewissen rationalen Primzahlen p auf. Sei etwa $\mathfrak{p}/p$, $p = \mathfrak{p} \cdot \mathfrak{a}$, so ist $N(p) = N(\mathfrak{p}) \cdot N(\mathfrak{a})$, und folglich geht die ganze rationale Zahl $N(\mathfrak{p})$ in $N(p) = p^n$ auf, also ist $N(\mathfrak{p}) = p^f$ und $f \leqq n$. Denken wir uns (p) in seine Primidealfaktoren zerlegt, $p = \mathfrak{p}_1 \cdot \mathfrak{p}_2 \ldots \mathfrak{p}_r$, so haben die positiven ganzen rationalen Zahlen $N(\mathfrak{p}_1), \ldots N(\mathfrak{p}_r)$ das Produkt $N(p) = p^n$, während keine $= 1$ ist, also muß die Anzahl $r \leqq n$ sein.

Wir erhalten auf diese Art eine der wenigen Aussagen, welche den Grad eines Körpers mit andern Eigenschaften seiner Zahlen in Verbindung bringen: Ist von einer rationalen Primzahl p bekannt, daß sie in einem Zahlkörper in k Idealfaktoren zerlegbar ist, so ist der Grad des Körpers mindestens $= k$.

Man beweist, wie Satz 12 über rationale Primzahlen:

Satz 82. Eine Kongruenz nach einem Primideal $\mathfrak{p}$

$$x^m + \alpha_1 x^{m-1} + \cdots + \alpha_{m-1} x + \alpha_m \equiv 0 \pmod{\mathfrak{p}}$$

mit ganzen Koeffizienten α *besitzt höchstens* m *nach dem Modul* $\mathfrak{p}$ *inkongruente Lösungen* x.

Das System der $N(\mathfrak{a})$ Restklassen mod. $\mathfrak{a}$ bildet bei Komposition durch *Addition* wieder eine Abelsche Gruppe, indem zwei ganze Zahlen α und β durch ihre Summe $\alpha + \beta$ eine weitere Restklasse mod. $\mathfrak{a}$ bestimmen, welche allein durch die Klassen von α und β festgelegt ist. *Die so definierte Abelsche Gruppe vom Grade* $N(\mathfrak{a})$ *heiße* $\mathfrak{G}(\mathfrak{a})$. Satz 19 der Gruppentheorie ($A^h = E$) sagt hier aus, daß für alle α

$$\alpha \cdot N(\mathfrak{a}) \equiv 0 \pmod{\mathfrak{a}},$$

da ja das Einheitselement durch die Restklasse der 0 dargestellt wird. Für $\alpha = 1$ folgt insbesondere

$$N(\mathfrak{a}) \equiv 0 \pmod{\mathfrak{a}}. \tag{42}$$

Die Gruppe $\mathfrak{G}(\mathfrak{a})$ ist im allgemeinen *nicht zyklisch*, wie im Körper $K(1)$. Z. B. sei $\mathfrak{a} = (a)$, wo a eine positive ganze rationale Zahl. Da eine Zahl $x_1\omega_1 + \cdots + x_n\omega_n$ (x_i ganz rational, die ω_i eine Basis des Körpers) dann und nur dann durch a teilbar ist, wenn alle x_i durch a teilbar sind, so erhält man alle Restklassen mod. a genau einmal in der Form $x_1\omega_1 + \cdots + x_n\omega_n$, wo $0 \leqq x_i < a$. Mithin existieren für jede in a aufgehende Primzahl p grade n *Basisklassen*, deren Grad eine Potenz von p ist. Weiter gilt für ein Primideal $\mathfrak{p}$:

Satz 83. Die Gruppe der Restklassen mod. $\mathfrak{p}$ bei Komposition durch Addition ist eine Abelsche Gruppe $\mathfrak{G}(\mathfrak{p})$ vom Grade $N(\mathfrak{p}) = p^f$, und die Anzahl der Basiselemente ist gleich dem Grade f des Primideals $\mathfrak{p}$.

Denn die Anzahl der Restklassen, deren Zahlen α die Bedingung

$$p\alpha \equiv 0 \pmod{\mathfrak{p}}$$

ist wegen $\mathfrak{p}/p$ gleich der Anzahl aller Restklassen, also p^f, mithin nach Satz 27 f gleich der Anzahl der Basiselemente. Demnach gibt es genau f ganze Zahlen $\omega_1, \ldots \omega_f$ derart, daß man sämtliche Restklassen mod. $\mathfrak{p}$ genau einmal durch die Repräsentanten $x_1\omega_1 + \cdots + x_f\omega_f$ erhält, wo die ganzen rationalen x_i den Ungleichungen $0 \leqq x_i < p$ genügen.

Die Gruppe $\mathfrak{G}(\mathfrak{p})$ ist also zyklisch für die Primideale 1. Grades und nur für diese. Die Primideale 1. Grades, welche, wie sich in § 43 ergeben wird, stets in unendlicher Zahl vorhanden sind, spielen bei der Untersuchung der Zahlkörper eine ausschlaggebende Rolle.

Das System zu $\mathfrak{a}$ teilerfremder Restklassen mod. $\mathfrak{a}$ bildet bei *Komposition durch Multiplikation* wieder eine endliche Abelsche Gruppe, indem zwei zu $\mathfrak{a}$ teilerfremde Zahlen α, β durch ihr Produkt $\alpha \cdot \beta$ eine Restklasse mod. $\mathfrak{a}$ bestimmen, die nur durch die Klassen von α und β völlig bestimmt ist und natürlich auch zu $\mathfrak{a}$ teilerfremd ist. Genau wie früher haben wir also

Satz 84. Die zu $\mathfrak{a}$ teilerfremden Restklassen mod. $\mathfrak{a}$ bilden bei Komposition durch Multiplikation eine Abelsche Gruppe vom Grade $\varphi(\mathfrak{a})$, welche durch $\mathfrak{R}(\mathfrak{a})$ bezeichnet werde. Für jedes Primideal $\mathfrak{p}$ ist $\mathfrak{R}(\mathfrak{p})$ eine zyklische Gruppe.

Eine Zahl ϱ, deren Potenzen alle Klassen von $\mathfrak{R}(\mathfrak{p})$ liefern, heißt eine **Primitivzahl** mod. $\mathfrak{p}$.

Insbesondere gilt für ein Primideal $\mathfrak{p}$ und jedes ganze α des Körpers die Verallgemeinerung des Fermatschen Satzes:

$$\alpha^{N(\mathfrak{p})} \equiv \alpha \pmod{\mathfrak{p}}. \qquad (43)$$

Wir können dagegen *nicht* schließen, daß auch alle Gruppen $\mathfrak{R}(\mathfrak{p}^a)$ zyklisch sind.

Diejenigen Restklassen aus $\mathfrak{R}(\mathfrak{p})$, welche durch eine rationale Zahl repräsentiert werden können, bilden offenbar eine Untergruppe von $\mathfrak{R}(\mathfrak{p})$, es sind dies die Klassen von $1, 2, \ldots p-1$, wenn $N(\mathfrak{p}) = p^f$. Diese sind auch mod. $\mathfrak{p}$ verschieden, da eine durch p nicht teilbare ganze rationale Zahl a zu p teilerfremd ist in $k(1)$, also in der Form $ax + py$ die Zahl 1 liefert, mithin (a) und (p) auch in K teilerfremd sind, also endlich auch $(a, \mathfrak{p}) = 1$ und a nicht durch $\mathfrak{p}$ teilbar ist. Für jede Klasse A dieser Untergruppe, die also aus $p-1$ Elementen besteht, ist A^{p-1} die Einheitsklasse. Da die ganze Gruppe $\mathfrak{R}(\mathfrak{p})$ zyklisch ist, gibt es nicht mehr als $p-1$ Klassen C, wofür $C^{p-1} = 1$. Also ist die Untergruppe der rationalen Restklassen aus $\mathfrak{R}(\mathfrak{p})$ identisch mit der Gruppe der Klassen, deren $(p-1)^{\text{te}}$ Potenz die Einheitsklasse ist. Damit ergibt sich

Satz 85. Damit eine Zahl α kongruent einer rationalen Zahl mod. $\mathfrak{p}$ *ist, ist notwendig und hinreichend, daß* $\alpha^p \equiv \alpha \pmod{\mathfrak{p}}$.

§ 28. Polynome mit ganzen algebraischen Koeffizienten.

Zum Schluß dieser elementaren Betrachtungen über Kongruenzen ziehen wir noch kurz die Funktionenkongruenzen hinzu. In der Begründung, welche Kronecker der Idealtheorie gegeben hat, spielen diese eine ausschlaggebende Rolle, und gewisse Tatsachen der Idealtheorie lassen sich auch heute noch am einfachsten mit diesen Hilfsmitteln beweisen.

Unter einem Polynom werde in diesem Paragraphen eine ganze rationale Funktion von einer beliebigen Zahl von Veränderlichen $x_1, \ldots x_m$ verstanden, in welcher die Koeffizienten der verschiedenen Potenzprodukte sämtlich ganze Zahlen von K sind.

Ein Polynom $P(x_1, \ldots x_m)$ heißt $\equiv 0 \pmod{\mathfrak{a}}$, wenn sämtliche Koeffizienten durch $\mathfrak{a}$ teilbar sind, und ferner heißen zwei Polynome P und Q einander kongruent mod. $\mathfrak{a}$, wenn das Polynom $P - Q \equiv 0 \pmod{\mathfrak{a}}$. Für Polynome, welche sich auf Konstanten reduzieren, steht dies im Einklang mit der Definition der Kongruenz von Zahlen.

Satz 86. Wenn $\mathfrak{p}$ ein Primideal und für zwei Polynome P und Q das Produkt

$$P(x_1 \ldots x_m) \cdot Q(x_1 \ldots x_m) \equiv 0 \ (\mathrm{mod.}\ \mathfrak{p}),$$

so ist mindestens eines der Polynome $\equiv 0$ (mod. $\mathfrak{p}$).

Der Satz ist richtig für Polynome von 0 Veränderlichen, d. h. für Konstante. Wir zeigen die allgemeine Richtigkeit durch den Schluß von m auf $m+1$. Er sei bereits bewiesen für alle Polynome, deren Variabelnzahl $\leqq m$ ist. Jedes Polynom von $m+1$ Variabeln läßt sich in die Form setzen

$$P(x_0, \ldots x_m) = \sum_k x_0^k P_k(x_1, \ldots x_m),$$

wo die P_k Polynome von $x_1, \ldots x_m$ sind. $P \equiv 0$ (mod $\mathfrak{p}$) bedeutet offenbar, daß sämtliche $P_k \equiv 0$ (mod. $\mathfrak{p}$) sind. Ohne Einschränkung der Allgemeinheit dürfen wir P und Q durch solche ihnen mod. $\mathfrak{p}$ kongruente Polynome ersetzen, in welchen die Glieder mit den höchsten Potenzen von x_0 nicht der Null kongruent sind, sofern nicht alle Glieder der Null kongruent sind. Sind diese höchsten Glieder resp. $x_0^p P_p(x_1 \ldots x_m)$ und $x_0^q Q_q(x_1 \ldots x_m)$, so ist das in x_0 höchste Glied von $P \cdot Q$ gleich dem Produkt $x_0^{p+q} P_p \cdot Q_q$ und aus

$$P(x_0, \ldots x_m) \cdot Q(x_0, \ldots x_m) \equiv 0 \ (\mathrm{mod.}\ \mathfrak{p})$$

folgt also

$$P_p(x_1, \ldots x_m) \cdot Q_q(x_1, \ldots x_m) \equiv 0 \ (\mathrm{mod.}\ \mathfrak{p}).$$

Da es sich hier aber um Polynome in m Veränderlichen handelt, muß mindestens einer der Faktoren $\equiv 0$ (mod. $\mathfrak{p}$) sein. D. h. entweder in $P(x_0, \ldots x_m)$ oder in $Q(x_0, \ldots x_m)$ gibt es kein Glied, welches nicht $\equiv 0$ (mod. $\mathfrak{p}$) wäre, d. h. eines der beiden Polynome P, Q muß $\equiv 0$ (mod. $\mathfrak{p}$) sein.

Hieraus folgt weiter: Seien $\mathfrak{p}^a$ bzw. $\mathfrak{p}^b$ die höchsten Potenzen eines Primideals $\mathfrak{p}$, die in allen Koeffizienten der Polynome $A(x_1, \ldots x_m)$ bzw. $B(x_1, \ldots x_m)$ aufgehen. Dann ist $\mathfrak{p}^{a+b}$ die höchste Potenz von $\mathfrak{p}$, die in allen Koeffizienten des Produktes $A(x_1, \ldots x_m) \cdot B(x_1, \ldots x_m)$ aufgeht.

Zum Beweise wählen wir etwa solche ganzen Zahlen α_1, α_2 aus K, daß $\frac{\alpha_1}{\alpha_2} A(x_1, \ldots x_m)$ ein Polynom ist, welches nicht sämtlich durch $\mathfrak{p}$ teilbare Koeffizienten besitzt. Man wähle zu diesem Zwecke

$$\alpha_2 = \mathfrak{a}\mathfrak{p}^a, \quad \alpha_1 = \mathfrak{a} \cdot \mathfrak{m}, \quad \text{wo} \quad (\mathfrak{a}, \mathfrak{p}) = (\mathfrak{m}, \mathfrak{p}) = 1.$$

Analog wähle man β_1 und β_2 so als ganze Zahlen, daß $\frac{\beta_1}{\beta_2} B(x_1, \ldots x_m)$

auch ganze nicht sämtlich durch $\mathfrak{p}$ teilbare Koeffizienten erhält. Auf Grund von Satz 85 ist dann das Produkt

$$\frac{\alpha_1}{\alpha_2} \cdot \frac{\beta_1}{\beta_2} A(x_1, \ldots) \cdot B(x_1, \ldots) = C(x_1, \ldots x_m)$$

ein Polynom, welches nicht $\equiv 0 \pmod{\mathfrak{p}}$ ist, während $A \cdot B = \frac{\alpha_2 \beta_2}{\alpha_1 \beta_1} C$ auch ganze Koeffizienten besitzt, und daher $\mathfrak{p}^{a+b}$ wegen des Zahlfaktors $\frac{\alpha_2 \beta_2}{\alpha_1 \beta_1}$ genau die höchste in $A \cdot B$ aufgehende Potenz von $\mathfrak{p}$ ist.

Verstehen wir jetzt unter dem **Inhalt eines Polynoms,** $J(P)$, das Ideal, welches gleich dem gr. gem. Teiler der Koeffizienten von P ist, so folgt aus dem Bewiesenen:

Satz 87. Der Inhalt des Produktes zweier Polynome ist gleich dem Produkt der Inhalte der beiden Faktoren.

Damit haben wir eine wesentliche Verschärfung des Kroneckerschen Satzes 67, und die Verallgemeinerung des Gaußschen Satzes 13 auf mehrere Variable und beliebige algebraische Zahlkörper gewonnen.

Wenn man in einer richtigen Kongruenz für ein Polynom mod. $\mathfrak{a}$ die Variabeln $x_1 \ldots$ durch ganze Zahlen des Körpers K, dem das Ideal $\mathfrak{a}$ angehört, ersetzt, so entsteht offenbar eine richtige Zahlkongruenz zwischen ganzen Zahlen in K mod. $\mathfrak{a}$.

Aus

$$\alpha^{N(\mathfrak{p})} \equiv \alpha \pmod{\mathfrak{p}} \tag{43}$$

für jedes ganze α ergibt sich endlich für jedes Polynom $P(x_1, \ldots x_m)$

$$P(x_1, \ldots x_m)^{N(\mathfrak{p})} \equiv P(x_1^{N(\mathfrak{p})}, x_2^{N(\mathfrak{p})}, \ldots x_m^{N(\mathfrak{p})}) \pmod{\mathfrak{p}}. \tag{44}$$

Dieser Satz ist offenbar nach (43) richtig für ein Polynom, das nur aus einem einzigen Glied besteht. Er sei bereits bewiesen für Polynome, welche höchstens k Glieder enthalten. Ist nun G ein solches Polynom, α irgendeine ganze Zahl aus K, so gilt für jede positive rationale Primzahl p

$$(G(x_1, \ldots x_m) + \alpha x_1^{a_1} \ldots x_m^{a_m})^p \equiv G^p + \alpha^p x_1^{p a_1} \ldots x_m^{p a_m} \pmod{p},$$

weil die Differenz beider Seiten, vermöge der Eigenschaften der Binomialkoeffizienten $\binom{p}{i}$, lauter durch p teilbare Koeffizienten enthält. Durch mehrmaliges Potenzieren dieser Kongruenz ergibt sich so für jedes positive ganze rationale f

$$(G + \alpha x_1^{a_1} \ldots x_m^{a_m})^{p^f} \equiv G^{p^f} + \alpha^{p^f} x_1^{p^f a_1} \ldots x_m^{p^f a_m} \pmod{p}.$$

Geht nun in (p) das Primideal $\mathfrak{p}$ auf, so ist diese Kongruenz auch mod. $\mathfrak{p}$ richtig. Ist weiter $N(\mathfrak{p}) = p^f$, so folgt dann, vermöge der Annahme über G die Richtigkeit der Behauptung (44), auch für das höchstens $(k+1)$-gliedrige Polynom, welches hier in der Klammer steht, und mithin gilt (44) allgemein.

§ 29. Erster Typus von Zerlegungsgesetzen für rationale Primzahlen: Zerlegung im quadratischen Zahlkörper.

Nachdem wir den Zusammenhang zwischen den rationalen Primzahlen und den Primidealen eines algebraischen Zahlkörpers in § 27 festgestellt haben, erhebt sich natürlich die Frage nach der genaueren Beschaffenheit dieses Zusammenhanges. Dabei handelt es sich um folgende drei Punkte:

1. Wieviel verschiedene Primideale eines bestimmten Zahlkörpers gehen in einer gegebenen rationalen Primzahl p auf?
2. Welchen Grad haben diese Primideale?
3. In welcher Potenz gehen sie in p auf?

Wir erwähnen zunächst ein Resultat über 3. von großer Allgemeinheit, das man Dedekind verdankt:

Die in der Diskriminante des Körpers aufgehenden Primzahlen haben die charakteristische Eigenschaft, daß sie und nur sie durch eine höhere als die erste Potenz eines Primideals teilbar sind. (Vgl. § 36, 38.)

Dagegen sind unsere Kenntnisse über die Beantwortung von 1. und 2. außerordentlich gering. Eine allgemeine und erschöpfende Aussage über Anzahl und Grad der in einem p aufgehenden Primideale können wir bisher nur bei einer ganz speziellen Art von algebraischen Zahlkörpern machen; diese Körper sind durch eine bestimmte Eigenschaft ihrer „Galoisschen Gruppe", wie sie in der Algebra definiert wird, vollständig charakterisiert.[1]) Hierbei treten *zwei formal ganz verschiedene Typen von Zerlegungsgesetzen* auf, welche wir jetzt kennen lernen wollen. Bei allen übrigen Körpern haben wir bisher noch gar keine Vorstellung auch nur von der ungefähren Beschaffenheit der in ihnen gültigen Zerlegungsgesetze.

Vor der Untersuchung der beiden bekannten Arten schicken wir eine allgemeine Bemerkung über *Galoissche Körper* vorauf:

Jedes Ideal $\mathfrak{a} = (\alpha_1, \ldots \alpha_r)$ eines Körpers bestimmt eine Reihe von

1) Es sind dies diejenigen Körper, deren erzeugende Zahlen sich durch übereinandergeschachtelte Wurzelzeichen darstellen lassen. Die zugehörigen Gleichungen sind die sog. algebraisch auflösbaren Gleichungen mit rationalen Koeffizienten.

n Idealen $\mathfrak{a}^{(i)} (i = 1, \ldots n)$, welche aus $\mathfrak{a}$ dadurch entstehen, daß man sämtliche Zahlen von $\mathfrak{a}$ durch die Konjugierten mit dem gleichen oberen Index i ersetzt; offenbar ist $\mathfrak{a}^{(i)} = (\alpha_1^{(i)}, \ldots \alpha_r^{(i)})$. Diese n Ideale bilden die *konjugierten Ideale* zu $\mathfrak{a}$. Wegen Satz 55 bleibt jede richtige Kongruenz richtig, wenn wir sämtliche darin vorkommenden Zahlen und Ideale durch ihre Konjugierten ersetzen.

In einem Galoisschen Körper (§ 20, Schluß) kann man aber die konjugierten Ideale miteinander multiplizieren, da sie demselben Körper angehören. Hier gilt nun

Satz 88. Für jedes Ideal $\mathfrak{a}$ eines Galoisschen Körpers ist das Hauptideal $(N(\mathfrak{a})) = \mathfrak{a}^{(1)} \cdot \mathfrak{a}^{(2)} \ldots \mathfrak{a}^{(n)}$ (vgl. Satz 107).

Wir bilden zum Beweise unter Einführung einer Variabeln x mit $\mathfrak{a} = (\alpha_1, \ldots \alpha_r)$ das Polynom $P(x) = \alpha_1 x + \alpha_2 x^2 + \cdots + \alpha_r x^r$, dessen gr. gem. Koeffiziententeiler $= \mathfrak{a}$ ist. Das Produkt der konjugierten Polynome

$$f(x) = \prod_{i=1}^{n} (\alpha_1^{(i)} x + \cdots + \alpha_r^{(i)} x^r)$$

ist dann ein Polynom mit ganzen rationalen Koeffizienten, deren gr. gem. Teiler $= a$ sei, wo a eine ganze rationale Zahl ist. Da aus dem Koeffizienten von $\frac{1}{a} f(x)$ also die 1 linear kombinierbar ist, so ist auch das Ideal (a) der gr. gem. Idealteiler der Koeffizienten von $f(x)$ in dem betrachteten Zahlkörper. Nach Satz 87 ist daher

$$\mathfrak{a}^{(1)} \cdot \mathfrak{a}^{(2)} \ldots \mathfrak{a}^{(n)} = (a).$$

Nun haben offenbar konjugierte Ideale die gleiche Norm. Mithin ist für jedes i unter Anwendung von

$$N(\mathfrak{a}^{(1)}) \ldots N(\mathfrak{a}^{(n)}) = N(\mathfrak{a}^{(i)})^n = N((a)) = |a|^n$$

$$N(\mathfrak{a}^{(i)}) = \pm a, \ (N(\mathfrak{a}^{(i)})) = (a) = \mathfrak{a}^{(1)} \ldots \mathfrak{a}^{(n)},$$

womit die Behauptung bewiesen ist. Diese Beziehung rechtfertigt den Namen Norm für die Anzahl inkongruenter Zahlen mod. $\mathfrak{a}$.

Insbesondere ist für ein Primideal vom Grade f

$$p^f = N(\mathfrak{p}) = \mathfrak{p}^{(1)} \ldots \mathfrak{p}^{(n)}.$$

Mithin gehen in p keine andern als die konjugierten Primideale auf, und wenn p durch kein Primidealquadrat teilbar ist, müssen daher unter den $\mathfrak{p}^{(1)}, \ldots, \mathfrak{p}^{(n)}$ je f untereinander übereinstimmen, und es ist p das Produkt der $k = \frac{n}{f}$ verschiedenen unter den n konjugierten Primidealen $\mathfrak{p}^{(i)}$.

Wenn also eine rationale Primzahl p in einem Galoisschen Körper ein Produkt von k voneinander verschiedenen Primidealen ist, so sind diese untereinander konjugiert und haben denselben Grad $f = \frac{n}{k}$, der also ein Teiler von n ist.

Wir wenden uns nun zum *quadratischen Zahlkörper*, der ohne Einschränkung der Allgemeinheit als erzeugt durch die Wurzel einer Gleichung $x^2 - D = 0$ vorausgesetzt werden darf, wo D eine (positive oder negative) ganze rationale Zahl ist, welche durch keine rationale Quadratzahl außer 1 teilbar ist. Dieser Körper $K(\sqrt{D})$ ist ein Galoisscher Körper; seine Zahlen lassen sich eindeutig in die Form bringen

$$\alpha = x + y\sqrt{D}$$

wo x, y rational. $\sqrt{D}$ sei dabei ein willkürlich fixierter der beiden Wurzelwerte. Die Konjugierte von α werde mit α' bezeichnet,

$$\alpha' = x - y\sqrt{D}, \quad (\alpha')' = \alpha.$$

Damit α ganz ist, ist notwendig und hinreichend, daß

$$\alpha + \alpha' \quad \text{und} \quad \alpha\alpha'$$

ganze Zahlen sind.

Wenn $2x$ und $x^2 - Dy^2$ ganz sind, so kann, da D quadratfrei angenommen war, y wie auch x höchstens den Nenner 2 haben. Setzen wir $x = \frac{u}{2}$, $y = \frac{v}{2}$ mit ganzen rationalen u, v, so soll also

$$u^2 - Dv^2 \equiv 0 \pmod{4}$$

sein. Ist $D \equiv 2$ oder $3 \pmod{4}$, so folgt offenbar, weil ein Quadrat nur kongruent 0 oder 1 mod. 4 sein kann, daß u, v beide gerade, mithin x, y ganz sind. Ist aber $D \equiv 1 \pmod{4}$, so folgt $u \equiv v \pmod{2}$. Wir haben also in α eine ganze Zahl vor uns, wenn

a) bei $D \equiv 2, 3 \pmod{4}$: $\alpha = x + y\sqrt{D}$; x, y beide ganz;

Basis von $K(\sqrt{D})$ ist: $1, \sqrt{D}$; Diskriminante $d = 4D$,

b) bei $D \equiv 1 \pmod{4}$: $\alpha = g + v\frac{1+\sqrt{D}}{2}$; $g = \frac{u-v}{2}$, v ganz;

Basis von $K(\sqrt{D})$ ist: $1, \frac{1+\sqrt{D}}{2}$; Diskriminante $d = D$.

In jedem Falle ist also, wenn d Diskriminante,

$$1, \frac{d+\sqrt{d}}{2} \quad \text{eine Basis.}$$

Denn diese beiden Zahlen sind ganz, und ihre Diskriminante ist gleich d. Wir beweisen nun den Zerlegungssatz:

Satz 89. Sei p eine nicht in d aufgehende rationale Primzahl. Dann zerfällt p im Körper $K(\sqrt{d})$ in zwei verschiedene Primideale $\mathfrak{p}, \mathfrak{p}'$, wenn die Kongruenz

$$x^2 \equiv d \,(\text{mod. } 4p) \tag{45}$$

in ganzen rationalen x lösbar ist. Ist sie aber nicht lösbar, so ist p Primideal in $K(\sqrt{d})$.

Zerfällt nämlich die nicht in d aufgehende Primzahl p im Körper $K(\sqrt{d})$, so kann sie nur in zwei Primfaktoren $\mathfrak{p}, \mathfrak{p}'$ zerfallen, die alsdann vom 1. Grade sind. Nach Satz 85 ist jede ganze Zahl aus K einer rationalen Zahl mod. $\mathfrak{p}$ kongruent, und daher gibt es ein ganzes rationales r, so daß

$$r \equiv \frac{d+\sqrt{d}}{2} \,(\text{mod. } \mathfrak{p}).$$

Hieraus folgt

$$2r - d \equiv \sqrt{d} \,(\text{mod. } 2\mathfrak{p}),$$

$$(2r-d)^2 \equiv d \,(\text{mod. } 4\mathfrak{p}).$$

Diese Kongruenz zwischen rationalen Zahlen gilt dann aber auch mod. $4p$. Also ist $x = 2r - d$ eine Lösung von (45). Das Ideal

$$\mathfrak{a} = \left(p, r - \frac{d+\sqrt{d}}{2}\right)$$

ist offenbar durch $\mathfrak{p}$ teilbar und

$$\mathfrak{a} \cdot \mathfrak{a}' = \left(p^2, p\left(r - \frac{d+\sqrt{d}}{2}\right), p\left(r - \frac{d-\sqrt{d}}{2}\right), \frac{(2r-d)^2-d}{4}\right)$$

$$= (p)\left(p, r - \frac{d-\sqrt{d}}{2}, r - \frac{d+\sqrt{d}}{2}, \frac{(2r-d)^2-d}{4p}\right).$$

Der letzte Idealfaktor ist aber $= (1)$, denn dieses Ideal enthält p und die Differenz der zweiten und dritten Zahl, das ist $\sqrt{d}$, also die beiden teilerfremden Zahlen p, d. Daraus ergibt sich endlich

$$\mathfrak{p} = \left(p, r - \frac{d+\sqrt{d}}{2}\right); \; \mathfrak{p}' = \left(p, r - \frac{d-\sqrt{d}}{2}\right).$$

Diese beiden Primideale sind überdies voneinander verschieden, also teilerfremd, da $(\mathfrak{p}, \mathfrak{p}')$ die beiden teilerfremden Zahlen p, d enthält.

Ist umgekehrt x eine Lösung von (45), so ist die Zahl

$$\omega = \frac{x+\sqrt{d}}{2}$$

offenbar eine ganze Zahl, ferner $\frac{\omega}{p}$ nicht ganz, da $\left(\frac{\omega-\omega'}{p}\right)^2 = \frac{d}{p^2}$ nicht ganz ist; da also p nicht in ω oder ω' aufgeht, wohl aber in dem Produkt $\omega\omega'$, so kann p kein Primideal sein, zerfällt daher in $K(\sqrt{d})$ in zwei Primfaktoren, welche nach dem Obigen voneinander verschieden sind.

Ist ferner q ein ungrader Primfaktor von d, so findet man für das Ideal

$$\mathfrak{q} = \left(q, \frac{d+\sqrt{d}}{2}\right) = \left(q, -\frac{d+\sqrt{d}}{2} + d\right) = \left(q, \frac{d-\sqrt{d}}{2}\right) = \mathfrak{q}'$$

$$\mathfrak{q}^2 = \mathfrak{q}\cdot\mathfrak{q}' = q\left(q, \frac{d+\sqrt{d}}{2}, \frac{d-\sqrt{d}}{2}, \frac{d(d-1)}{4q}\right)$$

$\frac{d(d-1)}{4q}$ ist aber nach der Definition der Diskriminante d sicher nicht durch q teilbar, d. h. es ist zu q teilerfremd, mithin ist $\mathfrak{q}^2 = q$ und $\mathfrak{q}$ das einzige in q aufgehende Primideal.

Endlich ist, falls d grade, auch 2 das Quadrat eines Primideals, nämlich das Quadrat von $\mathfrak{q} = (2, \sqrt{D})$ für $D \equiv 2 \pmod{4}$ oder von $\mathfrak{q} = (2, 1+\sqrt{D})$, wenn $D \equiv 3 \pmod{4}$.

Bedenken wir nun, daß nach § 14 und weil $d \equiv 0$ oder $1 \pmod{4}$, für eine ungerade Primzahl p die Lösbarkeit von (45) mit der Lösbarkeit von $y^2 \equiv d \pmod{p}$ gleichbedeutend ist, so können wir diese Sätze auch so formulieren:

Satz 90. Ist p eine ungerade Primzahl, so zerfällt im quadratischen Körper mit der Diskriminante d

p in zwei verschiedene Faktoren 1. *Grades, wenn* $\left(\frac{d}{p}\right) = +1$;

p in zwei gleiche Faktoren 1. *Grades, wenn* $\left(\frac{d}{p}\right) = 0$;

p ist selbst Primideal (2. Grades), wenn $\left(\frac{d}{p}\right) = -1$.

Die Primzahl 2 zerfällt in zwei verschiedene Faktoren, wenn d ungerade und quadratischer Rest mod. 8 ist; 2 ist selbst Primideal, wenn bei ungeradem d dieses Nichtrest mod. 8 ist; bei geradem d wird 2 ein Quadrat.

§ 30. Zweiter Typus von Zerlegungsgesetzen für rationale Primzahlen: Zerlegung im Körper $K\left(e^{\frac{2\pi i}{m}}\right)$.

Wir untersuchen jetzt die Körper der m^{ten} Einheitswurzeln, wo m eine ganze rationale Zahl > 2 ist. Die m^{ten} Einheitswurzeln sind die m Wurzeln von $x^m - 1 = 0$, also ganze algebraische Zahlen. *Primitive m^{te} Einheitswurzeln* sind die $\varphi(m)$ Zahlen $e^{\frac{2\pi i a}{m}}$, wo $(a, m) = 1$; diese sind nicht auch Einheitswurzeln niedrigeren Grades. Bilden wir

$$g(x) = \prod_{k=1}^{m-1}(x^k - 1),$$

so ist eine Wurzel von $g(x)$ dann und nur dann auch Wurzel von $f(x) = x^m - 1$, wenn sie eine nichtprimitive m^{te} Einheitswurzel ist; folglich ist

$$F(x) = \frac{x^m - 1}{d(x)}, \quad \text{wo} \quad d(x) = (f(x), g(x)),$$

ein Polynom mit ganzen rationalen Koeffizienten, dessen sämtliche Wurzeln die $\varphi(m)$ primitiven m^{ten} Einheitswurzeln sind. Da endlich unter den primitiven m^{ten} Einheitswurzeln jede eine Potenz jeder anderen ist, so ist der *Körper* $K\left(e^{\frac{2\pi i}{m}}\right)$ *ein Galoisscher Zahlkörper*, dessen Grad $h \leqq \varphi(m)$ ist. (Daß der Grad genau $= \varphi(m)$, also $F(x)$ irreduzibel ist, wird in diesem Paragraphen nicht gebraucht und wird als Nebenresultat in § 43 herauskommen.)

Wir setzen $\zeta = e^{\frac{2\pi i}{m}}$ und bedenken, daß nach dem Beweise bei Satz 64 alle ganzen Zahlen von $k(\zeta)$ sich eindeutig in der Form

$$\omega = r_0 + r_1\zeta + \cdots r_{h-1}\zeta^{h-1}$$

darstellen lassen, wo die r_i rationale Zahlen von der Art sind, daß ihr Nenner Teiler einer festen ganzen Zahl D, der Diskriminante von $F(x)$, ist.

Nun sei p eine nicht in D aufgehende rationale Primzahl, und D' so bestimmt, daß $D'D \equiv 1 \pmod{p}$. Dann erkennen wir, daß in jeder Restklasse mod. p in $k(\zeta)$ Zahlen existieren, für welche r_0, $r_1, \ldots$ sämtlich *ganze rationale* Zahlen sind, denn für jedes ganze ω ist

$$\omega \equiv DD'\omega \pmod{p}$$

und $DD'r_i$ sind nach dem Obigen ganz rational. Auf Grund dieser Tatsache brauchen wir bei der Untersuchung von p nicht erst eine Basis des Körpers zu konstruieren.

Hilfssatz: Wenn die Primzahl p nicht in $D \cdot m$ aufgeht, so gilt für jede ganze Körperzahl ω aus $K(\zeta)$

$$\omega^{p^f} \equiv \omega \pmod{p}.$$

Dabei ist f der kleinste positive Exponent derart, daß $p^f \equiv 1 \pmod{m}$.

Zum Beweise denken wir uns ω in seiner Restklasse so gewählt, daß

$$\omega = a_0 + a_1 \zeta + \cdots + a_{h-1} \zeta^{h-1}$$

mit *ganzen* rationalen a_i. Alsdann schließen wir für das ganzzahlige Polynom in $k(1)$

$$Q(x) = a_0 + a_1 x + \cdots + a_{h-1} x^{h-1}$$

nach (44) die Funktionenkongruenz

$$Q(x)^p \equiv Q(x^p) \; (\text{mod.}\, p), \quad \text{allgemein} \quad Q(x)^{p^f} \equiv Q(x^{p^f}) \; (\text{mod.}\, p).$$

Aus dieser Funktionenkongruenz wird eine richtige Zahlkongruenz, wenn man x durch die ganze algebraische Zahl ζ ersetzt, und damit ist der Hilfssatz bewiesen.

Satz 91. Geht die Primzahl p nicht in $D \cdot m$ auf, so ist p in $K(\zeta)$ nicht durch das Quadrat eines Primideals teilbar.

Denn wäre etwa $\mathfrak{p}^2 / p$, so wähle man eine ganze Zahl ω, welche durch $\mathfrak{p}$, aber nicht durch $\mathfrak{p}^2$ teilbar ist. Aus dem Hilfssatz folgt

$$\omega^{p^f} \equiv \omega \; (\text{mod.}\, \mathfrak{p}^2),$$

d. h. wegen $p^f \geqq 2$ und daher $\omega^{p^f} \equiv 0 \; (\text{mod.}\, \mathfrak{p}^2)$

$$\omega \equiv 0 \; (\text{mod.}\, \mathfrak{p}^2),$$

gegen die Annahme.

Satz 92. Geht die Primzahl p nicht in $D \cdot m$ auf und ist f der kleinste positive Exponent, so daß $p^f \equiv 1$ (mod. m), so zerfällt p im Körper $K(\zeta)$ in genau $e = \frac{h}{f}$ verschiedene Primfaktoren. Jeder hat den Grad f.

Sei nämlich $\mathfrak{p}$ ein Primfaktor von p vom Grade f_1. Dann ist nach (43) für jedes ganze ω in $K(\zeta)$

$$\omega^{p^{f_1}} \equiv \omega \; (\text{mod.}\, \mathfrak{p}), \tag{46}$$

und diese Kongruenz gilt mit keinem kleineren Wert als f_1 für jedes ganze ω. Nach dem Hilfssatz ist also $f_1 \leqq f$. Andererseits folgt aus (46) für $\omega = \zeta$

$$\zeta^{p^{f_1}} \equiv \zeta \; (\text{mod.}\, \mathfrak{p}).$$

Hier muß aber $p^{f_1} \equiv 1$ (mod. m) sein, denn andernfalls wäre $\zeta^{p^{f_1}}$ eine von ζ verschiedene primitive m^{te} Einheitswurzel und $\zeta^{p^{f_1}} - \zeta$ wäre dann ein Faktor der Diskriminante D von $F(x)$, und $\mathfrak{p}$ ein Teiler von D, gegen die Voraussetzung.

Aus $p^{f_1} \equiv 1$ (mod. m) und $f_1 \leqq f$ folgt aber nach der Definition von f die Gleichung $f_1 = f$.

Da die konjugierten Primideale in p nach Satz 91 nur in erster Potenz aufgehen, zerfällt nach der Bemerkung in § 29 p in genau $\frac{h}{f}$ Faktoren, womit alles bewiesen ist.

Hiernach steht der Körper $K(\zeta)$ in einer engen Beziehung zu der Gruppe der Restklassen mod. m im Körper $k(1)$. *Primzahlen, welche derselben Restklasse mod. m angehören, zerfallen in $K(\zeta)$ in genau derselben Art* — von endlich vielen Ausnahmen abgesehen. Später in § 43 werden wir auch noch zeigen, daß der Körper $K(\zeta)$ den Grad $\varphi(m)$ hat, also denselben wie die Gruppe $\mathfrak{R}(m)$ in $k(1)$. Endlich erwähnen wir noch ohne Beweis, daß die sog. Galoissche Gruppe von $K(\zeta)$ isomorph mit der Gruppe $\mathfrak{R}(m)$ ist.

Aus diesen Gründen nennt man $K(\zeta)$ einen **Klassenkörper,** der zu der Klasseneinteilung der rationalen Zahlen in Restklassen mod. m gehört.

Nun enthält $K(\zeta)$, wie die Theorie der Kreisteilung lehrt, einen oder mehrere quadratische Körper, und jeder quadratische Körper ist auch stets in einem $K(\zeta)$ enthalten. Es zeigt sich dann, daß man von den Zerlegungsgesetzen in $K(\zeta)$ auf die jedes Unterkörpers schließen kann, und so ergibt sich für die quadratischen Körper ein ganz anderes Zerlegungsgesetz, als wir im vorigen Paragraphen fanden. Der Vergleich beider liefert dann den Beweis des in § 16 erwähnten *quadratischen Reziprozitätsgesetzes.*[1])

§ 31. Gebrochene Ideale.

Wir führen jetzt gebrochene Ideale ein, Zahlsysteme, welche auch nichtganze Zahlen des Körpers enthalten dürfen, und, soweit sie nur ganze Zahlen enthalten, mit den bisherigen Idealen übereinstimmen.

Ein System S von ganzen oder gebrochenen Zahlen des Körpers heiße von nun ab ein Ideal, wenn

1. *mit α und β auch $\lambda\alpha + \mu\beta$ bei beliebigen ganzen λ, μ aus K zu S gehört,*

2. *eine feste von 0 verschiedene ganze Zahl ν existiert, so daß das Produkt $\nu \times$ jeder Zahl aus S ganz ist.*

---

1) Der Gedanke dieses durchsichtigsten Beweises des quadratischen Reziprozitätsgesetzes stammt von *Kronecker*. Vgl. etwa die Darstellung dieses Beweises in *Hilberts* Bericht über die Theorie der algebraischen Zahlkörper, § 122. In dem vorliegenden Buche wird dieser Beweis nicht gebracht. Wie der Zusammenhang ist, zeigt im Prinzip der Körper $K(\sqrt{-3})$ der dritten Einheitswurzeln, in welchem beide Formen des Zerlegungsgesetzes gelten.

Ideale, welche nur ganze Zahlen enthalten, mögen als **ganze Ideale** bezeichnet werden, die übrigen als **gebrochene Ideale.** Zwei Ideale heißen gleich, wenn sie genau dieselben Zahlen enthalten.

Satz 93. Jedes Ideal $\mathfrak{g}$ *ist der Wertevorrat einer linearen Form*

$$\xi_1\varrho_1 + \cdots + \xi_r\varrho_r,$$

wo $\varrho_1, \ldots \varrho_r$ *gewisse ganze oder gebrochene Zahlen aus* $\mathfrak{g}$ *sind, während* ξ_i *alle ganzen Zahlen aus K durchlaufen. Man schreibt* $\mathfrak{g} = (\varrho_1, \ldots \varrho_r)$.

Sei ν zu $\mathfrak{g}$ nach 2. gewählt, so bilden offenbar alle Produkte von ν mit den Zahlen aus $\mathfrak{g}$ eine ganzes Ideal $\mathfrak{a} = (\alpha_1, \ldots \alpha_r)$ und dann ist $\mathfrak{g} = \left(\frac{\alpha_1}{\nu}, \ldots \frac{\alpha_r}{\nu}\right)$.

Ist $\alpha_1, \ldots \alpha_n$ eine Basis des ganzen Ideals $\mathfrak{a}$, so ist $\frac{\alpha_1}{\nu}, \ldots \frac{\alpha_r}{\nu}$ offenbar eine Basis von $\mathfrak{g}$, wenn wir $\mathfrak{g}$ wieder als unendliche Abelsche Gruppe auffassen.

Das Produkt zweier Ideale $\mathfrak{g} = (\gamma_1, \ldots \gamma_r)$, $\mathfrak{r} = (\varrho_1, \ldots \varrho_s)$ wird wie bei ganzen Idealen definiert:

$$\mathfrak{g} \cdot \mathfrak{r} = (\ldots, \gamma_i\varrho_k, \ldots),$$

und diese Multiplikation ist auch wieder kommutativ und assoziativ. Jedes Ideal $\mathfrak{g} \neq (0)$ kann durch Multiplikation mit einem geeigneten ganzen Ideal (ν) zu einem ganzen Ideal, und folglich durch Multiplikation mit einem geeigneten ganzen Ideal auch zu einem Hauptideal (ω) gemacht werden.

Aus $\mathfrak{g}\mathfrak{x} = \mathfrak{g}\mathfrak{y}$ *folgt* $\mathfrak{x} = \mathfrak{y}$, *wenn* $\mathfrak{g} \neq (0)$.

Beweis wörtlich wie bei Satz 68.

Sind $\mathfrak{g}_1, \mathfrak{g}_2$ *beliebige Ideale,* $\mathfrak{g}_1 \neq (0)$, *so gibt es genau ein* $\mathfrak{x}$, *so daß*

$$\mathfrak{g}_1\mathfrak{x} = \mathfrak{g}_2.$$

Man schreibt $\mathfrak{x} = \frac{\mathfrak{g}_2}{\mathfrak{g}_1}$ *und nennt* $\mathfrak{x}$ *den* **Quotienten** *von* $\mathfrak{g}_2$ *und* $\mathfrak{g}_1$, *der also nur für* $\mathfrak{g}_1 \neq (0)$ *einen Sinn haben soll.*

Denn man wähle $\mathfrak{a} \neq (0)$ so, daß $\mathfrak{a}\mathfrak{g}_1 = (\omega)$ ein Hauptideal, also $\omega \neq 0$, und setze, wenn $\mathfrak{a}\mathfrak{g}_2 = (\varrho_1, \ldots \varrho_r)$,

$$\mathfrak{x} = \left(\frac{\varrho_1}{\omega}, \ldots \frac{\varrho_r}{\omega}\right).$$

Dann ist in der Tat $\mathfrak{a}\mathfrak{g}_2 = (\omega)\mathfrak{x} = \mathfrak{a}\mathfrak{g}_1\mathfrak{x}$, $\mathfrak{g}_2 = \mathfrak{g}_1\mathfrak{x}$, und nach dem Vorangehenden ist $\mathfrak{x}$ eindeutig bestimmt.

Die Gleichung $\frac{\mathfrak{a}}{\mathfrak{b}} = \frac{\mathfrak{c}}{\mathfrak{d}}$ ist demnach völlig gleichbedeutend mit $\mathfrak{a}\mathfrak{d} = \mathfrak{b}\mathfrak{c}$, insbesondere ist also für jedes Ideal $\mathfrak{m} \neq (0)$

$$\frac{\mathfrak{a}}{\mathfrak{b}} = \frac{\mathfrak{a}\mathfrak{m}}{\mathfrak{b}\mathfrak{m}}, \quad \frac{\mathfrak{a}}{(1)} = \mathfrak{a}, \quad \frac{\mathfrak{m}}{\mathfrak{m}} = (1).$$

Jedes Ideal läßt sich daher als Quotient von ganzen teilerfremden Idealen darstellen, die wir wie bei Zahlen als Zähler- bzw. Nennerideal bezeichnen. Insbesondere läßt sich auch jedes gebrochene Hauptideal ω als Quotient von ganzen Idealen darstellen, was wieder unter Fortlassung der Klammern durch eine Gleichung

$$\omega = \frac{\mathfrak{a}}{\mathfrak{b}},$$

ausgedrückt sei.

Auch bei gebrochenen Idealen wollen wir von **Teilbarkeit** in dem Sinne reden, daß „$\mathfrak{a}/\mathfrak{b}$" oder „$\mathfrak{a}$ geht in $\mathfrak{b}$ auf" bedeuten soll, daß $\frac{\mathfrak{b}}{\mathfrak{a}}$ ein ganzes Ideal ist. Wenn $\mathfrak{a}$ und $\mathfrak{b}$ ganze Ideale sind, deckt sich diese Definition mit der früheren Teilbarkeitsdefinition.

Eine Zahl ω kommt darnach dann und nur dann in einem Ideal $\mathfrak{g}$ vor, wenn (ω) durch $\mathfrak{g}$ teilbar, d. h. ω eine Zerlegung

$$(\omega) = \mathfrak{m} \cdot \mathfrak{g}$$

mit einem ganzen Ideal $\mathfrak{m}$ besitzt.

Die Zahl 1 kommt daher in allen und nur solchen Idealen vor, welche das Reziproke eines ganzen Ideals $\mathfrak{a}$, d. h. gleich $\frac{(1)}{\mathfrak{a}}$ sind.

Ist ein Ideal $\mathfrak{g}$ als Quotient von zwei ganzen teilerfremden Idealen $\mathfrak{a}$ und $\mathfrak{b}$ dargestellt, so definieren wir die **Norm von $\mathfrak{g}$**:

$$N(\mathfrak{g}) = \frac{N(\mathfrak{a})}{N(\mathfrak{b})}, \quad \text{wenn} \quad \mathfrak{g} = \frac{\mathfrak{a}}{\mathfrak{b}}.$$

Diese Gleichung ist auch dann noch richtig, wenn $\mathfrak{a}, \mathfrak{b}$ nicht teilerfremde oder auch gebrochene Ideale sind. Auch ist wieder

$$N(\mathfrak{g}_1 \cdot \mathfrak{g}_2) = N(\mathfrak{g}_1) \cdot N(\mathfrak{g}_2).$$

Zwischen Basis und Norm besteht wieder die Beziehung:

Ist $\alpha_1, \ldots \alpha_n$ eine Basis von $\mathfrak{g}$, so ist

$$N(\mathfrak{g}) = \left| \frac{\Delta(\alpha_1, \ldots \alpha_n)}{\sqrt{d}} \right|. \tag{47}$$

Denn sei die ganze Zahl $\nu \neq 0$ so gewählt, daß $\nu\mathfrak{g}$ ein ganzes Ideal $\mathfrak{b}$, mit der Basis $\beta_1, \ldots \beta_n$, so ist $\frac{\beta_1}{\nu}, \ldots \frac{\beta_n}{\nu}$ eine Basis von $\mathfrak{g}$ und

$$N(\mathfrak{g}) = \frac{N(\mathfrak{b})}{|N(\nu)|} = \left| \frac{\Delta(\beta_1, \ldots \beta_n)}{|N(\nu)| \sqrt{d}} \right| = \left| \frac{\Delta\left(\frac{\beta_1}{\nu}, \ldots \frac{\beta_n}{\nu}\right)}{\sqrt{d}} \right|.$$

§ 32. Der Minkowskische Satz über lineare Formen.

In der weiteren Entwicklung der Theorie der algebraischen Zahlen spielt nun der Größenbegriff wieder eine wesentliche Rolle, anders wie bisher, wo alles auf dem Begriff der Teilbarkeit und den formalen algebraischen Prozessen beruhte. Das wichtigste Hilfsmittel ist dabei ein Satz über die Auflösung linearer Ungleichungen durch ganze rationale Zahlen, welcher auf *Dirichlet* zurückgeht und dann durch *Minkowski* erheblich erweitert und verschärft wurde. Dieser Satz und sein Beweis ist ganz unabhängig von den vorangehenden Theorien. Er lautet folgendermaßen:

Satz 94. Es seien n lineare homogene Ausdrücke

$$L_p(x) = \sum_{q=1}^{n} a_{pq} x_q \qquad (p = 1, 2 \ldots n)$$

mit reellen Koeffizienten a_{pq} *gegeben, deren Determinante* $D = |a_{pq}|$ *von Null verschieden ist, sowie* n *positive Größen* $\varkappa_1, \ldots \varkappa_n$, *wofür*

$$\varkappa_1 \cdot \varkappa_2 \ldots \varkappa_n \geqq |D|.$$

Dann gibt es stets n ganze rationale Zahlen $x_1, \ldots x_n$, *welche nicht sämtlich gleich* 0 *sind, so daß*

$$|L_p(x)| \leqq \varkappa_p. \qquad (p = 1, \ldots n) \quad (48)$$

Der Beweis verläuft nach Minkowskis zahlengeometrischem Ansatz so, daß wir zunächst die andere Frage stellen: Was folgt über die Größen $\varkappa$, wenn die n Ungleichungen (48) keine Lösung in ganzen rationalen Zahlen $x_q \neq 0$ haben? Wir zeigen, daß dann $\varkappa_1 \cdot \varkappa_2 \ldots \varkappa_n < |D|$ sein muß.

Zu diesem Zwecke betrachten wir im Raume von n Dimensionen mit den Cartesischen Koordinaten $x_1, \ldots x_n$ das Parallelotop

$$|L_p(x)| \leqq \frac{\varkappa_p}{2} \qquad (p = 1, 2 \ldots n)$$

und denken uns dasselbe parallel zu sich selbst sukzessive so verschoben, daß sein Mittelpunkt, das ist der Punkt $0, \ldots 0$, auf sämtliche Gitterpunkte $g_1, \ldots g_n$ zu liegen kommt, wo die g_i alle ganzen rationalen Zahlen durchlaufen. Es entstehen so die unendlich vielen Parallelotope $\Pi_{g_1, \ldots g_n}$

$$|L_p(x - g)| \leqq \frac{\varkappa_p}{2}. \qquad (p = 1, \ldots n)$$

Keine zwei derselben haben einen Punkt gemein, wenn (48) unlösbar ist. Denn wenn ein Punkt (x) zu den beiden Parallelotopen $\Pi_{g_1,\ldots g_n}$ und $\Pi_{g_1',\ldots g_n'}$ gehört, so folgt aus

$$-\frac{\varkappa_p}{2} \leqq L_p(x-g) \leqq \frac{\varkappa_p}{2}$$

und

$$-\frac{\varkappa_p}{2} \leqq L_p(x-g') \leqq \frac{\varkappa_p}{2}$$

durch Subtraktion

$$|L_p(g-g')| \leqq \varkappa_p,$$

d. h. (48) hätte die Lösung $x_q = g_q - g_q'$.

Folglich muß die Summe der Inhalte aller Π, die einem bestimmten Quadrat $|x_q| \leqq L \; (q = 1, 2 \ldots n)$ angehören, kleiner als der Inhalt $(2L)^n$ dieses Quadrates sein, woraus sofort die Behauptung folgt. Um das einzusehen, sei zunächst c eine solche Zahl, daß die Koordinaten aller Punkte der Ausgangsfigur $\Pi_{0\ldots 0}$ sämtlich dem Betrage nach $\leqq c$ sind. Dann gehören jedenfalls alle solche $\Pi_{g_1,\ldots g_n}$ zu dem Quadrate $|x_q| \leqq L + c$, wofür

$$|g_q| \leqq L \qquad (q = 1, \ldots n).$$

Denn aus $|L_p(x-g)| \leqq \frac{\varkappa_p}{2}$ und $|g_q| \leqq L$ folgt $|x_q| = |x_q - g_q + g_q| \leqq |x_q - g_q| + |g_q| \leqq c + L$. Ist also L eine positive ganze rationale Zahl, so gibt es $(2L+1)^n$ derartige $\Pi_{g_1\ldots g_n}$, ihr Gesamtinhalt ist

$$(2L+1)^n J < (2L+2c)^n,$$

wo J der Inhalt des einzelnen Π ist. Nach Division mit L^n und Übergang zu $\lim L = \infty$ folgt

$$J \leqq 1.$$

Andererseits ist

$$J = \underset{|L_p(x)| \leqq \frac{\varkappa_p}{2}}{\int \cdots \int} dx_1 \ldots dx_n = \frac{1}{|D|} \underset{|y_p| \leqq \frac{\varkappa_p}{2}}{\int \cdots \int} dy_1 \ldots dy_n = \frac{\varkappa_1 \varkappa_2 \ldots \varkappa_n}{|D|}.$$

Wenn also die Ungleichungen in ganzen Zahlen außer $0, \ldots 0$ nicht lösbar sind, so ist $\varkappa_1 \ldots \varkappa_n \leqq |D|$. In dieser Behauptung gilt aber notwendig das Zeichen $<$. Denn aus der Unlösbarkeit für die Werte $\varkappa_1, \ldots \varkappa_n$ folgt aus Stetigkeitsgründen auch die Unlösbarkeit für genügend benachbarte größere Werte der $\varkappa$, deren Produkt also ebenfalls noch $\leqq |D|$ sein muß, so daß das Produkt der ursprünglichen $\varkappa$ notwendig $< |D|$ ist.

Damit ist aber bewiesen, daß, falls das Produkt der $\varkappa$ gleich $|D|$ oder größer ist, die Ungleichungen (48) eine Lösung in ganzen Zahlen haben müssen.

Wir werden nachher unter den $L_p(x)$ die Konjugierten einer Linearform verstehen, wobei also auch komplexe Koeffizienten zulässig sein müssen. Durch eine leichte Umformung des obigen Satzes ergibt sich in dieser Beziehung

Satz 95. Es seien n lineare Formen $L_p(x) = \sum_{q=1}^{n} a_{pq} x_q$ $(p = 1, \ldots n)$ *mit reellen oder komplexen Koeffizienten gegeben, deren Determinante* $D \neq 0$. *Falls aber eine der Formen nicht reell ist, soll unter den* $L_p(x)$ *stets auch die zu ihr konjugiert komplexe Form vorkommen. Endlich seien* $\varkappa_1, \ldots \varkappa_n$ *solche positive Größen, daß* $\varkappa_\alpha = \varkappa_\beta$, *wenn die Formen* $L_\alpha(x)$ *und* $L_\beta(x)$ *konjugiert komplex sind. Dann gibt es ganze rationale nicht sämtlich verschwindende* x_q, *so daß*

$$|L_p(x)| \leqq \varkappa_p \qquad (p = 1, \ldots n),$$

wenn

$$\varkappa_1 \cdot \varkappa_2 \ldots \varkappa_n \geqq |D|.$$

Zum Beweise ersetzen wir das System $L_p(x)$ durch dasjenige System reeller Formen $L'(x)$, welches entsteht, wenn man die reellen und imaginären Bestandteile der $L_p(x)$ für sich betrachtet: Wir nehmen $L_p'(x) = L_p(x)$, wenn $L_p(x)$ eine reelle Form ist; ist dagegen $L_\alpha(x)$ und $L_\beta(x)$ konjugiert imaginär und etwa $\alpha < \beta$, so setzen wir

$$L_\alpha'(x) = \frac{L_\alpha(x) + L_\beta(x)}{2}, \quad L_\beta'(x) = \frac{L_\alpha(x) - L_\beta(x)}{2i}$$

und definieren gleichzeitig

$$\varkappa_\alpha' = \varkappa_\beta' = \frac{\varkappa_\alpha}{\sqrt{2}},$$

dagegen

$$\varkappa_p' = \varkappa_p$$

im ersten Falle.

Das reelle Formensystem L' hat nun offenbar eine Determinante D' mit

$$|D'| = 2^{-r_2} |D|,$$

wenn r_2 die Anzahl der Paare konjugiert-komplexer Formen unter den $L_p(x)$ bedeutet. Da also $\varkappa_1' \ldots \varkappa_n' \geqq |D'|$, gibt es ganze rationale Zahlen x_q, die nicht alle 0 sind, so daß

$$|L_p'(x)| \leqq \varkappa_p' \qquad (p = 1, \ldots n).$$

Für eine nicht reelle Form $L_\alpha(x)$ ist nun

$$|L_\alpha(x)|^2 = L_\alpha'^2(x) + L_\beta'^2(x) \leqq \varkappa_\alpha'^2 + \varkappa_\beta'^2 = \varkappa_\alpha^2,$$

woraus der behauptete Satz folgt.

§ 33. Idealklassen und die Klassengruppe. Ideale Zahlen.

Wir können jetzt das Problem in Angriff nehmen, welches wir zu Beginn der Idealtheorie in § 23 gestellt haben, nämlich untersuchen, ob sich in der dort angegebenen Art alle Ideale stets durch Zahlen, die vielleicht anderen Körpern angehören, repräsentieren lassen. Zu diesem Zwecke führen wir einen Äquivalenzbegriff und dadurch eine Klasseneinteilung aller Ideale von K ein durch folgende

Definition: Zwei ganze oder gebrochene Ideale $\mathfrak{a}, \mathfrak{b}$ *heißen* **äquivalent,** *in Zeichen*

$$\mathfrak{a} \sim \mathfrak{b},$$

wenn sie sich nur um einen Hauptidealfaktor unterscheiden, d. h. wenn es ein (ganzes oder gebrochenes) Hauptideal $(\omega) \neq (0)$ *gibt, so daß*

$$\mathfrak{a} = \omega \cdot \mathfrak{b}.$$

Dieser Äquivalenzbegriff hat folgende Eigenschaften:

1. $\mathfrak{a} \sim \mathfrak{a}$.
2. Aus $\mathfrak{a} \sim \mathfrak{b}$ folgt $\mathfrak{b} \sim \mathfrak{a}$.
3. Aus $\mathfrak{a} \sim \mathfrak{b}$ und $\mathfrak{b} \sim \mathfrak{c}$ folgt $\mathfrak{a} \sim \mathfrak{c}$.
4. Aus $\mathfrak{a} \sim \mathfrak{b}$ folgt $\mathfrak{a}\mathfrak{c} \sim \mathfrak{b}\mathfrak{c}$, und wenn $\mathfrak{c} \neq (0)$, auch umgekehrt.

Die Gesamtheit aller mit einem festen $\mathfrak{a}$ äquivalenten Ideale bildet eine **Idealklasse.** Insbesondere sind alle Hauptideale $(\neq 0)$ einander äquivalent. Sie bilden die **Hauptklasse.**

Diese Klassen lassen sich sofort wegen 4. zu einer Abelschen Gruppe vereinigen. Versteht man nämlich unter $\mathfrak{a}, \mathfrak{b}$ irgendein Ideal resp. aus den Klassen A, B, so gehört nach 4. das Produkt $\mathfrak{a} \cdot \mathfrak{b}$ einer allein durch A, B bestimmten Klasse an, welche nicht abhängt von der Auswahl von $\mathfrak{a}$ und $\mathfrak{b}$ innerhalb ihrer Klassen. Wir bezeichnen die Klasse von $\mathfrak{a}\mathfrak{b}$ mit AB, und haben damit eine Komposition der Idealklassen definiert, vermöge der sie eine (endliche oder unendliche) Abelsche Gruppe, die **Klassengruppe des Körpers K,** bilden. Das Einheitselement ist dabei die Hauptklasse.

Der Übergang von den Idealen zu den Idealklassen entspricht genau dem Übergang von den Zahlen zu den Restklassen nach einem Modul. Denn die Gesamtheit der ganzen und gebrochenen Ideale von K, welche $\neq (0)$ sind, bildet offenbar bei Komposition durch gewöhnliche Multiplikation eine unendliche Abelsche Gruppe. (Diese hat im Sinne von § 11 eine Basis von unendlich vielen Elementen, nämlich die Gesamtheit der Primideale.) Diese Gruppe $\mathfrak{M}$ enthält als Untergruppe die Gruppe aller Hauptideale $(\neq 0)$, welche mit $\mathfrak{H}$

bezeichnet sei. *Und die oben definierte Klassengruppe ist offenbar die Faktorgruppe* $\mathfrak{M}/\mathfrak{H}$. Ihre Elemente sind ja die verschiedenen „Reihen“ oder Nebengruppen, welche aus sämtlichen Idealen bestehen, die sich nur um ein Element aus $\mathfrak{H}$, d. h. ein Hauptideal als Faktor unterscheiden.

Es ist eines der Hauptprobleme der höheren Arithmetik, die feinere Struktur dieser Klassengruppe zu untersuchen. Sie spielt in beinahe allen Aussagen über die Zahlen in K eine wesentliche Rolle. Doch sind unsere Kenntnisse hierüber in allgemeinen Körpern noch äußerst gering. Die wichtigste allgemeine Tatsache sprechen wir in folgendem Satze aus:

Satz 96. In jeder Idealklasse von K gibt es ein ganzes Ideal, dessen Norm $\leqq |\sqrt{d}|$ ist. Die Anzahl der Idealklassen von K ist daher endlich.

Es sei nämlich $\mathfrak{a}$ ein ganzes Ideal aus der Klasse B^{-1}, wo B eine beliebig gegebene Klasse ist. Bedeutet $\alpha_1, \dots \alpha_n$ eine Basis von $\mathfrak{a}$, so gibt es nach Satz 95 ganze rationale, nicht sämtlich verschwindende $x_1, \dots x_n$, so daß

$$\omega^{(i)} = \Big|\sum_{k=1}^{n} \alpha_k^{(i)} x_k\Big| \leqq |\sqrt[n]{\Delta}| \qquad (i = 1, \dots n)$$

wo $\Delta = \Delta(\alpha_1, \dots \alpha_n) = N(\mathfrak{a})\sqrt{d}$ die Determinante der $\alpha_k^{(i)}$ ist. Für das Produkt dieser Konjugierten $\omega^{(i)}$ ist also

$$|N(\omega)| \leqq |\Delta| = N(\mathfrak{a})\,|\sqrt{d}|. \tag{49}$$

Nun ist nach Definition ω eine ganze durch $\mathfrak{a}$ teilbare, von Null verschiedene Zahl, hat also eine Zerlegung

$$\omega = \mathfrak{a} \cdot \mathfrak{b},$$

wo $\mathfrak{b}$ ein gewisses von 0 verschiedenes ganzes Ideal ist, welches offenbar in der zu B^{-1} reziproken Klasse B liegt, da ja $\mathfrak{a}\mathfrak{b} \sim (1)$. Aus (49) folgt dann

$$|N(\mathfrak{b})| \leqq |\sqrt{d}|, \tag{50}$$

womit der erste Teil bewiesen ist.

Nun gibt es aber nur endlich viele ganze Ideale, deren Norm einen gegebenen Wert z hat, denn nach (42) in § 27 müssen sie Teiler des Ideals (z) sein. Folglich gibt es auch nur endlich viele ganze Ideale, deren Norm unterhalb einer gegebenen Schranke liegt, da ja die Normen ganze rationale Zahlen sind. Mithin gibt es nur endlich viele ganze Ideale $\mathfrak{b}$, welche der Bedingung (50) genügen, also ist die Anzahl der verschiedenen Idealklassen in K endlich.

Diese **Klassenzahl** werde fortan mit h bezeichnet. Als unmittelbare Folge der Endlichkeit von h ergibt sich aus Satz 21:

Satz 97. Die h^{te} Potenz jedes Ideals in K ist ein Hauptideal.

Und damit endlich können wir die in § 24 ausgesprochene Behauptung beweisen:

Satz 98. Zu jedem Ideal $\mathfrak{a}$ aus K gibt es eine Zahl A, welche im allgemeinen nicht dem Körper K angehört, derart, daß die Zahlen von $\mathfrak{a}$ identisch mit denjenigen Zahlen des Körpers K sind, welche durch A teilbar sind.

Nach Satz 97 ist nämlich $\mathfrak{a}^h$ gleich einem Hauptideal (ω). Die Zahl $\mathsf{A} = \sqrt[h]{\omega}$ hat dann die behauptete Eigenschaft. Denn ist α eine Zahl aus $\mathfrak{a}$, so gehört α^h zu $\mathfrak{a}^h$, es ist also $\frac{\alpha^h}{\omega}$ ganz und also auch $\frac{\alpha}{\sqrt[h]{\omega}} = \frac{\alpha}{\mathsf{A}}$ ganz.

Ist umgekehrt α eine Körperzahl, so daß $\frac{\alpha}{\mathsf{A}}$ ganz, so ist $\frac{\alpha^h}{\omega}$ ganz, d. h. $\frac{\alpha^h}{\mathfrak{a}^h}$ ein ganzes Ideal; wegen des Fundamentalsatzes ist also auch $\frac{\alpha}{\mathfrak{a}}$ ein ganzes Ideal, d. h. α kommt in $\mathfrak{a}$ vor.

Die Zahlen A, welche nötig sind, um alle Ideale des Körpers K zu repräsentieren, lassen sich nun wegen der Gruppeneigenschaft der Idealklassen so wählen, daß sie alle einem Körper vom Relativgrad h über K angehören, und zwar auf folgende Art:

Als endliche Abelsche Gruppe besitzt die Klassengruppe, falls $h > 1$, eine Basis, etwa die Klassen $B_1, \dots B_m$ resp. von den Graden $c_1, \dots c_m$ Wählen wir aus jeder dieser Klassen ein Ideal $\mathfrak{b}_q (q = 1, \dots m)$, so ist nach Definition der Basis jedes Ideal $\mathfrak{a}$ des Körpers äquivalent genau einem Potenzprodukte

$$\mathfrak{b}_1^{x_1} \dots \mathfrak{b}_m^{x_m}. \quad (0 \leqq x_q < c_q;\ q = 1, \dots m) \tag{51}$$

D. h. man erhält alle Ideale $\mathfrak{g}$ (ganze und gebrochene) genau einmal, wenn man in

$$\mathfrak{g} = \varrho\, \mathfrak{b}_1^{x_1} \dots \mathfrak{b}_m^{x_m} \tag{52}$$

die Zahl ϱ alle nicht assoziierten Körperzahlen und die x_q alle ganzen rationalen Zahlen mit den Bedingungen (51) durchlaufen läßt. Bestimmt man daher nach Satz 98 zu jedem $\mathfrak{b}_q$ die Zahl B_q, wo

$$\mathsf{B}_q = \sqrt[c_q]{\beta_q}, \qquad \mathfrak{b}_q^{c_q} = (\beta_q),$$

so ist offenbar jedem $\mathfrak{g}$ der Form (52) die Zahl

$$\Gamma = \varrho \mathsf{B}_1^{x_1} \ldots \mathsf{B}_m^{x_m} \tag{53}$$

derart zugeordnet, daß die Zahlen von $\mathfrak{g}$ identisch mit denjenigen Zahlen des Körpers sind, welche durch dieses Γ teilbar sind. Lassen wir in diesem Ausdruck (53) ϱ alle Körperzahlen, auch die assoziierten, durchlaufen, so erhalten wir ein System von Zahlen, welches man ein **System idealer Zahlen zu *K*** nennt. Dieses zerfällt, den Idealklassen entsprechend, in h Klassen idealer Zahlen. Jede einzelne Klasse enthält die Zahlen (53) mit demselben Exponentensystem x_q, und die Gesamtheit der Zahlen derselben Klasse (inkl. 0) reproduziert sich durch Addition und Subtraktion, die Gesamtheit aller idealen Zahlen, welche $\neq 0$ sind, reproduziert sich durch Multiplikation und Division. In diesem System ist jedes Ideal von K im Sinne von Satz 98 durch eine wirkliche Zahl repräsentierbar.

Diese Darstellung hat für neuere Untersuchungen der analytischen Zahlentheorie eine besondere Bedeutung gewonnen. Es sei übrigens noch ausdrücklich bemerkt, daß der Zahlkörper $K(\mathsf{B}_1, \ldots \mathsf{B}_m)$, welcher den Relativgrad h in bezug auf K besitzt, im allgemeinen *nicht* mit dem sog. Hilbertschen Klassenkörper von K identisch ist.

§ 34. Einheiten. Obere Grenze für die Anzahl der Grundeinheiten.

In diesem und dem folgenden Paragraphen werden wir einen vollständigen Überblick über die in einem Körper K vorhandenen Einheiten gewinnen, indem wir den nachher formulierten Fundamentalsatz von *Dirichlet* beweisen. Die Existenz von im allgemeinen unendlich vielen Einheiten in K ist neben der Notwendigkeit, den Idealbegriff einzuführen, das zweite wesentliche Merkmal, welches die höheren algebraischen Zahlkörper von dem Körper der rationalen Zahlen unterscheidet.

Die Menge aller Einheiten des Körpers K bildet zunächst offenbar bei Komposition durch Multiplikation eine Abelsche Gruppe. Diese Gruppe aller Einheiten in K heiße $\mathfrak{E}$. Als Untergruppe ist in ihr enthalten die Gruppe $\mathfrak{W}$ aller Einheitswurzeln in K, welche mindestens zwei Elemente, nämlich ± 1 enthält.

Hilfssatz a): Es gibt höchstens endlich viele ganze Zahlen in K, welche nebst sämtlichen Konjugierten dem Betrage nach eine gegebene Konstante nicht übersteigen. Haben alle Konjugierten einer ganzen Zahl in K den Betrag 1, so ist sie eine Einheitswurzel.

Wenn nämlich etwa für die ganze Zahl α in K die Ungleichungen $|\alpha^{(i)}| \leqq C$ gelten, für $i = 1, 2 \ldots n$, so folgt hieraus sofort für die elementarsymmetrischen Funktionen der $\alpha^{(i)}$ eine nur von C und n abhängige Abschätzung ihrer Beträge nach oben. Diese Funktionen haben aber ganze rationale Zahlwerte und sind die Koeffizienten der Gleichung n^{ten} Grades mit den Wurzeln $\alpha^{(i)}$; für diese Koeffizienten bestehen daher nur endlich viele Möglichkeiten, und daher gibt es nur endlich viele Gleichungen n^{ten} Grades, deren Wurzeln ganze Zahlen und gleichzeitig sämtlich $\leqq C$ sind.

Ist ferner α eine ganze Zahl in K und $|\alpha^{(i)}| = 1$, für $i = 1, \ldots n$, so gilt dasselbe für alle unendlich vielen Potenzen $\alpha^q (q = 1, 2 \ldots)$. Diese können nach dem eben Bewiesenen nicht alle verschieden sein, mithin ist eine Potenz $\alpha^q = 1$, α also eine Einheitswurzel.

Satz 99. Die Gruppe $\mathfrak{W}$ aller Einheitswurzeln in K ist endlich, und zwar eine zyklische Gruppe von einem Grade $w \geqq 2$.

Denn da alle Einheitswurzeln nebst allen Konjugierten den Betrag 1 haben, folgt aus dem Hilfssatz die erste Behauptung. Ist ferner p eine im Grade von $\mathfrak{W}$ aufgehende Primzahl, so ist die Anzahl der Lösungen von $x^p = 1$ gleich p^1, und daher nach Satz 28 die zu p gehörige Basiszahl der Gruppe $\mathfrak{W}$ gleich 1, also die Gruppe zyklisch.

Zur weiteren Untersuchung führen wir eine bestimmte Numerierung der konjugierten Körper $K^{(p)}$ ein. Es sei ϑ eine den Körper K erzeugende Zahl und unter den n Konjugierten seien

$$\vartheta^{(1)}, \vartheta^{(2)} \ldots \vartheta^{(r_1)} \text{ reell,}$$

die übrigen $2r_2$ unter den $\vartheta^{(p)}$ seien nicht reell, und zwar

$$\vartheta^{(p+r_2)} \text{ konjugiert imaginär zu } \vartheta^{(p)} \text{ für } p = r_1 + 1, \ldots r_1 + r_2.$$

Diese Numerierung überträgt sich nach § 19 auf die Konjugierten aller Zahlen in K, und es ist also dann auch für jede Zahl α aus K

$$\alpha^{(1)}, \ldots \alpha^{(r_1)} \text{ reell}$$

$$|\alpha^{(p+r_2)}| = |\alpha^{(p)}| \quad \text{für} \quad p = r_1 + 1, \ldots r_1 + r_2. \tag{54}$$

Wir definieren endlich

$$e_p = 1 \quad \text{für} \quad p = 1, 2 \ldots r_1,$$

$$e_p = 2 \quad \text{für} \quad p = r_1 + 1, \ldots n,$$

also

$$\sum_{p=1}^{r_1+r_2} e_p = n.$$

Unser Ziel ist nun der Beweis des folgenden Fundamentalsatzes von Dirichlet:

Satz 100. Die Gruppe $\mathfrak{E}$ aller Einheiten in K besitzt eine endliche Basis. Und zwar besteht diese aus genau $r = r_1 + r_2 - 1$ Elementen von unendlichem Grade, während die übrigen Basiselemente Einheitswurzeln sind.

Das bedeutet also:

Es gibt $r + 1$ Einheiten $\zeta, \eta_1, \eta_2, \ldots \eta_r$, wobei ζ eine w^{te} Einheitswurzel, derart, daß man in der Form

$$\varepsilon = \zeta^a \eta_1^{a_1} \ldots \eta_r^{a_r}$$

jede Einheit des Körpers genau einmal erhält, wenn $a_1, \ldots a_r$ sämtliche ganzen rationalen Zahlen, a dagegen nur die Werte $0, 1, 2 \ldots w-1$ durchläuft. r derartige Einheiten $\eta_1, \ldots \eta_r$ heißen **Grundeinheiten** des Körpers.

Zur Vorbereitung des Beweises, welcher uns in diesem und dem folgenden Paragraphen beschäftigen wird, bedenken wir, daß k Einheiten $\varepsilon_1 \ldots \varepsilon_k$ von unendlichem Grade (d. h. solche, die nicht zu $\mathfrak{W}$ gehören) im Sinne der Gruppentheorie unabhängig heißen, wenn eine Relation

$$\varepsilon_1^{a_1} \varepsilon_2^{a_2} \ldots \varepsilon_k^{a_k} = 1 \tag{55}$$

mit ganzen rationalen a nur besteht, falls alle $a_1 = \cdots = a_n = 0$. Mit einer Relation (55) bestehen nun aber gleichzeitig auch immer die analogen für jede Konjugierte, und daher auch

$$|\varepsilon_1^{(i)}|^{a_1} \, |\varepsilon_2^{(i)}|^{a_2} \ldots |\varepsilon_k^{(i)}|^{a_k} = 1 \qquad (i = 1, 2 \ldots, n)$$

oder

$$\sum_{m=1}^{k} a_m \log |\varepsilon_m^{(i)}| = 0. \tag{56}$$

(Dabei sind die reellen Werte der Logarithmen gemeint). Umgekehrt folgt aus dem Bestehen dieser Relationen (56) mit ganzen rationalen a für alle $i = 1, 2 \ldots n$ nach dem Hilfssatz a) sofort, daß $\varepsilon_1, \ldots \varepsilon_k$ nicht unabhängig sein können, da alsdann die Zahl

$$\varepsilon_1^{a_1} \ldots \varepsilon_k^{a_k}$$

eine ganze Zahl von K ist, die nebst sämtlichen Konjugierten den Betrag 1 besitzt; sie ist daher eine w^{te} Einheitswurzel und ihre w^{te} Potenz $= 1$.

Nun folgt aber weiter aus den r Gleichungen

$$\sum_{m=1}^{k} \gamma_m \log |\varepsilon_m^{(i)}| = 0 \quad \text{für} \quad i = 1, 2, \ldots r_1 + r_2 - 1 \tag{57}$$

(mit irgend welchen γ) bereits die Richtigkeit dieser Gleichungen auch für die übrigen Indizes $i = r_1 + r_2, \ldots n$. Denn es ist, weil ε_m eine Einheit,

$$\sum_{p=1}^{r_1+r_2} e_p \log |\varepsilon_m^{(p)}| = 0 \qquad (m = 1, 2, \ldots k),$$

und daher

$$e_{r_1+r_2} \sum_{m=1}^{k} \gamma_m \log |\varepsilon_m^{(r_1+r_2)}| = -\sum_{p=1}^{r_1+r_2-1} e_p \sum_{m=1}^{k} \gamma_m \log |\varepsilon_m^{(p)}| = 0,$$

also ist (57) auch richtig für $i = r_1 + r_2$ und damit wegen (54) für $i = 1, 2, \ldots n$. Mithin sind die k Einheiten $\varepsilon_1, \ldots \varepsilon_k$ dann und nur dann unabhängig, wenn die r linearen homogenen Gleichungen für k Unbekannte $\gamma_1, \ldots \gamma_k$

$$\sum_{m=1}^{k} \gamma_m \log |\varepsilon_m^{(i)}| = 0 \qquad (i = 1, 2, \ldots r) \qquad (58)$$

keine Lösungen in ganzen rationalen γ außer $\gamma_m = 0$ besitzen.

Und nun ergibt sich eine obere Grenze für die Anzahl k von unabhängigen Einheiten durch den folgenden

Hilfssatz b): Bestehen für die k Einheiten $\varepsilon_1 \ldots \varepsilon_k$ r Relationen (58) mit irgend welchen reellen γ_m, die nicht alle Null sind, so bestehen stets auch r solche Relationen mit ganzen rationalen γ_m, die nicht alle Null sind.

Es genügt offenbar, das nur für solche Einheiten zu beweisen, von denen keine eine Einheitswurzel ist. Es sei nun etwa q als solche Anzahl gewählt, daß zwischen den Einheiten $\varepsilon_1, \varepsilon_2, \ldots \varepsilon_{q-1}$ die r Gleichungen

$$\sum_{m=1}^{q-1} \alpha_m \log |\varepsilon_m^{(i)}| = 0 \qquad (i = 1, \ldots r)$$

nur mit $\alpha_1 = \cdots \alpha_{q-1} = 0$ gelten, daß dagegen zwischen den q Einheiten $\varepsilon_1, \ldots \varepsilon_q$ ein solches System

$$\sum_{m=1}^{q} \beta_m \log |\varepsilon_m^{(i)}| = 0 \qquad (i = 1, 2, \ldots r) \qquad (59)$$

mit nicht sämtlich verschwindenden reellen $\beta_1, \ldots \beta_q$ besteht. Hierbei ist also $2 \leqq q \leqq k$, und wegen der Annahme über q ist dann notwendig $\beta_q \neq 0$, und die $q-1$ Quotienten $\frac{\beta_1}{\beta_q}, \ldots \frac{\beta_{q-1}}{\beta_q}$ in (59) sind eindeutig bestimmt. Der Hilfssatz b) wird bewiesen sein, wenn wir zeigen, daß diese $q-1$ Quotienten $\frac{\beta_m}{\beta_q}$ $(m = 1, 2 \ldots q-1)$ rationale Zahlen sind.

Setzen wir

$$\frac{\beta_m}{\beta_q} = -\alpha_m, \qquad (m = 1, 2, \ldots q-1)$$

so handelt es sich um die n Gleichungen

$$\log |\varepsilon_q^{(i)}| = \sum_{m=1}^{q-1} \alpha_m \log |\varepsilon_m^{(i)}|. \quad (i = 1, 2, \ldots n) \quad (60)$$

Wir betrachten nun überhaupt sämtliche Einheiten η, deren Logarithmen mit irgend welchen reellen ϱ_m sich in der Form

$$\log |\eta^{(i)}| = \sum_{m=1}^{q-1} \varrho_m \log |\varepsilon_m^{(i)}| \quad (i = 1, 2, \ldots n) \quad (61)$$

darstellen lassen. Wenn diese Darstellung überhaupt möglich ist, sind die ϱ_m zu η (wegen der Voraussetzung über q) eindeutig bestimmt. Unter den hierbei auftretenden Systemen $\varrho_1, \ldots \varrho_{q-1}$ gibt es nun nur endlich viele, deren sämtliche Elemente einen Betrag < 1 haben, denn für die zugehörigen η gilt

$$\big|\log |\eta^{(i)}|\big| \leqq \sum_{m=1}^{q-1} \big|\log |\varepsilon_m^{(i)}|\big| \qquad (i = 1, 2, \ldots n)$$

und nach Hilfssatz a) kann es nur endlich viele ganze Zahlen des Körpers mit dieser Eigenschaft geben. Die Anzahl der verschiedenen Systeme ϱ mit $|\varrho_i| \leqq 1$ sei etwa H. Andererseits hat die Menge aller in (61) auftretenden Systeme $(\varrho_1, \ldots \varrho_{q-1})$ folgende Eigenschaft: Mit $(\varrho_1, \ldots \varrho_{q-1})$ kommt stets auch das System

$$(N\varrho_1 - n_1, \quad N\varrho_2 - n_2, \ldots N\varrho_{q-1} - n_{q-1})$$

in dieser Menge vor, wobei $N, n_1, n_2, \ldots n_{q-1}$ beliebige ganze rationale Zahlen sind. Nun lassen sich zu jedem N die $n_1, \ldots n_{q-1}$ so wählen, daß alle Zahlen $|N\varrho_i - n_i| \leqq \frac{1}{2}$ sind, und für verschiedene N haben die Zahlen $N\varrho_1 - n_1$ stets verschiedene Werte, wenn ϱ_1 irrational ist. Damit ergeben sich unendlich viele Systeme $(\varrho_1, \ldots \varrho_{q-1})$, wo alle $|\varrho_i| < 1$, entgegen dem oben Bewiesenen; also kann weder ϱ_1 noch $\varrho_2, \ldots \varrho_{q-1}$ irrational sein, und alle α_m in (60) sind rational, womit der Hilfssatz bewiesen ist.

Über die etwaigen in dem ϱ_m auftretenden Nenner ergibt sich aber gleichzeitig, daß ein festes ganzes rationales $M \neq 0$ existiert, welches nur von $\varepsilon_1, \ldots \varepsilon_{q-1}$, aber nicht von η in (61) abhängt, so daß

$$M\varrho_m \text{ ganz rational.}$$

Denn hat ϱ_1 in gekürzter Gestalt etwa die Form $\frac{a}{b}$ mit ganzem rationalen a, b $(b > 0)$, so sind unter den Zahlen $|N\varrho_1 - n_1|$ gerade b untereinander verschiedene, nämlich $0, \frac{1}{b}, \ldots \frac{b-1}{b}$, welche < 1 sind, mithin ist b nicht größer als die oben definierte Zahl H aller Systeme $(\varrho_1, \ldots \varrho_{q-1})$, wo alle $|\varrho_i| < 1$, also ist $H!\varrho_1$ ganz, und es kann also $M = H!$ gewählt werden. Damit ist also bewiesen:

Hilfssatz c): Wenn $\varepsilon_1, \ldots \varepsilon_k$ solche Einheiten sind, daß die r Gleichungen

$$\sum_{m=1}^{k} \gamma_m \log |\varepsilon_m^{(i)}| = 0 \qquad (i = 1, 2 \ldots, r)$$

mit reellen γ_m nur für $\gamma_m = 0$ bestehen, so gibt es eine feste ganze rationale Zahl $M \neq 0$, derart, daß die n Ausdrücke

$$\sum_{m=1}^{k} \varrho_m \log |\varepsilon_m^{(i)}|$$

nur dann, falls $M\varrho_m$ eine ganze rationale Zahl ist, resp. $= \log |\eta^{(i)}|$ (für $i = 1, 2 \ldots, n$) sein können, wobei η eine Einheit in K.

Aus diesen beiden Hilfssätzen b) und c) folgt aber unmittelbar, daß die Anzahl k der unabhängigen Einheiten unendlich hoher Ordnung höchstens r ist. Denn für $k > r$ sind die r linearen homogenen Gleichungen (58) für die k Unbekannten $\gamma_1, \ldots \gamma_k$ sicher durch reelle, nicht sämtlich verschwindende Werte zu lösen, weil die Koeffizienten reell sind.

Aus c) folgt weiter:

Hilfssatz d). Die Gruppe $\mathfrak{E}$ aller Einheiten hat eine endliche Basis, und die Anzahl k der Basiselemente unendlichen Grades ist $\leqq r$.

Es seien nämlich $\varepsilon_1, \ldots \varepsilon_k$ k unabhängige Einheiten unendlichen Grades, und es gebe nicht $k + 1$ unabhängige Einheiten unendlichen Grades. Dann besteht mit einem gewissen positiven ganzen rationalen M nach b) und c) für jede Einheit η in K ein System von Gleichungen

$$\log |\eta^{(i)}| = \sum_{m=1}^{k} \frac{g_m}{M} \log |\varepsilon_m^{(i)}| \qquad (i = 1, 2, \ldots n)$$

mit ganzen rationalen g_m. Hieraus folgt nach Hilfssatz a)

$$\eta^M = \varepsilon_1^{g_1} \varepsilon_2^{g_2} \ldots \varepsilon_k^{g_k} \zeta,$$

wo ζ eine Einheitswurzel in K, d. h. eine w^{te} Einheitswurzel; daher ist mit ganzem rationalem x

$$\eta = \varepsilon_1^{\frac{g_1}{M}} \cdot \varepsilon_2^{\frac{g_2}{M}} \ldots \varepsilon_k^{\frac{g_k}{M}} \zeta_0^x, \quad \text{wo} \quad \zeta_0 = e^{\frac{2\pi i}{Mw}}.$$

Wir betrachten nun[1]) die Gesamtheit aller Potenzprodukte der $k+1$ Zahlen

$$\mathsf{H}_1 = \varepsilon_1^{\frac{1}{M}}, \ldots \mathsf{H}_k = \varepsilon_k^{\frac{1}{M}}, \mathsf{H}_{k+1} = \zeta_0$$

bei beliebig, aber fest gewählten Wurzelwerten. Die Menge dieser Zahlen bildet eine (gemischte) Abelsche Gruppe, wofür $\mathsf{H}_1, \ldots \mathsf{H}_{k+1}$ die Basis sind. In ihr ist nach dem Vorangehenden die Gruppe $\mathfrak{E}$ aller Einheiten von K als Untergruppe enthalten, und zwar als eine von endlichem Index, da die M^{te} Potenz jedes Elementes zu $\mathfrak{E}$ gehört. Also hat nach Satz 34 auch $\mathfrak{E}$ eine endliche Basis, und die Anzahl der Basiselemente unendlichen Grades in $\mathfrak{E}$ ist $\leqq k$. Unter den Potenzprodukten dieser Basiselemente unendlichen Grades müssen aber jedenfalls die w^{ten} Potenzen aller Einheiten, also auch $\varepsilon_1^w, \ldots \varepsilon_k^w$, das sind k unabhängige Einheiten, vorkommen, mithin ist die Anzahl dieser Basiselemente genau $= k$ und Hilfssatz d) damit bewiesen.

§ 35. Dirichlets Satz über die genaue Anzahl der Grundeinheiten.

Zum vollständigen Beweise von Dirichlets Satz 100 fehlt noch der Nachweis, daß die Anzahl k, welche wir als $\leqq r$ erkannt haben, genau gleich $r = r_1 + r_2 - 1$ ist.

Wegen $n = r_1 + 2r_2$ ist $r = \frac{n + r_1}{2} - 1$, also $r = 0$ nur, wenn $n + r_1 = 2$, d. h. $n = 2$, $r_1 = 0$ oder $n = 1$, $r_1 = 1$. Das bedeutet den Fall des imaginären quadratischen Körpers und den trivialen Fall des rationalen Zahlkörpers.

Hilfssatz a): Wenn $r = 0$, ist die Gruppe $\mathfrak{E}$ identisch mit der endlichen Gruppe $\mathfrak{W}$ der Einheitswurzeln in K.

Denn im imaginären quadratischen Körper folgt aus $N(\varepsilon) = \pm 1$ sofort $\varepsilon^{(1)} \cdot \varepsilon^{(2)} = +1$, und wegen $|\varepsilon^{(1)}| = |\varepsilon^{(2)}|$ ist diese Einheit mit ihren Konjugierten vom Betrage 1, also eine Einheitswurzel.

1) Wir erinnern uns hier an die analoge Schlußweise in § 22 beim Nachweis der Existenz einer Körperbasis.

Hilfssatz b): Wenn $r > 0$, so gibt es zu jedem Systeme nicht sämtlich verschwindender reeller $c_1, \ldots c_r$ eine solche Einheit ε, daß

$$L(\varepsilon) = c_1 \log |\varepsilon^{(1)}| + c_2 \log |\varepsilon^{(2)}| + \cdots + c_r \log |\varepsilon^{(r)}| \neq 0.$$

Dieser zweite wesentliche Schluß des Dirichletschen Gedankenganges beruht auf dem Minkowskischen Satz 95.

Wenn nämlich $\varkappa_1, \ldots \varkappa_n$ n positive Größen von der Art sind, daß

$$\varkappa_1 \cdot \varkappa_2 \ldots \varkappa_n = |\sqrt{d}|,$$

$$\varkappa_{p+r_2} = \varkappa_p \quad \text{für} \quad p = r_1 + 1, \ldots r_1 + r_2,$$

so gibt es nach Satz 95 eine ganze von Null verschiedene Zahl α in K, (deren Norm also mindestens den Betrag 1 hat), so daß

$$|\alpha^{(i)}| \leqq \varkappa_i \quad \text{für} \quad i = 1, 2 \ldots n,$$

$$1 \leqq |N(\alpha)| \leqq |\sqrt{d}|.$$

Hieraus folgt

$$|\alpha^{(i)}| \geqq \frac{1}{|\alpha^{(1)}| \cdot |\alpha^{(2)}| \ldots |\alpha^{(i-1)}| \cdot |\alpha^{(i+1)}| \ldots |\alpha^{(n)}|} \geqq \frac{\varkappa_i}{\varkappa_1 \cdots \varkappa_n} = \frac{\varkappa_i}{|\sqrt{d}|}.$$

(Hieraus läßt sich übrigens $|d| > 1$ schließen, da für $|d| = 1$ in diesen Ungleichungen überall das Gleichheitszeichen gelten müßte.) Für diese Zahl ist der Ausdruck

$$L(\alpha) = \sum_{m=1}^{r} c_m \log |\alpha^{(m)}|$$

$$\left| L(\alpha) - \sum_{m=1}^{r} c_m \log \varkappa_m \right| \leqq \sum_{m=1}^{r} |c_m| \log |\sqrt{d}| < A,$$

wo A von α und den $\varkappa$ unabhängig gewählt sei. Die r Größen $\varkappa_1, \ldots \varkappa_r$ sind beliebig wählbare positive Zahlen, so daß man eine solche Folge von Systemen $\varkappa_1^{(h)}, \ldots \varkappa_r^{(h)}$ ($h = 1, 2, \ldots$ in inf.) finden kann, daß

$$\sum_{m=1}^{r} c_m \log \varkappa_m^{(h)} = 2Ah \qquad (h = 1, 2 \ldots),$$

und für die zugehörigen α_h ist

$$|L(\alpha_h) - 2Ah| < A$$

$$A(2h - 1) < L(\alpha_h) < A(2h + 1),$$

mithin

$$L(\alpha_1) < L(\alpha_2) < L(\alpha_3) \ldots \text{ in inf.}, \tag{62}$$

während gleichzeitig

$$|N(\alpha_h)| \leqq |\sqrt{d}|.$$

Diese unendlich vielen Hauptideale (α_h), deren Norm nicht größer als $|\sqrt{d}|$ ist, können nicht alle verschieden sein; es müssen daher mindestens zwei verschiedene Indizes h und m existieren, so daß

$$(\alpha_h) = (\alpha_m), \quad \text{also} \quad \alpha_m = \varepsilon \alpha_h,$$

wo ε eine Einheit in k. Hierfür ist dann nach (62)

$$L(\alpha_h) \neq L(\alpha_m) = L(\varepsilon \alpha_h)$$

$$L(\varepsilon) = L(\varepsilon \alpha_h) - L(\alpha_h) \neq 0,$$

womit der Hilfssatz b) bewiesen ist. Daraus ergibt sich

Hilfssatz c): Wenn $r > 0$, ist die Anzahl k der unabhängigen Einheiten des Körpers genau $= r$.

Denn nach b) gibt es eine Einheit ε_1, so daß

$$\log |\varepsilon_1^{(1)}| \neq 0.$$

Ist sodann $r > 1$, so gibt es ebenso eine Einheit ε_2, so daß

$$\begin{vmatrix} \log |\varepsilon_1^{(1)}|, & \log |\varepsilon_2^{(1)}| \\ \log |\varepsilon_1^{(2)}|, & \log |\varepsilon_2^{(2)}| \end{vmatrix} \neq 0$$

usf. Wir erschließen also aus b) die Existenz von r Einheiten $\varepsilon_1, \ldots \varepsilon_r$, wofür die Determinante

$$\begin{vmatrix} \log |\varepsilon_1^{(1)}|, \ldots, \log |\varepsilon_r^{(1)}| \\ \log |\varepsilon_1^{(2)}|, \ldots, \log |\varepsilon_r^{(2)}| \\ \cdot \quad \cdot \quad \cdot \quad \cdot \quad \cdot \quad \cdot \quad \cdot \quad \cdot \quad \cdot \\ \log |\varepsilon_1^{(r)}|, \ldots, \log |\varepsilon_r^{(r)}| \end{vmatrix} \neq 0.$$

Aus dem Nichtverschwinden dieser Determinante folgt gleichzeitig, daß keine dieser Einheiten eine Einheitswurzel ist, und daß die r linearen homogenen Gleichungen für $\gamma_1, \ldots, \gamma_r$

$$\sum_{m=1}^{r} \gamma_m \log |\varepsilon_m^{(i)}| = 0 \qquad (i = 1, 2 \ldots, r)$$

die einzige Lösung $\gamma_1 = \gamma_2 \cdots = \gamma_r = 0$ haben. Mithin ist nach den Sätzen des vorigen Paragraphen die Anzahl k der unabhängigen Einheiten unendlichen Grades genau $= r$, und in Verbindung mit dem Hilfssatz d) daselbst ergibt sich daraus die Richtigkeit des Dirichletschen Einheitensatzes 100.

Nach Satz 38, § 11 erkennen wir sofort, daß zwischen zwei Systemen von Grundeinheiten in K: $\eta_1, \ldots \eta_r$ und $\varepsilon_1, \ldots \varepsilon_r$ Gleichungen von der Form

$$\eta_m = \zeta_m \varepsilon_1^{a_{m1}} \cdot \varepsilon_2^{a_{m2}} \ldots \varepsilon_r^{a_{mr}} \qquad (m = 1, 2 \ldots, r)$$

bestehen, wo ζ_m Einheitswurzeln sind, während die a_{mk} ganze rationale Zahlen mit der Determinante ± 1 sind. Der Betrag der Determinante

$$\begin{vmatrix} \log|\eta_1^{(1)}|, \ldots \log|\eta_r^{(1)}| \\ \cdot \quad \cdot \quad \cdot \quad \cdot \quad \cdot \quad \cdot \\ \log|\eta_1^{(r)}|, \ldots \log|\eta_r^{(r)}| \end{vmatrix}$$

hat daher für jedes System von Grundeinheiten von K den gleichen von 0 verschiedenen Wert, dieser ist also eine Konstante des Körpers.

Man nennt den Betrag R der Determinante

$$\begin{vmatrix} e_1 \log|\eta_1^{(1)}|, \ldots e_1 \log|\eta_r^{(1)}| \\ \cdot \quad \cdot \quad \cdot \quad \cdot \quad \cdot \quad \cdot \\ e_r \log|\eta_1^{(r)}|, \ldots e_r \log|\eta_r^{(r)}| \end{vmatrix} = \pm R$$

den **Regulator** $\boldsymbol{R}$ des Körpers K.

§ 36. Differente und Diskriminante.

Wir beschäftigen uns in diesem Paragraphen mit den tieferen Eigenschaften der Diskriminante d des Körpers K. Bisher war d ziemlich formal als Determinante einer Körperbasis definiert; wir versuchen nun eine sich auf die inneren Eigenschaften von d gründende Definition zu finden, die alsdann auch den Vorzug hat, sich auf Relativkörper (§ 38) übertragen zu lassen.

Wir definieren zunächst als **Differente der Zahl** $\boldsymbol{\alpha^{(p)}}$ **in** $\boldsymbol{K^{(p)}}$ die Zahl

$$\delta(\alpha^{(p)}) = \prod_{h \neq p} (\alpha^{(p)} - \alpha^{(h)}).$$

Ist $F(x)$ das Polynom n^{ten} Grades mit rationalen Koeffizienten und höchstem Koeffizienten 1, welches die n Größen $\alpha^{(1)}, \ldots \alpha^{(n)}$ zu Wurzeln hat, so ist offenbar

$$\delta(\alpha) = F'(\alpha). \tag{63}$$

Hiernach ist $\delta(\alpha^{(p)})$ eine Zahl aus $K^{(p)}$, und verschwindet nach Satz 54 dann und nur dann, wenn α eine Zahl von niederem als n^{ten} Grade ist. Für die Diskriminante der Zahl α findet sich dann der Wert

$$d(\alpha) = \prod_{n \geqq i > k \geqq 1} (\alpha^{(i)} - \alpha^{(k)})^2 = (-1)^{\frac{n(n-1)}{2}} N(\delta(\alpha)).$$

Nun sei ein beliebiges Ideal $\mathfrak{a}(\neq 0)$ in K vorgelegt, mit der Basis $\alpha_1, \ldots \alpha_n$.

Satz 101: Die Menge der Zahlen λ in K, wofür die Spur

$$S(\lambda\alpha) = \sum_{p=1}^{n} \lambda^{(p)} \alpha^{(p)} = \text{ganze Zahl} \tag{64}$$

bei jeder Zahl α aus $\mathfrak{a}$, bildet ein Ideal $\mathfrak{m}$. Dabei ist $\mathfrak{m}\mathfrak{a}$ ein von $\mathfrak{a}$ unabhängiges, allein durch den Körper K bestimmtes Ideal, welches das Reziproke eines ganzen **Ideals $\mathfrak{d}$** *ist. Eine Basis von $\mathfrak{m}$ wird gebildet von den n Zahlen $\beta_1, \ldots \beta_n$, welche nebst ihren Konjugierten durch die Gleichungen*

$$S(\beta_i \alpha_k) = e_{ik} \qquad (i, k = 1, 2 \ldots n) \qquad (65)$$

bestimmt sind. Dabei ist $e_{ik} = 1$, wenn $i = k$, sonst $e_{ik} = 0$.

Beweis: Die Zahlen λ mit der Eigenschaft (64) können zunächst nicht beliebig hohe Idealnenner haben. Denn die Voraussetzung ist gleichbedeutend mit n Gleichungen

$$S(\lambda \alpha_k) = g_k \qquad (k = 1, 2 \ldots n),$$

wo g_k ganze rationale Zahlen sind, und aus diesen n linearen Gleichungen für $\lambda^{(1)}, \ldots \lambda^{(n)}$ ergeben sich diese als Quotient von zwei Determinanten; der Nenner ist die feste Determinante der $\alpha_k^{(i)}$, gleich $N(\mathfrak{a})\sqrt{d}$, der Zähler ist ein ganzzahliges Polynom der $\alpha_k^{(i)}$; mithin gibt es eine nur von den α abhängige ganze Zahl ω, so daß $\omega\lambda$ ganz ist. Wenn ferner λ_1, λ_2 zu jener Menge der λ gehören, so ist für jedes ganze ξ_1, ξ_2 auch

$$S((\lambda_1 \xi_1 + \lambda_2 \xi_2)\alpha) = S(\lambda_1 \xi_1 \alpha) + S(\lambda_2 \xi_2 \alpha)$$

ganz, weil auch $\xi_1\alpha$, $\xi_2\alpha$ zum Ideal $\mathfrak{a}$ gehören; also gehört auch $\lambda_1\xi_1 + \lambda_2\xi_2$ zu der Menge der λ; diese ist daher nach § 31 ein Ideal, das von $\mathfrak{a}$ abhängt und etwa $\mathfrak{m} = \mathfrak{m}(\mathfrak{a})$ heiße. Hier ist nun $\mathfrak{a}\mathfrak{m}(\mathfrak{a}) = \mathfrak{m}(1)$, also von $\mathfrak{a}$ unabhängig. Denn gehört λ zu $\mathfrak{m}(\mathfrak{a})$, so ist für jedes ganze ξ auch $S(\lambda\alpha_k\xi)$ ganz, d. h. $\lambda\alpha_k$ gehört zu $\mathfrak{m}(1)$. Wenn umgekehrt μ zu $\mathfrak{m}(1)$ gehört, und $\varrho_1, \ldots \varrho_n$ eine Basis von $\frac{1}{\mathfrak{a}}$ bedeutet, so ist $\alpha\varrho_k$ eine ganze Zahl und daher $S(\mu\varrho_k\alpha)$ ganz, d. h. die Produkte von μ mit jeder Zahl aus $\frac{1}{\mathfrak{a}}$ gehören zu $\mathfrak{m}(\mathfrak{a})$, μ gehört zu $\mathfrak{a}\mathfrak{m}(\mathfrak{a})$.

Ferner ist $\mathfrak{m}(1)$ das Reziproke eines ganzen Ideals $\mathfrak{d}$, da offenbar die Zahl 1 zu $\mathfrak{m}(1)$ gehört. Mithin ist

$$\mathfrak{m} = \mathfrak{m}(\mathfrak{a}) = \frac{1}{\mathfrak{a}\mathfrak{d}},$$

wo $\mathfrak{d}$ ein ganzes, von $\mathfrak{a}$ unabhängiges Ideal ist.

Definiert man endlich die n^2 Zahlen $\beta_i^{(p)}$ durch die eindeutig lösbaren Gleichungen

$$\sum_{p=1}^{n} \beta_i^{(p)} \alpha_k^{(p)} = e_{ik} \qquad (i, k = 1, 2 \ldots n) \qquad (65)$$

und setzt, wenn λ (64) erfüllt,

$$S(\lambda\alpha_k) = g_k \qquad (k = 1, 2 \ldots n),$$

so ist auch

$$S(\lambda_0\alpha_k) = g_k \quad \text{für} \quad \lambda_0 = g_1\beta_1 + \cdots + g_n\beta_n$$

mithin

$$\lambda = \lambda_0 = g_1\beta_1 + \cdots + g_n\beta_n,$$

und die $\beta_1, \ldots \beta_n$ bilden eine Basis von $\mathfrak{m}(\mathfrak{a})$, wenn sie Zahlen aus K sind. Letzteres entnimmt man entweder unmittelbar aus der Determinantendarstellung der Lösungen von (65), oder man schließt durch Multiplikation mit $\alpha_i^{(q)}$ und Summation über i aus (65) das gleichwertige Gleichungssystem

$$\sum_p \alpha_k^{(p)} \sum_i \beta_i^{(p)} \alpha_i^{(q)} = \sum_i e_{ik}\alpha_i^{(q)} = \alpha_k^{(q)} = \sum_p e_{pq}\alpha_k^{(p)},$$

und hieraus

$$\sum_i \beta_i^{(p)}\alpha_i^{(q)} = e_{pq}, \quad \sum_i \beta_i^{(p)} \sum_q \alpha_i^{(q)}\alpha_k^{(q)} = \sum_q e_{pq}\alpha_k^{(q)}$$

oder

$$\sum_{i=1}^{n} \beta_i^{(p)} S(\alpha_i\alpha_k) = \alpha_k^{(p)}.$$

Da die Koeffizienten hier auf der linken Seite jetzt rational sind, sind die $\beta_i^{(p)}$ Zahlen aus $K^{(p)}$. Damit ist Satz 101 bewiesen.

Für spätere Anwendungen (Kap. VIII) formulieren wir noch besonders

Satz 102. Sind $\alpha_1, \ldots \alpha_n$ Basiszahlen des Ideals $\mathfrak{a}$, so sind die n Zahlenreihen $\beta_1^{(p)}, \ldots \beta_n^{(p)}$ $(p = 1, \ldots n)$, welche durch (65) *definiert sind, konjugierte Zahlenreihen aus K, und $\beta_1, \ldots \beta_n$ bilden eine Basis von $\frac{1}{\mathfrak{a}\mathfrak{d}}$.*

Da ferner hiernach

$$\Delta^2(\beta_1, \ldots \beta_n) = \frac{1}{\Delta^2(\alpha_1, \ldots \alpha_n)} = \frac{1}{d N^2(\mathfrak{a})}$$

und nach (47)

$$\Delta^2(\beta_1, \ldots \beta_n) = N^2(\mathfrak{m})\, d = \frac{d}{N^2(\mathfrak{a}\mathfrak{d})},$$

so gilt

Satz 103. Es ist $N(\mathfrak{d}) = |d|$.

Dieses durch Satz 101 definierte Ideal $\mathfrak{d}$ heiße die **Differente** oder das **Grundideal des Körpers.**

Um nun den fundamentalen Zusammenhang zwischen dieser Körperdifferente und den Differenten der Zahlen in K aufzudecken, haben wir die Gesamtheit der Zahlen in K zu untersuchen, welche sich in der Gestalt

$$G(\vartheta) = a_0 + a_1\vartheta + a_2\vartheta^2 + \cdots + a_{n-1}\vartheta^{n-1}$$

mit ganzen rationalen a_i darstellen lassen. Es sei ϑ eine ganze, den Körper K erzeugende Zahl. Die Menge der Zahlen $G(\vartheta)$ mit ganzen rationalen a_i heiße ein **Zahlring** *oder Integritätsbereich* und werde mit $\boldsymbol{R(\vartheta)}$ bezeichnet. Die Zahlen dieses Ringes bilden erstlich sicher einen Modul mit den n Basiselementen $1, \vartheta, \vartheta^2, \ldots \vartheta^{n-1}$, zweitens aber reproduzieren sie sich auch durch Multiplikation.

Hilfssatz a): Jede Körperzahl α, wofür $\mathfrak{d}\alpha$ ganz ist, läßt sich in der Form

$$\alpha = \frac{\varrho}{F'(\vartheta)}$$

darstellen, wo ϱ eine Zahl des Ringes $R(\vartheta)$ und $F'(\vartheta)$ wie in (63) die Differente von ϑ ist.

Wir betrachten zum Beweise das Polynom in x

$$G(x) = \sum_{i=1}^{n} \alpha^{(i)} \frac{F(x)}{x - \vartheta^{(i)}}, \tag{66}$$

wo

$$F(x) = \prod_{i=1}^{n}(x - \vartheta^{(i)}) = c_0 + c_1 x + \cdots + c_{n-1}x^{n-1} + c_n x^n.$$

$G(x)$ ist ein Polynom mit ganzen rationalen Koeffizienten, denn

$$\frac{F(x)}{x-\vartheta} = \frac{F(x) - F(\vartheta)}{x - \vartheta} = \sum_{h=1}^{n} c_h \sum_{0 \leq r \leq h-1} x^r \vartheta^{h-r-1}$$

und daher

$$G(x) = \sum_{h=1}^{n} c_h \sum_{0 \leq r \leq h-1} x^r S(\alpha\vartheta^{h-r-1}).$$

Weil aber $\alpha\mathfrak{d}$ nach Voraussetzung ganz ist, sind die hier auftretenden Spuren nach Satz 101 ganze rationale Zahlen. Setzt man in (66) $x = \vartheta$, so erhält man

$$\alpha = \frac{G(\vartheta)}{F'(\vartheta)},$$

wo in der Tat also $G(\vartheta)$ eine Zahl des Ringes ist.

Hieraus folgt, daß $F'(\vartheta) \cdot \alpha$ eine ganze Zahl ist, wenn $\mathfrak{d}\alpha$ ganz, also besitzt $F'(\vartheta)$ die Zerlegung

$$F'(\vartheta) = \mathfrak{d}\mathfrak{f}, \tag{67}$$

wo $\mathfrak{f}$ ein ganzes Ideal.

Hilfssatz b): Für jede Zahl ϱ, welche dem Ringe $R(\vartheta)$ angehört, ist

$$S\left(\frac{\varrho}{F'(\vartheta)}\right) = \text{ganze Zahl}.$$

Offenbar braucht diese Behauptung nur bewiesen zu werden für $\varrho = 1, \vartheta, \ldots \vartheta^{n-1}$, wo sie aber unmittelbar aus den sog. Eulerschen Formeln folgt:

$$\sum_{i=1}^{n} \frac{\vartheta^{(i)k}}{F'(\vartheta^{(i)})} = \begin{cases} 0 \text{ für } k = 0, 1, 2 \ldots n-2 \\ 1 \text{ für } k = n-1. \end{cases}$$

Diese ergeben sich, wie der Vollständigkeit halber angeführt sei, aus der Lagrangeschen Interpolationsformel

$$\sum_{i=1}^{n} \frac{\vartheta^{(i)k+1}}{F'(\vartheta^{(i)})} \frac{F(x)}{x-\vartheta^{(i)}} = \begin{cases} x^{k+1} \text{ für } k = 0, 1, \ldots n-2 \\ x^n - F(x) \text{ für } k = n-1, \end{cases}$$

indem man hierin $x = 0$ setzt (oder auch nach Division mit $F(x)$ nach Potenzen von $\frac{1}{x}$ entwickelt).

Satz 104. Alle Zahlen des Ideals $\mathfrak{f} = \frac{F'(\vartheta)}{\mathfrak{d}}$ *gehören dem Ringe* $R(\vartheta)$ *an, und wenn alle Zahlen eines Ideals* $\mathfrak{a}$ *dem Ringe* $R(\vartheta)$ *angehören, so ist* $\mathfrak{a}$ *durch* $\mathfrak{f}$ *teilbar.*

Ist nämlich $\omega \equiv 0 \pmod{\mathfrak{f}}$, so ist $\alpha = \frac{\omega}{F'(\vartheta)}$ eine Zahl mit dem Nenner $\mathfrak{d}$, und nach Hilfssatz a) muß daher $\alpha F'(\vartheta)$ eine Zahl des Ringes sein, womit der erste Teil unseres Satzes bewiesen ist.

Sind umgekehrt alle Zahlen von $\mathfrak{a}$ Ringzahlen, so ist nach Hilfssatz b) $S\left(\frac{\alpha}{F'(\vartheta)}\right)$ ganz, wenn α alle Zahlen von $\mathfrak{a}$ durchläuft. Folglich ist nach Satz 101 $\frac{1}{F'(\vartheta)}$ eine Zahl des Ideals $\mathfrak{m}(\mathfrak{a}) = \frac{1}{\mathfrak{a}\mathfrak{d}}$, also

$$F'(\vartheta) = \mathfrak{d}\mathfrak{f} \quad \text{geht auf in } \mathfrak{a}\mathfrak{d};\ \mathfrak{f}/\mathfrak{a},$$

was bewiesen werden sollte.

Dieser Satz gibt also eine neue Definition von $\mathfrak{f}$: $\mathfrak{f}$ *ist der gr. gem. T. aller Ideale in* K, *welche nur Zahlen des Ringes enthalten.* $\mathfrak{f}$ heißt der **Führer des Ringes.**

Hilfssatz c): Es gibt stets Ringe $R(\vartheta)$ in K, deren Führer $\mathfrak{f}$ durch ein beliebig gegebenes Primideal $\mathfrak{p}$ nicht teilbar ist.

Ist nämlich ω eine ganze durch $\mathfrak{p}$, aber nicht durch $\mathfrak{p}^2$ teilbare Zahl, so stellt der Ausdruck

$$\gamma_0 + \gamma_1\omega + \gamma_2\omega^2 + \cdots + \gamma_h\omega^h \tag{68}$$

offenbar alle Restklassen mod. $\mathfrak{p}^{h+1}$ dar, wenn $\gamma_0, \ldots \gamma_h$ unabhängig von einander je ein volles Restsystem mod. $\mathfrak{p}$ durchlaufen. Es sei nun ϑ eine solche Primitivzahl mod. $\mathfrak{p}$, daß die durch $\mathfrak{p}$ teilbare Zahl

$$\omega = \vartheta^{N(\mathfrak{p})} - \vartheta \not\equiv 0 \pmod{\mathfrak{p}^2}.$$

(Hat ϑ nicht die letztere Eigenschaft, so gilt das aber sicher für $\vartheta + \pi$, wenn π eine durch $\mathfrak{p}$, aber nicht durch $\mathfrak{p}^2$ teilbare Zahl ist.) Durch Veränderung mod. $\mathfrak{p}^2$ läßt sich weiter noch erreichen, daß ϑ von allen seinen Konjugierten verschieden ist und überdies

$$\vartheta \equiv 0 \ (\text{mod. } \mathfrak{a}), \quad \text{wo } p = \mathfrak{p}^e \mathfrak{a}, \ (\mathfrak{a}, \mathfrak{p}) = 1, \tag{69}$$

p die durch $\mathfrak{p}$ teilbare rationale Primzahl ist.

Lassen wir nun γ_i in (68) die $N(\mathfrak{p})$ nach $\mathfrak{p}$ inkongruenten Zahlen

$$0, \vartheta, \vartheta^2 \ldots \vartheta^{N(\mathfrak{p})-1}$$

durchlaufen, so erkennen wir, daß jede Restklasse mod. $\mathfrak{p}^h$ durch eine Zahl des Ringes $R(\vartheta)$ dargestellt werden kann. Dann aber kann, wenn (69) gilt, der Führer $\mathfrak{f}$ dieses Ringes nicht durch $\mathfrak{p}$ teilbar sein. Denn sei

$$N(\mathfrak{d}\mathfrak{f}) = p^k a, \quad \text{wo} \quad (a, p) = 1,$$

so gibt es zunächst nach dem Obigen zu jeder ganzen Zahl ω eine Ringzahl ϱ derart, daß

$$\pi = \omega - \varrho \equiv 0 \ (\text{mod. } \mathfrak{p}^{ek}).$$

Hierin ist nun $\pi a \vartheta^k$ durch $F'(\vartheta) = \mathfrak{d}\mathfrak{f}$ teilbar, wie die Zerlegung

$$\frac{\pi a \vartheta^k}{F'(\vartheta)} = \frac{\pi \vartheta^k N(\mathfrak{d}\mathfrak{f})}{\mathfrak{d}\mathfrak{f} \cdot p^k} = \frac{N(\mathfrak{d}\mathfrak{f})}{\mathfrak{d}\mathfrak{f}} \cdot \frac{\pi}{\mathfrak{p}^{ek}} \frac{\vartheta^k}{\mathfrak{a}^k}$$

und Berücksichtigung von (69) zeigt. Also ist nach Hilfssatz a) diese Zahl in der Form darstellbar:

$$\frac{\pi a \vartheta^k}{F'(\vartheta)} = \frac{\varrho_1}{F'(\vartheta)}, \quad \text{also} \quad \pi = \frac{\varrho_1}{a \vartheta^k},$$

wobei ϱ_1 eine Zahl aus $R(\vartheta)$ ist. Dann aber ist

$$a \vartheta^k \omega = a \vartheta^k (\varrho + \pi) = a \vartheta^k \varrho + \varrho_1$$

ebenfalls eine Zahl des Ringes, also enthält das (durch $\mathfrak{p}$ nicht teilbare) Ideal $a \vartheta^k$ nur Ringzahlen, ist daher nach Satz 104 durch $\mathfrak{f}$ teilbar; mithin ist auch $\mathfrak{f}$ durch $\mathfrak{p}$ nicht teilbar. Daraus ergibt sich sofort der Hauptsatz dieser Theorie:

Satz 105. Der größte gemeinsame Teiler der Differenten $\delta(\vartheta)$ aller ganzen Zahlen ϑ in K ist gleich der Differente $\mathfrak{d}$ des Körpers.

Es ist eine bemerkenswerte Tatsache, daß im Gegensatz zur Differente die Körperdiskriminante d zwar gemeinsamer Teiler der Diskriminanten $d(\vartheta)$ aller ganzen Zahlen ϑ in K ist, aber nicht notwendig der größte gemeinsame Teiler derselben zu sein braucht.[1])

1) *R. Dedekind*, Über den Zusammenhang zwischen der Theorie der Ideale und der Theorie der höheren Kongruenzen — und: Über die Diskriminanten endlicher Körper, Abh. d. K. Ges. d. Wiss. zu Göttingen 1878 und 1882, sowie die späteren Arbeiten von *Hensel* in Crelles Journal, Bd. 105 (1889) und Bd. 113 (1894).

§ 37. Relativkörper. Beziehungen zwischen Idealen in verschiedenen Körpern.

Wir wenden uns jetzt der Frage zu, wie sich die im Vorangehenden entwickelten Begriffsbildungen modifizieren, falls der Körper K nicht relativ zu $k(1)$, sondern zu irgendeinem algebraischen Zahlkörper k betrachtet wird, der ein Unterkörper von K ist. In k wie in K gilt natürlich die bisherige Idealtheorie. Läßt sich nun zwischen den Idealen aus K und aus k eine Beziehung herstellen?

Wir verabreden, durch große Buchstaben Elemente (Zahlen oder Ideale) aus K anzudeuten, während kleine Buchstaben stets Elemente aus k bezeichnen. Es habe K den Relativgrad m in bezug auf k (vgl. § 20, Satz 59), während die Grade von K und k in bezug auf den rationalen Zahlkörper gleich N resp. n seien. Dann ist

$$N = n \cdot m.$$

Ferner definieren q beliebige Zahlen $\alpha_1, \ldots \alpha_q$ aus k ein Ideal in K und ein Ideal in k, nämlich die beiden mit $(\alpha_1, \ldots \alpha_q)$ zu bezeichnenden Ideale, die wir etwa als

$$\mathfrak{a} = (\alpha_1, \ldots \alpha_q)_k \quad \text{und} \quad \mathfrak{A} = (\alpha_1, \ldots \alpha_q)_K \tag{70}$$

unterscheiden. Gehört nun eine Zahl β zu $\mathfrak{a}$, so gehört sie natürlich auch zu $\mathfrak{A}$; hier gilt nun auch die Umkehrung:

Hilfssatz a): Gehört β zu $\mathfrak{A}$, wobei (70) gelte, so gehört es auch zu $\mathfrak{a}$.

Denn besteht eine Gleichung

$$\beta = \sum_h \Gamma_h \alpha_h$$

mit ganzen Γ_h aus K, so bestehen auch die relativ-konjugierten

$$\beta = \sum_h \Gamma_h^{(i)} \alpha_h; \qquad (i = 1, 2 \ldots m)$$

und durch Multiplikation folgt

$$\beta^m = \prod_{i=1}^{m} \Big(\sum_h \Gamma_h^{(i)} \alpha_h\Big).$$

Hierin ist nun offenbar für unbestimmte $x_1, \ldots x_q$ der Ausdruck

$$\prod_{i=1}^{m} \Big(\sum_{h=1}^{q} \Gamma_h^{(i)} x_h\Big) = \sum_{n_1, \ldots n_q} \gamma_{n_1 n_2 \ldots n_q} x_1^{n_1} x_2^{n_2} \ldots x_q^{n_q} \tag{71}$$

ein homogenes Polynom von $x_1, \ldots x_q$ von den Dimension m:

$$n_1 + n_2 + \cdots + n_q = m,$$

dessen Koeffizienten γ als symmetrische ganze Ausdrücke in den $\Gamma_h^{(i)}$ ganze Zahlen aus k sind. Für $x_h = \alpha_h$ $(h = 1, 2 \ldots q)$ ist daher (71) eine Zahl aus dem Ideal $\mathfrak{a}^m$, mithin ist $\frac{\beta^m}{\mathfrak{a}^m}$ ganz, also auch $\frac{\beta}{\mathfrak{a}}$, d. h. β kommt in $\mathfrak{a}$ vor.

Haben wir also ein weiteres Paar nach (70) zugeordneter Ideale:

$$\mathfrak{b} = (\beta_1, \ldots \beta_s)_k \quad \text{und} \quad \mathfrak{B} = (\beta_1, \ldots \beta_s)_K$$

so gilt

Hilfssatz b): Wenn $\mathfrak{a} = \mathfrak{b}$, so ist $\mathfrak{A} = \mathfrak{B}$ und umgekehrt.

Die erste Hälfte ist selbstverständlich. Ist aber $\mathfrak{A} = \mathfrak{B}$, so gehört jedes β zu $\mathfrak{A}$ und nach Hilfssatz a) dann auch zu $\mathfrak{a}$, ebenso jedes α zu $\mathfrak{B}$, also auch zu $\mathfrak{b}$, mithin ist $\mathfrak{a} = \mathfrak{b}$.

Man ordne jetzt jedem Ideal $\mathfrak{a}$ in k ein Ideal $\mathfrak{A}$ in K durch folgende Vorschrift zu: Man setze $\mathfrak{a} = (\alpha_1, \ldots \alpha_q)_k$ und definiere $\mathfrak{A} = (\alpha_1, \ldots \alpha_q)_K$. Diese Vorschrift liefert wegen des Hilfssatzes b) ein durch $\mathfrak{a}$ (unabhängig von der Darstellung von $\mathfrak{a}$) völlig bestimmtes Ideal $\mathfrak{A}$, und zwar gelangt man auf diese Art offenbar zu jedem solchen Ideal in K, das sich als gr. gem. Teiler von Zahlen aus dem Grundkörper darstellen läßt. Diese Zuordnung, ausgedrückt durch das Zeichen

$$\mathfrak{a} \rightleftarrows \mathfrak{A}, \tag{72}$$

ist dann nach Hilfssatz b) aber auch umkehrbar eindeutig. Mithin gilt

Satz 106: Durch (72) wird zwischen allen Idealen aus k einerseits und allen Idealen aus K andererseits, welche sich als gr. gem. Teiler von Zahlen aus k darstellen lassen, eine derartige umkehrbar eindeutige Beziehung hergestellt, daß für eine beliebige Zahl α aus k stets die beiden Aussagen

$$\text{„}\alpha \text{ gehört zu } \mathfrak{a}\text{“} \quad \text{und} \quad \text{„}\alpha \text{ gehört zu } \mathfrak{A}\text{“}$$

nur gleichzeitig richtig sind, falls (72) besteht. Überdies ist auch

$$\mathfrak{a}\mathfrak{b} \rightleftarrows \mathfrak{A}\mathfrak{B}, \quad \text{wenn} \quad \mathfrak{a} \rightleftarrows \mathfrak{A} \quad \text{und} \quad \mathfrak{b} \rightleftarrows \mathfrak{B}.$$

Definition: Zwei durch (72) verknüpfte Ideale nennen wir daher einander gleich, und sagen, das Ideal $\mathfrak{A}$ aus K liege im Körper k.

Da die Beziehung „=“ zwischen Idealen verschiedener Körper noch nicht definiert ist, enthält diese Definition keinen Widerspruch mit früheren Festsetzungen. Es gelten wegen Satz 106 folgende Regeln:

1. Aus $\mathfrak{a} = \mathfrak{A}$ und $\mathfrak{a} = \mathfrak{b}$ folgt $\mathfrak{b} = \mathfrak{A}$.
2. Aus $\mathfrak{a} = \mathfrak{A}$ und $\mathfrak{b} = \mathfrak{A}$ folgt $\mathfrak{a} = \mathfrak{b}$.
3. Aus $\mathfrak{a} = \mathfrak{A}$ und $\mathfrak{A} = \mathfrak{B}$ folgt $\mathfrak{a} = \mathfrak{B}$.
4. Aus $\mathfrak{a} = \mathfrak{A}$ und $\mathfrak{b} = \mathfrak{B}$ folgt $\mathfrak{a}\mathfrak{b} = \mathfrak{A}\mathfrak{B}$.
5. Aus $\mathfrak{a}^p = \mathfrak{A}^p$ folgt $\mathfrak{a} = \mathfrak{A}$ (p ganz rational).

Der Sinn dieser Aussagen ist der, daß die Beziehung „=" zwischen Idealen in verschiedenen Körpern eine Verallgemeinerung der schon definierten, ebenfalls durch das Zeichen „=" angedeuteten Beziehung zwischen Idealen desselben Körpers ist.

Durch obige Definition wird also entschieden, ob zwei Symbole

$$(\alpha_1, \ldots \alpha_q) \text{ in } k, \quad (\mathsf{A}_1, \ldots, \mathsf{A}_s) \text{ in } K$$

als gleich zu bezeichnen sind oder nicht. Dabei ist K als Oberkörper von k gedacht. Die beiden Symbole können aber unter Umständen bereits in einem Unterkörper K' von K einen Sinn haben, und nun wollen wir sehen, ob man aus der Gleichheit in dem einen Körper auch die im anderen Körper erschließen kann.

Dies ist in der Tat der Fall. Wenn nämlich K' ein Oberkörper von k, aber ein Unterkörper von K ist und wenn die A bereits zu K' gehören, so folgt aus

$$(\alpha_1, \ldots, \alpha_q)_{K'} = (\mathsf{A}_1, \ldots, \mathsf{A}_s)_{K'} \tag{73}$$

offenbar sofort auch

$$(\alpha_1, \ldots, \alpha_q)_K = (\mathsf{A}_1, \ldots, \mathsf{A}_s)_K.$$

Ist aber umgekehrt diese letzte Gleichung richtig, so ist nach dem zweiten Teil von Hilfssatz b), angewandt auf den Oberkörper K von K', auch in K' die Gleichung (73) richtig.

Danach definiert also das Symbol $(\alpha_1, \ldots, \alpha_q)$ in jedem Körper, in welchem es überhaupt einen Sinn hat, das gleiche Ideal. Und wir können jetzt von zwei Idealen $\mathfrak{a}_1$, $\mathfrak{a}_2$, welche als gr. gem. Teiler von Zahlen resp. aus zwei beliebigen Körpern k_1, k_2 definiert sind, entscheiden, ob sie gleich sind oder nicht. Man gehe nämlich in irgendeinen Körper K über, welcher sowohl k_1 als auch k_2 enthält, und stelle fest, ob im Körper K diese beiden gr. gem. Teiler gleich sind oder nicht, im Sinne unserer allerersten Definition der Gleichheit von Idealen (§ 24). Das Resultat ist in allen Körpern K dasselbe. Wir brauchen daher bei der Bezeichnung $\mathfrak{a} = (\alpha_1, \ldots \alpha_q)$ keinen Bezug auf einen bestimmten Körper zu nehmen. Wegen der Regel 4) ist auch das Produkt zweier Ideale $\mathfrak{a}$, $\mathfrak{b}$ ein allein durch

$\mathfrak{a}, \mathfrak{b}$ vollständig bestimmtes Ideal, das gleiche gilt für den Quotienten und den gr. gem. Teiler.

Insbesondere ist also die Aussage: „Die ganzen algebraischen Zahlen $\alpha_1, \ldots, \alpha_q$ sind teilerfremd (haben den gr. gem. Teiler (1))“ unabhängig von der Bezugnahme auf einen speziellen Zahlkörper, und ist äquivalent mit der Aussage: Es gibt ganze algebraische Zahlen $\lambda_1, \ldots, \lambda_q$, wofür

$$\lambda_1 \alpha_1 + \cdots + \lambda_q \alpha_q = 1.$$

Es ist dann eine bemerkenswerte Tatsache, die unmittelbar aus unsern Festsetzungen folgt, daß, wenn überhaupt ganze λ mit dieser Eigenschaft existieren, sie stets aus demjenigen Zahlkörper gewählt werden können, der durch $\alpha_1, \ldots, \alpha_q$ erzeugt wird.

Hervorzuheben ist aber, daß ein Ideal $\mathfrak{a}$ dadurch bestimmte Zahlkörper auszeichnet, daß $\mathfrak{a}$ im allgemeinen nicht in jedem Zahlkörper liegt, im Sinne der obigen Definition. Z. B. gilt

$$\mathfrak{a} = (5, \sqrt{10}) = (\sqrt{5}),$$

weil das Quadrat gleich (5) ist. $\mathfrak{a}$ gehört also z. B. den beiden quadratischen Zahlkörpern $k(\sqrt{10})$ und $k(\sqrt{5})$ an, aber nicht dem Körper $k(1)$.

Die Eigenschaft, Primideal zu sein, kommt einem Ideal erst mit Bezug auf einen bestimmten Körper zu, in welchem es liegt.

Wenn wir nun diese Begriffe mit den Sätzen aus § 33 über ideale Zahlen in Verbindung bringen, ergibt sich folgendes: Ist $\mathfrak{a}$ ein Ideal in k und $\mathfrak{a}^h$ gleich dem Hauptideal (ω) in k, so hat die Gleichung

$$\mathfrak{a} = (\sqrt[h]{\omega})$$

vermöge unserer jetzigen Festsetzungen einen Sinn, und zwar ist es eine richtige Gleichung. Ist weiter die Zahl A im System der idealen Zahlen zu k dem Ideal $\mathfrak{a}$ zugeordnet, so ist ebenfalls $\mathfrak{a} = (\mathsf{A})$. Die Gesamtheit der idealen Zahlen gehört einem Körper vom Relativgrade h über k an, und diese Tatsache läßt sich dann auch so ausdrücken: Ist h die Klassenzahl von k, so gibt es einen Relativkörper vom Relativgrad h über k, in welchem alle Ideale von k Hauptideale werden. Der Relativkörper ist durch diese Forderung übrigens nicht etwa eindeutig bestimmt. Auch braucht seine Klassenzahl nicht 1 zu sein.

§ 38. Relativnormen von Zahlen und Idealen. Relativdifferente und Relativdiskriminante.

Ist A irgendeine Zahl aus K und sind ihre Relativkonjugierten in bezug auf k $\mathsf{A}^{(i)}$ $(i = 1, \ldots m)$, so heißen

$$S_k(\mathsf{A}) = \mathsf{A}^{(1)} + \mathsf{A}^{(2)} + \cdots + \mathsf{A}^{(m)}$$
$$N_k(\mathsf{A}) = \mathsf{A}^{(1)} \cdot \mathsf{A}^{(2)} \cdots \mathsf{A}^{(m)}$$

die **Relativspur** bzw. **Relativnorm** von A (in bezug auf k). Sie sind Zahlen aus k. Bedeuten S und s die Spuren in K und in k in bezug auf $k(1)$, ebenso N und n die Normen in K und k, so gilt nach Satz 59

$$S(\mathsf{A}) = s(S_k(\mathsf{A})); \quad N(\mathsf{A}) = n(N_k(\mathsf{A})). \tag{74}$$

Die Zahl

$$\delta_k(\mathsf{A}^{(q)}) = \prod_{i=1,\, i \neq q}^{m} (\mathsf{A}^{(q)} - \mathsf{A}^{(i)})$$

heißt die **Relativdifferente** von $\mathsf{A}^{(q)}$ im Körper $K^{(q)}$ in bezug auf k; sie ist eine Zahl aus dem Körper $K^{(q)}$. Wenn

$$\Phi(x) = \prod_{i=1}^{m} (x - \mathsf{A}^{(i)}) = x^m + \alpha_1 x^{m-1} + \cdots + \alpha_{m-1} x + \alpha_m$$

(wo die α_r offenbar Zahlen in k), so ist

$$\delta_k(\mathsf{A}) = \Phi'(\mathsf{A}).$$

Das Produkt

$$d_k(\mathsf{A}) = \prod_{1 \leq i < q \leq m} (\mathsf{A}^{(i)} - \mathsf{A}^{(q)})^2 = (-1)^{\frac{m(m-1)}{2}} \prod_{i=1}^{m} \Phi'(\mathsf{A}^{(i)})$$
$$= (-1)^{\frac{m(m-1)}{2}} N_k(\delta_k(\mathsf{A}))$$

heißt die **Relativdiskriminante** von A; sie ist eine Zahl in k.

Ist $\mathfrak{A}$ ein Ideal in K, so entsteht daraus das relativkonjugierte Ideal $\mathfrak{A}^{(i)}$, indem man jede Zahl A aus $\mathfrak{A}$ durch $\mathsf{A}^{(i)}$ ersetzt. Offenbar ist für zwei Ideale $\mathfrak{A}, \mathfrak{B}$

$$(\mathfrak{A} \cdot \mathfrak{B})^{(i)} = \mathfrak{A}^{(i)} \cdot \mathfrak{B}^{(i)}.$$

Definition: **Relativnorm von $\mathfrak{A}$** in bezug auf k heißt das Ideal

$$N_k(\mathfrak{A}) = \mathfrak{A}^{(1)} \cdot \mathfrak{A}^{(2)} \cdots \mathfrak{A}^{(m)}.$$

Dabei ist $N_k(\mathfrak{A}\mathfrak{B}) = N_k(\mathfrak{A}) \cdot N_k(\mathfrak{B})$.

Satz 107. Das Ideal $N_k(\mathfrak{A})$ ist ein Ideal in k. Wenn k der rationale Zahlkörper, so ist $N_k(\mathfrak{A}) = (N(\mathfrak{A}))$.

Denn sei zunächst ein ganzes Ideal $\mathfrak{A} = (\mathsf{A}_1, \ldots, \mathsf{A}_s)$ vorgelegt, wo die A Zahlen aus K, so ist nach § 28 für irgendwelche Variable $u_1, \ldots u_s$ der Inhalt der konjugierten Polynome

$$F^{(i)}(u) = \mathsf{A}_1^{(i)} u_1 + \cdots + \mathsf{A}_s^{(i)} u_s$$

gleich $\mathfrak{A}^{(i)}$. Nach Satz 87 ist daher

$$\mathfrak{A}^{(1)} \ldots \mathfrak{A}^{(m)} = I(F^{(1)}) \cdots I(F^{(m)}) = I(F^{(1)} \ldots F^{(m)}).$$

Das Polynom

$$Q(u) = F^{(1)} \cdot F^{(2)} \ldots F^{(m)}$$

ist aber offenbar ein Polynom in k, also $I(Q)$ ein Ideal in k. Damit ist die erste Hälfte von Satz 107 bewiesen, wenn wir noch bedenken, daß jedes Ideal als Quotient zweier ganzen Ideale darstellbar ist, und nach Definition

$$N_k\left(\frac{\mathfrak{A}}{\mathfrak{B}}\right) = \frac{N_k(\mathfrak{A})}{N_k(\mathfrak{B})}.$$

Zum Beweise des zweiten Teiles von Satz 107 sei etwa h die Klassenzahl von K; alsdann ist $\mathfrak{A}^h = (\mathsf{A})$, wo A eine gewisse Zahl aus K, und

$$N_k(\mathfrak{A})^h = N_k(\mathfrak{A}^h) = N((\mathsf{A})) = (N(\mathsf{A})).$$

Wegen

$$\pm N(\mathsf{A}) = N(\mathfrak{A}^h) = N(\mathfrak{A})^h = a^h, \quad \text{wo} \quad a = N(\mathfrak{A}),$$

ist daher

$$N_k(\mathfrak{A})^h = (a)^h, \quad N_k(\mathfrak{A}) = (a).$$

Damit ist jetzt Satz 88 von § 29, welcher dort nur für Galoissche Zahlkörper bewiesen wurde, für jeden Zahlkörper als richtig erkannt, und gleichzeitig hat die Bezeichnung „Norm von $\mathfrak{A}$" für die Anzahl der Restklassen mod. $\mathfrak{A}$ ihre Rechtfertigung erhalten.

Satz 108. Zu jedem Primideal $\mathfrak{P}$ von K gibt es genau ein Primideal $\mathfrak{p}$ in k, welches durch $\mathfrak{P}$ teilbar ist. Es ist dann

$$N_k(\mathfrak{P}) = \mathfrak{p}^{f_1},$$

wo f_1 eine natürliche Zahl $\leq m$ ist. f_1 heißt der **Relativgrad von $\mathfrak{P}$ in bezug auf k.** *$\mathfrak{p}$ zerfällt in K in höchstens m Faktoren.*

Nach Satz 107 ist nämlich $N_k(\mathfrak{P})$ ein Ideal in k, welches nach Definition durch $\mathfrak{P}$ teilbar ist. Zerlegt man $N_k(\mathfrak{P})$ in seine Primfaktoren in k, so muß nach dem Fundamentalsatz $\mathfrak{P}$ in mindestens einem dieser Primideale aus k aufgehen. Ginge $\mathfrak{P}$ in zwei verschiedenen Primidealen $\mathfrak{p}_1, \mathfrak{p}_2$ aus k auf, so müßte es auch ein Teiler von $(\mathfrak{p}_1, \mathfrak{p}_2) = 1$ sein, was aber nicht der Fall sein kann. Es gibt also genau ein Primideal $\mathfrak{p}$ in k, welches durch $\mathfrak{P}$ teilbar ist. Ist die Zerlegung von $\mathfrak{p}$ in Primideale in K etwa

$$\mathfrak{p} = \mathfrak{P}_1 \cdot \mathfrak{P}_2 \cdots \mathfrak{P}_v,$$

so folgt für die Relativnorm

$$N_k(\mathfrak{P}_1) \cdot N_k(\mathfrak{P}_2) \cdots N_k(\mathfrak{P}_v) = N_k(\mathfrak{p}) = \mathfrak{p}^m.$$

Jeder Faktor links ist nach dem vorigen Satz ein Ideal in k und muß wegen dieser Gleichung offenbar eine Potenz von $\mathfrak{p}$ sein:

$$N_k(\mathfrak{P}_i) = \mathfrak{p}^{f_i} \text{ und } f_1 + f_2 + \cdots f_v = m; \text{ also } f_i \leqq m \text{ und } v \leqq m.$$

Satz 109. Bezeichnet N die Norm in K, n die Norm in k, so ist für jedes Ideal $\mathfrak{A}$ in K

$$N(\mathfrak{A}) = n(N_k(\mathfrak{A})).$$

Diese Behauptung folgt zunächst unmittelbar nach (74) für jede Zahl A in K. Nach Satz 107 oder auch durch Betrachtung des Hauptideals $\mathfrak{A}^h$ ergibt sich die Richtigkeit auch für jedes Ideal in K.

Satz 110. Ist der Relativgrad des Primideals $\mathfrak{P}$ gleich 1, so ist jede Zahl aus K nach dem Modul $\mathfrak{P}$ einer Zahl aus k kongruent.

Denn nach Satz 108 ist $N(\mathfrak{P}) = n(\mathfrak{p})^{f_1}$; also ist für $f_1 = 1$ die Anzahl der Restklassen mod. $\mathfrak{P}$ in K gleich der Anzahl der Restklassen mod. $\mathfrak{p}$ in k. Wenn aber eine Zahl α aus k durch $\mathfrak{P}$ teilbar ist, so ist $(\alpha, \mathfrak{p})$ mindestens durch $\mathfrak{P}$ teilbar, folglich $\neq (1)$, also als Ideal in k notwendig $= \mathfrak{p}$; mithin ist ein System mod. $\mathfrak{p}$ inkongruenter Zahlen aus k auch mod. $\mathfrak{P}$ inkongruent und folglich gibt es $n(\mathfrak{p}) = N(\mathfrak{P})$ nach $\mathfrak{P}$ inkongruente Zahlen aus k.

Wir merken uns noch besonders die folgende Tatsache an: Wenn eine Zahl A in K *ihren relativkonjugierten gleich* ist, so ist sie nach Satz 56 eine Zahl in k. Das Entsprechende für Ideale ist aber nicht richtig. Z. B. ist in $K(\sqrt{5})$ das Ideal $(\sqrt{5})$ seinem Konjugierten in bezug auf $k(1)$ gleich, ist aber kein Ideal in $k(1)$.

Endlich lassen sich die Begriffsbildungen von § 36 auf Relativkörper übertragen und führen zu einer Definition der Relativdiskriminante.

Definition: Die Menge der Zahlen Δ in K, wofür mit jeder ganzen Zahl A in K die Relativspur

$$S_k(\Delta \mathsf{A}) = \text{ganze Zahl},$$

besteht aus den Zahlen eines gewissen Ideals $\mathfrak{M}$ in K. Dabei ist

$$\frac{1}{\mathfrak{M}} = \mathfrak{D}_k$$

ein ganzes Ideal und heiße die **Relativdifferente von K in bezug auf k.**

Der Beweis verläuft parallel zu dem von Satz 101.

Satz 111. Wenn $\mathfrak{D}, \mathfrak{d}$ die Differenten von K und k sind, so besteht für die Relativdifferente $\mathfrak{D}_k$ die Beziehung

$$\mathfrak{D} = \mathfrak{D}_k \cdot \mathfrak{d}. \tag{75}$$

Beweis: Ist Δ eine solche Zahl in K, daß $\Delta \mathfrak{D}_k \mathfrak{d}$ ganz ist, so ist für jedes ganze A nach der Definition von $\mathfrak{D}_k$

$$\mathfrak{d} S_k(\Delta \mathsf{A}) \text{ ganz,} \tag{76}$$

da für jede durch $\mathfrak{d}$ teilbare Zahl ξ in k

$$S_k(\Delta \mathsf{A} \xi) = \xi S_k(\Delta \mathsf{A})$$

eine ganze Zahl ist. Nach (76) ist wegen der Definition von $\mathfrak{d}$ $s(S_k(\Delta \mathsf{A}))$ ganz. Also ist $S(\Delta \mathsf{A})$ ganz und daher

$$\mathfrak{D}\Delta \text{ ganz, } \quad \text{wenn} \quad \mathfrak{D}_k \cdot \mathfrak{d}\Delta \text{ ganz ist.}$$

Wenn umgekehrt $\mathfrak{D}\Delta$ ganz, so ist für jedes ganze A in K und jedes ganze ξ in k auch $S(\Delta \mathsf{A} \xi)$ ganz, also

$$s(S_k(\Delta \mathsf{A} \xi)) = s(\xi S_k(\Delta \mathsf{A})) \text{ ganz,}$$

also ist

$$\mathfrak{d} S_k(\Delta \mathsf{A}) \text{ ganz, } \quad \text{d. h.} \quad S_k(\varrho \Delta \mathsf{A}) \text{ ganz,}$$

wenn ϱ irgendeine Zahl von $\mathfrak{d}$ in k ist, und $\varrho \Delta \mathfrak{D}_k$ ist daher ganz, und somit ist gezeigt, daß auch $\mathfrak{D}_k \mathfrak{d} \Delta$ ganz ist, wenn $\mathfrak{D}\Delta$ ganz ist, woraus die Richtigkeit von Satz 111 folgt.

Die schon aus dieser einfachen Gleichung (75) hervortretende Bedeutung der Relativdifferente wird noch evidenter, wenn wir folgende Tatsache, die auch als Definition von $\mathfrak{D}_k$ dienen kann, beweisen:

Satz 112. Die Relativdifferente von K ist der gr. gem. Teiler aller Relativdifferenten ganzer Zahlen von K in bezug auf k.

Zum Beweise dieses Satzes haben wir fast genau so vorzugehen wie in § 36 bei Satz 105:

Ist Θ eine den Körper K erzeugende ganze Zahl, so verstehen wir unter dem **Relativring** $R_k(\Theta)$ die Gesamtheit aller Zahlen

$$\alpha_0 + \alpha_1 \Theta + \cdots + \alpha_{m-1} \Theta^{m-1},$$

wo $\alpha_0, \ldots \alpha_{m-1}$ alle ganzen Zahlen von k durchlaufen. Ist $\Phi(x)$ die in k irreduzible Funktion mit höchstem Koeffizienten 1, welche die Wurzel Θ hat, so gelten folgende Hilfssätze, die wie in § 36 bewiesen werden:

Hilfssatz a): Wenn A eine solche Zahl in K ist, daß $\mathsf{A}\mathfrak{D}_k$ ganz, so ist A in der Form

$$\mathsf{A} = \frac{\mathsf{B}}{\Phi'(\Theta)}$$

darstellbar, wo B eine Zahl aus $R_k(\Theta)$. Also ist $\Phi'(\Theta)$ durch $\mathfrak{D}_k$ teilbar.

Hilfssatz b): Für jede Zahl B aus $R_k(\Theta)$ ist

$$S_k\left(\frac{\mathsf{B}}{\Phi'(\Theta)}\right) \text{ ganz.}$$

Satz 113. Der gr. gem. Teiler aller Ideale in K, welche nur Zahlen aus $R_k(\Theta)$ enthalten, ist $\mathfrak{F}$, wo $\mathfrak{F}\mathfrak{D}_k = \Phi'(\Theta)$.

Hilfssatz c): Zu jedem Primideal $\mathfrak{P}$ in K gibt es Relativringe $R_k(\Theta)$, wo $\mathfrak{P}$ nicht in $\mathfrak{F} = \Phi'(\Theta)\mathfrak{D}_k^{-1}$ aufgeht.

Denn sei $\mathfrak{p}$ das durch $\mathfrak{P}$ teilbare Primideal in k,

$$\mathfrak{p} = \mathfrak{P}^e \mathfrak{A}, \quad \text{wo} \quad (\mathfrak{A}, \mathfrak{P}) = 1.$$

Wir verstehen unter A eine solche Primitivzahl mod. $\mathfrak{P}$, daß jede ganze Zahl in K nach jeder Potenz von $\mathfrak{P}$ einer Zahl aus $R_k(\mathsf{A})$ kongruent ist, und daß

$$\mathsf{A} \equiv 0 \pmod{\mathfrak{A}}.$$

Endlich sei β eine Zahl aus k, die durch $\Phi'(\mathsf{A}) = \mathfrak{D}_k\mathfrak{F}$ teilbar ist, $\mathfrak{p}^b$ die höchste in β aufgehende Potenz von $\mathfrak{p}$. Eine geeignete Potenz von β, etwa $\alpha = \beta^h$, gestattet dann eine Zerlegung in zwei Zahlfaktoren in k

$$\alpha = \pi \cdot \mu, \quad \text{wo} \quad \pi = \mathfrak{p}^{hb}, \; (\mu, \mathfrak{p}) = 1.$$

$$\alpha \equiv 0 \pmod{\mathfrak{F}\mathfrak{D}_k}.$$

Dann bestimme man zu einem beliebig gegebenen ganzen Δ in K eine Zahl Γ aus $R_k(\mathsf{A})$, so daß

$$\Delta \equiv \Gamma \pmod{\mathfrak{P}^{ehb}}.$$

Die Zahl $\mathsf{B}\mu\mathsf{A}^{hb} = (\Delta - \Gamma)\mu\mathsf{A}^{hb}$ ist dann durch $\mathfrak{D}_k\mathfrak{F} = \Phi'(\mathsf{A})$ teilbar, weil

$$\frac{\mathsf{B}\mu\mathsf{A}^{hb}}{\Phi'(\mathsf{A})} = \frac{\pi\mu}{\mathfrak{D}_k\mathfrak{F}} \frac{\mathsf{B}\mathsf{A}^{hb}}{\pi} = \frac{\alpha}{\mathfrak{D}_k\mathfrak{F}} \cdot \frac{\mathsf{B}\mathsf{A}^{hb}}{\mathfrak{P}^{ehb}\mathfrak{A}^{hb}} \text{ ganz ist.}$$

Unter Anwendung von Hilfssatz a) ergibt sich daher für jedes Δ eine Darstellung

$$\Delta\mu\mathsf{A}^{hb} = \text{Zahl aus } R_k(\mathsf{A}),$$

woraus nach Satz 113 sich $\mu\mathsf{A}^{hb}$ als ein durch $\mathfrak{F}$ teilbares Ideal ergibt, also $\mathfrak{F}$ jedenfalls zu $\mathfrak{P}$ prim folgt.

Damit ist dann auch Satz 112 bewiesen.

Wir definieren dann: Unter der **Relativdiskriminante von K in bezug auf k** verstehen wir die Relativnorm der Relativdifferente von K. Vermöge Satz 103 ist dann das so definierte Diskriminantenideal in bezug auf $k(1)$ auch mit dem Ideal (d) übereinstimmend, wo d die Diskriminante von K ist. Wir haben aber zu unterscheiden die Diskriminante eines Körpers, die eine ganz bestimmte Zahl d ist, von der Relativdiskriminante desselben Körpers in bezug auf $k(1)$, die ein Ideal, nämlich (d), ist.

Als Abschluß der Untersuchungen über Differenten beweisen wir endlich den folgenden Satz, der für den Grundkörper $k = k(1)$ an unsere allgemeine Fragestellung zu Beginn von § 29 anknüpft:

Satz 114: Wenn ein Primideal $\mathfrak{P}$ aus K in höherer als erster Potenz in einem Primideal $\mathfrak{p}$ aus k aufgeht, so ist $\mathfrak{P}$ ein Faktor der Relativdifferente von K in bezug auf k. Es kann also nur endlich viele Primideale $\mathfrak{P}$ dieser Art geben.

Zum Beweise sei etwa die Zerlegung von $\mathfrak{p}$ in K

$$\mathfrak{p} = \mathfrak{P}^e \mathfrak{A}, \quad \text{wo} \quad (\mathfrak{A}, \mathfrak{P}) = 1,\ e \geqq 2.$$

Für jede ganze Zahl A aus K ist nun wegen der oft benutzten Eigenschaften der Binomialkoeffizienten $\binom{p}{n}$

$$S_k(\mathsf{A})^p \equiv S_k(\mathsf{A}^p) \pmod{p}, \quad \text{also auch} \quad \bmod \mathfrak{p}, \tag{77}$$

wenn p die durch $\mathfrak{p}$ teilbare rationale Primzahl ist. Wählen wir nun

$$\mathsf{A} \equiv 0 \pmod{\mathfrak{P}^{e-1}\mathfrak{A}},$$

so ist wegen $e \geqq 2$

$$\mathsf{A}^p \equiv 0 \pmod{\mathfrak{p}}, \quad S_k(\mathsf{A}^p) \equiv 0 \pmod{\mathfrak{p}}. \tag{78}$$

Aus (78) folgt daher wegen (77)

$$S_k(\mathsf{A}) \equiv 0 \pmod{\mathfrak{p}}, \quad \text{wenn} \quad \mathsf{A} \equiv 0 \pmod{\mathfrak{P}^{e-1}\mathfrak{A}}. \tag{79}$$

Sei nun α eine nicht-ganze Zahl aus k mit dem Idealnenner $\mathfrak{p}$,

$$\alpha = \frac{\mathfrak{a}}{\mathfrak{p}}, \quad (\mathfrak{a}, \mathfrak{p}) = 1,$$

so ist nach (79)

$$\alpha S_k(\mathsf{A}) = S_k(\alpha \mathsf{A}) \text{ ganz},$$

wenn A alle Zahlen von $\mathfrak{P}^{e-1}\mathfrak{A}$, d. h. $\alpha\mathsf{A}$ alle Zahlen von $\frac{\mathfrak{a}}{\mathfrak{P}}$ durchläuft. Also geht nach der Definition $\mathfrak{P}$ in der Relativdifferente $\mathfrak{D}_k$ auf.

Die Umkehrung von Satz 114 ist auch noch richtig, aber schwieriger zu beweisen. Wir erledigen hier nur den speziellen Fall des relativ-Galoisschen Körpers K.

Satz 115. Es sei K mit allen in bezug auf k relativkonjugierten Körpern identisch (d. h. K sei ein relativ-Galoisscher Körper). In der Relativdifferente $\mathfrak{D}_k$ von K gehen alsdann nur solche Primideale von K auf, welche in höherer als erster Potenz in einem Primideal von k aufgehen.

Ist nämlich $\mathfrak{p}$ ein Primideal in k und $\mathfrak{P}$ ein Primteiler von $\mathfrak{p}$ in K, dessen Quadrat nicht in $\mathfrak{p}$ aufgeht, so gehen auch die relativkonjugierten Primideale $\mathfrak{P}^{(i)}$ in $\mathfrak{p}$ in genau der ersten Potenz auf. Die Relativnorm $\mathfrak{p}^f$ von $\mathfrak{P}$ ist das Produkt aller $\mathfrak{P}^{(i)}$, und letztere stimmen daher zu je f miteinander überein, es gibt genau $\frac{m}{f}$ verschiedene unter den $\mathfrak{P}^{(i)}$. Es seien etwa $\mathfrak{P}^{(1)}, \ldots \mathfrak{P}^{(f)}$ die, welche mit $\mathfrak{P}$ identisch sind.

Zum Beweise von Satz 115 genügt es dann nach Satz 112, eine Zahl A aus K anzugeben, deren Relativdifferente durch dieses $\mathfrak{P}$ nicht teilbar ist. Wir wählen A als solche Primitivzahl mod. $\mathfrak{P}$, welche durch $\mathfrak{p}\cdot\mathfrak{P}^{-1}$ teilbar ist. Nach dem Obigen ist nun $\mathfrak{P}^{(f+1)}, \ldots \mathfrak{P}^{(m)}$ von $\mathfrak{P}$ verschieden, also

$$\frac{\mathfrak{p}}{\mathfrak{P}^{(i)}} \text{ durch } \mathfrak{P} \text{ teilbar für } i = f+1, \ldots, m.$$

Mithin

$$\mathsf{A}^{(i)} \equiv 0 \pmod{\mathfrak{P}} \text{ für } i = f+1, \ldots m.$$

Ist andererseits

$$\Phi(x) = \prod_{r=1}^{m} (x - \mathsf{A}^{(r)}),$$

also ein Polynom in k, so ist nach (44)

$$\Phi(x)^{n(\mathfrak{p})} \equiv \Phi(x^{n(\mathfrak{p})}) \pmod{\mathfrak{p}},$$

mithin hat $\Phi(x) \equiv 0 \pmod{\mathfrak{P}}$ jedenfalls die Wurzeln $0, \mathsf{A}, \mathsf{A}^{n(\mathfrak{p})}, \ldots, \mathsf{A}^{n(\mathfrak{p})^{f-1}}$. Da A Primitivzahl mod. $\mathfrak{P}$, so sind diese $f+1$ Zahlen mod. $\mathfrak{P}$ sicher verschieden. Wegen der Faktorenzerlegung von $\Phi(x)$ müssen also unter den Zahlen $\mathsf{A}^{(1)}, \ldots \mathsf{A}^{(m)}$ mindestens $f+1$ mod. $\mathfrak{P}$ verschiedene vorkommen, und da die letzten $m-f$ der Null kongruent sind mod. $\mathfrak{P}$, sind also $\mathsf{A}^{(1)}, \ldots \mathsf{A}^{(f)}$ mod. $\mathfrak{P}$ verschieden, und folglich ist die Relativdifferente

$$\delta_k(\mathsf{A}^{(1)}) = (\mathsf{A}^{(1)} - \mathsf{A}^{(2)}) \ldots (\mathsf{A}^{(1)} - \mathsf{A}^{(m)})$$

durch $\mathfrak{P}$ nicht teilbar, womit unser Satz bewiesen ist.

§ 39. Zerlegungsgesetze in den Relativkörpern $K(\sqrt[l]{\mu})$.

Als wichtigstes Beispiel sollen hier die Zerlegungsgesetze der Primideale eines Grundkörpers k in einem solchen Relativkörper K untersucht werden, der durch Adjunktion einer l^{ten} Wurzel aus einer Zahl μ von k entsteht. Dabei machen wir die

Voraussetzungen: l sei eine positive rationale Primzahl (auch 2). Und der Körper k enthalte die l^{te} Einheitswurzel $\zeta = e^{\frac{2\pi i}{l}}$.

Hilfssatz: Die Zahlen $1 - \zeta^a (a \not\equiv 0 \pmod{l})$ sind alle untereinander assoziiert. Es besteht die Idealgleichung

$$(l) = (1 - \zeta)^{l-1}. \tag{80}$$

Sind nämlich a, a_1 ganze zu l teilerfremde rationale Zahlen, so bestimme man die positive ganze rationale Zahl b so, daß

$$ab \equiv a_1 \pmod{l}, \quad \text{also} \quad \zeta^{a_1} = \zeta^{ab};$$

Damit ist

$$\frac{1-\zeta^{a_1}}{1-\zeta^a} = \frac{1-\zeta^{ab}}{1-\zeta^a} = 1 + \zeta^a + \zeta^{2a} + \cdots + \zeta^{(b-1)a},$$

folglich eine ganze Zahl, und das gleiche folgt ebenso für den inversen Quotienten, dieser muß also eine Einheit sein.

Ferner ist das Polynom

$$1 + x + x^2 + \cdots + x^{l-1} = \frac{x^l - 1}{x - 1} = (x - \zeta)(x - \zeta^2) \cdots (x - \zeta^{l-1}),$$

und für $x = 1$ ergibt sich hieraus

$$l = (1 - \zeta)(1 - \zeta^2) \cdots (1 - \zeta^{l-1}),$$

woraus nach dem Vorangehenden die Idealgleichung (80) folgt.

Aus diesem Hilfssatz entnimmt man übrigens die Tatsache, daß der Körper $k(\zeta)$ genau den Grad $l - 1$ hat. Denn nach § 30 ist sein Grad höchstens $\varphi(l) = l - 1$, andererseits wird in ihm nach (80) die Primzahl l die $(l-1)^{\text{te}}$ Potenz eines Ideals; folglich ist nach Satz 81 sein Grad mindestens $l - 1$, also genau gleich $l - 1$; überdies ist darnach auch $1 - \zeta$ ein Primideal in $k(\zeta)$.

Satz 116. Wenn μ eine Zahl aus k ist, welche nicht die l^{te} Potenz einer Zahl aus k ist, so hat der Körper $K(\sqrt[l]{\mu}; k)$ den Relativgrad l bezüglich k. Er ist mit seinen relativ-konjugierten Körpern identisch.

Die Zahl $\mathsf{M} = \sqrt[l]{\mu}$ (der Wurzelwert sei irgendwie fixiert) genügt der Gleichung $x^l - \mu = 0$, deren sämtliche Wurzeln die l Zahlen

$$\zeta^a \mathsf{M} \qquad (a = 0, 1, \ldots l - 1)$$

sind. Unter diesen müssen jedenfalls alle Relativkonjugierten von M vorhanden sein. Es seien dies die m $(m \leqq l)$ Zahlen $\zeta^{a_1}\mathsf{M}, \ldots \zeta^{a_m}\mathsf{M}$. Ihr Produkt ist als Relativnorm von M eine Zahl aus k; darnach gehört M^m zu k, aber auch $\mathsf{M}^l = \mu$; sobald nun $m < l$, ist m zu l teilerfremd, weil l Primzahl; folglich ist M selbst als Potenzprodukt von M^l und M^m darstellbar und mithin eine Zahl in k, weshalb dann der Relativgrad $m = 1$ ist. Es gibt also nur die Möglichkeiten $m = 1$ oder $m = l$, womit der Satz bewiesen ist.

Wir nehmen nun weiterhin an, daß der Relativgrad von $K(\sqrt[l]{\mu}; k)$ gleich l ist. Die Zahlen $\mathsf{M}_1 = \sqrt[l]{\mu_1}$ und $\mathsf{M}_2 = \sqrt[l]{\mu_2}$ erzeugen offenbar denselben Relativkörper, wenn eine Gleichung

$$\mu_1{}^a \mu_2{}^b = \alpha^l$$

besteht, wo α eine Zahl aus k, a und b durch l nicht teilbare ganze rationale Zahlen sind. Jede Zahl aus K läßt sich auf genau eine Art in die Form setzen

$$\mathsf{A} = \alpha_0 + \alpha_1 \mathsf{M} + \cdots + \alpha_{l-1} \mathsf{M}^{l-1},$$

wo die $\alpha_0, \ldots \alpha_{l-1}$ Zahlen aus k. Die Relativkonjugierten zu A erhält man, indem man hierin M sukzessive durch $\zeta\mathsf{M}, \zeta^2\mathsf{M}, \ldots \zeta^{l-1}\mathsf{M}$ ersetzt. Es bedeute nun allgemein $s\mathsf{A}$ diejenige unter den relativkonjugierten Zahlen, welche entsteht, wenn man M durch $\zeta\mathsf{M}$ ersetzt:

$$s\mathsf{A} = \alpha_0 + \alpha_1(\zeta\mathsf{M}) + \alpha_2(\zeta\mathsf{M})^2 + \cdots + \alpha_{l-1}(\zeta\mathsf{M})^{l-1}$$
$$s\mathsf{M} = \zeta\mathsf{M},$$

und für jedes ganze rationale $n (n \geqq 1)$

$$s^1\mathsf{A} = s\mathsf{A}, \quad s^n\mathsf{A} = s(s^{n-1}\mathsf{A}), \quad \text{also} \quad s^n\mathsf{M} = \zeta^n\mathsf{M},$$

so daß also immer

$$s^l\mathsf{A} = s^{2l}\mathsf{A} = \cdots = s^{ml}\mathsf{A} = \mathsf{A}$$

für jedes positive ganze rationale m. Diese l „Substitutionen“ $s, s^2, \ldots s^l$ bilden dann offenbar eine zyklische Gruppe vom Grade l, wobei s^l die Rolle des Einheitselementes spielt. Die negativen Potenzen von s werden dann wie in § 5 erklärt:

$$s^0\mathsf{A} = \mathsf{A}, \; s^{-1}\mathsf{A} = s^{l-1}\mathsf{A}, \; s^{-n}\mathsf{A} = s^{n(l-1)}\mathsf{A}. \qquad (n > 0)$$

Aus Satz 55 folgt sogleich: *Jede rationale Gleichung zwischen Zahlen* $\mathsf{A}_1, \mathsf{A}_2, \ldots$ *aus* K *mit Koeffizienten aus* k *bleibt richtig, wenn man gleichzeitig alle* $\mathsf{A}_1, \mathsf{A}_2, \ldots$ *durch* $s\mathsf{A}_1, s\mathsf{A}_2, \ldots$ *ersetzt, und folglich auch, wenn man sie durch* $s^m\mathsf{A}_1, s^m\mathsf{A}_2, \ldots$ *ersetzt.*

Mit Rücksicht auf diese Tatsache nennt man die zyklische Gruppe: $(s, s^2, \ldots s^{l-1}, s^l)$ die Galoissche Gruppe des Körpers K in bezug auf k und nennt K einen *relativzyklischen Körper* bezüglich k.

Da der Relativgrad l eine Primzahl ist, so ist nach Satz 54 eine Zahl A in K entweder von allen Zahlen $s\mathsf{A}, s^2\mathsf{A}, \ldots s^{l-1}\mathsf{A}$ verschieden oder allen diesen gleich.

Die Substitutionszeichen s^m verwenden wir auch bei Idealen, indem $s^m\mathfrak{A}$ dasjenige unter den zu $\mathfrak{A}$ konjugierten Idealen bedeuten soll, welches entsteht, wenn man alle Zahlen A von $\mathfrak{A}$ durch $s^m\mathsf{A}$ ersetzt.

Satz 117. Für das Verhalten eines Primideals $\mathfrak{p}$ von k beim Übergang zu K bestehen nur folgende Möglichkeiten:

$\mathfrak{p}$ bleibt auch in K ein Primideal,

oder $\mathfrak{p}$ wird in K die l^{te} Potenz eines Primideals,

oder $\mathfrak{p}$ wird in K das Produkt von l verschiedenen Primidealen.

Es sei nämlich $\mathfrak{P}$ ein in $\mathfrak{p}$ aufgehendes Primideal aus K, dann ist nach Satz 107 die Relativnorm von $\mathfrak{P}$

$$\mathfrak{P} \cdot s\mathfrak{P} \cdots s^{l-1}\mathfrak{P} = \mathfrak{p}^{f_1},$$

wo f_1 der Relativgrad von $\mathfrak{P}$, also gehen in $\mathfrak{p}$ keine andern als die Primideale $s^m\mathfrak{P}$ auf. Entweder ist nun $\mathfrak{P}$ einem $s^m\mathfrak{P}\,(m \not\equiv 0 \pmod{l})$ und folglich allen $s^m\mathfrak{P}$ gleich, dann ist also mit einem ganzen rationalen a

$$\mathfrak{p} = \mathfrak{P}^a$$

und durch Bilden der Relativnorm folgt $\mathfrak{p}^l = \mathfrak{p}^{f_1 a}$, $l = f_1 a$, also ist $a = 1$, $\mathfrak{p}$ bleibt in K ein Primideal; oder $a = l$, $\mathfrak{p}$ wird die l^{te} Potenz eines Primideals $\mathfrak{P}$. Oder zweitens: $\mathfrak{P}$ ist von allen relativkonjugierten Idealen verschieden und es besteht daher eine Zerlegung

$$\mathfrak{p} = \mathfrak{P}^a \cdot (s\mathfrak{P})^{a_1} \cdots (s^{l-1}\mathfrak{P})^{a_{l-1}}.$$

Übt man hierauf die Substitutionen $s, s^2, \ldots s^{l-1}$ aus, so ergibt sich

$$a = a_1 = \cdots = a_{l-1}$$

und

$$\mathfrak{p} = (\mathfrak{P} \cdot s\mathfrak{P} \cdots s^{l-1}\mathfrak{P})^a = \mathfrak{p}^{f_1 a}$$

$$1 = f_1 a, \quad a = f_1 = 1.$$

In diesem Falle ist $\mathfrak{p}$ das Produkt der l verschiedenen konjugierten Ideale $\mathfrak{P}, \ldots s^{l-1}\mathfrak{P}$, welche alle vom Relativgrade 1 sind.

Satz 118. Es gehe das Primideal $\mathfrak{p}$ in der Zahl μ genau in der Potenz $\mathfrak{p}^a$ auf. Wenn dann a nicht durch l teilbar ist, so wird $\mathfrak{p}$ die l^{te} Potenz eines Primideals in K: $\mathfrak{p} = \mathfrak{P}^l$. Wenn aber $a = 0$ ist und $\mathfrak{p}$ nicht in l aufgeht, so wird $\mathfrak{p}$ in K das Produkt von l verschiedenen Primidealen, falls die Kongruenz

$$\mu \equiv \xi^l \pmod{\mathfrak{p}}$$

durch eine ganze Zahl ξ *in* k *lösbar ist, dagegen bleibt* $\mathfrak{p}$ *ein Primideal in* K, *falls diese Kongruenz unlösbar ist.*

Beweis: I. Sei a nicht durch l teilbar, so darf man $a = 1$ annehmen. Denn wählt man β als ganze durch $\mathfrak{p}$, aber nicht durch $\mathfrak{p}^2$ teilbare Zahl in k, so kann man, weil $(a, l) = 1$, die ganzen rationalen Zahlen x, y so bestimmen, daß $\mu^* = \mu^x \beta^{ly}$ durch $\mathfrak{p}$, aber nicht durch $\mathfrak{p}^2$ teilbar ist, während $\sqrt[l]{\mu^*}$ denselben Relativkörper erzeugt, wie $\sqrt[l]{\mu}$. Und für dieses μ^* ist der neue Exponent $a = 1$, was wir daher bereits bei μ voraussetzen wollen. Nun ist für das Ideal

$$\mathfrak{P} = (\mathfrak{p}, \sqrt[l]{\mu})$$

die l^{te} Potenz $\mathfrak{P}^l = (\mathfrak{p}^l, \mu) = \mathfrak{p}$. Nach Satz 108 ist daher $\mathfrak{P}$ ein Primideal in K.

II. Es sei a durch l teilbar, dann wollen wir wieder μ durch ein solches $\mu^* = \mu\beta^{-a} = \mu\left(\beta^{-\frac{a}{l}}\right)$ ersetzen, welches denselben Körper $K = K(\sqrt[l]{\mu^*})$ erzeugt, und wo der zugehörige Exponent $a = 0$ ist.

II 1. $\mathfrak{p}$ gehe also weder in l noch in μ auf, und es gebe ein ξ in k, so daß

$$\mu \equiv \xi^l \pmod{\mathfrak{p}}.$$

Hiernach geht $\mathfrak{p}$ in dem Produkt

$$\mu - \xi^l = (\mathsf{M} - \xi)(s\mathsf{M} - \xi) \cdots (s^{l-1}\mathsf{M} - \xi) \tag{81}$$

auf; es geht aber in keinem Faktor auf, da es, als Ideal in k, dann in allen (relativkonjugierten) Faktoren, also auch in der Differenz zweier aufgehen müßte, d. h.

$$\mathfrak{p}/\zeta^a\mathsf{M} - \zeta^b\mathsf{M}, \quad \mathfrak{p}/(\zeta^a - \zeta^b)\mathsf{M}.$$

Da aber $\mathfrak{p}$ zu M teilerfremd ist, müßte es in $\zeta^a - \zeta^b$, d. h. nach dem Hilfssatz in l aufgehen, entgegen der Annahme. Also ist $\mathfrak{p}$ kein Primideal in K und

$$\mathfrak{P} = (\mathfrak{p}, \mathsf{M} - \xi)$$

ist ein von 1 verschiedener Teiler von $\mathfrak{p}$, der von seinen Relativkonjugierten verschieden ist. Die Relativnorm ist offenbar $\mathfrak{p}$.

II 2. $\mathfrak{p}$ gehe weder in l noch in μ auf, und es zerfalle $\mathfrak{p}$ in l verschiedene Faktoren in K:

$$\mathfrak{p} = \mathfrak{P} \cdot s\mathfrak{P} \cdots s^{l-1}\mathfrak{P}.$$

$\mathfrak{P}$ hat hiernach den Relativgrad 1; nach Satz 110 ist daher jede

Zahl aus K nach dem Modul $\mathfrak{P}$ einer Zahl aus k kongruent, es gibt also ein ξ in k, so daß

$$\mathsf{M} \equiv \xi \pmod{\mathfrak{P}};$$

die Relativnorm von $\mathsf{M} - \xi$, das ist $\mu - \xi^l$, ist daher durch die Relativnorm von $\mathfrak{P}$ teilbar, d. h.

$$\mu \equiv \xi^l \pmod{\mathfrak{p}}.$$

Damit ist Satz 117 bewiesen.

So wie also die Zerfällung einer Primzahl p im quadratischen Körper $K(\sqrt{d})$ mit den quadratischen Resten in $k(1)$ zusammenhängt, so sehen wir hier allgemein den Zusammenhang der Zerfällung von $\mathfrak{p}$ beim Übergang zu $K(\sqrt[l]{\mu};\, k)$ mit den l^{ten} Potenzresten im Körper k.

Die Zerfällung der Faktoren von l wird durch folgenden Satz gegeben:

Satz 119: Es sei $\mathfrak{l}$ *ein Primfaktor von* $1 - \zeta$, *der darin genau zur* a^{ten} *Potenz aufgeht:* $1 - \zeta = \mathfrak{l}^a \mathfrak{l}_1$; *es gehe* $\mathfrak{l}$ *nicht in* μ *auf. Dann zerfällt* $\mathfrak{l}$ *in* l *voneinander verschiedene Faktoren in* $K(\sqrt[l]{\mu};\, k)$, *falls die Kongruenz*

$$\mu \equiv \xi^l \pmod{\mathfrak{l}^{al+1}} \tag{82}$$

durch eine Zahl ξ *in* k *lösbar ist. Es bleibt* $\mathfrak{l}$ *auch in* K *Primideal, wenn zwar die Kongruenz*

$$\mu \equiv \xi^l \pmod{\mathfrak{l}^{al}}, \tag{83}$$

aber nicht (82) *lösbar ist. Endlich wird* $\mathfrak{l}$ *die* l^{te} *Potenz eines Primideals in* K, *wenn auch diese Kongruenz* (83) *unlösbar ist.*

Wir zeigen I.: Die Lösbarkeit von (82) ist identisch mit der Tatsache der Zerfällung von $\mathfrak{l}$ in lauter verschiedene Faktoren in K. Aus $\mathfrak{l} = \mathfrak{L} \cdot s\mathfrak{L} \ldots s^{l-1}\mathfrak{L}$, wo die Konjugierten untereinander verschieden sind, folgt nämlich wie beim Beweise von Satz 110, daß nach jeder Potenz von $\mathfrak{L}$ jede ganze Zahl von K einer solchen aus k kongruent ist, also gibt es zu b ein ξ in k, so daß

$$\mathsf{M} - \xi \equiv 0\ (\mathfrak{L}^b),$$

die Relativnorm dieser Zahl $\mathsf{M} - \xi$ ist mithin durch $N_k(\mathfrak{L})^b = \mathfrak{l}^b$ teilbar, mithin ist $\mu \equiv \xi^l \pmod{\mathfrak{l}^b}$ lösbar in ξ für jedes ganze rationale positive b. Es sei umgekehrt $\mu \equiv \xi^l \pmod{\mathfrak{l}^{al+1}}$. Wir verstehen unter ϱ eine solche nicht ganze Zahl in k, welche als Quotient

$$\varrho = \frac{\mathfrak{r}}{\mathfrak{l}^a}, \quad (\mathfrak{r}, \mathfrak{l}) = 1,$$

mit einem ganzen zu $\mathfrak{l}$ teilerfremden Zählerideal $\mathfrak{r}$ darstellbar ist. Dann ist zunächst die Zahl

$$\mathsf{A} = \varrho(\mathsf{M} - \xi) \text{ eine ganze Zahl.}$$

Sie ist nämlich Wurzel des Polynoms

$$f(x) = (x + \varrho\,\xi)^l - \varrho^l\mu = x^l + \binom{l}{1}\varrho\,\xi\,x^{l-1} + \binom{l}{2}\varrho^2\xi^2x^{l-2}$$

$$+ \cdots + \binom{l}{l-1}\varrho^{l-1}\xi^{l-1}x + \varrho^l(\xi^l - \mu).$$

Die Binomialkoeffizienten sind durch l, also nach Voraussetzung nach (80) durch $\mathfrak{l}^{a(l-1)}$ teilbar, so daß also $\varrho^{l-1}l^{a(l-1)}$ ganz ist, und das konstante Glied ist nach (82) ganz. Setzt man $\mathfrak{L} = (\mathfrak{l}, \mathsf{A})$, so ist dieses Ideal nicht 1, da ja die $N_k(\mathsf{A}) = \varrho^l(\xi^l - \mu)$ durch $\mathfrak{l}$ teilbar ist. Es ist weiter $\mathfrak{L}$ prim zu allen Konjugierten, weil in $(\mathfrak{L}, s\mathfrak{L})$ die Zahl

$$\mathsf{A} - s\mathsf{A} = \varrho\mathsf{M}(1 - \zeta)$$

enthalten ist, welche offenbar zu $\mathfrak{l}$ prim ist. Also enthält $\mathfrak{l}$ in K einen Teiler, welcher von allen Konjugierten verschieden ist, zerfällt also nach Satz 117 in l voneinander verschiedene Faktoren.

II. Ist $\mu \equiv \xi^l(\mathfrak{l}^{al})$ lösbar, so erkennen wir auf die gleiche Art, daß wieder $\mathsf{A} = \varrho(\mathsf{M} - \xi)$ eine ganze Zahl in K ist, deren Relativdifferente zu $\mathfrak{l}$ prim ist; mithin kann nach Satz 114 $\mathfrak{l}$ nicht die l^{te} Potenz eines Primideals in K sein, und wenn also (82) unlösbar, zerfällt es nach I. nicht in l verschiedene Faktoren, muß also nach Satz 117 auch in K Primideal sein.

III. Es sei $\mu \equiv \xi^l(\mathfrak{l}^{al})$ unlösbar und es sei u der höchste Exponent, wofür $\mu \equiv \xi^l \pmod{\mathfrak{l}^u}$ lösbar ist. Hier ist jedenfalls $u \geqq 1$, weil nach dem Modul $\mathfrak{l}$ jede Zahl kongruent einer l^{ten} Potenz wegen des Fermatschen Satzes ist. Ferner ist u nicht durch l teilbar. Denn sei

$$\mu \equiv \xi^l \pmod{\mathfrak{l}^{bl}}, \quad 0 < b \leqq a - 1,$$

lösbar, so ist diese Kongruenz auch nach dem Modul l^{bl+1} lösbar. Ist nämlich λ eine solche ganze Zahl in k, so daß

$$\lambda \text{ teilbar durch } \mathfrak{l}^b, \text{ aber nicht durch } \mathfrak{l}^{b+1},$$

so ist für jede ganze Zahl ω, wenn $b \leqq a - 1$,

$$(\xi + \lambda\omega)^l \equiv \xi^l + \lambda^l\omega^l \pmod{\mathfrak{l}^{bl+1}},$$

und da ω^l nach dem Modul $\mathfrak{l}$ jede Restklasse darstellt, kann man ω derart bestimmen, daß

$$\mu - (\xi + \lambda\omega)^l \equiv 0\ (\mathfrak{l}^{bl+1}),$$

woraus wegen $u < al$ folgt, daß u nicht l teilbar ist. Sei $u = bl + v$ $(0 < v \leqq l - 1)$, und $u < al$,

$$\varrho \text{ eine Zahl mit dem Idealnenner } \mathfrak{l}^b,$$

so erkennen wir wie oben, daß $\mathsf{A} = \varrho(\mathsf{M} - \xi)$ eine ganze Zahl ist, welche nicht durch $\mathfrak{l}$ teilbar, wenn $\mu \equiv \xi^l \pmod{\mathfrak{l}^u}$, aber $N_k(\mathsf{A})$ ist durch $\mathfrak{l}^v$ teilbar. Also ist $\mathfrak{L} = (\mathfrak{l}, \mathsf{A})$ ein von $\mathfrak{l}$ und (1) verschiedenes Ideal in K. Daher ist $\mathfrak{l}$ kein Primideal in K, und da Fall I. nicht vorliegt, kann $\mathfrak{l}$ nach Satz 117 nur die l^{te} Potenz eines Primideals in K sein.

Aus Satz 118 und 119 ergibt sich ferner sofort

Satz 120. Die Relativdiskriminante von $K(\sqrt[l]{\mu};\, k)$ *in bezug auf* k *ist dann und nur dann gleich* 1, *wenn* μ *die* l^{te} *Potenz eines Ideals in* k *ist, und gleichzeitig, sofern dann* μ *zu* l *teilerfremd gewählt wird, die Kongruenz* $\mu \equiv \xi^l \pmod{(1-\xi)^l}$ *durch eine Zahl* ξ *in* k *lösbar ist.*

Wie schon auf S. 129 erwähnt wurde, kann die Diskriminante eines Körpers nie gleich ± 1 sein. Es ist nun eine für die ganze Arithmetik fundamentale Tatsache, daß die Relativdiskriminante in bezug auf andere Zahlkörper als $k(1)$ sehr wohl gleich 1 sein kann. Diese Entdeckung rührt von *Kronecker* her. Hilbert hat die Bedeutung dieser Körper für die allgemeine Arithmetik erkannt und hat hierauf die Theorie der höheren Reziprozitätsgesetze begründet. Es gilt nämlich der Satz[1]), daß ein Körper $K(\sqrt[l]{\mu};\, k)$ mit der Relativdiskriminante 1 dann und nur dann existiert, wenn in k die Anzahl der Idealklassen[2]) durch l teilbar ist. Ein solcher Relativkörper K heißt ein **Hilbertscher Klassenkörper** von k.

---

1) Zu diesen Fragen vgl. § 54—58 in Hilberts Zahlbericht, sowie *Hilberts* grundlegende Arbeit „über die Theorie der relativ Abelschen Zahlkörper" (Acta mathematica, Bd. 26 (1902) und Göttinger Nachrichten 1898). Die Ansätze Hilberts sind dann durchgeführt und zum Teil zum Abschluß gebracht worden von *Furtwängler,* in einer großen Reihe von Abhandlungen (die zwei wichtigsten: „Allgemeiner Existenzbeweis für den Klassenkörper eines beliebigen algebraischen Zahlkörpers" Math. Ann. Bd. 63 (1906) und „Die Reziprozitätsgesetze für Potenzreste mit Primzahlexponenten in algebraischen Zahlkörpern" I, II, III. Math. Ann. Bd. 67, 72, 74 (1909/13).

2) Im Falle $l = 2$ muß dabei ein engerer Klassenbegriff zugrunde gelegt werden. (Vgl. den letzten Paragraphen dieses Buches.)

Kapitel VI.

Einführung transzendenter Hilfsmittel in die Arithmetik der Zahlkörper.

§ 40. Die Dichtigkeit der Ideale in einer Klasse.

Dirichlet hat im Jahre 1840 in seiner bahnbrechenden Arbeit „Recherches sur diverses applications de l'analyse infinitésimale à la théorie des nombres" (Crelles Journal Bd. 19; Werke Bd. I S. 411) gezeigt, wie man das mächtige Hilfsmittel der Analysis kontinuierlicher Variabler zur Lösung rein arithmetischer Probleme verwenden kann. Diese Methoden haben für die Arithmetik der Zahlkörper immer größere Bedeutung gewonnen. Auch heute noch sind das Klassenzahlproblem und das Problem der Verteilung der Primideale nur diesen transzendenten Methoden zugänglich und entziehen sich zurzeit noch völlig einer rein arithmetischen Behandlung.

In diesem Kapitel soll von den beiden genannten Problemen und ihrer Lösung durch die Methoden von Dirichlet die Rede sein.

Die grundlegende Tatsache, welche Dirichlet entdeckt hat[1]), ist die, daß man von einer „Dichtigkeit" der Ideale in einer bestimmten Idealklasse des Körpers K sprechen kann, und daß diese Dichtigkeit für alle Idealklassen von K die gleiche ist. Und zwar gilt genauer der folgende Satz:

Satz 121. Es sei A eine beliebige Idealklasse von K, und $Z(t; A)$ bezeichne die Anzahl der ganzen Ideale aus der Klasse A, deren Norm $\leq t$ ist. Dann existiert der Grenzwert

$$\lim_{t=\infty} \frac{Z(t;\, A)}{t} = \varkappa,$$

1) *Dirichlet* hat seine Resultate nur für quadratische Körper und hier nicht für die Ideale, sondern für quadratische Formen entwickelt (vgl. § 53). Auf allgemeine algebraische Zahlkörper sind die Überlegungen von *Dedekind* übertragen worden.

und dabei ist $\varkappa$ die von A unabhängige, allein durch den Körper bestimmte Zahl

$$\varkappa = \frac{2^{r_1+r_2}\pi^{r_2}R}{w\,|\sqrt{d}|}.$$

(Die Bezeichnungen sind die aus § 34, 35.)

Beweis: Es sei $\mathfrak{a}$ ein ganzes Ideal der zu A reziproken Klasse A^{-1}, so daß jedes Ideal aus A durch Multiplikation mit $\mathfrak{a}$ zu einem Hauptideal wird. Sonach existiert also zu jedem ganzen Ideal $\mathfrak{b}$ aus A genau ein einziges durch $\mathfrak{a}$ teilbares Hauptideal (ω), so daß

$$\mathfrak{a}\mathfrak{b} = \omega.$$

Mithin ist $Z(t; A)$ gleich der Anzahl der nicht-assoziierten durch $\mathfrak{a}$ teilbaren ganzen Körperzahlen ω, deren Norm, dem Betrage nach, $\leqq t \cdot N(\mathfrak{a})$.

Nunmehr suchen wir aus jedem System assoziierter Zahlen durch Ungleichungen ein einziges Individuum auszusondern. Zu diesem Zweck sei $\varepsilon_1, \varepsilon_2 \ldots \varepsilon_r$ wie in § 35 ein System von r Grundeinheiten. Zu jeder von 0 verschiedenen Körperzahl ω gibt es dann ein eindeutig bestimmtes System reeller Zahlen $c_1, c_2, \ldots c_r$, so daß für die r ersten Konjugierten gilt:

$$\log\left|\frac{\omega^{(p)}}{\sqrt[n]{N(\omega)}}\right| = c_1 \log|\varepsilon_1^{(p)}| + \cdots + c_r \log|\varepsilon_r^{(p)}|. \quad (p = 1, 2 \ldots r) \qquad (84)$$

Die c mögen die Exponenten von ω heißen. Ist wieder $e_p = 1$, wenn $K^{(p)}$ reell ist, sonst $e_p = 2$, so gilt wegen

$$\sum_{p=1}^{r+1} e_p \log\left|\frac{\omega^{(p)}}{\sqrt[n]{N(\omega)}}\right| = 0 \quad \text{und} \quad \sum_{p=1}^{r+1} e_p \log|\varepsilon_k^{(p)}| = 0$$

die Gleichung (84) auch für $p = r + 1$ und folglich auch für sämtliche Konjugierten. Da nun jede Einheit nach Satz 100 die Form

$$\zeta \varepsilon_1^{m_1} \varepsilon_2^{m_2} \ldots \varepsilon_r^{m_r}$$

hat, wo ζ eine der w im Körper K vorhandenen Einheitswurzeln ist, während die m_i ganze rationale Zahlen sind, so hat das System der assoziierten ω die Exponenten

$$c_1 + m_1,\ c_2 + m_2, \ldots c_r + m_r.$$

Mithin gibt es zu jedem ω eine solche assoziierte Zahl, deren Exponenten c_i den Bedingungen

$$0 \leqq c_i < 1 \qquad (i = 1, 2 \ldots r)$$

genügen. Und unter den zu ω assoziierten gibt es dann genau w untereinander verschiedene dieser Art. Daraus folgt: $w \cdot Z(t; A)$ ist gleich der Anzahl derjenigen durch $\mathfrak{a}$ teilbaren ganzen Körperzahlen ω, welche den Bedingungen genügen:

$$|N(\omega)| = |\omega^{(1)} \cdot \omega^{(2)} \cdots \omega^{(n)}| \leqq N(\mathfrak{a}) \cdot t \tag{85}$$

$$\log\left|\frac{\omega^{(p)}}{\sqrt[n]{N(\omega)}}\right| = \sum_{q=1}^{r} c_q \log|\varepsilon_q^{(p)}|; \quad 0 \leqq c_q < 1. \quad (p=1,\ldots n) \tag{86}$$

Damit aber ω durch $\mathfrak{a}$ teilbar ist, ist notwendig und hinreichend, daß

$$\omega^{(p)} = \sum_{k=1}^{n} x_k \alpha_k^{(p)} \qquad (p = 1, 2 \ldots n) \tag{87}$$

mit ganzen rationalen $x_1, \ldots x_n$, während $\alpha_1, \ldots \alpha_n$ eine bestimmte Basis des Ideals $\mathfrak{a}$ bedeutet. Mithin ist $w \cdot Z(t; A)$ die Anzahl der ganzen rationalen $x_1, \ldots x_n$, welche die drei Bedingungen (85), (86), (87) erfüllen, wobei nicht alle $x_i = 0$ sein sollen.

Wählt man jetzt für die x_i beliebige reelle Werte, so gehören zu den entsprechenden $\omega^{(p)}$ auf Grund der Gleichungen (86) eindeutig bestimmte reelle c_q, sofern alle $\omega^{(p)} \neq 0$. Deutet man daher $x_1, \ldots x_n$ als rechtwinklige Cartesische Punktkoordinaten im n-dimensionalen Raume, und betrachtet zunächst nur solche Punkte, welche nicht auf einer der linearen Mannigfaltigkeiten niederer Dimension $\omega^{(p)} = 0$ liegen, so definieren die Ungleichungen (85), (86) in dem übrig bleibenden Teil des Raumes offenbar einen ganz im Endlichen liegenden Bereich B_t; denn es ist ja

$$|\omega^{(p)}| = |\sqrt[n]{N(\omega)}|\, e^{\sum_{q=1}^{r} c_q \log|\varepsilon_q^{(p)}|} \leqq \sqrt[n]{tN(\mathfrak{a})}\, e^{rM}, \quad (p = 1, 2 \ldots n)$$

wo M den Betrag des absolut größten der Werte $\log|\varepsilon_q^{(p)}|$ bedeutet. Den Bereich B_t ergänzen wir jetzt zu einem abgeschlossenen, ebenfalls noch im Endlichen liegenden Bereiche B_t^*, indem wir zu B_t hinzunehmen diejenigen endlich vielen Teile der linearen Mannigfaltigkeiten $\omega^{(p)} = 0$, welche überdies die Bedingungen

$$\begin{cases} |\omega^{(p)}| \leqq e^{rM}\sqrt[n]{tN(\mathfrak{a})}; & (p = 1, 2 \ldots n) \\ \text{mindestens ein } \omega^{(p)} = 0 \end{cases}$$

erfüllen. Die Anzahl der Gitterpunkte $x_1, \ldots x_n$ (d. h. der Punkte mit ganzen rationalen Koordinaten), welche diesem abgeschlossenen Bereiche B_t^* angehören, ist die um 1 (dem Nullpunkt entsprechend) vermehrte Anzahl $wZ(t; A)$. Die Anzahl der Gitterpunkte ist aber asymptotisch gleich dem Volumen dieses Bereiches. Wenn nämlich $x_k = y_k\sqrt[n]{t}$ gesetzt wird, so geht der Bereich B_t^* in dem Raume der x in den Bereich B_1^* im Raume der y über. Die Gitterpunkte x entsprechen denjenigen Punkten y, deren Koordinaten die Form $\frac{\text{ganze rationale Zahl}}{\sqrt[n]{t}}$ haben; es ist also der y-Raum mit einem Netz von Würfeln mit der Kantenlänge $\frac{1}{\sqrt[n]{t}}$ bedeckt, und nach der Definition des Volumens, bzw. des vielfachen Integrales ist daher

$$\lim_{t=\infty} \frac{w Z(t; A)}{t} = \underset{(B_1^*)}{\int \cdots \int} dy_1 \cdots dy_n = J.$$

Dabei ist B_1^* derjenige Bereich, welcher durch die folgenden Ungleichungen beschrieben wird. Es sei gesetzt

$$\omega^{(p)} = \sum_{k=1}^{n} y_k \alpha_k^{(p)}, \qquad (p = 1, 2 \ldots n)$$

und nun soll sein

$$0 < |\omega^{(1)} \cdot \omega^{(2)} \cdots \omega^{(n)}| \leqq N(\mathfrak{a})$$

$$\log \left| \frac{\omega^{(p)}}{\sqrt[n]{N(\omega)}} \right| = \sum_{q=1}^{r} c_q \log |\varepsilon_q^{(p)}| \quad \text{mit} \quad 0 \leqq c_q < 1, \quad (p, q = 1, 2 \ldots r)$$

oder

$$|\omega^{(p)}| \leqq e^{r M} \sqrt[n]{N(\mathfrak{a})} \text{ und mindestens ein } \omega^{(p)} = 0.$$

Da dieser letzte Zusatz nur Mannigfaltigkeiten niederer Dimension definiert, liefert dieser Teil des Bereiches keinen Beitrag zu dem n-fachen Integral und diese Bedingungen können fortgelassen werden.

Zur Auswertung jenes Integrals J führen wir an Stelle der y als Variable die reellen und imaginären Teile der $\omega^{(p)}$ ein.

Wir setzen

$$z_p = \omega^{(p)} \quad \text{für} \quad p = 1, 2 \ldots r_1,$$

$$z_p + i z_{p+r_2} = \omega^{(p)} \quad \text{für} \quad p = r_1 + 1, \ldots r_1 + r_2,$$

so daß die Funktionaldeterminante (wie bei Satz 95)

$$\left| \frac{\partial(z_1, \ldots z_n)}{\partial(y_1, \ldots y_n)} \right| = 2^{-r_2} N(\mathfrak{a}) |\sqrt{d}|.$$

Führen wir dann für z_p und z_{p+r_2} Polarkoordinaten ein:

$$z_p = \varrho_p \cos \varphi_{p-r_1} \ (\varrho_p > 0, \ 0 \leqq \varphi_{p-r_1} < 2\pi, \ p = r_1 + 1, \ldots r_1 + r_2),$$

$$z_{p+r_2} = \varrho_p \sin \varphi_{p-r_1},$$

und der Symmetrie halber

$$z_p = \varrho_p, \quad p = 1, 2 \ldots r_1,$$

so ist

$$\left|\frac{\partial(z_1,\ldots z_n)}{\partial(\varrho_1,\ldots\varrho_{r+1},\varphi_1,\varphi_2\ldots\varphi_{r_2})}\right| = \varrho_{r_1+1}\ldots\varrho_{r_1+r_2}$$

und der Bereich B_1^* lautet in den neuen Variabeln

$$0 < \prod_{p=1}^{r+1} |\varrho_p|^{e_p} \leqq N(\mathfrak{a})$$

$$\log|\varrho_p| = \frac{1}{n}\log\prod_{k=1}^{r+1}|\varrho_k|^{e_k} + \sum_{q=1}^{r} c_q \log|\varepsilon_q^{(p)}|, \quad 0 \leqq c_q < 1$$

$$\varrho_p > 0 \quad \text{und} \quad 0 \leqq \varphi_{p-r_1} < 2\pi \quad \text{für} \quad p = r_1+1,\ldots r_1+r_2.$$

Die Integration nach den φ läßt sich ausführen, außerdem brauchen wir nur über den Teil des Bereiches mit $\varrho_1 > 0, \ldots \varrho_{r_1} > 0$ zu integrieren, wenn wir vor das Integral den Faktor 2^{r_1} setzen, und so ergibt sich

$$J = \frac{2^{r_1+r_2}\pi^{r_2}}{N(\mathfrak{a})|\sqrt{d}|}\int\ldots\int \varrho_{r_1+1}\cdot\varrho_{r_1+2}\ldots\varrho_{r_1+r_2}\,d\varrho_1\,d\varrho_2\ldots d\varrho_{r+1}$$
$$= \frac{2^{r_1+r_2}\pi^{r_2}}{N(\mathfrak{a})|\sqrt{d}|}\int\ldots\int dv_1\,dv_2\ldots dv_{r+1},$$

wenn wir $v_k = \varrho_k^{e_k}$ einführen, und die Bedingungen für die v lauten:

$$0 < v_1\cdot v_2\ldots v_{r+1} \leqq N(\mathfrak{a}), \quad v_p > 0$$

$$\log v_p = \frac{e_p}{n}\log(v_1\ldots v_{r+1}) + e_p\sum_{q=1}^{r} c_q\log|\varepsilon_q^{(p)}|. \quad 0 \leqq c_q < 1$$

Endlich führen wir an Stelle der v als neue Variable die $c_1,\ldots c_r$ und

$$u = v_1\cdot v_2\ldots v_{r+1}$$

ein, wobei also

$$\log v_p = \frac{e_p}{n}\log u + e_p\sum_{q=1}^{r} c_q\log|\varepsilon_q^{(p)}|,$$

$$\frac{\partial(v_1,\ldots v_{r+1})}{\partial(u,c_1,\ldots c_r)} = \frac{v_1\cdot v_2\ldots v_{r+1}}{u}\begin{vmatrix} e_1\log|\varepsilon_1^{(1)}| & \ldots & e_1\log|\varepsilon_r^{(1)}| \\ \cdot & \cdot\;\cdot\;\cdot & \cdot \\ e_r\log|\varepsilon_1^{(r)}| & \ldots & e_r\log|\varepsilon_r^{(r)}| \end{vmatrix} = \pm R.$$

Schließlich kommt

$$J = \frac{2^{r_1+r_2}\pi^{r_2}}{N(\mathfrak{a})|\sqrt{d}|}R\int_{u=0}^{N(\mathfrak{a})}du\int\ldots\int_{0\leqq c_q<1} dc_1\,dc_2\ldots dc_r = \frac{2^{r_1+r_2}\pi^{r_2}R}{|\sqrt{d}|},$$

und damit ist Satz 121 bewiesen.

§ 41. Die Dichtigkeit der Ideale und die Klassenzahl.

Wenn wir die eben bewiesene Limesgleichung für jede einzelne Idealklasse ansetzen und darnach über alle Klassen summieren, ergibt sich sogleich der von Dirichlet-Dedekind gefundene Zusammenhang zwischen der Dichtigkeit der ganzen Ideale des Körpers und seiner Klassenzahl, nämlich

Satz 122. Es bezeichne $Z(t)$ die Anzahl aller ganzen Ideale des Körpers, deren Norm $\leqq t$ ist. Dann gilt

$$\lim_{t=\infty} \frac{Z(t)}{t} = h \cdot \varkappa, \tag{88}$$

wo h die Klassenzahl des Körpers ist.

Die Zahl $Z(t)$, in deren Definition der Klassenbegriff nicht mehr vorkommt, läßt sich nun auf andere Weise, nämlich vermöge der Kenntnis der Zerlegung der rationalen Primzahlen in dem Körper, berechnen; dadurch wird die Klassenzahl in Zusammenhang mit den Zerlegungsgesetzen gebracht, und in gewissen Fällen kann man heute daraus einen sehr merkwürdigen einfachen Ausdruck für die Klassenzahl ableiten, zu dem man bisher noch auf keinem anderen Wege gelangt ist.

Bedeutet nämlich $F(m)$ die Anzahl der ganzen Ideale des Körpers, deren Norm gleich der positiven Zahl m ist, so ist offenbar

$$Z(t) = \sum_{m=1}^{t} F(m).$$

Dabei bedeutet $\sum\limits_{m=1}^{t}$, daß der Summationsbuchstabe m alle ganzen rationalen Zahlen durchläuft, wofür $1 \leqq m \leqq t$. Nun gilt weiter für zwei ganze rationale a, b

$$F(ab) = F(a) \cdot F(b), \quad \text{wenn} \quad (a, b) = 1. \tag{89}$$

Denn aus zwei ganzen Idealen $\mathfrak{a}, \mathfrak{b}$ mit $N(\mathfrak{a}) = a$, $N(\mathfrak{b}) = b$ entsteht ein Ideal $\mathfrak{c} = \mathfrak{a} \cdot \mathfrak{b}$ mit $N(\mathfrak{c}) = ab$. Und wenn umgekehrt $\mathfrak{c}$ ein ganzes Ideal mit der Norm ab, so setze man

$$(\mathfrak{c}, a) = \mathfrak{a}_1, \quad (\mathfrak{c}, b) = \mathfrak{b}_1; \tag{90}$$

durch Multiplikation folgt daraus

$$\mathfrak{a}_1 \cdot \mathfrak{b}_1 = (\mathfrak{c}^2, \mathfrak{c}a, \mathfrak{c}b, ab) = \mathfrak{c}\left(\mathfrak{c}, a, b, \frac{ab}{\mathfrak{c}}\right) = \mathfrak{c}.$$

Durch Übergang zu den Konjugierten ergibt sich aus (90) $N(\mathfrak{a}_1)$ als Teiler von a^n, also teilerfremd zu b und $N(\mathfrak{b}_1)$ teilerfremd zu a, während das Produkt $N(\mathfrak{a}_1) \cdot N(\mathfrak{b}_1) = ab$, mithin ist $N(\mathfrak{a}_1) = a$, $N(\mathfrak{b}_1) = b$, und $\mathfrak{c}$ ist also in zwei Faktoren zerlegt, deren Norm resp. a und b ist. Daraus folgt die Behauptung (89).

Durch Benutzung dieser Formel läßt sich also allgemein die Berechnung von $F(m)$ auf die von $F(p^k)$, wo p^k eine Primzahlpotenz ist, zurückführen.

Die rechnerische Durchführung der Bestimmung von $F(p^k)$ und damit von $F(m)$ wird nun wesentlich erleichtert durch Einführung einer neuen Funktion, durch die der Grenzprozeß (88) in einen der Rechnung bequemer zugänglichen Grenzprozeß transformiert wird. Diese Funktion ist die *Zetafunktion von Dirichlet-Dedekind.*

§ 42. Die Dedekindsche Zetafunktion.

Unter einer Dirichletschen Reihe versteht man eine Reihe von der Gestalt

$$\sum_{n=1}^{\infty} \frac{a_n}{n^s};$$

dabei ist $a_1, a_2, \ldots$ eine gegebene Zahlfolge, s ist eine Variable, für die im folgenden nur reelle Werte in Frage kommen, und das Zeichen n^s bedeutet den positiven Wert der Potenz. Die a_n heißen die Koeffizienten der Reihe. Falls die Reihe konvergiert, stellt sie eine Funktion von s dar.

Hilfssatz a): Die Reihe $\sum\limits_{n=1}^{\infty} \frac{1}{n^s}$ konvergiert für $s > 1$, stellt hier eine stetige Funktion dar, die sogenannte Riemannsche Zetafunktion $\zeta(s)$, und weiter ist

$$\lim_{s=1} (s-1)\,\zeta(s) = 1.$$

Aus der Definition des bestimmten Integrals folgt nämlich

$$\int_n^{n+1} \frac{dx}{x^s} < \frac{1}{n^s} < \int_{n-1}^{n} \frac{dx}{x^s}. \qquad (n > 1)$$

Daher konvergiert die Reihe für $s > 1$, stellt folglich als Reihe mit nur positiven stetigen Gliedern eine stetige Funktion $\zeta(s)$ vor, und es ist

$$\int_1^{\infty} \frac{dx}{x^s} < \zeta(s) < \int_1^{\infty} \frac{dx}{x^s} + 1$$

$$1 < (s-1)\,\zeta(s) < s,$$

woraus auch die Limesgleichung folgt.

Hilfssatz b): Es werde gesetzt

$$S(m) = a_1 + a_2 + \cdots + a_m, \quad \text{also} \quad a_n = S(n) - S(n-1).$$

Wenn dann eine Zahl $\sigma (> 0)$ existiert, für welche der Quotient

$$\left| \frac{S(m)}{m^\sigma} \right| < A, \qquad (m = 1, 2, \ldots) \quad (91)$$

wo A eine von m unabhängige Konstante, dann konvergiert die Reihe $\sum\limits_{n=1}^{\infty} \frac{a_n}{n^s}$ für $s > \sigma$ und ist hier eine stetige Funktion von s.

Für alle positiven ganzen Zahlen m, h ist nämlich

$$\sum_{n=m}^{m+h} \frac{a_n}{n^s} = \sum_{n=m}^{m+h} \frac{S(n) - S(n-1)}{n^s} = \frac{S(m+h)}{(m+h)^s} - \frac{S(m-1)}{m^s}$$

$$+ \sum_{n=m}^{m+h-1} S(n) \left(\frac{1}{n^s} - \frac{1}{(n+1)^s} \right).$$

Wegen

$$\frac{1}{n^s} - \frac{1}{(n+1)^s} = s \int_n^{n+1} \frac{dx}{x^{s+1}}$$

folgt daher mit Rücksicht auf (91) für $s > \sigma$

$$\left| \sum_{n=m}^{m+h} \frac{a_n}{n^s} \right| < \frac{2A}{m^{s-\sigma}} + A s \int_m^\infty \frac{dx}{x^{s-\sigma+1}} = \frac{2A}{m^{s-\sigma}} + \frac{As}{s-\sigma} \frac{1}{m^{s-\sigma}}.$$

Mithin konvergiert die Reihe für $s > \sigma$, und zwar gleichmäßig in jedem Intervall $\sigma + \delta \leqq s \leqq \sigma + \delta'$ (wo $\delta' > \delta > 0$), stellt also hier eine stetige Funktion von s dar.

Hilfssatz c): Wenn in den obigen Bezeichnungen

$$\lim_{m=\infty} \frac{S(m)}{m} = c,$$

so ist bei Annäherung an $s = 1$ (von $s > 1$ her)

$$\lim_{s=1} (s-1) \sum_{n=1}^{\infty} \frac{a_n}{n^s} = c.$$

Nach b) konvergiert die Reihe für $s > 1$. Setzt man

$$S(n) = cn + \varepsilon_n n,$$

wo dann nach Voraussetzung $\lim\limits_{n=\infty} \varepsilon_n = 0$, und

$$\varphi(s) = \sum_{n=1}^{\infty} \frac{a_n}{n^s},$$

so folgt wie oben für $s > 1$

$$|\varphi(s) - c\zeta(s)| = s\left|\sum_{n=1}^{\infty} n\,\varepsilon_n \int_n^{n+1} \frac{dx}{x^{s+1}}\right| < s\sum_{n=1}^{\infty} |\varepsilon_n| \int_n^{n+1} \frac{dx}{x^s}.$$

Zu einem beliebigen $\delta > 0$ wähle man nun eine ganze Zahl N so, daß $|\varepsilon_n| < \delta$ für $n \geqq N$, überdies C so, daß für alle n auch noch $|\varepsilon_n| < C$, so folgt

$$|(s-1)\varphi(s) - c(s-1)\zeta(s)| < Cs(s-1)\sum_{n=1}^{N-1} \int_n^{n+1} \frac{dx}{x}$$

$$+ \delta s(s-1)\sum_{N}^{\infty} \int_n^{n+1} \frac{dx}{x^s} < Cs(s-1)\log N + \delta s(s-1)\int_N^{\infty} \frac{dx}{x^s}.$$

Da der letzte Ausdruck gegen δ konvergiert, wenn s nach 1 konvergiert, so muß

$$\lim_{s=1} \{(s-1)\varphi(s) - c(s-1)\zeta(s)\} = 0$$

sein, womit unter Berücksichtigung von a) unser Hilfssatz c) bewiesen ist.

Nunmehr ordnen wir jedem algebraischen Zahlkörper k eine Funktion einer kontinuierlichen Variabeln s zu, die sog. **Zetafunktion von k,** wie sie Dirichlet für quadratische Körper, Dedekind für beliebige k eingeführt hat, nämlich

$$\zeta_k(s) = \sum_{\mathfrak{a}} \frac{1}{N(\mathfrak{a})^s}. \tag{92}$$

Hierin soll $\mathfrak{a}$ alle ganzen von Null verschiedenen Ideale von k einmal durchlaufen. Unter Benutzung der Bezeichnung $F(n)$ aus dem vorigen Paragraphen schreibt sich die Reihe auch als

$$\zeta_k(s) = \sum_{n=1}^{\infty} \frac{F(n)}{n^s}$$

und aus dem Grenzwertsatz 122 und dem Hilfssatz b) und c) ergibt sich

Satz 123. $\zeta_k(s)$ ist durch die für $s > 1$ konvergente Reihe (92) als stetige Funktion von s definiert, und bei Annäherung an $s = 1$ ist

$$\lim_{s=1} (s-1)\zeta_k(s) = h \cdot \varkappa.$$

Aus dieser Formel gewinnt man nun eine Möglichkeit, h zu berechnen, wenn man die Funktion $\zeta_k(s)$ in wesentlich anderer Art mit Hilfe der Primideale von k ausdrückt.

Satz 124. Für $s > 1$ gilt die Gleichung

$$\zeta_k(s) = \prod_{\mathfrak{p}} \frac{1}{1 - \frac{1}{N(\mathfrak{p})^s}}; \tag{93}$$

hier durchläuft $\mathfrak{p}$ alle verschiedenen Primideale von k.

Zunächst konvergiert nämlich dieses Produkt, weil $\sum\limits_{\mathfrak{p}} \frac{1}{N(\mathfrak{p})^s}$ als Bestandteil der Reihe für $\zeta_k(s)$ konvergiert. Für den einzelnen Faktor erhält man eine konvergente Reihe positiver Glieder

$$\frac{1}{1 - N(\mathfrak{p})^{-s}} = 1 + \frac{1}{N(\mathfrak{p})^s} + \frac{1}{N(\mathfrak{p}^2)^s} + \cdots \tag{94}$$

Multiplizieren wir rein formal diese Ausdrücke für alle $\mathfrak{p}$, so ergibt sich eine Reihe mit den Gliedern

$$\frac{1}{N(\mathfrak{p}_1^{a_1}\mathfrak{p}_2^{a_2}\ldots\mathfrak{p}_r^{a_r})^s},$$

wo unter dem Zeichen Norm jedes Potenzprodukt von Primidealen genau einmal auftritt. Nach dem Fundamentalsatz erhält man in dieser Form aber jedes ganze Ideal von k genau einmal, d. h. es treten genau sämtliche Glieder der konvergenten Reihe $\zeta_k(s)$ je einmal auf. Da nun aber für $s > 1$ die Reihe in dem einzelnen Faktor, wie auch das Produkt absolut konvergiert, so folgt aus der formalen Übereinstimmung der Reihenglieder auch die Gleichheit der Reihenwerte, d. h. die Richtigkeit von (93).

Satz 125. Die Bestimmung der Klassenzahl h wird nach Dedekind auf die Bestimmung der Primideale des Körpers zurückgeführt durch die Gleichung

$$h \cdot \varkappa = \lim_{s=1} (s-1) \prod_{\mathfrak{p}} \frac{1}{1 - \frac{1}{N(\mathfrak{p})^s}}. \tag{95}$$

Diese fundamentale Formel ist also, wie schon erwähnt, nur eine andere Schreibweise für die Gleichung (88), ist aber als Ausgangspunkt der weiteren Rechnung bequemer als jene.

Während nun in denjenigen Körpern, wo die Zerlegung der rationalen Primzahlen p in Primideale bekannt ist, hieraus sich ein brauchbarer Ausdruck für die Klassenzahl herleiten läßt (vgl. § 51, wo die Rechnung für die quadratischen Körper durchgeführt wird), kann man nun umgekehrt auch aus Satz 123 und 124 Aussagen über die

Primideale gewinnen, indem man nur von der Tatsache Gebrauch macht, daß jedenfalls $h \cdot \varkappa$ von Null verschieden ist. Davon wird in dem nächsten Paragraphen die Rede sein.

§ 43. Die Verteilung der Primideale 1. Grades, insbesondere der rationalen Primzahlen in arithmetischen Reihen.

Aus Satz 123 ergibt sich nämlich sofort: Die Dedekindsche Zetafunktion $\zeta_k(s)$ wird bei Annäherung an $s = 1$ von der ersten Ordnung unendlich groß, derart, daß

$$\log \zeta_k(s) = \log \frac{1}{s-1} + g(s), \tag{96}$$

wo $g(s)$ eine bei Annäherung an $s = 1$ beschränkt bleibende Funktion ist. Aus der Produktdarstellung (93) aber folgt dann

Satz 126. Durchläuft $\mathfrak{p}_1$ *nur die verschiedenen Primideale ersten Grades in* k, *so ist für* $s > 1$

$$\sum_{\mathfrak{p}_1} \frac{1}{N(\mathfrak{p}_1)^s} = \log \frac{1}{s-1} + g_1(s), \tag{97}$$

wo wieder $g_1(s)$ *bei Annäherung an* $s = 1$ *beschränkt bleibt. Es gibt also in* k *unendlich viele Primideale ersten Grades.*

Beweis: Es durchlaufe $\mathfrak{p}_f$ die verschiedenen Primideale vom Grade f für $f = 1, 2 \ldots n$. (Natürlich brauchen nicht für jedes f auch $\mathfrak{p}_f$ zu existieren.) Da nun in einer gegebenen rationalen Primzahl p höchstens n verschiedene Primideale von k aufgehen, so ist jedenfalls für $s > 1$

$$1 \leqq \prod_{\mathfrak{p}_f} \frac{1}{1 - \frac{1}{N(\mathfrak{p}_f)^s}} \leqq \prod_p \frac{1}{\left(1 - \frac{1}{p^{fs}}\right)^n} = \zeta(fs)^n.$$

Das Produkt über $\mathfrak{p}_f$ bleibt daher, wenn s gegen 1 konvergiert, für $f \geqq 2$ zwischen zwei festen positiven Schranken. Das Unendlichwerden von $\zeta_k(s)$ wird daher allein durch die Primideale $\mathfrak{p}_1$ hervorgerufen, und zwar ist beim Übergang zu den Logarithmen

$$\log \zeta_k(s) = -\sum_{\mathfrak{p}_1} \log \left(1 - \frac{1}{N(\mathfrak{p}_1)^s}\right) + f(s), \tag{98}$$

wo wieder $f(s)$ beschränkt bleibt. Wegen $N(\mathfrak{p}_1) \geqq 2$ ist aber für $s \geqq 1$

$$-\log\left(1 - \frac{1}{N(\mathfrak{p}_1)^s}\right) = \frac{1}{N(\mathfrak{p}_1)^s} + \varphi(\mathfrak{p}_1, s),$$

$$0 \leqq \varphi(\mathfrak{p}_1, s) = \frac{1}{2}\,\frac{1}{N(\mathfrak{p}_1)^{2s}} + \frac{1}{3}\,\frac{1}{N(\mathfrak{p}_1)^{3s}} + \cdots$$

$$< \frac{1}{N(\mathfrak{p}_1)^{2s}}\left(1 + \frac{1}{2^s} + \frac{1}{4^s} + \cdots\right) < \frac{2}{N(\mathfrak{p}_1)^{2s}},$$

und daher ist die Summe über $\mathfrak{p}_1$

$$0 \leqq \sum_{\mathfrak{p}_1} \varphi(\mathfrak{p}_1, s) \leqq 2 \sum_{\mathfrak{p}_1} \frac{1}{N(\mathfrak{p}_1)^{2s}} \leqq 2n \sum_{p} \frac{1}{p^{2s}} \leqq 2n \sum_{p} \frac{1}{p^2},$$

d. h. für $s \geqq 1$ beschränkt. In Verbindung mit (98) folgt daher, daß

$$\log \zeta_k(s) - \sum_{\mathfrak{p}_1} \frac{1}{N(\mathfrak{p}_1)^s}$$

beschränkt bleibt, wenn s gegen 1 konvergiert, und damit nach (96) die Behauptung (97). Die Summe über $\mathfrak{p}_1$ wird also bei Annäherung an $s = 1$ beliebig groß und muß daher notwendig aus unendlich vielen Gliedern bestehen.

Dieser allgemeine für jeden algebraischen Zahlkörper geltende Satz gestattet nun, sehr wichtige Tatsachen der rationalen Arithmetik zu beweisen, welche sich auf die Verteilung der Primzahlen beziehen.

Wählen wir nämlich als Körper k den Körper der m^{ten} Einheitswurzeln. In ihm sind die Normen der Primideale 1. Grades nach Satz 92 genau die rationalen Primzahlen p mit der Kongruenzeigenschaft $p \equiv 1 \pmod{m}$, abgesehen von endlich vielen Ausnahmen. Mithin folgt aus Satz 126

Satz 127. Es gibt unendlich viele positive rationale Primzahlen, mit der Eigenschaft $p \equiv 1 \pmod{m}$.

Ist n_0 der Grad des Körpers der m^{ten} Einheitswurzeln (der nach § 30 nicht größer als $\varphi(m)$ ist), so gehen in einem solchen p genau n_0 verschiedene Primideale von k auf, und die Gleichung (97) lautet hier also

$$n_0 \sum_{p \equiv 1 (m)} \frac{1}{p^s} = \log \frac{1}{s-1} + g_1(s). \tag{99}$$

Dirichlet hat nun gezeigt, wie man hieraus durch relativ einfache formale Überlegungen auch über das Vorhandensein von Primzahlen in anderen Restklassen mod. m Aufschluß erhalten kann. Zu diesem Zwecke führen wir die Restcharaktere $\chi(a)$ nach dem Modul m ein, wie sie in § 15 definiert worden sind.

Satz 128. Bedeutet $\chi(n)$ einen Restcharakter von n mod. m, *so ist die Dirichletsche Reihe*

$$L(s, \chi) = \sum_{n=1}^{\infty} \frac{\chi(n)}{n^s}$$

für $s > 1$ absolut konvergent, und es gilt, solange $s > 1$, auch die Produktdarstellung

$$L(s, \chi) = \prod_p \frac{1}{1 - \frac{\chi(p)}{p^s}}, \tag{100}$$

in welcher p alle positiven rationalen Primzahlen durchläuft. Ist χ überdies nicht der Hauptcharakter, so ist die unendliche Reihe für $L(s, \chi)$ sogar für $s > 0$ konvergent.

Die absolute Konvergenz der Reihe und des Produktes für $s > 1$ ergibt sich zunächst sofort daraus, daß die Koeffizienten $\chi(n)$ dem Betrage nach nicht größer als 1 sind, da $\chi(n)$ entweder eine Einheitswurzel oder, falls $(n, m) > 1$, gleich 0 ist. Wegen der Regel

$$\chi(ab) = \chi(a)\chi(b)$$

für je zwei positive ganze Zahlen a, b erhalten wir weiter für den einzelnen Faktor des unendlichen Produktes

$$\frac{1}{1 - \frac{\chi(p)}{p^s}} = 1 + \frac{\chi(p)}{p^s} + \frac{\chi(p^2)}{p^{2s}} + \cdots$$

und hieraus durch Multiplikation wegen der absoluten Konvergenz wie oben beim Beweise von Satz 124 die Behauptung (100).

Ist endlich χ nicht der Hauptcharakter χ_1 mod. m, so ist nach der Grundeigenschaft der Charaktere $\sum_n \chi(n) = 0$, wenn n irgendein volles Restsystem mod. m durchläuft. Ist daher die ganze Zahl $x = y \cdot m + r$, wo y, r ganz und $0 \leqq r < m$, so ist

$$\left|\sum_{n=1}^{x} \chi(n)\right| = \left|\sum_{n=1}^{ym} \chi(n) + \sum_{n=0}^{r} \chi(n)\right| = \left|\sum_{n=0}^{r} \chi(n)\right| \leqq m,$$

also beschränkt für ins Unendliche wachsende x, und nach Hilfssatz b) des vorigen Paragraphen konvergiert die Dirichletsche Reihe für $s > 0$. Insbesondere folgt hieraus, daß die Funktionen $L(s, \chi)$ auch noch im Punkte $s = 1$ stetig sind, falls χ nicht der Hauptcharakter ist.

Satz 129. Für jeden Charakter χ mod. m *ist, wenn* $s > 1$,

$$\log L(s, \chi) = \sum_p \frac{\chi(p)}{p^s} + g(s, \chi),$$

wo $g(s, \chi)$ bei Annäherung an $s = 1$ beschränkt bleibt.

Erklären wir nämlich die Funktion log für $s > 0$ durch die konvergente Reihe

$$\log \frac{1}{1 - \frac{\chi(p)}{p^s}} = \frac{\chi(p)}{p^s} + \frac{1}{2}\,\frac{\chi(p^2)}{p^{2s}} + \frac{1}{3}\,\frac{\chi(p^3)}{p^{3s}} + \cdots = \frac{\chi(p)}{p^s} + \frac{f(s, p)}{p^{2s}},$$

wo offenbar

$$|f(s, p)| \leqq 1 \quad \text{für} \quad p \geqq 2, \quad s \geqq 1,$$

so konvergiert für $s > 1$ auch die über alle positiven Primzahlen p erstreckte Summe dieser Ausdrücke, und diese stellt daher einen der unendlich vielen Werte von $\log L(s, \chi)$ dar. Für diesen gilt dann Satz 129.

Überdies ist mit dem Hauptcharakter $\chi = \chi_1$ genauer

$$\log L(s, \chi_1) = \log \frac{1}{s-1} + H(s), \tag{101}$$

wo $H(s)$ für $s \geqq 1$ endlich bleibt.

Denn wenn man in (97) für k den Körper $k(1)$ wählt, ergibt sich, daß

$$\sum_p \frac{1}{p^s} - \log \frac{1}{s-1}$$

für $s \to 1$ endlich bleibt; andrerseits ist $\chi_1(p)$ im allgemeinen $= 1$ und von 1 verschieden ($= 0$) nur für die endlich vielen Primzahlen p, die in m aufgehen, wodurch in der Tat (101) bewiesen ist.

Um von hier nun auf Summen zu kommen, welche nur über die Primzahlen einer Restklasse mod. m erstreckt werden, sei a eine beliebige ganze, rationale zu m teilerfremde Zahl, und b eine solche ganze rationale Zahl, daß

$$ab \equiv 1 \pmod{m}.$$

Dann ist, solange $s > 1$, falls $\sum\limits_\chi$ eine über alle Charaktere χ mod. m zu erstreckende Summe bedeutet,

$$\sum_\chi \chi(b) \log L(s, \chi) = \sum_\chi \chi(b) \sum_p \frac{\chi(p)}{p^s} + \sum_\chi \chi(b) g(s, \chi).$$

Die letzte Summe, welche mit $f(s)$ bezeichnet sei, bleibt jedenfalls endlich, wenn s gegen 1 konvergiert. In der Doppelsumme ist aber

$$\sum_\chi \chi(b)\chi(p) = \sum_\chi \chi(bp) = \begin{cases} 0, & \text{wenn } bp \not\equiv 1 \pmod{m}, \\ \varphi(m), & \text{wenn } bp \equiv 1 \pmod{m}, \end{cases}$$

so daß man also erhält

$$\sum_\chi \chi(b) \log L(s, \chi) = \varphi(m) \sum_{p \equiv a \,(\mathrm{mod.}\, m)} \frac{1}{p^s} + f(s), \tag{102}$$

worin nun die Summe nur über die positiven Primzahlen p zu erstrecken ist, die $\equiv a \pmod{m}$ sind.

Lassen wir hierin endlich s gegen den kritischen Wert 1 konvergieren. Auf der linken Seite wird dann das Glied, welches mit dem Hauptcharakter $\chi = \chi_1$ gebildet ist, positiv unendlich groß nach (101); *falls also die übrigen Summanden endlich bleiben, wächst auch die ganze linke Seite von* (102) *über alle Grenzen*, und folglich muß dann die Summe rechts unendlich viele Glieder enthalten, es gibt dann also unendlich viele p, welche $\equiv a \pmod{m}$ sind.

Darnach bleibt also der wesentliche Punkt des Dirichletschen Gedankenganges der Nachweis folgender Behauptung:

Wenn χ nicht der Hauptcharakter ist, so bleiben die Größen $\log L(s, \chi)$ bei Annäherung an $s = 1$ endlich.

Da nun nach dem letzten Teil von Satz 128 diese $L(s, \chi)$ für $s > 0$ stetige Funktionen von s sind, so ist die Behauptung identisch mit

Satz 130. Wenn χ nicht der Hauptcharakter ist, so ist

$$L(1, \chi) = \lim_{s=1} L(s, \chi) \neq 0 .$$

Dieses Nichtverschwinden der L-Reihen ist nun eine unmittelbare Folge davon, daß $\zeta_k(s)$ bei $s = 1$ von der ersten Ordnung unendlich wird. Denn aus (102) folgt für $a = b = 1$

$$\sum_{\chi} \log L(s, \chi) = \varphi(m) \sum_{p \equiv 1 (\mathrm{mod.}\, m)} \frac{1}{p^s} + G(s)$$

und unter Benutzung von (99) hieraus

$$\sum_{\chi} \log L(s, \chi) = \frac{\varphi(m)}{n_0} \log \frac{1}{s-1} + G_1(s) \tag{103}$$

mit endlich bleibendem $G(s)$ und $G_1(s)$. Auf der linken Seite wird nun das dem Hauptcharakter χ_1 entsprechende Glied nach (101) unendlich groß, und für den übrig bleibenden Teil ergibt sich daher

$$\sum_{\chi \neq \chi_1} \log L(s, \chi) = \left(\frac{\varphi(m)}{n_0} - 1\right) \log \frac{1}{s-1} + G_2(s),$$

$$\prod_{\chi \neq \chi_1} L(s, \chi) = \left(\frac{1}{s-1}\right)^{\frac{\varphi(m)}{n_0} - 1} e^{G_2(s)}.$$

Wie schon erwähnt, ist $\varphi(m) \geqq n_0$; nun wird die rechte Seite bei Annäherung an $s = 1$ unendlich groß, falls $\varphi(m) > n_0$, während das Produkt links sicher endlich bleibt, weil dies für jeden Faktor gilt. Also folgt *erstens* $\varphi(m) = n_0$; *zweitens* ist dann die ganze rechte Seite

$$e^{G_2(s)},$$

die als Exponentialgröße aber sicher nicht gegen 0 konvergiert. Also ist dies auch für die linke Seite der Fall, d. h. da jeder Faktor links einen endlichen Grenzwert besitzt, es gilt in der Tat Satz 130.

Damit ist dann, wie oben gezeigt, die berühmte Aussage von Dirichlet bewiesen:

Satz 131. Wenn $(a, m) = 1$, *so gibt es unendlich viele positive Primzahlen* p, *wofür* $p \equiv a \pmod{m}$. *D. h.* $p = mx + a$ *stellt für* $x = 1, 2, 3, \ldots$ in inf. *unendlich oft eine Primzahl dar.*

Als ein Nebenresultat ergibt sich bei dem Beweise die Gleichung

$$\varphi(m) = n_0,$$

d. h. aus den Zerlegungsgesetzen folgt auch der genaue Grad des Körpers der m^{ten} Einheitswurzeln. Damit ist also bewiesen, daß die in § 30 aufgestellte algebraische Gleichung für $\zeta = e^{\frac{2\pi i}{m}}$ im Körper der rationalen Zahlen irreduzibel ist.

Gehen wir noch einmal die Schlußkette durch, welche uns zu dem Beweise von Satz 131 führte, so erscheint als der schwierigste Punkt der Nachweis, daß $L(1, \chi) \neq 0$, und dieser wurde geführt nach Gl. (103) auf Grund der Tatsache, daß die Funktion $\zeta_k(s)$ bei $s = 1$ von erster Ordnung unendlich wird. Dieses wiederum basiert auf den Sätzen aus § 40 über die Dichtigkeit der Ideale, zu deren Beweis die ganze Theorie der Einheiten erforderlich war. Es ist nun von Wichtigkeit, daß man an Stelle dieser zahlentheoretischen Hilfsmittel auch genauere Kenntnisse der funktionentheoretischen Eigenschaften der $L(s, \chi)$ mit demselben Erfolg verwenden kann. Hierüber mögen noch einige orientierende Bemerkungen folgen:

Zunächst läßt sich nach Hilfssatz b, § 42 beweisen, daß $L(s, \chi)$ bei $s = 1$ differentiierbar ist (durch gliedweise Differentiation der Reihe) und daß daher, wenn $L(1, \chi) = 0$ sein sollte, diese Funktion bei $s = 1$ in mindestens 1. Ordnung Null wird, weil dann

$$\lim_{s=1} \frac{L(s, \chi)}{s-1} = \lim_{s=1} \frac{L(s, \chi) - L(1, \chi)}{s-1} = \left.\frac{dL(s, \chi)}{ds}\right|_{s=1}$$

vorhanden ist. Andrerseits ist das Produkt aller $\varphi(m)$ Reihen für $s > 1$ eine konvergente Reihe mit lauter positiven Gliedern; denn wenn p in der Gruppe der Restklassen mod. m ein Element vom Grade f ist, so sind nach Satz 32 die $\varphi(m)$ Zahlen $\chi(p)$ sämtliche f^{ten} Einheitswurzeln, jede gleich oft; also ist

$$\prod_{\chi} \left(1 - \frac{\chi(p)}{p^s}\right) = \left(1 - \frac{1}{p^{fs}}\right)^e, \quad \left(e = \frac{\varphi(m)}{f}\right),$$

und $\prod_{\chi} L(s, \chi)$ ist darnach eine Reihe mit positiven Koeffizienten, und zwar > 1 für alle $s > 1$. Da nun die dem Hauptcharakter entsprechende Reihe $L(s, \chi_1)$, von unwesentlichen Faktoren abgesehen, mit $\zeta(s)$ übereinstimmt, wird sie in 1. Ordnung unendlich bei $s = 1$; und da die übrigen $L(s, \chi)$ entweder in mindestens 1. Ordnung Null werden oder jedenfalls einen endlichen Grenzwert haben, kann höchstens ein einziger Faktor $L(1, \chi)$ gleich Null sein. Und zwar muß dann das χ, bei dem dies eintritt, ein reeller Charakter sein (der also nur die Werte $\pm 1, 0$ hat, d. h. ein quadratischer Charakter mod. m ist). Denn wenn χ ein nicht-reeller Charakter ist, so ist die konjugiert-imaginäre Funktion $\bar{\chi}$ ebenfalls ein Charakter mod. m, aber von χ verschieden, und aus dem Verschwinden von $L(1, \chi)$ folgt dann auch das der konjugiert-imaginären Größe $L(1, \bar{\chi})$, was nach dem Obigen aber nicht vorkommen kann. Somit ist nur nachzuweisen daß $L(1, \chi) \neq 0$ für alle quadratischen Charaktere χ.

Hier hat nun *Mertens*[1]) durch eine direkte Abschätzung der reellen Reihenglieder diese Behauptung bewiesen. So entsteht ein von der Körpertheorie unabhängiger Beweis des Dirichletschen Satzes.

Dirichlet selbst benutzte das quadratische Reziprozitätsgesetz, vermittels dessen sich zeigt, daß die den reellen Charakteren zugeordneten Reihen $L(s, \chi)$ als Faktoren in den Zetafunktionen gewisser quadratischer Zahlkörper auftreten und dann aus diesem Grunde bei $s = 1$ nicht Null sein können. Er braucht also im Vergleich zu dem oben geführten Beweis nicht die Arithmetik der Kreisteilungskörper, sondern nur die der quadratischen Körper.

Die letzte Gruppe bilden die *rein funktionentheoretischen Beweise*, sie sind am weitesten verallgemeinerungsfähig. Bei ihnen werden die Funktionen $L(s, \chi)$ als analytische Funktionen der komplexen Variabeln s untersucht. Es wird gezeigt, daß die $L(s, \chi)$ für alle endlichen Werte von s reguläre analytische Funktionen von s sind, mit Ausnahme von $L(s, \chi_1)$, das nur bei $s = 1$ einen Pol 1. Ordnung besitzt. Falls nun eine der L-Reihen bei $s = 1$ Null wäre, müßte das Produkt aller eine überall im Endlichen reguläre Funktion von s sein. Der Widerspruch ergibt sich dann daraus, daß eine solche Dirichletsche Reihe mit positiven Koeffizienten vermöge eines all-

---

1) *Mertens*, Über das Nichtverschwinden Dirichletscher Reihen mit reellen Gliedern. Sitzungsber. d. Akad. d. Wiss. in Wien, math.-naturw. Klasse, Bd. 104 (1895).

gemeinen Satzes der Funktionentheorie mindestens eine singuläre Stelle im Endlichen besitzen muß.[1])

Der Gedanke, welcher der Dirichletschen Methode der Einführung von Gruppencharakteren zugrunde liegt, ist weitgehender Verallgemeinerung fähig: Wir können statt der Einteilung der rationalen Zahlen in $k(1)$ in Restklassen mod. m auch ausgehen von den Zahlen irgendeines Körpers k, welche in anderer Art in Klassen eingeteilt werden, die eine Abelsche Gruppe bilden.[2]) Endlich läßt sich auch Satz 126 unmittelbar auf andere Körper, an Stelle von $k\left(e^{\frac{2\pi i}{m}}\right)$, anwenden, auch auf Relativkörper. Und jedesmal erhält man aus der Kenntnis des Zerlegungsgesetzes den Nachweis der Existenz von unendlich vielen Primzahlen bzw. Primidealen des Grundkörpers mit gewissen Eigenschaften. Für den quadratischen Körper werden diese Ansätze im nächsten Kapitel (§ 48) näher ausgeführt werden.

1) Siehe etwa *E. Landau*, Handbuch der Lehre von der Verteilung der Primzahlen (Leipzig 1909) Bd. I, § 121; oder *Hecke*, Über die L-Funktionen und den Dirichletschen Primzahlsatz für einen beliebigen Zahlkörper (Nachr. v. d. K. Ges. d. Wissensch. zu Göttingen 1917).

2) Ein allgemeiner Ansatz in dieser Richtung stammt von *H. Weber*, Über Zahlengruppen in algebraischen Körpern I. II. III. Math. Ann. 48. 49. 50 (1897/98).

Kapitel VII.

Der quadratische Zahlkörper.

§ 44. Zusammenstellung. Das System der Idealklassen.

Der quadratische Zahlkörper, welcher in § 29 bereits als Beispiel behandelt wurde, soll in diesem Kapitel genauer weiter diskutiert werden. Wir erinnern zunächst noch einmal an das dort Bewiesene:

Sei D eine positive oder negative ganze rationale Zahl, von 1 verschieden, und durch keine rationale Quadratzahl außer 1 teilbar. Die Zahl $\sqrt{D}$ erzeugt dann den allgemeinsten quadratischen Körper. Seine Diskriminante ist

$$d = D, \quad \text{wenn} \quad D \equiv 1 \pmod{4}$$
$$d = 4D, \quad \text{wenn} \quad D \equiv 2 \quad \text{oder} \quad 3 \pmod{4}.$$

Eine Basis ist in jedem Falle $1, \frac{d+\sqrt{d}}{2}$. Jede ganze Zahl der Körper hat die Form $\alpha = \frac{x+y\sqrt{d}}{2}$ mit ganzen rationalen x, y. Eine ungrade positive Primzahl p zerfällt in zwei verschiedene oder gleiche Primfaktoren oder bleibt unzerlegt, je nachdem, ob das quadratische Restsymbol $\left(\frac{d}{p}\right)$ den Wert 1 oder 0 oder -1 besitzt.

Wir definieren jetzt das **quadratische Restsymbol mit dem Nenner 2,** aber nur für solche Zähler d, welche Diskriminanten quadratischer Körper sind:

Wenn d grade, so sei $\left(\frac{d}{2}\right) = 0$.

Wenn d ungrade, so sei $\left(\frac{d}{2}\right) = +1$, wenn d quadratischer Rest mod. 8, und $\left(\frac{d}{2}\right) = -1$, wenn d quadratischer Nichtrest mod. 8.

Das Zerlegungsgesetz für die Zahl 2 in $k(\sqrt{d})$ lautet dann formal ebenso wie das oben angegebene für ungerade p.

Im reellen quadratischen Körper ist die Anzahl der Grundeinheiten nach Satz 100 gleich 1. Da die einzigen reellen Einheitswurzeln ± 1 sind, so sind sämtliche Einheiten des Körpers die Zahlen $\pm \varepsilon^n$ $(n = 0, \pm 1, \pm 2, \ldots)$, wo ε eine Grundeinheit; letztere ist durch die Zusatzbedingung $\varepsilon > 1$ offenbar eindeutig fixiert. Die sämtlichen Einheiten $\eta = \frac{x + y\sqrt{d}}{2}$ erhält man offenbar durch die Lösung der Gleichung $N(\eta) = \pm 1$, d. h.

$$x^2 - dy^2 = \pm 4 \tag{104}$$

in ganzen rationalen x, y. Das ist die sog. *Pellsche Gleichung.*

Im imaginären quadratischen Körper ist jede Einheit η eine Einheitswurzel. Für $d < 0$ hat die obige Gleichung (wo dann natürlich das obere Zeichen gelten muß) außer der trivialen Lösung $y = 0$, $x = \pm 1$, d. h. $\eta = \pm 1$, nur für $d \geqq -4$ Lösungen, und zwar für $d = -4$ die zwei weiteren Lösungen $x = 0$, $y = \pm 1$, und für $d = -3$ vier weitere Lösungen $x = \pm 1$, $y = \pm 1$. Die Anzahl w der Einheitswurzeln ist also in $k(\sqrt{-3})$, dem Körper der dritten Einheitswurzeln, gleich 6, in $k(\sqrt{-1})$ gleich 4, in allen anderen quadratischen Körpern gleich 2.

Wir versuchen jetzt, aus der allgemeinen Theorie eine Methode zu finden, um zu entscheiden, ob zwei gegebene Ideale $\mathfrak{a}$, $\mathfrak{b}$ eines quadratischen Körpers äquivalent sind oder nicht, und dadurch dann ein vollständiges System nichtäquivalenter Ideale anzugeben, also auch die Klassenzahl zu berechnen.

Da $N(\mathfrak{b}) = \mathfrak{b}\mathfrak{b}'$ ein rationales Hauptideal, so ist die Äquivalenz $\mathfrak{a} \sim \mathfrak{b}$ gleichbedeutend mit $\mathfrak{a}\mathfrak{b}' \sim 1$; man hat also zu entscheiden, ob ein gegebenes Ideal ein Hauptideal ist. Wenn nun das ganze Ideal $\mathfrak{a}$ etwa als gr. gem. Teiler zweier Hauptideale (α, β) vorgelegt ist, so ist $\mathfrak{a}$ der Inhalt der Form $\alpha u + \beta v$, folglich $\mathfrak{a}\mathfrak{a}' = N(\mathfrak{a})$ der Inhalt von $(\alpha u + \beta v)(\alpha' u + \beta' v) = \alpha\alpha' u^2 + uv(\alpha'\beta + \alpha\beta') + \beta\beta' v^2$, d. h. $N(\mathfrak{a})$ ist der gr. gem. Teiler der rationalen Zahlen $\alpha\alpha'$, $\alpha'\beta + \alpha\beta'$, $\beta\beta'$. Ergibt sich hierfür die positive rationale Zahl n, so ist also die weitere Frage, ob $\pm n$ die Norm einer ganzen Körperzahl ist und ob dann weiter, wenn $N(\omega) = \pm n$, die Gleichung $(\omega) = (\alpha, \beta)$ richtig ist. Dies wieder ist dann und nur dann der Fall, wenn $\frac{\alpha}{\omega}$ und $\frac{\beta}{\omega}$ ganze Zahlen sind, denn in diesem Falle ist ja nach Konstruktion das Ideal $\left(\frac{\alpha}{\omega}, \frac{\beta}{\omega}\right)$ ein ganzes Ideal mit der Norm 1, also selbst $= (1)$.

Die einzige Schwierigkeit ist also noch, alle verschiedenen ganzen Hauptideale (ω) zu finden, deren Norm einen gegebenen Wert hat.

Dies kommt auf die Lösung der Aufgabe hinaus, alle ganzen rationalen x, y zu finden, wofür $\left(\omega = \frac{x + y\sqrt{d}}{2} \text{ gesetzt}\right)$

$$x^2 - dy^2 = \pm 4n. \tag{105}$$

Für imaginäre quadratische Körper sind sämtliche Lösungen x, y durch endlich viele Versuche leicht zu ermitteln. Denn wegen $d < 0$ hat man nur diejenigen ganzen rationalen Paare x, y durchzuprobieren, wofür

$$|x| \leqq 2\sqrt{n}, \quad |\sqrt{d}|\,|y| \leqq 2\sqrt{n};$$

d. h. man stellt durch Ausrechnen fest, für welche ganzen rationalen y mit $0 \leqq y \leqq 2\left|\sqrt{\frac{n}{d}}\right|$ der Ausdruck $\sqrt{4n + dy^2}$ eine rationale Zahl ist.

Um bei $d > 0$, im reellen quadratischen Körper, die Lösungen von (105) zu finden, ist die Kenntnis einer von ± 1 verschiedenen Einheit (nicht notwendig der Grundeinheit) erforderlich. Ist etwa

$$\eta = \frac{u + v\sqrt{d}}{2} \qquad (v > 0)$$

eine Einheit in $k(\sqrt{d})$ mit $\eta > 1$, so kann man unter den zu einem gegebenen ω assoziierten Zahlen $\alpha = \omega\eta^n$ $(n = 0, \pm 1, \pm 2, \ldots)$ sicher eine solche finden, daß etwa (vgl. Gl. 86)

$$1 \leqq \left|\frac{\alpha}{\alpha'}\right| < \eta^2$$

ist. Es genügt also für unsere Frage, nur solche Lösungen von (105) aufzusuchen, wofür überdies noch für $\omega = \frac{x + y\sqrt{d}}{2}$ diese Ungleichungen erfüllt sind, welche man auch in der Form

$$|\omega'| \leqq |\omega| < |\omega'|\,\eta^2 \quad \text{oder} \quad |\omega|\,\eta^{-2} < |\omega'| \leqq |\omega|$$

oder wegen $|\omega\omega'| = n$ auch

$$\begin{aligned} \sqrt{n} &\leqq |\omega| < \eta\sqrt{n} \\ \eta^{-1}\sqrt{n} &< |\omega'| \leqq \sqrt{n} \end{aligned} \tag{106}$$

schreiben kann. Nehmen wir überdies $\omega > 0$ an, so folgt bei dem oberen Zeichen in (105) auch $\omega' > 0$ und durch Addition aus (106)

$$(\eta^{-1} + 1)\sqrt{n} < x < (\eta + 1)\sqrt{n}; \tag{107}$$

dagegen bei dem unteren Zeichen

$$(\eta^{-1} + 1)\sqrt{n} < y\sqrt{d} < (\eta + 1)\sqrt{n}. \tag{108}$$

Jedenfalls ist aber nur eine endliche Anzahl von Werten x, y auf das Bestehen der Gleichung (105) zu prüfen. Ob unter den so gefundenen Zahlen $\omega = \frac{x + y\sqrt{d}}{2}$ noch assoziierte sich finden, ist dann durch einfache Division festzustellen.

Die Ermittelung einer Einheit η kann auf verschiedene Arten erfolgen. Der Beweis des Dirichletschen Einheitensatzes (Hilfssatz b) in § 35) liefert unmittelbar ein Verfahren. Dies kommt im wesentlichen auf die Kettenbruchentwickelung von $\sqrt{d}$ hinaus. Das Ergebnis von § 52 über die Klassenzahl wird uns einen anderen Ausdruck für eine Einheit in $k(\sqrt{d})$ liefern, welcher sich aus d-ten Einheitswurzeln aufbaut.

Jedenfalls ist so ein Weg angegeben, um durch endlich viele rationale Operationen zu entscheiden, ob zwei gegebene Ideale eines quadratischen Körpers äquivalent sind.

Um hierdurch die Klassenzahl zu finden, bedenken wir, daß nach Satz 96 in jeder Klasse ein ganzes Ideal existiert, dessen Norm $\leqq |\sqrt{d}|$. Man stelle daher erst sämtliche ganzen Ideale auf, deren Norm diese Bedingung erfüllt. Das gelingt zunächst für die Primideale auf Grund der Zerlegungsgesetze (§ 29), und daraus findet man durch Multiplikation alle Ideale dieser Art. Die Anzahl der nichtäquivalenten unter diesen endlich vielen Idealen ist dann die Klassenzahl. Es ist nützlich, sich an einigen Zahlbeispielen die Verhältnisse klar zu machen:

1. $k(\sqrt{-1})$, $k(\sqrt{-3})$, $k(\sqrt{\pm 2})$ haben die Klassenzahl $\boldsymbol{h = 1}$. Die zu $|\sqrt{d}|$ nächstkleineren ganzen Zahlen sind nämlich bzw. 1, 1, 2. In den beiden ersten Körpern gibt es also in jeder Klasse ein ganzes Ideal mit einer Norm $\leqq 1$, dieses ist notwendig das Ideal (1), also ein Hauptideal. In $k(\sqrt{\pm 2})$ haben wir überdies auch die Ideale mit der Norm 2 zu untersuchen. Hier wird 2 das Quadrat eines Primideals $\mathfrak{p}$, das offenbar $= (\sqrt{\pm 2})$, also ein Hauptideal ist.

2. In $k(\sqrt{7})$ ist $d = 28$, es sind also die Ideale mit den Normen 2, 3, 4, 5 aufzusuchen. Hier zerfallen nun die Primzahlen 2, 3, 5 auf folgende Art in Primideale:

$$2 = \mathfrak{p}_2^2, \quad 3 = \mathfrak{p}_3 \cdot \mathfrak{p}_3', \quad 5 \text{ ist selbst Primideal.}$$

Ideale mit der Norm 4 gibt es daher nur eines, nämlich $\mathfrak{p}_2^2 = 2$, also ein Hauptideal. Es kommen also außer der Hauptklasse nur noch die durch $\mathfrak{p}_2, \mathfrak{p}_3, \mathfrak{p}_3'$ repräsentierten Klassen vor. Durch Probieren findet man

$$2 = 3^2 - 7 \cdot 1^2, \text{ d. h. } \mathfrak{p}_2 = (3 + \sqrt{7}), \text{ also } \mathfrak{p}_2 \sim 1.$$

Da ferner $\mathfrak{p}_2 = \mathfrak{p}_2'$, müssen $3 + \sqrt{7}$ und $3 - \sqrt{7}$ assoziiert sein, also ist der Quotient

$$\eta = \frac{3 + \sqrt{7}}{3 - \sqrt{7}} = \frac{(3 + \sqrt{7})^2}{2} = 8 + 3\sqrt{7}$$

eine Einheit. Wäre $\mathfrak{p}_3$ ein Hauptideal $(a + b\sqrt{7})$, so müßte sein

$$\pm 3 = a^2 - 7b^2, \quad \text{also} \quad \pm 3 \equiv a^2 \pmod{7}.$$

Hiernach kann nur das untere Zeichen gelten, da $+3$ Nichtrest mod 7 ist. Für b brauchen wir also nach (108) nur die Werte b mit

$$(9 - 3\sqrt{7})\sqrt{3} < b\sqrt{28} < (9 + 3\sqrt{7})\sqrt{3}$$

durchzuprobieren, d. h.

$$0 < b < \left(\sqrt{\frac{81}{28}} + \frac{3}{2}\right)\sqrt{3} < 3 + \sqrt{\frac{27}{4}}, \quad 0 < b \leqq 5.$$

$b = 1$ liefert bereits

$$a = \sqrt{-3 + 7 \cdot 1^2} = 2,$$

so daß also $\mathfrak{p}_3 = (2 + \sqrt{7})$ ein Hauptideal. Auch hier ist also $\boldsymbol{h = 1}$.

3. In $k(\sqrt{-5})$ ist nach den Rechnungen in § 23 die Klassenzahl von 1 verschieden, da dort gezeigt wurde, daß das Ideal $\mathfrak{p}_3 = (3, 4 + \sqrt{-5})$ kein Hauptideal ist, wohl aber $\mathfrak{p}_3^2 = (2 + \sqrt{-5})$. Nach dem Obigen sind wegen $d = -20$ die Ideale mit den Normen 2, 3, 4 zu untersuchen. Es wird $2 = \mathfrak{p}_2^2$; hier ist $\mathfrak{p}_2$ kein Hauptideal, da 2 nicht von der Form $a^2 + 5b^2$. Das einzige Ideal mit der Norm 4 ist das Hauptideal $\mathfrak{p}_2^2 = 2$; da endlich $\mathfrak{p}_3 \cdot \mathfrak{p}_3' = 3$, und $\mathfrak{p}_3^2 \sim 1$, so ist $\mathfrak{p}_3' \sim \mathfrak{p}_3$, und außer der Hauptklasse sind hier die durch $\mathfrak{p}_2$, $\mathfrak{p}_3$ repräsentierten Idealklassen vorhanden. Wäre $\mathfrak{p}_2$ nicht mit $\mathfrak{p}_3$ äquivalent, so hätten wir genau drei verschiedene Klassen, und wegen der Gruppeneigenschaft müßte die 3. Potenz von $\mathfrak{p}_2$ ein Hauptideal sein, woraus wegen $\mathfrak{p}_2^2 \sim 1$ bereits $\mathfrak{p}_2 \sim 1$ folgen würde, was nicht der Fall ist. Also ist $\mathfrak{p}_2 \sim \mathfrak{p}_3$ und mithin $\boldsymbol{h = 2}$.

4. In $k(\sqrt{-23})$ ist $d = -23$; es kommen in Frage die Normenwerte 2, 3, 4. Es ist

$$\left(\frac{-23}{2}\right) = +1, \quad 2 = \mathfrak{p}_2 \cdot \mathfrak{p}_2'$$

$$\left(\frac{-23}{3}\right) = +1, \quad 3 = \mathfrak{p}_3 \cdot \mathfrak{p}_3'.$$

Die Ideale mit den Normen 2, 3, 4 sind also

$$\mathfrak{p}_2, \mathfrak{p}_2', \mathfrak{p}_3, \mathfrak{p}_3', \mathfrak{p}_2^2, \mathfrak{p}_2'^2, \mathfrak{p}_2\mathfrak{p}_2'. \tag{109}$$

Hiervon ist das letzte ein Hauptideal. Damit $\mathfrak{p}_2 \sim \mathfrak{p}_3$, müßte $\mathfrak{p}_2\mathfrak{p}_3' \sim 1$: wegen $N(\mathfrak{p}_2\mathfrak{p}_3') = 6$ haben wir also zu sehen, ob 6 Norm einer Zahl ist; dies ist der Fall:

$$6 = \frac{x^2 + 23y^2}{4}, \text{ nur für } x = \pm 1,\ y = \pm 1.$$

Es gibt also genau zwei Hauptideale mit der Norm 6, und diese sind konjugiert, so daß also entweder $\mathfrak{p}_2\mathfrak{p}_3'$ oder $\mathfrak{p}_2\mathfrak{p}_3$ gleich einem Hauptideal sind. Die Bezeichnung hinsichtlich der Konjugierten sei so gewählt, daß $\mathfrak{p}_2\mathfrak{p}_3' \sim 1$. Es bleiben mithin aus (109) höchstens noch

$$1,\ \mathfrak{p}_2,\ \mathfrak{p}_2',\ \mathfrak{p}_2^2,\ \mathfrak{p}_2'^2$$

als nichtäquivalente Ideale übrig. Das Ideal $\mathfrak{p}_2$ ist weder mit $\mathfrak{p}_2'$ noch mit $\mathfrak{p}_2^2$ äquivalent, wohl aber

$$\mathfrak{p}_2 \sim \mathfrak{p}_2'^2, \text{ das bedeutet } \mathfrak{p}_2^3 \sim 1.$$

Denn $N(\mathfrak{p}_2^3) = 8$, und 8 ist Norm der ganzen Zahl $\frac{3 + \sqrt{-23}}{2}$, welche offenbar durch keine rationale Zahl außer ± 1 teilbar ist. Die einzigen Ideale, die ohne rationalen Teiler sind und die Norm 8 haben, sind aber $\mathfrak{p}_2^3$ und $\mathfrak{p}_2'^3$, und mithin ist eines davon, folglich auch das andere, ein Hauptideal.

Wir finden also $\boldsymbol{h = 3}$ und als Repräsentanten die drei Klassen

$$\mathfrak{p}_2,\ \mathfrak{p}_2^2,\ \mathfrak{p}_2^3 \sim 1.$$

§ 45. Der engere Äquivalenzbegriff. Die Struktur der Klassengruppe.

Für die Untersuchung der quadratischen Körper ist es nützlich, einen etwas modifizierten Äquivalenzbegriff einzuführen.

Definition: Wir nennen zwei Ideale $\mathfrak{a}, \mathfrak{b}\ (\neq 0)$ des quadratischen Körpers k **äquivalent im engeren Sinne,** falls eine Zahl λ in k existiert, so daß

$$\mathfrak{a} = \lambda\mathfrak{b} \quad \text{und} \quad N(\lambda) > 0.$$

Wir schreiben

$$\mathfrak{a} \approx \mathfrak{b}$$

und rechnen $\mathfrak{a}$ und $\mathfrak{b}$ zur selben **Idealklasse im engeren Sinne.**

Diese Klassen lassen sich in der uns geläufigen Weise zu einer Abelschen Gruppe vereinigen. Ist $\mathfrak{M}$ die Gruppe aller von 0 verschiedenen Ideale*, $\mathfrak{H}_0$ die Gruppe aller Hauptideale (μ) mit $N(\mu) > 0$, $\mathfrak{H}$ die Gruppe aller Hauptideale $(\neq 0)$, wobei die Komposition die Multiplikation der Ideale bedeutet, so sind die Idealklassen im enge-

hier Ideal means fractional ideal

ren Sinne die Reihen oder Nebengruppen, welche bei der Zerlegung von $\mathfrak{M}$ nach $\mathfrak{H}_0$ entstehen; die Faktorgruppe $\mathfrak{M}/\mathfrak{H}_0$ ist die Gruppe der Idealklassen im engeren Sinne. Das Einheitselement ist hierbe das System der Ideale in $\mathfrak{H}_0$. Die Klassengruppe im bisherigen Sinne ist die Faktorgruppe $\mathfrak{M}/\mathfrak{H}$.

Aus $\mathfrak{a} \approx \mathfrak{b}$ folgt $\mathfrak{a} \sim \mathfrak{b}$; die neue Klasseneinteilung ist also eine Verfeinerung der alten. Ist umgekehrt $\mathfrak{a} \sim \mathfrak{b}$, so ist offenbar entweder $\mathfrak{a} \approx \mathfrak{b}$ oder $\mathfrak{a} \approx \mathfrak{b}\sqrt{d}$. Eine Klasse im weiteren Sinne zerfällt also höchstens in zwei Klassen des engeren Äquivalenzbegriffes. Die Klassenzahl h_0 im engeren Sinne ist also auch endlich und $\leqq 2h$.

Da aus einer Idealgleichung $\mathfrak{a} = \mu\mathfrak{b}$ die Zahl μ nur bis auf einen Einheitsfaktor bestimmt ist, so sind die beiden Äquivalenzbegriffe identisch, wenn in jeder vollständigen Reihe assoziierter Zahlen solche mit positiver Norm vorkommen, d. h. also $\boldsymbol{h_0 = h}$, wenn k imaginär oder k reell und die Grundeinheit in k die Norm -1 besitzt.

In dem noch übrigen Falle, daß k reell und jede Einheit in k die Norm $+1$ hat, sind $\mathfrak{a}$ und $\mathfrak{a}\sqrt{d}$ offenbar nicht äquivalent im engeren Sinne, und dann ist $\boldsymbol{h_0 = 2h}$.

Die Hauptaufgabe wäre nun, die Struktur dieser Klassengruppe zu untersuchen. Davon ist aber gegenwärtig nur der sehr kleine Teil erledigt, der sich in folgendem Satz ausspricht:

Satz 132. Die zu 2 gehörige Basiszahl der engeren Klassengruppe ist $e_0(2) = t - 1$, wobei t die Anzahl der verschiedenen Primzahlen bedeutet, welche in der Diskriminante d von k aufgehen.

Zum Beweise haben wir nach Satz 28 zu zeigen, daß genau 2^{t-1} Klassen in k existieren, deren Quadrat die engere Hauptklasse ist. Hierzu bedenken wir nun, daß die t verschiedenen Primideale $\mathfrak{q}_1, \ldots, \mathfrak{q}_t$, welche in d aufgehen, wegen der oben erwähnten Zerlegungsgesetze die Eigenschaft haben, daß ihr Quadrat ein rationales Hauptideal, also ≈ 1 ist. Wir zeigen zuerst, daß jedes Ideal $\mathfrak{a}$ mit $\mathfrak{a}^2 \approx 1$ notwendig einem Potenzprodukt dieser $\mathfrak{q}$ äquivalent ist. Aus $\mathfrak{a}^2 \approx 1$ und $\mathfrak{a}\mathfrak{a}' \approx 1$ folgt

$$\frac{\mathfrak{a}}{\mathfrak{a}'} \approx 1, \quad \frac{\mathfrak{a}}{\mathfrak{a}'} = \omega,$$

wo ω eine Zahl mit positiver Norm ist, die wir, falls sie reell ist, auch > 0 voraussetzen. Sie ist Quotient zweier konjugierter *Ideale*, daher $N(\omega) = 1$. Mithin ist sie auch Quotient zweier konjugierter *Zahlen*, nämlich

$$\omega = \frac{1+\omega}{1+\omega'}.$$

Das Ideal

$$\frac{\mathfrak{a}}{1+\omega} = \frac{\mathfrak{a}'}{1+\omega'}$$

ist seinem konjugierten gleich, also auf Grund der Zerlegungsgesetze

$$\frac{\mathfrak{a}}{1+\omega} = r \cdot \mathfrak{q}_1^{a_1} \cdots \mathfrak{q}_t^{a_t},$$

wo r eine rationale Zahl ist und die a_i gleich 0 oder 1 sind. Das bedeutet aber, wie behauptet wurde,

$$\mathfrak{a} \approx \mathfrak{q}_1^{a_1} \ldots \mathfrak{q}_t^{a_t}.$$

Denn $N(1+\omega) = \omega(1+\omega')^2$ ist > 0.

Solche ganzen Ideale in $k(\sqrt{d})$, welche ihren konjugierten gleich sind, ohne aber (außer ± 1) einen rationalen Faktor zu enthalten, nennt man **ambige Ideale.** Idealklassen, welche ihren konjugierten gleich sind, nennt man **ambige Klassen.** Und der obige Beweis zeigt, daß in jeder ambigen Klasse ein ambiges Ideal vorkommt.

Nun ist noch zu zeigen, daß unter den t ambigen Klassen $Q_1, \ldots, Q_t$, welche resp. durch $\mathfrak{q}_1, \ldots, \mathfrak{q}_t$ definiert sind, genau $t-1$ unabhängige (im Sinne der Gruppentheorie) vorhanden sind. Besteht nun eine Relation

$$Q_1^{a_1} \ldots Q_t^{a_t} = 1, \tag{110}$$

welche nicht die triviale ist, wo alle a_i gerade sind, so gibt es eine Zahl α derart, daß

$$\alpha = \mathfrak{q}_1^{a_1} \cdots \mathfrak{q}_t^{a_t}, \quad N(\alpha) > 0. \tag{111}$$

Hierin ist dann $(\alpha) = (\alpha')$, $\alpha = \eta\alpha'$, wo η eine Einheit mit $N(\eta) = +1$. Wir unterscheiden nun drei Fälle:

a) $d < 0$, wo wir gleich $d < -4$ annehmen, da für $d = -3$ oder -4 unser Satz 132 wegen $h = 1$ und $t = 1$ sich bereits als richtig erweist. In k gibt es dann nur die Einheiten ± 1, also ist

$$\alpha = \pm\alpha', \quad \alpha = r(\sqrt{d})^n, \quad (n = 0 \text{ oder } 1) \tag{112}$$

wo r eine rationale Zahl ist. Bei $n = 0$ sind alle Exponenten a in (111) gerade, bei $n = 1$ ist mindestens ein a ungerade, weil d kein Quadrat ist.

b) $d > 0$ und die Norm der Grundeinheit ε ist -1. Hier ist $\eta > 0$, weil $N(\alpha) > 0$, daher $\eta = \varepsilon^{2n}$ mit ganzem rationalem n. Wegen

$$\varepsilon^2 = -\frac{\varepsilon}{\varepsilon'} = \frac{\varepsilon\sqrt{d}}{-\varepsilon'\sqrt{d}}$$

wird also

$$\frac{\alpha}{(\varepsilon\sqrt{d})^n} = \frac{\alpha'}{(-\varepsilon'\sqrt{d})^n}, \quad \alpha = r\left(\varepsilon\sqrt{d}\right)^n \tag{113}$$

mit rationalem r. Wieder entspricht einem geraden n ein Exponentensystem a von lauter geraden Zahlen, bei ungeradem n ist mindestens ein a ungerade.

c) $d > 0$ und die Norm der Grundeinheit ε $(\varepsilon > 0)$ ist $+1$. Hier ist

$$\eta = \varepsilon^n, \quad \varepsilon = \frac{1+\varepsilon}{1+\varepsilon'}, \quad \eta = \frac{(1+\varepsilon)^n}{(1+\varepsilon')^n}, \quad \alpha = r(1+\varepsilon)^n. \tag{114}$$

Das Ideal $(1+\varepsilon)$ ist seinem konjugierten gleich, aber sicher kein rationales Hauptideal. Denn wäre mit rationalem r_1

$$1+\varepsilon = r_1\varepsilon^k,$$

so wäre

$$\varepsilon = \frac{1+\varepsilon}{1+\varepsilon'} = \varepsilon^{2k}, \quad \varepsilon^{2k-1} = 1,$$

was nicht der Fall ist. Mithin hat $(1+\varepsilon)$ eine Zerlegung

$$(1+\varepsilon) = \text{rationales Ideal} \times \mathfrak{q}_1^{b_1}\cdots\mathfrak{q}_t^{b_t},$$

wo mindestens einer der Exponenten b_i ungerade ist.

In jedem Fall ergibt sich also, daß, wenn für α eine Zerlegung (111) besteht, wo die Exponenten a_i nicht sämtlich gerade sind, α von einer der drei Formen (112), (113), (114) sein muß, wo n ungerade ist. Mithin sind die Exponenten a_i in (110) nach dem Modul 2 eindeutig bestimmt. Es besteht also *höchstens eine* nicht triviale Relation zwischen den t Klassen $Q_1, \ldots Q_t$. Umgekehrt besteht aber auch *wirklich eine* solche Relation, wie die Zerlegung des Hauptideals (im engeren Sinne) $\sqrt{d}$, resp. $\varepsilon\sqrt{d}$, resp. $1+\varepsilon$ in den Fällen a), b), c) zeigt, wo mindestens einer der Exponenten $a_1, \ldots a_t$ ungerade ist.

Das besagt, daß unter den Klassen Q genau $t-1$ unabhängige Klassen vorhanden sind, womit Satz 132 bewiesen ist.

Zwei wichtige Folgerungen hieraus formulieren wir noch besonders:

Satz 133. Wenn die Diskriminante d von $k(\sqrt{d})$ nur durch eine einzige Primzahl teilbar ist $(t=1)$, so ist h_0 und daher auch h ungerade und daher ist, sofern $d>0$, die Norm der Grundeinheit $=-1$.

Satz 134. Wenn d das Produkt zweier positiver Primzahlen q_1, q_2 ist, welche $\equiv 3 \pmod 4$ sind, so wird in $k(\sqrt{q_1 q_2})$ entweder q_1 oder q_2 die Norm eines Hauptideals im engeren Sinne.

In einem solchen Körper ist nämlich zunächst die Norm jeder Einheit $= +1$. Denn aus $N(\alpha) = -1$ für $\alpha = \frac{x + y\sqrt{q_1 q_2}}{2}$ würde folgen

$$-4 \equiv x^2 \pmod{q_1 q_2};$$

es wäre also -1 quadratischer Rest mod q_1. Nach der Gl. (31) in § 16 ist aber dem entgegen das Restsymbol

$$\left(\frac{-1}{q_1}\right) = (-1)^{\frac{q_1 - 1}{2}} = -1.$$

Ferner folgt aus dem Beweise S. 181, daß in $k(\sqrt{q_1 q_2})$ ein Äquivalenz

$$\mathfrak{q}_1^{a_1}\mathfrak{q}_2^{a_2} \approx 1 \tag{115}$$

besteht, wo a_1, a_2 nicht beide gerade sind. Wären sie nun beide ungerade, so wäre $\mathfrak{q}_1\mathfrak{q}_2 = (\sqrt{q_1 q_2}) \approx 1$, es gäbe also eine Einheit η, so daß $N(\eta\sqrt{q_1 q_2}) > 0$, d. h. $N(\eta) = -1$, was, wie eben gezeigt, nicht möglich ist. In (115) kann man also einen der Exponenten $= 1$, den anderen $= 0$ nehmen, womit der Satz 134 bewiesen ist.

Da in diesem Körper $h_0 = 2h$ sein muß, bleibt hier noch mit Rücksicht auf Satz 132 die Möglichkeit, daß vielleicht h ungerade ist. Dies ist in der Tat der Fall, wie man sich ohne Schwierigkeit durch einen zu dem von Satz 132 analogen Beweis überzeugt.

§ 46. Das quadratische Reziprozitätsgesetz. Neue Formulierung der Zerlegungsgesetze in quadratischen Körpern.

Satz 135. Sind p und q ungerade positive Primzahlen, so gelten die Beziehungen

$$\text{I. } \left(\frac{-1}{p}\right) = (-1)^{\frac{p-1}{2}}, \qquad \text{II. } \left(\frac{p}{q}\right) = \left(\frac{q}{p}\right)(-1)^{\frac{p-1}{2}\cdot\frac{q-1}{2}},$$

$$\text{III. } \left(\frac{2}{p}\right) = (-1)^{\frac{p^2-1}{8}}$$

Die erste Formel entnehmen wir unmittelbar aus der Definition des Restsymbols Gl. (31) in § 16. Etwas umständlicher, aber in Analogie mit dem späteren Beweise von II. und III., können wir aber aus der Körpertheorie auch so schließen: Wenn $\left(\frac{-1}{p}\right) = +1$, so zerfällt p in $k(\sqrt{-1})$, und wegen $h_0 = 1$ ist p Norm eines Hauptideals, x also $p = a^2 + b^2$. Da jedes Quadrat $\equiv 0$ oder 1 (mod. 4), ist also $p \equiv 1$ (mod 4). Wenn umgekehrt $p \equiv 1$ (mod. 4), so ist in $k(\sqrt{p})$ nach dem zweiten Teil von Satz 133 die Zahl -1 Norm einer ganzen Zahl $\varepsilon = \frac{a + b\sqrt{p}}{2}$, also $-4 \equiv a^2$ (mod. p), d. h. -1 ist quadratischer Rest mod p, womit I. bewiesen ist.

Beim Beweis von II. unterscheiden wir drei Fälle:

1. Sei $p \equiv q \equiv 1$ (mod. 4). Wir zeigen, daß $\left(\frac{p}{q}\right)$ und $\left(\frac{q}{p}\right)$ gleichzeitig $+1$ und folglich auch gleichzeitig -1 sind, also einander gleich sind, wie die Behauptung es in unserem Falle fordert.

Denn wenn $\left(\frac{q}{p}\right) = +1$, so zerfällt in $k(\sqrt{q})$ die Primzahl p in zwei verschiedene Faktoren $\mathfrak{p}, \mathfrak{p}'$. Ferner kann man setzen

$$\mathfrak{p}^{h_0} = \alpha = \frac{x + y\sqrt{q}}{2},$$

wo α eine Zahl positiver Norm ist, also

$$p^{h_0} = \frac{x^2 - qy^2}{4}, \quad 4p^{h_0} \equiv x^2 \,(\text{mod.}\, q).$$

Darnach ist p^{h_0} quadratischer Rest mod. q und da h_0 nach Satz 133 ungerade, so ist p selbst Rest mod. q, d. h. $\left(\frac{p}{q}\right) = +1$. Da die Voraussetzungen symmetrisch in p, q sind, ist die Formel II in unserem Fall bewiesen.

2. Sei $q \equiv 1$ (mod. 4), $p \equiv 3$ (mod. 4). Aus $\left(\frac{q}{p}\right) = +1$ folgt, wie oben, auch $\left(\frac{p}{q}\right) = +1$, also auch nach I. $\left(\frac{-p}{q}\right) = \left(\frac{-1}{q}\right)\left(\frac{p}{q}\right) = +1$.

Wenn umgekehrt $\left(\frac{-p}{q}\right) = +1$, so schließt man auf dieselbe Art durch Zuhilfenahme des Körpers $k(\sqrt{-p})$, daß auch $\left(\frac{q}{p}\right) = +1$; also ist immer

$$\left(\frac{-p}{q}\right) = \left(\frac{q}{p}\right), \text{ d. h, } \left(\frac{p}{q}\right) = \left(\frac{q}{p}\right)$$

in Übereinstimmung mit II.

3. Sind endlich $p \equiv q \equiv 3$ (mod. 4), so schließt man zwar wieder ebenso:

$$\text{Aus } \left(\frac{-p}{q}\right) = +1 \text{ folgt } \left(\frac{-q}{p}\right) = -1,$$

aber die Umkehrung ist nicht auf diese Art zu beweisen. Hierzu gehen wir in den Körper $k(\sqrt{pq})$ über, in dem nach Satz 134 p

oder q Norm einer ganzen Zahl $\frac{x+y\sqrt{pq}}{2}$ ist. Es sei etwa

$$4p = x^2 - pqy^2.$$

Hierin muß ersichtlich x durch p teilbar sein, $x = pu$, also

$$4 = pu^2 - qy^2.$$

Aus dieser Gleichung entnehmen wir, daß

$$\left(\frac{p}{q}\right) = +1 \text{ und } \left(\frac{-q}{p}\right) = +1, \text{ d. h. } \left(\frac{q}{p}\right) = -1,$$

also sind $\left(\frac{p}{q}\right)$ und $\left(\frac{q}{p}\right)$ stets voneinander verschieden, es gilt daher auch jetzt II.

Um endlich die letzte Formel, III., zu beweisen, nehmen wir an, daß $\left(\frac{2}{p}\right) = +1$; dann zerfällt p in $k(\sqrt{2})$, und da hier $h = h_0 = 1$, so wird p Norm einer ganzen Zahl:

$$p = x^2 - 2y^2.$$

Hieraus folgt $p \equiv x^2 \pmod{8}$, wenn y gerade,

$$p \equiv x^2 - 2 \pmod{8}, \text{ wenn } y \text{ ungerade},$$

d. h, da x ungerade ist, $p \equiv \pm 1 \pmod{8}$.

Wenn umgekehrt $p \equiv \pm 1 \pmod{8}$, so gehe man in den Körper $k(\sqrt{\pm p})$, in welchem nach Satz 133 h_0 ungerade ist; in ihm zerfällt nach dem Zerlegungssatze 2 in verschiedene Faktoren, folglich ist 2 quadratischer Rest mod. p.

Damit ist gezeigt:

$$\left(\frac{2}{p}\right) = +1 \text{ dann und nur dann, wenn } p \equiv \pm 1 \pmod{8}.$$

Das ist aber gleichbedeutend mit III.

Wir verallgemeinern jetzt die Formeln auf den Fall, daß die beiden Zahlen p, q zusammengesetzte positive ungerade Zahlen sind: Das von Legendre eingeführte Symbol, dessen „Nenner" eine Primzahl ist, haben wir schon am Ende von § 16 für zusammengesetzte Nenner definiert. Es ist nun bemerkenswert, daß auch für dieses „Jacobische Symbol" die gleichen Reziprozitätsformeln gelten.

Zum Beweise seien a, b irgend welche ganzen ungeraden Zahlen. Da

$$(a-1)(b-1) \equiv 0 \pmod{4},$$

so ist

$$ab - 1 \equiv a - 1 + b - 1 \pmod{4}$$

$$\frac{ab-1}{2} \equiv \frac{a-1}{2} + \frac{b-1}{2} \pmod{2}. \tag{116}$$

Desgleichen folgt aus

$$(a^2 - 1)(b^2 - 1) \equiv 0 \pmod{16}$$

$$\frac{a^2b^2-1}{8} \equiv \frac{a^2-1}{8} + \frac{b^2-1}{8} \pmod{2}. \tag{117}$$

Durch Wiederholung dieser Schlußweise ergeben sich daher für r ganze ungerade Zahlen $p_1, \ldots p_r$

$$\frac{p_1 \cdot p_2 \cdot \ldots \cdot p_r - 1}{2} \equiv \sum_{i=1}^{r} \frac{p_i - 1}{2} \pmod{2}$$

$$\frac{(p_1 \cdot p_2 \cdot \ldots \cdot p_r)^2 - 1}{8} \equiv \sum_{i=1}^{r} \frac{p_i^2 - 1}{8} \pmod{2}.$$

Seien jetzt die positiven ungeraden Zahlen P, Q in ihre Primfaktoren zerlegt resp.

$$P = p_1 \cdot p_2 \ldots p_r, \quad Q = q_1 \cdot q_2 \ldots q_s,$$

so ist nach Definition in § 16 und Anwendung von (116) und (117)

$$\left(\frac{-1}{P}\right) = \left(\frac{-1}{p_1}\right) \cdot \left(\frac{-1}{p_2}\right) \cdots \left(\frac{-1}{p_r}\right) = (-1)^{\sum\limits_{i=1}^{r} \frac{p_i - 1}{2}} = (-1)^{\frac{P-1}{2}}, \tag{118}$$

$$\left(\frac{2}{P}\right) = (-1)^{\sum\limits_{i=1}^{r} \frac{p_i^2 - 1}{8}} = (-1)^{\frac{P^2-1}{8}} \tag{119}$$

und endlich

$$\left(\frac{P}{Q}\right) \cdot \left(\frac{Q}{P}\right) = \prod_{\substack{i=1\ldots r \\ k=1\ldots s}} \left(\frac{p_i}{q_k}\right) = (-1)^{\left(\sum\limits_{i=1}^{r} \frac{p_i - 1}{2}\right)\left(\sum\limits_{k=1}^{s} \frac{q_k - 1}{2}\right)} \prod_{\substack{i=1,\ldots r \\ k=1,\ldots s}} \left(\frac{q_k}{p_i}\right)$$

$$\left(\frac{P}{Q}\right) = \left(\frac{Q}{P}\right) (-1)^{\frac{P-1}{2} \cdot \frac{Q-1}{2}}. \tag{120}$$

Schließlich erweitern wir noch die Definition auf **negative Nenner**, indem wir festsetzen:

$$\left(\frac{a}{n}\right) = \left(\frac{a}{-n}\right). \tag{121}$$

Um dann für negative Zahlen die Reziprozitätsgesetze zu formulieren, benutzen wir für reelle a das Zeichen „**sgn a**“ (lies „signum a“):

$$\operatorname{sgn} a = \begin{cases} +1, & \text{wenn } a > 0 \\ -1, & \text{wenn } a < 0 \end{cases}$$

$$|a| = a \cdot \operatorname{sgn} a,$$

mit dessen Hilfe wir aus (116) sofort folgern, daß für ungerade P

$$\left(\frac{-1}{P}\right) = (-1)^{\frac{|P|-1}{2}} = (-1)^{\frac{P-1}{2}+\frac{\operatorname{sgn} P-1}{2}}.$$

Folglich für ungerade P, Q

$$\left(\frac{P}{Q}\right) = \left(\frac{\operatorname{sgn} P}{Q}\right)\cdot\left(\frac{|P|}{Q}\right) = (-1)^{\frac{\operatorname{sgn} P-1}{2}\cdot\frac{Q-1}{2}+\frac{\operatorname{sgn} P-1}{2}\,\frac{\operatorname{sgn} Q-1}{2}}\left(\frac{|P|}{Q}\right).$$

Und nach (120) ist

$$\left(\frac{|P|}{Q}\right) = \left(\frac{|P|}{|Q|}\right) = \left(\frac{|Q|}{|P|}\right)(-1)^{\frac{|P|-1}{2}\cdot\frac{|Q|-1}{2}}$$

$$= \left(\frac{Q}{P}\right)(-1)^{\frac{\operatorname{sgn} Q-1}{2}\cdot\frac{|P|-1}{2}+\frac{|P|-1}{2}\cdot\frac{|Q|-1}{2}}.$$

Aus diesen Formeln ergibt sich endlich

Satz 136. **(Allgemeines quadratisches Reziprozitätsgesetz):** *Sind P, Q ungerade ganze rationale Zahlen, so gilt*

$$\left(\frac{-1}{P}\right) = (-1)^{\frac{P-1}{2}+\frac{\operatorname{sgn} P-1}{2}}$$

$$\left(\frac{2}{P}\right) = (-1)^{\frac{P^2-1}{8}}$$

$$\left(\frac{P}{Q}\right) = \left(\frac{Q}{P}\right)\cdot(-1)^{\frac{P-1}{2}\cdot\frac{Q-1}{2}+\frac{\operatorname{sgn} P-1}{2}\cdot\frac{\operatorname{sgn} Q-1}{2}}$$

Endlich verallgemeinern wir die Definition des **Restsymbols für gerade Nenner**, schränken dann aber die Zähler ein. Nach Satz 45 ist die Restklassengruppe mod. 8 und nach höheren Potenzen von 2 nicht mehr zyklisch, sondern besitzt zwei Basisklassen. Jede ungerade Zahl ist $\equiv (-1)^a \cdot 5^b \pmod{2^k}$ $(k \geqq 3)$, wo der Exponent a mod. 2, der Exponent b mod. 2^{k-2} eindeutig bestimmt ist. Die Zahlen mit $a \equiv 0 \pmod{2}$ bilden eine zyklische Untergruppe von $\Re(2^k)$, es sind die Zahlen, welche $\equiv 1 \pmod{4}$ sind. Unter den Klassen dieser Untergruppe sind diejenigen, welche Quadrate sind, dann durch einen einzigen Charakter festzulegen. Dementsprechend definieren wir

Definition: Wenn a eine ganze rationale Zahl und $\equiv 0$ oder $1 \pmod{4}$ ist, so setzen wir

$$\left(\frac{a}{2}\right) = \left(\frac{a}{-2}\right) = \begin{cases} 0, \text{ wenn } a \equiv 0 \pmod{4} \\ +1, \text{ wenn } a \equiv 1 \pmod{8} \\ -1, \text{ wenn } a \equiv 5 \pmod{8}. \end{cases} \tag{122}$$

Nach Satz 136 ist $\left(\frac{a}{2}\right) = \left(\frac{2}{a}\right)$, wenn das erste Symbol einen Sinn hat. Für zwei solche Zahlen a, a' ist ferner

$$\left(\frac{a}{2}\right) = \left(\frac{a'}{2}\right), \text{ wenn } a \equiv a' \pmod{8};$$

$$\left(\frac{a \cdot a'}{2}\right) = \left(\frac{a}{2}\right) \cdot \left(\frac{a'}{2}\right).$$

Endlich setzen wir allgemein, wenn $a \equiv 0$ oder $1 \pmod{4}$, für beliebige Nenner

$$\left(\frac{a}{2}\right)^c = \left(\frac{a}{2^c}\right), \quad \left(\frac{a}{mn}\right) = \left(\frac{a}{m}\right) \cdot \left(\frac{a}{n}\right). \tag{123}$$

Die Definition (122) steht im Einklang mit der Festsetzung in § 44, weil jede Körperdiskriminante $d \equiv 0$ oder $1 \pmod{4}$ ist.

Satz 137. Wenn d Diskriminante eines quadratischen Körpers ist, und n, m positive ganze Zahlen, so ist

$$\left(\frac{d}{n}\right) = \left(\frac{d}{m}\right), \text{ wenn } n \equiv m \pmod{d}. \tag{124}$$

$$\left(\frac{d}{n}\right) = \left(\frac{d}{m}\right) \cdot \operatorname{sgn} d, \text{ wenn } n \equiv -m \pmod{d}. \tag{125}$$

Hiernach stellt also $\left(\frac{d}{n}\right)$ für positive n einen Restcharakter mod. d vor.

Zum Beweise sind die höchsten in d, n, m aufgehenden Potenzen von 2 abzuspalten. Sei

$$d = 2^a d', \quad n = 2^b n', \quad m = 2^c m'$$

mit ungeraden d', n', m'.

1. Fall: $a > 0$. Der Fall $b > 0$ ist hier trivial, weil dann nach Voraussetzung auch $c > 0$ sein muß, und beide Symbole in (124), (125) den Wert Null haben. Es sei also $b = c = 0$. Nach Satz 136 wird dann

$$\left(\frac{2^a d'}{n}\right) = \left(\frac{2}{n}\right)^a \cdot \left(\frac{d'}{n}\right) = (-1)^{a\frac{n^2-1}{8}} \left(\frac{n}{d'}\right)(-1)^{\frac{n-1}{2}\cdot\frac{d'-1}{2}} \tag{126}$$

und das analoge für m. Da d mindestens durch 4 teilbar ist, stimmen die ersten Faktoren für n und m überein; das gleiche gilt auch für die beiden andern Faktoren, falls $n \equiv m \pmod{d}$; wenn aber $n \equiv -m \pmod{d}$, so unterscheiden sie sich gerade um den Faktor $\operatorname{sgn} d'$.

2. Fall. $a = 0$, also $d \equiv 1 \pmod{4}$.

$$\left(\frac{d}{2^b n'}\right) = \left(\frac{d}{2}\right)^b \left(\frac{d}{n'}\right) = \left(\frac{2}{d}\right)^b \left(\frac{n'}{d}\right) = \left(\frac{n}{d}\right), \tag{127}$$

woraus unmittelbar die Behauptung abzulesen ist.

Aus diesem Satz ergibt sich nun, daß das Zerlegungsgesetz für den quadratischen Körper, wie es in § 29 bewiesen wurde, zwar formal von ganz anderem Typus als das für die Kreiskörper ist, inhaltlich aber dagegen mit diesem eine große Ähnlichkeit aufweist. Denn Satz 137 zeigt: *Wenn zwei positive Primzahlen derselben Restklasse mod. d angehören, so zerfallen sie in $k(\sqrt{d})$ in genau derselben Art.* **Auch $k(\sqrt{d})$ ist also ein Klassenkörper**, der zu einer Klasseneinteilung der rationalen Zahlen mod. d gehört. Rechnen wir nämlich diejenigen Zahlen n zu derselben „Art", wofür $\left(\frac{d}{n}\right)$ denselben von 0 verschiedenen Wert hat, so zerfallen die positiven ganzen, zu d primen Zahlen in zwei verschiedene Arten. Zu derselben Art wie a gehören nach Satz 137 auch alle mit a mod. d kongruenten primitiven Zahlen. Mithin besteht eine Art aus gewissen $\frac{1}{2}\varphi(d)$ zu d teilerfremden Restklassen mod. d. Sind etwa $a_1, a_2, \ldots a_m$ $(m = \frac{1}{2}\varphi(d))$ die mod. d inkongruenten Zahlen, welche zu derselben Art wie 1 gehören (unter ihnen kommen auch alle quadratischen Reste mod. d vor), so lautet das Zerlegungsgesetz:

Sei p eine positive zu d teilerfremde Primzahl und f der kleinste positive Exponent, so daß p^f einer der Zahlen $a_1, \ldots a_m$ nach dem Modul d kongruent ist. Dann zerfällt p in $k(\sqrt{d})$ in $\frac{2}{f}$ verschiedene Primideale. Alle diese haben den Grad f.

Ist speziell die Diskriminante d eine ungerade Primzahl, $d = (-1)^{\frac{q-1}{2}} q$, so ist nach der obigen Formel (126) $\left(\frac{d}{n}\right) = \left(\frac{n}{q}\right)$ und weiter

$$\left(\frac{n}{q}\right) \equiv n^{\frac{q-1}{2}} \pmod{q}.$$

Der Exponent f, von dem eben die Rede war, ist daher der kleinste positive Exponent zu p, wofür

$$p^{f \cdot \frac{q-1}{2}} \equiv 1 \pmod{q}.$$

§ 47. Normenreste. Die Gruppe der Zahlnormen.

Durch den quadratischen Körper $k(\sqrt{d})$ wird unter den rationalen Zahlen für jeden Modul n eine bestimmte Restklassengruppe definiert. Sei nämlich n eine ganze rationale Zahl. In der Gruppe $\mathfrak{R}(n)$ der zu n teilerfremden Restklassen mod. n betrachten wir dann diejenigen Restklassen, welche durch Normen ganzer Zahlen aus $k(\sqrt{d})$ repräsentiert werden können. Diese bilden offenbar eine Untergruppe von $\mathfrak{R}(n)$, welche wir die Gruppe der **Normenreste mod. n** (für den Körper $k(\sqrt{d})$) nennen und mit $\mathfrak{N}(n)$ bezeichnen. Insbesondere heißt die zu n teilerfremde ganze Zahl a ein Normenrest mod. n, wenn es eine ganze Zahl α in k gibt, so daß

$$a \equiv N(\alpha) \pmod{n},$$

im andern Falle heißt a ein **Normennichtrest** mod. n. (Die zu n nicht teilerfremden a bleiben also ganz außer Betracht bei dieser Unterscheidung.)

Es zeigt sich nun, daß im allgemeinen $\mathfrak{N}(p)$ und $\mathfrak{R}(p)$ identisch sind, nur wenn die Primzahl p in der Diskriminante d aufgeht, sind die beiden Gruppen verschieden.

Satz 138. Wenn die ungerade Primzahl p nicht in der Diskriminante d aufgeht, so ist jede zu p teilerfremde ganze rationale Zahl ein Normenrest mod. p für $k(\sqrt{d})$.

Wir unterscheiden beim Beweise zwei Fälle:

1. p zerfällt in $k(\sqrt{d})$ in zwei verschiedene Faktoren 1. Grades $\mathfrak{p}$ und $\mathfrak{p}'$. Alsdann gibt es eine durch $\mathfrak{p}$, aber nicht durch $\mathfrak{p}'$ teilbare Zahl π in $k(\sqrt{d})$, und für jede ganze Zahl α ist dann

$$N(\pi'\alpha + \pi) \equiv \pi'^2\alpha \pmod{\mathfrak{p}}.$$

Hieraus folgt, daß die rationalen Zahlen $N(\pi'\alpha + \pi)$ ein volles Restsystem mod. $\mathfrak{p}$, also auch mod. p durchlaufen, wenn α ein volles Restsystem mod. $\mathfrak{p}$ durchläuft.

2. p bleibt in $k(\sqrt{d})$ unzerlegt, ist also ein Primideal 2. Grades. Sei ϱ eine Primitivzahl mod. p in $k(\sqrt{d})$, dann gilt

$$\varrho^p \equiv \varrho' \pmod{p} \quad \text{und folglich} \quad N(\varrho) \equiv \varrho^{p+1} \pmod{p}. \qquad (128)$$

Denn wenn die quadratische Funktion $f(x) = x^2 + ax + b$ mit ganzen rationalen Koeffizienten die Wurzeln ϱ, ϱ' hat, so zeigt die Funktionenkongruenz

$$f(x)^p \equiv f(x^p) \pmod{p},$$

daß

$$0 \equiv f(\varrho^p) \equiv (\varrho^p - \varrho)(\varrho^p - \varrho') \pmod{p},$$

woraus (128) folgt. Für $a = 1, 2, \ldots p-1$ sind daher die Restklassen von

$$N(\varrho^a) \equiv \varrho^{a(p+1)} \pmod{p}$$

alle untereinander verschieden, da zwei Potenzen von ϱ dieselbe Restklasse nur dann liefern, wenn die Exponenten kongruent mod. $(N(p)-1)$, d. h. mod. (p^2-1) sind. Also sind $N(\varrho^a)$ nach dem Modul p sämtliche zu p teilerfremden rationalen Restklassen.

Satz 139. Wenn die ungrade Primzahl q in der Diskriminante d von $k(\sqrt{d})$ aufgeht, so sind genau die Hälfte der Klassen von $\Re(q)$ Normenreste mod. q, und zwar sind es die Klassen von $\Re(q)$, welche als Quadrat einer Klasse dargestellt werden können.

Ist nämlich $\mathfrak{q}$ das in q aufgehende Primideal von $k(\sqrt{d})$, so ist jede ganze Zahl α aus k kongruent einer rationalen Zahl mod. $\mathfrak{q}$, etwa r; aber aus $\alpha \equiv r \pmod{\mathfrak{q}}$ folgt wegen $\mathfrak{q} = \mathfrak{q}'$ auch $\alpha' \equiv r \pmod{\mathfrak{q}}$ und

$$N(\alpha) \equiv r^2 \pmod{\mathfrak{q}}, \text{ also auch mod. } q,$$

d. h., wenn $(r, q) = 1$,

$$\left(\frac{N(\alpha)}{q}\right) = +1.$$

Ist umgekehrt die Bedingung $\left(\frac{a}{q}\right) = +1$ erfüllt, so gibt es ein ganzes rationales x mit $a \equiv x^2 \pmod{q}$, und wegen $a \equiv N(x) \pmod{q}$ ist a ein Normenrest. Im übrigen erkennt man für beliebige zusammengesetzte Moduln m, n:

Hilfssatz: Sei $(m, n) = 1$. Wenn dann zu a zwei ganze Zahlen α und β in $k(\sqrt{d})$ existieren mit

$$a \equiv N(\alpha) \pmod{m} \quad \text{und} \quad a \equiv N(\beta) \pmod{n},$$

so gibt es auch eine ganze Zahl γ in $k(\sqrt{d})$, für die

$$a \equiv N(\gamma) \pmod{mn}.$$

Man wähle nämlich je einen positiven Exponenten b, c, so daß

$$m^b \equiv 1 \pmod{n} \quad \text{und} \quad n^c \equiv 1 \pmod{m}$$

(etwa $b = \varphi(n)$ und $c = \varphi(m)$), dann hat

$$\gamma = n^c\alpha + m^b\beta$$

die behauptete Eigenschaft.

Was die Primzahl 2 angeht, so betrachten wir hierfür die Gruppe $\mathfrak{R}(2^a)$ für $a = 2$ oder 3.

Satz 140: Ist die Diskriminante d von $k(\sqrt{d})$ ungerade, so ist jede ungerade Zahl Normenrest mod. 8. Wenn aber d gerade ist, so ist genau die Hälfte aller mod. 8 inkongruenten ungeraden Zahlen Normenrest mod. 8.

Zum Beweise probieren wir die Restklassen mod. 8 in $k(\sqrt{d})$ durch. Wir finden mit $\alpha = x + y\sqrt{d}$, wenn d ungerade, resp.

$$x = 0,\ 1,\ 2,\ 1$$

$$y = 1,\ 0,\ 1,\ 2$$

$$N(\alpha) \equiv 3,\ 1,\ 7,\ 5 \pmod{8}, \text{ wenn } d \equiv 5 \pmod{8}$$

$$N(\alpha) \equiv 7,\ 1,\ 3,\ 5 \pmod{8}, \text{ wenn } d \equiv 1 \pmod{8}$$

womit die erste Behauptung bewiesen ist.

Auf dieselbe Art findet man den zweiten Teil des Satzes. Als Normenreste mod. 8 treten für gerades d genau folgende Restklassen mod. 8 auf:

$$N(\alpha) \equiv 1 \text{ oder } 5 \pmod{8}, \text{ wenn } \frac{d}{4} \equiv 3 \pmod{4}$$

$$N(\alpha) \equiv 1 \text{ oder } -1 \pmod{8}, \text{ wenn } \frac{d}{4} \equiv 2 \pmod{8} \qquad (129)$$

$$N(\alpha) \equiv 1 \text{ oder } 3 \pmod{8}, \text{ wenn } \frac{d}{4} \equiv 6 \pmod{8}.$$

Wir beachten dabei, daß für $\frac{d}{4} \equiv 3 \pmod{4}$ die einzigen Normenreste mod. 4 in der Restklasse 1 mod. 4 liegen, also auch $\mathfrak{N}(4)$ von $\mathfrak{R}(4)$ verschieden ist.

Den gefundenen Sachverhalt wollen wir jetzt durch die Begriffe der allgemeinen Gruppentheorie aus § 10 etwas übersichtlicher ausdrücken. Von Interesse werden nur die Normenreste nach den Teilern von d sein. Es seien $q_1, q_2, \ldots q_t$ die t verschiedenen in d aufgehenden positiven Primzahlen mit der Ausnahme, daß **im Falle eines geraden d die Zahl q_t die höchste in d aufgehende Potenz von 2 bedeutet.** Für jedes $i = 1, \ldots t$ ist dann die Gruppe $\mathfrak{N}(q_i)$ der Normenreste in $k(\sqrt{d})$ eine Untergruppe vom Index 2 innerhalb $\mathfrak{R}(q_i)$. Die Zugehörigkeit einer Klasse aus $\mathfrak{R}(q_i)$ zu der Untergruppe wird daher nach Satz 33 dadurch ausgedrückt, daß ein völlig bestimmter Charakter χ_i der Gruppe $\mathfrak{R}(q_i)$ für diese Klasse den Wert 1 hat. Dieser Charakter $\chi_i(n)$ — wenn wir, wie bei Restklassen gewöhnlich, als

Argument n einen Repräsentanten der Klasse schreiben — ist sofort angebbar. Nach Satz 139 ist nämlich

$$\chi_i(n) = \left(\frac{n}{q_i}\right), \text{ wenn } q_i \text{ ungerade.} \tag{130}$$

Die Gruppe $\mathfrak{R}(8)$ hat 2 Basisklassen, jede vom Grade 2, folglich hat sie drei verschiedene Untergruppen vom Index 2, und wie die Tabelle (129) zeigt, tritt jede von diesen auch einmal als $\mathfrak{N}(8)$ auf. Die drei, von 1 verschiedenen, quadratischen Charaktere mod. 8 sind

$$(-1)^{\frac{n-1}{2}}, \ (-1)^{\frac{n^2-1}{8}}, \ (-1)^{\frac{n-1}{2}+\frac{n^2-1}{8}},$$

und wir finden also für gerades d den letzten Charakter

$$\begin{aligned} \chi_t(n) &= (-1)^{\frac{n-1}{2}}, \text{ wenn } \frac{d}{4} \equiv 3 \pmod{4}, \\ &= (-1)^{\frac{n^2-1}{8}}, \text{ wenn } \frac{d}{4} \equiv 2 \pmod{8}, \\ &= (-1)^{\frac{n-1}{2}+\frac{n^2-1}{8}}, \text{ wenn } \frac{d}{4} \equiv 6 \pmod{8}, \end{aligned} \tag{131}$$

d. h.

$$\chi_t(n) = (-1)^{a\frac{n^2-1}{8}+\frac{d'-1}{2}\frac{n-1}{2}}, \text{ wenn } d = 2^a d', \ d' \text{ ungerade.} \tag{132}$$

Mit Rücksicht auf den Hilfssatz folgt daher sofort

Satz 141. Die Gruppe $\mathfrak{N}(d)$ der Normenreste mod. d für einen quadratischen Körper mit Diskriminante d hat innerhalb $\mathfrak{R}(d)$ den Index 2^t, wo t die Anzahl der verschiedenen Primfaktoren von d bedeutet. Damit eine Zahl n Normenrest mod. d ist, ist notwendig und hinreichend, daß die t durch (130) *und* (132) *definierten Restcharaktere $\chi_i(n)$ $(i = 1, \ldots t)$ den Wert $+1$ haben.*

Zur Erleichterung des Literaturstudiums sei bemerkt, daß *Hilbert* den Begriff Normenrest mod. p auch für solche Zahlen n definiert hat, die zu p nicht teilerfremd sind, und die Definition auch in den übrigen Fällen der Form nach anders faßt:

Definition des **Hilbertschen Normenrestsymbols**: Es seien n, m ganze rationale Zahlen, m kein Quadrat, p eine Primzahl (auch 2). Wenn dann nach jeder Potenz p^e die Zahl n kongruent der Norm einer ganzen Zahl in $k(\sqrt{m})$ ist, so setze man

$$\left(\frac{n, m}{p}\right) = +1$$

und nenne n einen Normenrest des Körpers $k(\sqrt{m})$ mod. p. In jedem andern Falle sei dieses Symbol gleich -1, und n heiße ein Normennichtrest mod. p.

Falls n durch p nicht teilbar und p in der Diskriminante von $k(\sqrt{m})$ aufgeht, ist

$$\left(\frac{n,\ d}{q_i}\right) = \chi_i(n) \qquad (q_i \text{ ungerade})$$

$$\left(\frac{n,\ d}{2}\right) = \chi_t(n). \qquad (d \text{ gerade})$$

Wenn p dagegen nicht in nd aufgeht, so stellt sich $\left(\frac{n,\ d}{p}\right) = +1$ heraus.

§ 48. Die Gruppe der Idealnormen und die Gruppe der Geschlechter. Bestimmung der Anzahl der Geschlechter.

Wie eben die Zahlnormen lassen sich nun auch die Idealnormen von k untersuchen. Diejenigen Restklassen mod. d, welche durch die positiv zu nehmenden Normen ganzer, zu d teilerfremder Ideale in $k(\sqrt{d})$ repräsentiert werden können, bilden offenbar eine Untergruppe von $\mathfrak{R}(d)$. Sie heiße die **Gruppe der Idealnormen mod. d**, und werde mit $\mathfrak{J}(d)$ bezeichnet. $\mathfrak{N}(d)$ ist eine Untergruppe von $\mathfrak{J}(d)$. Denn wenn eine Klasse mod. d durch eine Zahlnorm $N(\alpha)$ repräsentiert werden kann, so gehört $N(\alpha + dx)$ für ganzes rationales x derselben Klasse an und ist für hinreichend großes x offenbar positiv, also die Norm des Hauptideals $(\alpha + dx)$.

Da die Struktur von $\mathfrak{N}(d)$ uns durch Satz 141 bereits bekannt ist, brauchen wir nur noch die Faktorgruppe $\mathfrak{J}/\mathfrak{N}$ zu untersuchen. Da $\mathfrak{N}$ den Grad $\frac{\varphi(d)}{2}$ hat, so ist der Grad von $\mathfrak{J}(d)$ ein Multiplum von dieser Zahl, anderseits ein Teiler des Grades $\varphi(d)$ von $\mathfrak{R}(d)$, mithin ist der Grad von $\mathfrak{J}/\mathfrak{N}$ gleich 2^u, wo die ganze Zahl $u \leqq t$ ist. Das eine Hauptresultat wird die Gleichung $u = t - 1$ sein, das zweite die Aufdeckung des Zusammenhanges dieser Gruppe mit der Gruppe der Idealklassen und dem Satz 133.

Die Faktorgruppe $\mathfrak{J}/\mathfrak{N}$ kommt dadurch zustande, daß wir Idealnormen, welche sich mod. d nur um Zahlnormen von k als Faktor unterscheiden, als nicht verschieden ansehen. Für die Ideale ergibt sich auf diese Art eine Einteilung, die wir zweckmäßig so definieren:

Zwei ganze, zu d teilerfremde Ideale $\mathfrak{a}$, $\mathfrak{b}$ in k rechnen wir zu demselben **Geschlecht**, wenn es eine ganze Zahl α in k gibt, so daß

$$|N(\mathfrak{a})| \equiv N(\alpha)\,|N(\mathfrak{b})| \pmod{d}.$$

In der uns geläufigen Art verknüpfen wir die Geschlechter in k zu der Abelschen **Gruppe der Geschlechter**, indem wir als Produkt der Geschlechter G_1, G_2 dasjenige Geschlecht definieren, welchem das Idealprodukt $\mathfrak{a}_1 \cdot \mathfrak{a}_2$ angehört, wenn $\mathfrak{a}_1$, $\mathfrak{a}_2$ Ideale aus G_1 resp. G_2 sind. Die Gruppe der Geschlechter ist offenbar isomorph mit der Gruppe $\mathfrak{J}/\mathfrak{N}$. Das Einheitselement dieser Gruppe heiße das **Hauptgeschlecht;** es ist dasjenige, welches das Ideal 1, also die Hauptideale im engeren Sinne enthält. Ideale, welche im engeren Sinne äquivalent sind, gehören offenbar zu demselben Geschlecht, wenn sie zu d prim sind, mithin besteht jedes Geschlecht aus einer gewissen Anzahl von Idealklassen im engeren Sinne. Da die Klassen, die zum Hauptgeschlecht gehören — ihre Anzahl sei f — offenbar eine Untergruppe der engeren Klassengruppe bilden, so ist f ein Teiler von h_0, und jedes Geschlecht enthält genau f Klassen. Bedeutet g die Anzahl der verschiedenen Geschlechter, so ist also

$$h_0 = g \cdot f.$$

Das Quadrat jedes Geschlechtes ist das Hauptgeschlecht. Denn für jedes Ideal $\mathfrak{a}$ ist, wenn $a = |N(\mathfrak{a})|$ gesetzt wird,

$$|N(\mathfrak{a}^2)| = N(a).$$

Folglich muß der Grad g der Gruppe der Geschlechter eine Potenz von 2 sein, $g = 2^u$, wie wir schon oben für die Gruppe $\mathfrak{J}/\mathfrak{N}$ fanden. Wir erhalten aber sofort eine genauere Angabe über u, wenn wir bedenken, daß die Anzahl der verschiedenen Klassen, welche als Quadrate darstellbar sind, nach Satz 133 wegen des Gruppensatzes 29 genau $\frac{h_0}{2^{t-1}}$ ist. Mithin ist

$$f \geqq \frac{h_0}{2^{t-1}}, \quad g = \frac{h_0}{f} \leqq 2^{t-1}, \quad u \leqq t-1. \tag{133}$$

Um nun die Gleichung $u = t - 1$ zu beweisen, suchen wir uns für die Gruppe der Geschlechter die Gruppencharaktere zu konstruieren. Solche erhalten wir sogleich aus den t Funktionen $\chi_i(n)$ des vorigen Paragraphen. Für jeden Normenrest n mod. d haben die $\chi_i(n)$ den Wert 1. Definieren wir nun zu jedem ganzen zu d teilerfremden Ideal $\mathfrak{a}$ aus $k(\sqrt{d})$ die t Funktionen

$$\gamma_i(\mathfrak{a}) = \chi_i(|N(\mathfrak{a})|) \qquad (i = 1, \cdots t) \tag{134}$$

so hat jedes $\gamma_i(\mathfrak{a})$ für Ideale desselben Geschlechtes denselben Wert. Überdies ist $\gamma_i(\mathfrak{a}\mathfrak{b}) = \gamma_i(\mathfrak{a}) \cdot \gamma_i(\mathfrak{b})$, also folgt:

Satz 142. Die t Funktionen (134) $\gamma_i(\mathfrak{a})$ *sind Gruppencharaktere des durch* $\mathfrak{a}$ *repräsentierten Geschlechtes.*

Nun ist nach § 10 die Gruppe der Charaktere einer Abelschen Gruppe mit dieser isomorph. In der Gruppe der Geschlechter gibt es nun u unabhängige Elemente und nicht mehr, weil sie vom Grade 2^u ist und jedes Element höchstens den Grad 2 hat. Folglich gibt es auch genau u unabhängige Charaktere. Zwischen den t Charakteren $\gamma_i(\mathfrak{a})$ müssen daher mindestens $t-u$ Relationen bestehen. D. h. wegen $t-u \geqq 1$:

Satz 143. Es besteht mindestens eine Relation für alle zu d teilerfremden Ideale $\mathfrak{a}$ des Körpers

$$\prod_{i=1}^{t} \gamma_i^{c_i}(\mathfrak{a}) = 1,$$

wo die ganzen rationalen c_i von $\mathfrak{a}$ unabhängige, nicht sämtlich durch 2 teilbare Zahlen sind.

Für $t=1$ muß also die Gleichung

$$\gamma_1(\mathfrak{a}) = \chi_1(|N(\mathfrak{a})|) = 1$$

bestehen. Das ist nun in der Tat gerade der eine Teil des quadratischen Reziprozitätsgesetzes, welches bisher in § 47 und 48 nicht benutzt worden ist. Wir sehen, daß der Beweis dieser Gleichung wesentlich auf das Ungeradesein von h_0 für Körper mit $t=1$ herauskommt, wie unser Beweis in § 46.

Wir wollen jetzt umgekehrt aus dem quadratischen Reziprozitätsgesetz die Gleichung

$$\prod_{i=1}^{t} \gamma_i(\mathfrak{a}) = 1 \tag{135}$$

folgern. Dazu zeigen wir, daß für jedes positive ganze zu d teilerfremde n die Gleichung

$$\prod_{i=1}^{t} \chi_i(n) = \left(\frac{d}{n}\right) \tag{136}$$

richtig ist. Für ungerades d ist nämlich

$$\prod_{i=1}^{t} \chi_i(n) = \prod_{i=1}^{t} \left(\frac{n}{q_i}\right) = \left(\frac{n}{q_1 \ldots q_t}\right) = \left(\frac{n}{d}\right),$$

und dieses ist nach (127) gleich dem inversen Symbol. Ist aber $q_t = 2^a (a > 0)$ und $d = 2^a d'$, so ist

$$\prod_{i=1}^{t-1} \chi_i(n) = \left(\frac{n}{d'}\right), \quad \chi_t(n) = (-1)^{a\frac{n^2-1}{8} + \frac{d'-1}{2}\frac{n-1}{2}},$$

und aus (126) folgt dann ebenfalls (136).

Hieraus ergibt sich nun die Charakterenrelation (135) sofort für Primideale 1. Grades. Denn für solche $\mathfrak{a} = \mathfrak{p}$ ist ja nach den Zerlegungssätzen $\left(\frac{d}{N(\mathfrak{p})}\right) = +1$. Ist aber $\mathfrak{a}$ ein Primideal 2. Grades, so ist $N(\mathfrak{a})$ ein rationales Quadrat, daher jedes $\gamma_i(\mathfrak{a}) = 1$. Ist (135) aber für jedes nicht in d aufgehende Primideal richtig, dann auch für jedes $\mathfrak{a}$ mit $(\mathfrak{a}, d) = 1$.

Die Tatsache, daß die Anzahl der Geschlechter g genau $= 2^{t-1}$ ist, wird nun am bequemsten mit Benutzung transzendenter Methoden dadurch bewiesen, daß wir zeigen, zwischen den t Charakteren $\gamma_i(\mathfrak{a})$ besteht nur die eine Relation (135), daher gibt es $t-1$ unabhängige Charaktere $\gamma_i(\mathfrak{a})$ der Gruppe der Geschlechter, deren Grad also mindestens 2^{t-1}, folglich wegen (133) genau 2^{t-1} ist.

Satz 144. Sind $e_1, e_2, \ldots e_t$ t Zahlen ± 1 mit dem Produkt 1,

$$e_1 \cdot e_2 \cdots e_t = 1,$$

so gibt es unendlich viele Primideale 1. *Grades* $\mathfrak{p}$ *in* $k(\sqrt{d})$, *wofür die Charaktere*

$$\gamma_i(\mathfrak{p}) = e_i \quad (i = 1, 2, \cdots t).$$

Setzen wir $N(\mathfrak{p}) = p$, so besagt die Behauptung offenbar: Es gibt unendlich viele rationale Primzahlen p, welche die Bedingungen

$$\chi_i(p) = e_i \quad (i = 1, \cdots t) \quad \text{und} \quad \left(\frac{d}{p}\right) = +1$$

erfüllen. Nach (136) ist nun die letzte Bedingung, wegen $e_1 \cdot e_2 \cdots e_t = +1$, eine Folge der t ersten Bedingungen; wir brauchen daher nur noch diese im Auge zu behalten.

Da jedes $\chi_i(n)$ ein Restcharakter mod. q_i ist, so verlangt die einzelne Gleichung

$$\chi_i(n) = e_i,$$

daß n gewissen Restklassen mod. q_i angehört, und solche ganze rationale n gibt es stets. Das gleichzeitige Bestehen der t Gleichungen verlangt also, daß n nach jedem der t Moduln q_i gewissen Restklassen angehört, und nach Satz 15 bedeutet dies, daß n gewissen Restklassen mod. $q_1 \cdot q_2 \cdots q_t$, d. h. mod. d angehört (die natürlich zu d prim sind). Nun existieren aber in jeder zu d teilerfremden Restklasse mod. d auch unendlich viele positive rationale Primzahlen, nach Satz 131, und damit ist unsere Behauptung bewiesen.

Die Existenz dieser Primzahlen haben wir in § 43 mit der Theorie des Kreisteilungskörpers der $|d|$-ten Einheitswurzeln bewiesen. Es ist von Wichtigkeit, daß man die Existenz von unendlich vielen p

mit $\chi_i(p) = e_i$ auch allein aus der Theorie der quadratischen Körper (auch auf transzendentem Wege) erschließen kann, wie wir in § 49 noch zeigen wollen.

Aus Satz 144 folgt, wie oben schon gezeigt, daß $g = 2^{t-1}$, also auch $f = \frac{h_0}{2^{t-1}}$. D. h. die Anzahl der Klassen im Hauptgeschlecht ist gleich der Anzahl derjenigen Idealklassen, welche als Quadrate von Klassen dargestellt werden können. Damit ist dann bewiesen:

Satz 145. ***Fundamentalsatz über die Geschlechter:*** *In dem quadratischen Körper mit der Diskriminante d ist die Anzahl der Geschlechter gleich 2^{t-1}. Ein vollständiges System unabhängiger Charaktere der Gruppe der Geschlechter wird von beliebigen $t-1$ der Funktionen*

$$\gamma_i(\mathfrak{a}) = \chi_i(|N(\mathfrak{a})|) \qquad (i = 1, \cdots t)$$

gebildet. Damit eine Idealklasse ein Quadrat ist, ist notwendig und hinreichend, daß sie dem Hauptgeschlecht angehört.

Gauß hat diesen Satz zuerst gefunden und für ihn einen rein arithmetischen Beweis gegeben. Ein solcher ist auch in Hilberts Bericht dargestellt.

Aus dem letzten Teil des obigen Satzes schließen wir noch: Damit das zu d teilerfremde Ideal $\mathfrak{a}$ mit dem Quadrat eines Ideals äquivalent ist, ist notwendig und hinreichend, daß $|N(\mathfrak{a})|$ ein Normenrest mod. d ist, d. h. die Lösbarkeit der Kongruenz

$$|N(\mathfrak{a})| \equiv x^2 \pmod{d}$$

in ganzen rationalen x. Alsdann ist die Idealnorm $|N(\mathfrak{a})|$ auch Norm einer ganzen oder gebrochenen Körperzahl. Denn aus $\mathfrak{a} \approx \mathfrak{b}^2$ folgt die Existenz einer Körperzahl α mit

$$\mathfrak{a} = \alpha \cdot \mathfrak{b}^2, \quad N(\alpha) > 0, \quad \text{also}$$

$$|N(\mathfrak{a})| = N(\alpha) \cdot |N(\mathfrak{b}^2)| = N(\alpha) \cdot N(\mathfrak{b})^2 = N(\alpha b), \quad \text{wo} \quad b = |N(\mathfrak{b})|.$$

§ 49. Die Zetafunktion von $k(\sqrt{d})$ und die Existenz von Primzahlen mit vorgeschriebenen quadratischen Restcharakteren.

Um die Zetafunktion $\zeta_k(s)$ von $k(\sqrt{d})$ durch einfachere Funktionen auszudrücken, betrachten wir in dem unendlichen Produkt

$$\zeta_k(s) = \prod_{\mathfrak{p}} \frac{1}{1 - N(\mathfrak{p})^{-s}}$$

diejenigen Faktoren, welche von den in einer bestimmten rationalen

Primzahl p aufgehenden Primidealen $\mathfrak{p}$ herrühren. Auf Grund der Zerlegungsgesetze erkennt man sofort, daß dieses Teilprodukt

$$\prod_{\mathfrak{p}\mid p}(1 - N(\mathfrak{p})^{-s}) = (1 - p^{-s})\left(1 - \left(\frac{d}{p}\right)p^{-s}\right).$$

Mithin wird $\zeta_k(s)$ das ebenfalls für $s > 1$ konvergente Produkt

$$\zeta_k(s) = \prod_p \frac{1}{1 - p^{-s}} \cdot \prod_p \frac{1}{1 - \left(\frac{d}{p}\right)p^{-s}},$$

wo p alle positiven Primzahlen durchläuft. Also ist

$$\zeta_k(s) = \zeta(s) \cdot L(s)$$

$$L(s) = \prod_p \frac{1}{1 - \left(\frac{d}{p}\right)p^{-s}}. \tag{137}$$

Setzen wir diesen Ausdruck für $\zeta_k(s)$ in die Klassenzahlformel (95) ein, so ergibt sich

$$h \cdot \varkappa = \lim_{s=1} L(s). \tag{138}$$

Hieraus schließen wir, daß $L(s)$ bei Annäherung an $s = 1$ einem endlichen von 0 verschiedenen Grenzwert zustrebt. Und nun wollen wir aus dieser Tatsache ähnlich wie in § 43 Aussagen über die Verteilung der Symbole $\left(\frac{d}{p}\right)$ herleiten. Aus (138) folgt

$$\lim_{s=1} \log L(s) \quad \text{ist endlich.} \tag{139}$$

Wie in § 43 bei $L(s, \chi)$ finden wir

$$\log L(s) = -\sum_p \log\left(1 - \left(\frac{d}{p}\right)p^{-s}\right) = \sum_p \sum_{m=1}^{\infty} \frac{1}{m\, p^{ms}} \left(\frac{d}{p}\right)^m$$

$$= \sum_p \left(\frac{d}{p}\right)\frac{1}{p^s} + H(s),$$

wo $H(s)$ eine für $s > \frac{1}{2}$ konvergente Dirichletsche Reihe ist, also für $s \to 1$ einen Grenzwert hat. Nach (139) gilt daher

$$\lim_{s=1} \sum_p \left(\frac{d}{p}\right)\frac{1}{p^s} \quad \text{ist endlich.} \tag{140}$$

Diese Behauptung bleibt offenbar auch noch richtig, wenn man endlich viele beliebige p in der Summe fortläßt, und folglich auch, wenn man d hierin durch eine sich von d um eine rationale Quadratzahl unterscheidende ganze Zahl ersetzt. D. h.

Satz 146. Wenn a eine beliebige positive oder negative ganze rationale Zahl ist, welche kein Quadrat ist, so hat die Funktion

$$L(s;\ a) = \sum_{p>2} \left(\frac{a}{p}\right) \frac{1}{p^s}$$

für $s \to 1$ einen endlichen Grenzwert.

Ein Formalismus ähnlich wie in § 43 führt uns dann hieraus zu

Satz 147. Es seien $a_1, a_2, \ldots a_r$ irgendwelche ganze rationale Zahlen derart, daß ein Potenzprodukt

$$a_1^{u_1} a_2^{u_2} \ldots a_r^{u_r}$$

nur dann ein rationales Quadrat ist, wenn alle u gerade sind. Ferner seien $c_1, c_2, \ldots c_r$ beliebige Werte ± 1. Dann gibt es unendlich viele Primzahlen p, welche die Bedingungen

$$\left(\frac{a_i}{p}\right) = c_i \quad \text{für } i = 1, 2, \cdots r \tag{141}$$

erfüllen.

Zum Beweise setzen wir der Symmetrie halber

$$L(s;\ 1) = \sum_{p>2} \frac{1}{p^s}$$

(eine Funktion, die nach § 43 für $s \to 1$ über alle Grenzen wächst) und bilden die aus 2^r Gliedern bestehende Summe ($s > 1$)

$$\sum_{u_1, \ldots, u_r} c_1^{u_1} c_2^{u_2} \cdots c_r^{u_r} L(s;\ a_1^{u_1} \cdot a_2^{u_2} \cdots a_r^{u_r}) = \varphi(s), \tag{142}$$

worin jedes u_i die Werte 0, 1 durchläuft. Hierfür ergibt die Definition der L

$$\varphi(s) = \sum_{p>2} \left(1 + c_1\left(\frac{a_1}{p}\right)\right)\left(1 + c_2\left(\frac{a_2}{p}\right)\right) \cdots \left(1 + c_r\left(\frac{a_r}{p}\right)\right)\frac{1}{p^s}. \tag{143}$$

In dieser Summe über p haben ersichtlich nur diejenigen Glieder p^{-s} einen von 0 verschiedenen Faktor (und zwar den Faktor 2^r), wo p die Bedingungen (141) der Behauptung erfüllt, abgesehen von den endlich vielen in den a aufgehenden p. Nun ist

$$\lim_{s=1} \varphi(s) = \infty,$$

da in jener Summe (142) $L(s, 1)$ über alle Grenzen wächst, während alle übrigen $L(s;\ a)$ vermöge unserer Voraussetzung nach Satz 146 endlich bleiben. Folglich müssen auch in (143) unendlich viele von Null verschiedene Glieder auftreten, wodurch unser Satz bewiesen ist.

Insbesondere folgt daraus für $r = 1$:

In jedem quadratischen Körper gibt es unendlich viele Primideale sowohl vom ersten als auch vom zweiten Grade.

Wählen wir in den Bezeichnungen des vorigen Paragraphen die $a_i = \pm q_i$ und $r = t$, so daß jedes a_i selbst eine Körperdiskriminante und das Produkt $a_1 \cdot a_2 \ldots a_t$ gerade $= d$ ist, so ist vermöge der Formel (136), angewandt auf jeden einzelnen Körper $k(\sqrt{a_i})$,

$$\chi_i(p) = \left(\frac{a_i}{p}\right), \qquad (i = 1, \cdots, t)$$

und damit ist dann Satz 144 des vorigen Paragraphen ohne den Dirichletschen Primzahlsatz, d. h. ohne die Theorie der Kreisteilungskörper, bewiesen.

§ 50. Bestimmung der Klassenzahl von $k(\sqrt{d})$ ohne Benutzung der Zetafunktion.

Wir wenden uns nun zur Bestimmung der Anzahl h der Idealklassen (im weiteren Sinne) nach den Methoden von Kapitel VI. Zuerst wollen wir diese Bestimmung nach § 41, allein aus der Dichtigkeit der Ideale, ohne Benutzung von $\zeta_k(s)$, vornehmen, hernach die formal elegantere Methode von Satz 125 mit Hilfe von $\zeta_k(s)$ anwenden.

Bei dem ersten Weg ist die Bestimmung der Funktion $F(n)$, der Anzahl der ganzen Ideale des Körpers mit der Norm n, erforderlich. Nach (89) ist für teilerfremde $a, b: F(ab) = F(a) \cdot F(b)$.

Hilfssatz: Für jede Potenz p^k der Primzahl p ist

$$F(p^k) = \sum_{i=0}^{k} \left(\frac{d}{p^i}\right) = 1 + \sum_{i=1}^{k} \left(\frac{d}{p}\right)^i \tag{144}$$

Fall a): $\left(\frac{d}{p}\right) = -1$. Wenn $N(\mathfrak{a}) = p^k$, so muß $\mathfrak{a} = p^u$ mit einem positiven ganzen rationalen u sein, daher $2u = k$, d. h.

$$F(p^k) = \begin{cases} 1, & \text{wenn } k \text{ gerade} \\ 0, & \text{wenn } k \text{ ungerade} \end{cases}$$

in Übereinstimmung mit der Behauptung (144).

Fall b): $\left(\frac{d}{p}\right) = 0$. Es ist p das Quadrat eines Primideals $\mathfrak{p}$, und aus $N(\mathfrak{a}) = p^k$ folgt $\mathfrak{a} = \mathfrak{p}^u$, $u = k$, $F(p^k) = 1$.

Fall c): $\left(\frac{d}{p}\right) = +1$. p ist das Produkt zweier verschiedenen Primideale $\mathfrak{p}$, $\mathfrak{p}'$, und aus $N(\mathfrak{a}) = p^k$ folgt $\mathfrak{a} = \mathfrak{p}^u \cdot \mathfrak{p}'^{u'}$ mit $u + u' = k$. Alsdann liefern die $k+1$ Zahlpaare u, $k-u$ für $u = 0, 1, \cdots, k$ genau $k+1$ verschiedene Ideale $\mathfrak{a}$, und es wird

$$F(p^k) = k + 1,$$

wie es der Hilfssatz behauptet.

Satz 148. Für eine jede natürliche Zahl n ist

$$F(n) = \sum_{m \mid n} \left(\frac{d}{m}\right),$$

wo m alle verschiedenen positiven Teiler von n durchläuft.

Zerlegen wir nämlich n in seine verschiedenen Primfaktoren

$$n = p_1^{k_1} \cdot p_2^{k_2} \cdots p_r^{k_r},$$

so ist

$$F(n) = F(p_1^{k_1}) \cdot F(p_2^{k_2}) \cdots F(p_r^{k_r}) = \prod_{i=1}^{r} \sum_{c_i=0}^{k_i} \left(\frac{d}{p_i^{c_i}}\right)$$

$$F(n) = \sum_{\substack{c_1 = 0 \,..\, k_1 \\ c_2 = 0 \ldots k_2 \\ \cdots\cdots}} \left(\frac{d}{p_1^{c_1} p_2^{c_2} \cdots p_r^{c_r}}\right) = \sum_{m \mid n} \left(\frac{d}{m}\right).$$

Wir setzen fortan

$$\left(\frac{d}{n}\right) = \chi(n), \quad (n > 0)$$

um damit schon an die durch Satz 137 bewiesene Tatsache zu erinnern, daß $\left(\frac{d}{n}\right)$ für positive n ein Restcharakter mod. d ist.

Wir tragen jetzt den gefundenen Ausdruck von $F(n)$ in die Grenzformel (88) von § 41 ein und erhalten

$$h \cdot \varkappa = \lim_{x=\infty} \frac{\sum\limits_{n \leq x} F(n)}{x} = \lim_{x=\infty} \frac{1}{x} \sum_{n \leq x} \sum_{m \mid n} \chi(m).$$

In der endlichen Doppelsumme setzen wir (mit ganzem m')

$$n = m \cdot m', \qquad \sum_{n \leq x} F(n) = \sum_{\substack{m, m' > 0 \\ m \cdot m' \leq x}} \chi(m),$$

worin also m, m' alle natürlichen Zahlen durchlaufen, deren Produkt $\leqq x$ ist. m' hat also die ganzen Zahlen mit der Eigenschaft

$$1 \leqq m' \leqq \frac{x}{m}$$

zu durchlaufen, deren Anzahl $\left[\frac{x}{m}\right]$ ist, wo $[u]$ die größte natürliche Zahl $\leqq u$ bedeutet. Mithin kommt

$$\sum_{1\leqq n\leqq x} F(n) = \sum_{1\leqq m\leqq x}\chi(m)\left[\frac{x}{m}\right] = x\sum_{1\leqq m\leqq x}\frac{\chi(m)}{m} + \sum_{1\leqq n\leqq x}\chi(m)\left(\left[\frac{x}{m}\right] - \frac{x}{m}\right).$$

Nach Division mit x hat für $x\to\infty$ die erste Summe den Grenzwert

$$\sum_{m=1}^{\infty}\frac{\chi(m)}{m},$$

da diese Reihe nach Satz 128 als Reihe $L(s,\chi)$ für $s=1$ konvergiert. Also wird

$$h\cdot\varkappa = \sum_{n=1}^{\infty}\frac{\chi(n)}{n} + \lim_{x=\infty}\frac{1}{x}\sum_{1\leqq n\leqq x}\chi(n)\left(\left[\frac{x}{n}\right] - \frac{x}{n}\right).$$

Dieser letzte Grenzwert ist aber gleich 0 vermöge folgenden allgemeinen Grenzwertsatzes[1]):

Es sei eine Koeffizientenfolge $a_1, a_2, \ldots$ so beschaffen, daß

$$\lim_{x=\infty}\frac{1}{x}\sum_{n\leqq x} a_n = 0 \quad \text{und} \quad \sum_{n\leqq x}|a_n| \leqq x \ \text{für alle} \ x>0,$$

dann ist

$$\lim_{x=\infty}\frac{1}{x}\sum_{n\leqq x} a_n\left(\left[\frac{x}{n}\right] - \frac{x}{n}\right) = 0.$$

Die Voraussetzungen treffen nach dem Beweis von Satz 128 für $a_n = \chi(n)$ zu. Damit ergibt sich

$$h\cdot\varkappa = \sum_{n=1}^{\infty}\frac{\chi(n)}{n}. \tag{145}$$

Diese Gleichung werden wir kürzer im nächsten Paragraphen mit der Zetafunktion beweisen und die Summe hernach weiter behandeln.

§ 51. Bestimmung der Klassenzahl mit Hilfe der Zetafunktion.

Wir haben in § 49 bereits $\zeta_k(s)$ als $\zeta(s)\cdot L(s)$ dargestellt, wo

$$L(s) = \prod_p \frac{1}{1-\chi(p)p^{-s}}. \tag{137}$$

und daraus geschlossen, daß

$$h\cdot\varkappa = \lim_{s=1} L(s). \tag{138}$$

1) Zu diesem Satze vgl. *E. Landau*, Über einige neuere Grenzwertsätze. Rendiconti del Circolo Matematico di Palermo 34 (1912).

Da nun $\chi(n)$ für natürliche Zahlen n ein Restcharakter mod. d ist, so ist die durch (137) definierte Funktion mit einem $L(s, \chi)$ aus § 43 identisch, und es gilt

$$L(s) = \sum_{n=1}^{\infty} \frac{\chi(n)}{n^s},$$

woraus weiter nach Satz 128 die Gleichung folgt:

$$h \cdot \varkappa = L(1) = \sum_{n=1}^{\infty} \frac{\chi(n)}{n}, \tag{145}$$

die wir eben in § 50, ohne die Zetafunktion zu benutzen, erhielten. Vergleichen wir die zwei Beweise dieser Formel, so sehen wir, daß die Darstellung von $\zeta_k(s)$ als $\zeta(s)\, L(s)$ auf Grund der Zerlegungsgesetze inhaltlich dasselbe bedeutet wie die Ermittelung von $F(n)$ nach Satz 148.

Für den quadratischen Körper mit der Diskriminante d ist nun

$$\varkappa = \frac{2 \log \varepsilon}{|\sqrt{d}|}, \quad \text{wenn } d > 0,\ \varepsilon \text{ die Grundeinheit mit } \varepsilon > 1$$

$$\varkappa = \frac{2\pi}{w\,|\sqrt{d}|}, \quad \text{wenn } d < 0;\ (w = 2 \text{ für } d < -4).$$

Für positive d ergibt sich daher aus (145) der merkwürdige

Satz 149. Der Ausdruck

$$\varepsilon^{2h} = e^{\sqrt{d} \sum\limits_{n=1}^{\infty} \left(\frac{d}{n}\right) \frac{1}{n}}$$

stellt bei $d > 0$ eine Einheit unendlichen Grades in $k(\sqrt{d})$ dar. Und

$$\varepsilon^{2h} + \varepsilon'^{2h} = \varepsilon^{2h} + \varepsilon^{-2h} = e^{\sqrt{d}\, L(1)} + e^{-\sqrt{d}\, L(1)} = A$$

ist eine ganze rationale Zahl, derart, daß jene Einheit die größere der beiden Wurzeln der Gleichung

$$x^2 - Ax + 1 = 0$$

ist.

Die ganze rationale Zahl A läßt sich also auch numerisch durch Restabschätzung der konvergenten Reihe $L(1)$ berechnen, und damit haben wir eine transzendente Methode zur Auffindung einer Einheit in reellen quadratischen Körpern.

Die Reihe $L(1)$ läßt sich aber in jedem Falle in einer sehr übersichtlichen Form summieren, und es ergibt sich da insbesondere ein überraschend einfacher Ausdruck für h bei dem imaginären quadratischen Körper.

Da $\chi(n)$ eine für $n > 0$ periodische Funktion des ganzen Argumentes n mit der Periode $|d|$ ist, liegt der Gedanke nahe, $\chi(n)$ in eine Art endliche Fouriersche Reihe zu entwickeln. Wir suchen also die $|d|$ Größen $c_n (n = 0, 1, \cdots, |d| - 1)$ so zu bestimmen, daß

$$\chi(a) = \sum_{n=0}^{|d|-1} c_n \zeta^{an} \qquad \left(\zeta = e^{\frac{2\pi i}{|d|}}\right) \tag{146}$$

für

$$a = 0, 1, \cdots, |d| - 1.$$

Diese $|d|$ linearen Gleichungen für die c_n sind gewiß eindeutig lösbar, da die Determinante der Koeffizienten ζ^{an} sicher von 0 verschieden ist. Zur Berechnung ist es zweckmäßig, $\chi(n)$ und c_n für beliebige, auch **negative** ganze rationale n zu definieren, indem man setzt

$$\chi(n) = \chi(m) \quad \text{und} \quad c_n = c_m, \quad \text{wenn } n \equiv m \pmod{d}$$

wodurch die Gl. (146) für jedes ganze rationale a richtig wird.

(Für $\chi(n)$ entspricht das bei negativen n nicht immer der Bedeutung $\chi(n) = \left(\frac{d}{n}\right)$, da nach unserer früheren Festsetzung $\left(\frac{d}{n}\right) = \left(\frac{d}{-n}\right)$ ist.)

Nach Satz 137 wird

$$\chi(n) = \chi(-n) \cdot \operatorname{sgn} d. \tag{147}$$

und hieraus folgt eine analoge Eigenschaft von c_n. Setzt man nämlich

$$\chi(-a) = \sum_n c_n \zeta^{-an},$$

worin dann n ein beliebiges volles Restsystem mod. d durchläuft, so wird, da das gleiche alsdann für $-n$ gilt,

$$\chi(-a) = \sum_n c_{-n} \zeta^{an}$$

$$\chi(a) = \sum_n c_{-n} \operatorname{sgn} d\, \zeta^{an}.$$

Wegen der eindeutigen Bestimmtheit der c_n aus (146) ist also

$$c_{-n} = c_n \cdot \operatorname{sgn} d. \tag{147a}$$

Die Bestimmung der c_n werden wir nachher vornehmen; wir können aber jetzt schon $L(1)$ in wesentlich andere Form setzen:

$$L(1) = \sum_{m=1}^{\infty} \frac{\chi(n)}{n} = \sum_{n=1}^{\infty} \frac{1}{n} \sum_{q=0}^{|d|-1} c_q \zeta^{qn}.$$

Da nun bekanntlich für $\zeta^q \neq 1$, $|\zeta| = 1$,

$$-\log(1-\zeta^q) = \sum_{n=1}^{\infty} \frac{\zeta^{qn}}{n},$$

insbesondere also diese Reihe für $q \not\equiv 0 \pmod{d}$ konvergiert, so muß $c_0 = 0$ sein, da $\sum_{n=1}^{\infty} \frac{1}{n}$ divergiert, aber die ganze Reihe $L(1)$ konvergiert. Wir schreiben also

$$L(1) = \sum_{q=1}^{|d|-1} c_q \sum_{n=1}^{\infty} \frac{\zeta^{qn}}{n}.$$

Nehmen wir hier die Glieder mit q und $|d| - q$ zusammen und berücksichtigen (147a), so erhalten wir

$$L(1) = \frac{1}{2} \sum_{q=1}^{|d|-1} c_q \sum_{n=1}^{\infty} \frac{\zeta^{qn} + \operatorname{sgn} d \cdot \zeta^{-qn}}{n}$$

und somit für $d > 0$ und $d < 0$ zwei wesentlich verschiedene Ausdrücke:

1. $d < 0$.

$$L(1) = i \sum_{q=1}^{|d|-1} c_q \sum_{n=1}^{\infty} \frac{\sin \frac{2\pi q n}{|d|}}{n}.$$

Bekanntlich ist aber

$$\sum_{n=1}^{\infty} \frac{\sin 2\pi n x}{n} = \pi\left(\frac{1}{2} - x\right) \quad \text{für } 0 < x < 1.$$

Daher

$$L(1) = \frac{\pi i}{2} \sum_{q} c_q - \pi i \sum_{q=1}^{|d|-1} c_q \frac{q}{|d|}.$$

Die erste Summe ist nach (146), wenn man $a = 0$ setzt, gleich 0, also

$$L(1) = -\frac{\pi i}{|d|} \sum_{n=1}^{|d|-1} n c_n$$

$$h = \frac{-wi}{2|\sqrt{d}|} \sum_{n=1}^{|d|-1} n c_n \tag{148}$$

2. $d > 0$.

$$L(1) = \frac{1}{2}\sum_{q=1}^{d-1} c_q \sum_{n=1}^{\infty} \frac{\zeta^{qn} + \zeta^{-qn}}{n} = -\sum_{q=1}^{d-1} c_q \Re \log(1-\zeta^q)^{1)}$$

$$= -\sum_{q=1}^{d-1} c_q \log|1-\zeta^q| = -\sum_{q=1}^{d-1} c_q \log\left| e^{\frac{\pi i q}{d}} - e^{-\frac{\pi i q}{d}} \right|,$$

wo zuletzt das Zeichen log den reellen Wert bedeutet.

$$h = \frac{-|\sqrt{d}|}{2\log\varepsilon} \sum_{n=1}^{d-1} c_n \log\sin\frac{\pi n}{d}. \tag{149}$$

In den beiden Endformeln für h sind noch die c_n aus den linearen Gleichungen (146) zu berechnen, was nun geschehen soll.

§ 52. Die Gaußschen Summen und die endgültige Formel für die Klassenzahl.

Für die c_n ergibt sich aus den Definitionsgleichungen sofort durch Multiplikation mit ζ^{-am} und Summation über a mod. d

$$\sum_{a=0}^{|d|-1} \chi(a)\zeta^{-am} = \sum_{n=0}^{|d|-1} c_n \sum_{a=0}^{|d|-1} \zeta^{a(n-m)} = c_m \cdot |d|$$

$$c_n = \frac{1}{|d|}\sum_{a=0}^{|d|-1} \chi(a)\zeta^{-an} = \frac{\chi(-1)}{|d|}\sum_{a} \chi(-a)\zeta^{-an} = \frac{1}{d}\sum_{a=0}^{|d|-1} \chi(a)\zeta^{an}.$$

Diese letzteren Summen nennt man Gaußsche Summen. Gauß hat sie zuerst untersucht und ihren Wert ermittelt, wobei die Hauptschwierigkeit die Bestimmung eines Vorzeichens ist. Wir wollen in diesem Paragraphen nur ihre einfachsten Eigenschaften feststellen, die nähere Untersuchung aber auf das nächste Kapitel verschieben, wo wir das Analogon Gaußscher Summen in beliebigen algebraischen Zahlkörpern behandeln werden.

Wir setzen in diesem Paragraphen für eine beliebige Diskriminante d eines quadratischen Körpers und ein ganzes rationales n

$$G(n,d) = \sum_{a \bmod d} \chi(a) e^{\frac{2\pi i a n}{|d|}}, \tag{150}$$

wo

$$\chi(-a) = \chi(a)\cdot \operatorname{sgn} d$$

und für positive a

$$\chi(a) = \left(\frac{d}{a}\right).$$

---

1) $\Re u$ bedeutet den reellen Teil von u.

Aus der Definition folgt

$$G(n_1, d) = G(n_2, d), \text{ wenn } n_1 \equiv n_2 (\text{mod. } d).$$

Wir zeigen ferner, daß sich $G(n, d)$ auf $G(n, q)$ zurückführen läßt, wo q eine nur durch eine einzige Primzahl teilbare Diskriminante ist. Zu diesem Zwecke setzen wir mit den Bezeichnungen von § 47, falls $t > 1$,

$$d = (\pm q_1) \cdot (\pm q_2) \cdots (\pm q_t),$$

wo die Vorzeichen so gewählt sind, daß jedes $\pm q$ selbst eine Diskriminante ist. Ferner definieren wir den Restcharakter

$$\left.\begin{aligned} \chi_r(n) &= \left(\frac{\pm q_r}{n}\right) \\ \chi_r(-n) &= \chi_r(n) \operatorname{sgn}(\pm q_r), \end{aligned}\right\} \quad (r = 1, \cdots t), \; n > 0 \qquad (151)$$

so daß sich also mit $\chi_r(n)$ die Gaußsche Summe $G(n, \pm q_r)$ bilden läßt. Endlich wählen wir ein spezielles Restsystem a mod. d aus, nämlich

$$a = a_1 \frac{|d|}{q_1} + \cdots a_t \frac{|d|}{q_t},$$

wo jedes a_r je ein volles Restsystem mod. q_r durchlaufen soll. Hier ist

$$\chi(n) = \chi_1(n) \cdot \chi_2(n) \cdots \chi_t(n)$$

$$\chi_r(a) = \chi_r(a_r) \cdot \chi_r\left(\frac{|d|}{q_r}\right)$$

$$G(n, d) = \sum_{a_1, \cdots a_t} \chi_r(a_1) \cdots \chi_t(a_t) e^{2\pi i n \left(\frac{a_1}{q_1} + \cdots + \frac{a_t}{q_t}\right)} \cdot C$$

mit
$$C = \prod_{r=1}^{t} \chi_r\left(\frac{|d|}{q_r}\right). \qquad (152)$$

Also ist

$$G(n, d) = C \prod_{r=1}^{t} G(n, \pm q_r), \qquad C = \pm 1. \qquad (153)$$

Aus dieser Gleichung entnehmen wir:

$$G(n, d) = 0, \text{ wenn } (n, d) \neq 1. \qquad (154)$$

Denn hat n mit d eine ungerade Primzahl q_r als Faktor gemein, so ist für dieses q_r

$$G(n, \pm q_r) = G(0, \pm q_r) = \sum_{a \text{ mod. } q_r} \chi_r(a) = 0$$

nach Satz 31, weil χ_r ein Charakter mod. q_r ist. Haben aber n und d

den Faktor 2 gemein, dann tritt als letzter Faktor in dem Produkt (153) $G(n, -4)$ oder $G(n, \pm 8)$ auf. Dieser ist aber für gerade n auch 0, wie man sich durch Ausrechnen überzeugt.

Als dritte Eigenschaft von G finden wir für ganze rationale c, n

$$G(cn, d) = \chi(c) G(n, d), \text{ wenn } (c, d) = 1. \tag{155}$$

Denn

$$\chi(c) G(cn; d) = \sum_{a \bmod. d} \chi(ac) e^{\frac{2\pi i n a c}{|d|}} = G(n, d),$$

weil mit a auch ac ein volles Restsystem mod. d durchläuft. Wegen $\chi^2(c) = 1$ folgt dann die Behauptung.

Satz 150. Für jedes ganze rationale n ist

$$G(n, d) = \chi(n) G(1, d),$$

$$c_n = \chi(n) \cdot \frac{G(1, d)}{d}.$$

Denn sind n und d nicht teilerfremd, so sind beide Seiten der ersten Gleichung nach (154) gleich 0. Wenn aber $(n, d) = 1$, so wähle man in (155) c so, daß $cn \equiv 1 \pmod{d}$, also $\chi(c) = \chi(n)$ ist.

Zur völligen Bestimmung von c_n fehlt also noch die von $G(1, d)$, was von n unabhängig ist.

Satz 151. Es ist $G^2(1, d) = d$.

Wegen der Gleichung (153) brauchen wir die Behauptung nur für solche d zu beweisen, welche nur durch eine einzige Primzahl teilbar sind. Für $d = -4$ oder ± 8 folgt die Richtigkeit durch unmittelbare Ausrechnung. Für $|d| =$ ungerade Primzahl q aber findet man

$$G^2(1, \pm q) = \sum_{a, b} \chi(a) \chi(b) \zeta^{a+b} = \sum_{a=1}^{q-1} \chi(a) \sum_{b=1}^{q-1} \chi(ab) \zeta^{a+ab}$$

$$= \sum_{b=1}^{q-1} \chi(b) \sum_{a=1}^{q-1} \zeta^{(b+1)a}.$$

Nun ist

$$1 + \zeta^n + \zeta^{2n} + \cdots + \zeta^{(q-1)n} = \begin{cases} 0, & \text{wenn } (n, q) = 1 \\ q, & \text{wenn } n \equiv 0 \pmod{q}. \end{cases}$$

Also

$$G^2(1, \pm q) = -\sum_{b \not\equiv -1 \pmod{q}} \chi(b) + (q-1)\chi(-1)$$

$$= q\chi(-1) - \sum_{b \bmod. d} \chi(b) = \pm q.$$

Es entsteht nun also das Problem anzugeben, welcher der beiden Werte $\sqrt{d}$ die auf transzendentem Wege, nämlich mittels der Exponentialfunktion, definierte Zahl $G(1, d)$ ist, das berühmte Problem der Vorzeichenbestimmung der Gaußschen Summen, das wir im nächsten Kapitel erledigen wollen.

Satz 152. Die Klassenzahl h des quadratischen Körpers mit der Diskriminante d hat den Wert

$$1.\quad h = -\frac{\varrho}{|d|}\sum_{n=1}^{|d|-1} n\left(\frac{d}{n}\right), \qquad \varrho = \frac{-iG(1, d)}{|\sqrt{d}|} = \pm 1 \text{ für } d < -4.$$

$$2.\quad h = \frac{\varrho}{2\log\varepsilon}\log\frac{\prod\limits_a \sin\frac{\pi a}{d}}{\prod\limits_b \sin\frac{\pi b}{d}}, \qquad \varrho = \frac{G(1, d)}{|\sqrt{d}|} = \pm 1 \text{ für } d > 0.$$

In dem zweiten Ausdruck durchlaufen a, b diejenigen Zahlen $1, 2, \cdots d-1$, wofür

$$\text{resp. } \left(\frac{d}{a}\right) = -1, \quad \left(\frac{d}{b}\right) = +1.$$

Das endgültige Resultat wird sein, daß immer $\varrho = +1$ ist (§ 58). Die Formel für die Klassenzahl imaginärer Körper wird dann merkwürdig einfach und gehört anscheinend ihrem Bau nach völlig der elementaren Arithmetik an. Trotzdem ist es bisher nicht gelungen, diese Formel auf rein arithmetischem Wege ohne die transzendenten Hilfsmittel von Dirichlet zu beweisen. Man kann bisher nicht einmal auf anderem Wege zeigen, daß der Ausdruck für h stets positiv ist. Gegenwärtig können wir diese Formel nur als rechnerische Tatsache hinnehmen, die uns noch völlig unverständlich ist.

Ebenso verhält es sich mit der zweiten Formel. Aus ihr entnehmen wir insbesondere, daß der Quotient $\frac{\prod_a}{\prod_b}$ eine Einheit des Körpers $k(\sqrt{d})$ ist. Dieses letztere läßt sich auch ziemlich einfach aus der Theorie des Körpers der $2d$-ten Einheitswurzeln beweisen, dem offenbar die Zahl angehört. Daß diese Einheit aber > 1 ist und sie mit der Klassenzahl auf die obige Art zusammenhängt, ist bisher auch auf rein arithmetischem Wege noch nicht bewiesen worden.

§ 53. Zusammenhang zwischen Idealen in $k(\sqrt{d})$ und binären quadratischen Formen.

Zum Schluß dieses Kapitels soll noch der Zusammenhang zwischen der modernen Theorie des quadratischen Körpers und der klassischen von Gauß begründeten Theorie der binären quadratischen Formen dargestellt werden.

Unter einer binären **quadratischen Form** der Variabeln x, y versteht man einen Ausdruck

$$F(x, y) = Ax^2 + Bxy + Cy^2,$$

worin A, B, C, die Koeffizienten der Form, von x und y unabhängige Größen sind, die nicht alle 0 sein sollen.

Eine solche Form läßt sich offenbar immer als Produkt zweier homogener linearer Funktionen von x, y darstellen:

$$F(x, y) = (\alpha x + \beta y)(\alpha' x + \beta' y). \tag{156}$$

Die vier Größen $\alpha, \beta, \alpha', \beta'$ sind natürlich durch A, B, C nicht eindeutig bestimmt. Wenn $A \neq 0$, ist z. B.

$$F(x, y) = \left(\sqrt{A}x + \frac{B + \sqrt{B^2 - 4AC}}{2\sqrt{A}}y\right)\left(\sqrt{A}x + \frac{B - \sqrt{B^2 - 4AC}}{2\sqrt{A}}y\right).$$

Durch Koeffizientenvergleichung bestätigt man sofort

$$D = B^2 - 4AC = (\alpha\beta' - \alpha'\beta)^2 = \begin{vmatrix} \alpha & \beta \\ \alpha' & \beta' \end{vmatrix}^2. \tag{157}$$

Dieser Ausdruck heißt die **Diskriminante** (oder auch Determinante) der Form.

Wenn wir auf die Variabeln x, y eine homogene lineare Transformation

$$x = ax_1' + by_1', \quad y = cx_1' + dy_1' \tag{158}$$

ausüben, so geht $F(x, y)$ offenbar in eine quadratische Form von x', y' über. Wählen wir die Gestalt (156), so ist

$$F(ax_1 + by_1, cx_1 + dy_1) = ((\alpha a + \beta c)x_1 + (\alpha b + \beta d)y_1)((\alpha' a + \beta' c)x_1$$
$$+ (\alpha' b + \beta' d)y_1) = A_1 x_1^2 + B_1 x_1 y_1 + C_1 y_1^2 = F_1(x_1, y_1).$$

Auf den Zusammenhang zwischen den A, B, C und A_1, B_1, C_1 im einzelnen kommt es uns nicht an, nur für die Diskriminante merken wir uns

$$D_1 = B_1^2 - 4A_1C_1 = \begin{vmatrix} \alpha a + \beta c, & \alpha b + \beta d \\ \alpha' a + \beta' c, & \alpha' b + \beta' d \end{vmatrix}^2 = \begin{vmatrix} \alpha & \beta \\ \alpha' & \beta' \end{vmatrix}^2 \cdot \begin{vmatrix} a & b \\ c & d \end{vmatrix}^2$$

$$D_1 = D(ad - bc)^2. \tag{159}$$

Wenn die Determinante der Transformation, $ad - bc$, von 0 verschieden ist, so geht auch umgekehrt durch eine geeignete Transformation der x_1, y_1 die Form $F_1(x_1, y_1)$ in die ursprüngliche $F(x, y)$ über. Denn aus (158) folgt

$$x_1 = \frac{dx - by}{ad - bc}, \quad y_1 = \frac{-cx + ay}{ad - bc}. \tag{160}$$

Diese Transformation heißt **reziprok** zu der Transformation (158). Ihre Determinante ist $\frac{1}{ad - bc}$.

Nunmehr betrachten wir ausschließlich solche Transformationen, wo die Koeffizienten a, b, c, d ganze rationale Zahlen mit der Determinante $ad - bc = +1$ sind, sog. **unimodulare ganzzahlige Transformationen.** Die Reziproke einer solchen Transformation hat, wie die obigen Formeln zeigen, ebenfalls diese Eigenschaft.

Definition: Wenn eine Form $F(x, y)$ durch eine unimodulare ganzzahlige Transformation in die Form $F_1(x_1, y_1)$ übergeht, so nennen wir F mit F_1 **äquivalent,** in Zeichen

$$F \sim F_1.$$

Nach dem eben Auseinandergesetzten ist dann auch $F_1 \sim F$, da durch die reziproke Transformation F_1 in F übergeht. Die Äquivalenzbeziehung ist daher symmetrisch in F und F_1. Ferner ist stets $F \sim F$.

Hilfssatz a): Wenn für drei quadratische Formen F, F_1, F_2 gilt

$$F_1 \sim F \quad \text{und} \quad F_1 \sim F_2,$$

so ist auch

$$F \sim F_2.$$

In der Tat, gibt es zwei unimodulare Transformationen mit den ganzzahligen Koeffizienten a, b, c, ∂ resp. $a_1, b_1, c_1, \partial_1$, wofür

$$F(ax + by, \quad cx + \partial y) = F_1(x, y) \text{ und}$$

$$F_1(a_1 x + b_1 y, \quad c_1 x + \partial_1 y) = F_2(x, y),$$

so setze man in der ersten Gleichung

$$x = a_1 x_1 + b_1 y_1, \quad y = c_1 x_1 + \partial_1 y_1$$

und lasse hernach bei den Variabeln x_1, y_1, auf deren Bezeichnung es ja nicht ankommt, den Index 1 weg. Durch Kombination mit der zweiten Gleichung folgt dann

$$F((a a_1 + b c_1)x + (a b_1 + b \partial_1)y,\ (c a_1 + \partial c_1)x + (c b_1 + \partial \partial_1)y) = F_2(x, y).$$

Die Argumente von F entstehen aus x, y durch eine ganzzahlige homogene lineare Transformation, und die Determinante ihrer Koeffizienten ist

$$\begin{vmatrix} a a_1 + b c_1, & a b_1 + b \partial_1 \\ c a_1 + \partial c_1, & c b_1 + \partial \partial_1 \end{vmatrix} = (a\partial - bc)(a_1 \partial_1 - b_1 c_1) = 1.$$

D. h. $F \sim F_2$. Die Äquivalenzbeziehung ist also transitiv.

Unter einer Klasse äquivalenter Formen verstehen wir die Gesamtheit aller Formen, welche mit einer gegebenen Form, etwa F, äquivalent sind, und nennen F einen Repräsentanten der Klasse. Alle Formen einer Klasse haben nach (159) dieselbe Diskriminante.

Wir beschränken uns weiterhin auf reelle Formen, d. h. solche mit reellen Koeffizienten. Ist F eine reelle Form, so gilt das gleiche für alle mit F äquivalenten Formen.

Satz 153. Ist D die Diskriminante von F und $D > 0$, so vermag $F(x, y)$ für geeignete reelle x, y sowohl positive wie auch negative Werte anzunehmen. Ist $D < 0$, so ist entweder für alle reellen x, y der Wert von $F \geqq 0$ oder für alle reellen x, y $F(x, y) \leqq 0$, und $F(x, y) = 0$ ist nur für $x = y = 0$ möglich.

Zum Beweise betrachten wir die Zerlegung

$$A \cdot F(x, y) = \left(Ax + \frac{B}{2} y\right)^2 - \frac{D}{4} y^2.$$

Ist nun $D = B^2 - 4AC < 0$, so muß $A \neq 0$ sein, und aus der Gl. folgt

$$AF(x, y) \geqq 0,$$

wobei das Gleichheitszeichen nur gilt, wenn $y = 0$ und $Ax + \frac{B}{2} y = 0$, d. h. $x = y = 0$. Mithin hat $F(x, y)$ stets das Vorzeichen von A, wenn $x^2 + y^2 \neq 0$.

Ist dagegen $D > 0$, so sei zunächst $A \neq 0$. Dann ist

$$A \cdot F(1, 0) = A^2 > 0$$

$$A \cdot F(B, -2A) = -DA^2 < 0,$$

also ist F beider Vorzeichen fähig, und kann offenbar auch für reelle x, y Null sein, ohne daß beide x, y verschwinden.

Ist $D > 0$ und $A = 0$, so zeigt die Gleichung

$$F(xy) = y(Bx + Cy)$$

die Richtigkeit der Behauptung.

Die Form F heißt **indefinit,** wenn $D > 0$; dagegen **definit,** wenn $D < 0$ und in letzterem Falle **positiv definit** bzw. **negativ definit,** je nachdem ob $F(x, y) \leqq 0$ oder $F(x, y) \geqq 0$ ist.

Von nun ab betrachten wir aussch ßlich ganzzahlige Formen, d. h. solche mit ganzen rationalen Koeffizienten. Ihre Diskriminante D ist offenbar $\equiv 0$ oder 1 (mod. 4).

Es sei jetzt d die Diskriminante des quadratischen Körpers $k(\sqrt{d})$. Wir wollen eine Methode entwickeln, *wie man jeder Idealklasse von $k(\sqrt{d})$ (im engeren Sinne) eine Klasse äquivalenter Formen mit der Diskriminante d zuordnen kann.*

Es sei zu diesem Zweck $\mathfrak{a}$ ein beliebiges ganzes Ideal einer gegebenen Klasse aus $k(\sqrt{d})$. Wir verstehen unter

$$\begin{gathered} \alpha_1,\ \alpha_2 \text{ eine Basis von } \mathfrak{a}, \text{ für welche} \\ \alpha_1\alpha_2' - \alpha_2\alpha_1' = N(\mathfrak{a})\sqrt{d} \quad \text{positiv oder positiv imaginär ist.} \end{gathered} \tag{161}$$

Wir ordnen dem Ideal $\mathfrak{a}$ die Form zu:

$$F(x, y) = \frac{(\alpha_1 x + \alpha_2 y)(\alpha_1' x + \alpha_2' y)}{|N(\mathfrak{a})|}.$$

Die Form hat offenbar ganze rationale Koeffizienten, da der Koeffiziententeiler des Zählers nach Satz 87 gleich dem Produkt $\mathfrak{a} \cdot \mathfrak{a}' = N(\mathfrak{a})$ ist. Und die Diskriminante ist nach Gl. (157)

$$D = \frac{(\alpha_1\alpha_2' - \alpha_2\alpha_1')^2}{N(\mathfrak{a})^2} = d.$$

Wenn eine Form $F(x, y)$ in dieser Weise aus dem Ideal $\mathfrak{a}$ hergeleitet wird, so sagen wir: **F gehört zu $\mathfrak{a}$** und schreiben $F(x, y) \to \mathfrak{a}$.

Bei $d < 0$ erhält man offenbar so nur positiv definite Formen, denn der erste Koeffizient ist

$$A = \frac{\alpha_1\alpha_1'}{|N(\mathfrak{a})|} = \frac{|N(\alpha_1)|}{|N(\mathfrak{a})|} > 0.$$

Hilfssatz *b*): Zu jeder indefiniten ($d > 0$) oder positiv definiten ($d < 0$) ganzzahligen Form F mit der Diskriminante d gibt es ein Ideal $\mathfrak{a}$, so daß $F \to \mathfrak{a}$.

Die Form $F(x, y) = Ax^2 + Bxy + Cy^2$, wo $B^2 - 4AC = d$, ist zunächst ein primitives Polynom, da, wenn p in A, B, C aufgeht, auch noch $\frac{d}{p^2}$ eine Diskriminante sein muß, was für Körperdiskriminanten nur mit $p = \pm 1$ zutrifft. Wir betrachten jetzt das Ideal

$$\mathfrak{m} = \left(A, \frac{B - \sqrt{d}}{2}\right)$$

wo $\sqrt{d}$ den positiven bzw. positiv imaginären Wert bedeutet. Nach Satz 87 ist $N(\mathfrak{m}) = \mathfrak{m} \cdot \mathfrak{m}'$ der Inhalt der Form

$$\left(Ax + \frac{B - \sqrt{d}}{2} y\right)\left(Ax + \frac{B + \sqrt{d}}{2} y\right) = A \cdot F(x, y),$$

$$N(\mathfrak{m}) = |A|.$$

Folglich sind die beiden Zahlen A und $\frac{B - \sqrt{d}}{2}$ aus $\mathfrak{m}$ eine Basis von $\mathfrak{m}$, da ihr Determinantenquadrat den Wert $N^2(\mathfrak{m})d$ hat. Ebenso ist daher auch

$$\alpha_1 = \lambda A, \ \alpha_2 = \lambda \frac{B - \sqrt{d}}{2} \text{ eine Basis von } \lambda\mathfrak{m}$$

wenn λ eine Zahl aus $k(\lambda \neq 0)$. Wegen

$$\alpha_1 \alpha_2' - \alpha_2 \alpha_1' = \lambda \lambda' A \sqrt{d}$$

hat diese Basis auch noch die Eigenschaft (161), wenn

$$\lambda \lambda' A > 0.$$

Wir wählen daher

1. wenn $d < 0 : \lambda = 1$ (da nach Voraussetzung hier $A > 0$ ist);
2. wenn $d > 0$ und $A > 0$ wieder $\lambda = 1$,
3. wenn $d > 0$ und $A < 0$ aber $\lambda = \sqrt{d}$.

In jedem Falle ist dann

$$\lambda \lambda' A = |N(\lambda \mathfrak{m})|$$

und mithin ist $F \to \lambda \mathfrak{m}$.

Satz 154. Äquivalente Formen gehören zu (im engeren Sinne) äquivalenten Idealen und umgekehrt.

Aus der Basis α_1, α_2 von $\mathfrak{a}$ resp. der Basis β_1, β_2 von $\mathfrak{b}$ entstehe

$$F(x, y) = \frac{(\alpha_1 x + \alpha_2 y)(\alpha_1' x + \alpha_2' y)}{|N(\mathfrak{a})|} \tag{162}$$

$$G(x, y) = \frac{(\beta_1 x + \beta_2 y)(\beta_1' x + \beta_2' y)}{|N(\mathfrak{b})|}.$$

Die beiden Basen haben also die Eigenschaft (161).

Wenn nun $F \sim G$, so gibt es ganze rationale a, b, c, ∂, mit $a\partial - bc = 1$, so daß

$$F(ax + by, cx + \partial y) = G(x, y), \tag{163}$$

$$\frac{((a\alpha_1 + c\alpha_2)x + (b\alpha_1 + \partial\alpha_2)y) \cdot ((a\alpha_1' + c\alpha_2')x + (b\alpha_1' + \partial\alpha_2')y)}{|N(\mathfrak{a})|} = \frac{(\beta_1 x + \beta_2 y)(\beta_1' x + \beta_2' y)}{|N(\mathfrak{b})|}.$$

Da die Quotienten $-\frac{\beta_2}{\beta_1}$ und $-\frac{\beta_2'}{\beta_1'}$ eindeutig (bis auf die Reihenfolge) als die Nullstellen von $G(x, 1)$ definiert sind, so ist

$$\frac{a\alpha_1 + c\alpha_2}{b\alpha_1 + \partial\alpha_2} = \frac{\beta_1}{\beta_2} \text{ oder } \frac{\beta_1'}{\beta_2'}.$$

Es gibt also ein λ, derart, daß

$$\begin{matrix} a\alpha_1 + c\alpha_2 = \lambda\beta_1 \\ b\alpha_1 + \partial\alpha_2 = \lambda\beta_2 \end{matrix} \quad \text{oder} \quad \begin{matrix} = \lambda\beta_1' \\ = \lambda\beta_2'. \end{matrix}$$

In beiden Fällen ist nach (163)

$$\lambda\lambda' = \frac{|N(\mathfrak{a})|}{|N(\mathfrak{b})|} > 0.$$

Folglich kann nur der erste der genannten Fälle vorliegen, da im zweiten

$$(a\partial - bc)(\alpha_1\alpha_2' - \alpha_2\alpha_1') = -\lambda\lambda'(\beta_1\beta_2' - \beta_2\beta_1')$$

wäre gegen die Voraussetzung (161).

Wegen $a\partial - bc = 1$ ist nun auch $\lambda\beta_1, \lambda\beta_2$ eine Basis von $\mathfrak{a}$, also

$$\mathfrak{a} = \lambda(\beta_1, \beta_2) = \lambda \cdot \mathfrak{b}$$

$$\mathfrak{a} \approx \mathfrak{b}.$$

Es sei umgekehrt $\mathfrak{a} \approx \mathfrak{b}$ und λ eine solche Zahl mit positiver Norm, daß $\mathfrak{a} = \lambda\mathfrak{b}$. Dann muß $\lambda\beta_1, \lambda\beta_2$ eine Basis von $\mathfrak{a}$ sein und geht daher aus α_1, α_2 durch eine ganzzahlige Transformation mit der Determinante ± 1 hervor, es gibt also ganze rationale a, b, c, ∂, so daß

$$a\alpha_1 + c\alpha_2 = \lambda\beta_1, \quad b\alpha_1 + \partial\alpha_2 = \lambda\beta_2.$$

Aus der Eigenschaft (161) der beiden Paare und $N(\lambda) > 0$ folgt $a\partial - bc = +1$ und

$$\lambda\lambda' = \frac{|N(\mathfrak{a})|}{|N(\mathfrak{b})|}$$

und daraus die Gl. (163), d. h. $F \sim G$.

Vermöge der in Satz 154 ausgesprochenen Tatsache sind also die h_0 Idealklassen von $k(\sqrt{d})$ umkehrbar eindeutig den Formenklassen der Diskriminante d (bei $d < 0$ nur den positiv definiten Formen) zugeordnet. *Die Anzahl der nicht äquivalenten ganzzahligen Formen der Diskriminante d ist daher endlich, und zwar gleich h_0 oder, bei $d < 0$, gleich $2h_0$*, wenn wir positiv und negativ definite Formenklassen mitrechnen. Z. B. ist also jede positive Form mit der Diskriminante -4 äquivalent mit $x^2 + y^2$, da $k(\sqrt{-4})$ die Klassenzahl 1 hat.

Ein großer Teil der Idealtheorie läßt sich dann in die Sprache der Formentheorie übersetzen, und umgekehrt. Letzteres ist von besonderem Interesse für die klassische Theorie der reduzierten Formen, vermöge der es möglich ist, durch Ungleichungen ein vollständiges System nicht äquivalenter Formen aufzustellen und damit ein weit bequemeres Verfahren zur Aufstellung aller Idealklassen anzugeben als in § 44.[1])

Die Theorie der Einheiten (mit der Norm $+1$) findet sich in der Formentheorie in folgender Gestalt wieder: Man soll alle unimodularen ganzzahligen Transformationen aufstellen, welche eine gegebene Form in sich selbst überführen. In der Tat ist ja für jede Einheit ε mit $N(\varepsilon) = +1$, mit α_1, α_2 stets auch $\varepsilon\alpha_1, \varepsilon\alpha_2$ eine Basis von $\mathfrak{a}$, und daher besteht eine Beziehung

$$\varepsilon\alpha_1 = a\alpha_1 + c\alpha_2, \quad \varepsilon\alpha_2 = b\alpha_1 + \partial\alpha_2,$$

wo a, b, c, ∂ ganze rationale Zahlen mit der Determinante ± 1 sind. Hat F dann wieder die Bedeutung (162), so ist offenbar

$$F(ax + by, cx + \partial y) = F(x, y).$$

Weiterhin beschäftigt sich die Formentheorie mit der Frage, welche Zahlen durch $F(x, y)$ dargestellt werden können, wenn x, y alle ganzen rationalen Zahlenpaare durchlaufen. Das kommt offenbar auf die Frage hinaus, welche Zahlen als Normen ganzer Ideale einer gegebenen Idealklasse auftreten.

1) Diese Reduktionstheorie tritt ebenfalls auf in der Theorie der elliptischen Modulfunktionen, welche überhaupt zu den quadratischen Zahlkörpern eine enge Beziehung haben. Vgl. z. B. *Klein-Fricke*, Vorl. üb. d. Theorie d. ellipt. Modulfunktionen, Leipzig 1890/92. Bd. I, S. 243—269, Bd. II, S. 161—203, sowie *H. Weber*, Elliptische Funktionen und algebraische Zahlen (= Lehrbuch d. Algebra. Bd. III) 2. Aufl., Braunschweig 1908.

Die schwierige Kompositionstheorie der Formenklassen läßt sich in der Sprache der Idealtheorie sehr einfach ausdrücken, indem die Komposition der Formen unmittelbar durch die der Idealklassen definiert wird.

Die Untersuchung solcher Formen, deren Diskriminante $Q^2 d$ ist, wo Q eine ganze rationale Zahl bedeutet, wird zurückgeführt auf den Zahlring in $k(\sqrt{d})$ mit dem Führer Q (§ 36). Von den Zahlen, welche in einem Ideal vorkommen, werden dann nur die in Betracht gezogen, welche diesem Ringe angehören. So entsteht der Begriff des Ringideals und der Ringidealklasse, welche alsdann einer Formenklasse der Diskriminante $Q^2 d$ zugeordnet wird.

Kapitel VIII.

Das quadratische Reziprozitätsgesetz in beliebigen Zahlkörpern.

§ 54. Quadratische Restcharaktere und Gaußsche Summen in beliebigen Zahlkörpern.

Die Gaußschen Summen sind uns bei der Bestimmung der Klassenzahl quadratischer Körper zuerst entgegengetreten. Ausdrücke dieser Art stellen sich bei vielen andern Problemen ein, und Gauß war der erste, der die große Bedeutung erkannte, welche ihnen in der Arithmetik zukommt. Er ist auf den Zusammenhang zwischen diesen Summen und dem quadratischen Reziprozitätsgesetz aufmerksam geworden und hat gezeigt, wie sich aus der Bestimmung des Wertes dieser Summen ein Beweis für das Reziprozitätsgesetz ergibt. Wir kennen heute eine ganze Reihe von Methoden zur Auswertung dieser Summen. Unter ihnen ist eine transzendente Methode, die von *Cauchy* herrührt, von besonderem Interesse, da sie verallgemeinerungsfähig ist.

Von dem Verfasser ist 1919 der Begriff der Gaußschen Summe für einen beliebigen algebraischen Zahlkörper aufgestellt worden.[1]) Die Cauchysche Methode zur Wertbestimmung läßt sich dann übertragen, und so ergibt sich ein transzendenter Beweis des quadratischen Reziprozitätsgesetzes in jedem algebraischen Körper. Dieser soll im folgenden dargestellt werden.

Wir legen der Untersuchung einen algebraischen Zahlkörper k zugrunde, welcher den Grad n habe. Zuerst werden wir die Begriffe und Sätze aus § 16 über quadratische Restcharaktere auf den Körper k übertragen. Dabei können wir uns sehr kurz fassen, da wir die

1) Verallgemeinerungen in anderer Richtung sind die sog. Lagrangeschen Wurzelzahlen in der Theorie der Kreisteilung

zugrundeliegenden allgemeinen gruppentheoretischen Begriffe zur Genüge kennen gelernt haben.

Eine ganze Zahl oder ein ganzes Ideal in k heißen **ungerade,** wenn sie zu 2 teilerfremd sind.

Definition: Es sei $\mathfrak{p}$ ein ungerades Primideal in k, α eine beliebige ganze, durch $\mathfrak{p}$ nicht teilbare Zahl in k. Wir nennen α einen **quadratischen Rest mod. $\mathfrak{p}$** und setzen

$$\left(\frac{\alpha}{\mathfrak{p}}\right) = +1,$$

wenn es eine ganze Zahl ξ in k gibt, so daß $\alpha \equiv \xi^2 \pmod{\mathfrak{p}}$. Im andern Falle heiße α ein **quadratischer Nichtrest mod. $\mathfrak{p}$,** und es werde

$$\left(\frac{\alpha}{\mathfrak{p}}\right) = -1$$

gesetzt. Endlich setzen wir

$$\left(\frac{\alpha}{\mathfrak{p}}\right) = 0, \text{ wenn } \alpha \equiv 0 \pmod{\mathfrak{p}}.$$

Auf Grund von Satz 84 ergibt sich wie in § 16, daß für jedes ganze α das Symbol $\left(\frac{\alpha}{\mathfrak{p}}\right)$ diejenige der drei Zahlen 0, 1, -1 bedeutet, wofür gilt

$$\alpha^{\frac{N(\mathfrak{p})-1}{2}} \equiv \left(\frac{\alpha}{\mathfrak{p}}\right) \pmod{\mathfrak{p}}. \tag{164}$$

Wenn wir Restsymbole in verschiedenen Zahlkörpern zu behandeln haben, werden sie durch die als Index angefügte Bezeichnung des Körpers voneinander unterschieden.

Es gilt wieder für ganze α, β

$$\left(\frac{\alpha}{\mathfrak{p}}\right) = \left(\frac{\beta}{\mathfrak{p}}\right), \text{ wenn } \alpha \equiv \beta \pmod{\mathfrak{p}}$$

$$\left(\frac{\alpha \cdot \beta}{\mathfrak{p}}\right) = \left(\frac{\alpha}{\mathfrak{p}}\right)\left(\frac{\beta}{\mathfrak{p}}\right).$$

Sei jetzt $\mathfrak{n}$ ein ganzes ungerades Ideal, in seine Primidealfaktoren zerlegt

$$\mathfrak{n} = \mathfrak{p}_1 \cdot \mathfrak{p}_2 \cdots \mathfrak{p}_r.$$

Wir definieren dann für beliebiges ganzes α (in k)

$$\left(\frac{\alpha}{\mathfrak{n}}\right) = \left(\frac{\alpha}{\mathfrak{p}_1}\right) \cdot \left(\frac{\alpha}{\mathfrak{p}_2}\right) \cdots \left(\frac{\alpha}{\mathfrak{p}_r}\right). \tag{165}$$

Dieses Symbol ist also Null, wenn α zu $\mathfrak{n}$ nicht teilerfremd ist, sonst ± 1. Wieder gelten die Rechenregeln für ganze α, β

$$\left(\frac{\alpha}{\mathfrak{n}}\right) = \left(\frac{\beta}{\mathfrak{n}}\right), \text{ wenn } \alpha \equiv \beta \pmod{\mathfrak{n}}$$

$$\left(\frac{\alpha\beta}{\mathfrak{n}}\right) = \left(\frac{\alpha}{\mathfrak{n}}\right) \cdot \left(\frac{\beta}{\mathfrak{n}}\right).$$

Wenn k der rationale Zahlkörper ist, decken sich die beiden Definitionen (164) und (165) mit den früheren in § 16.

Wir ordnen jetzt jeder von Null verschiedenen, ganzen oder gebrochenen Zahl ω von k eine Summe in folgender Art zu:

Es bedeute $\mathfrak{d}$ die Differente von k, und $\mathfrak{d}\omega$ sei als Quotient zweier ganzer teilerfremder Ideale $\mathfrak{b}$ und $\mathfrak{a}$ dargestellt:

$$\omega = \frac{\mathfrak{b}}{\mathfrak{a}\mathfrak{d}}; \ (\mathfrak{a}, \mathfrak{b}) = 1.$$

Die Spur $S(\nu\omega)$ für jedes ganze durch $\mathfrak{a}$ teilbare ν ist nach Satz 101 eine ganze rationale Zahl. Mithin hängt für ganzes ν die Zahl

$$e^{2\pi i S(\nu\omega)}$$

nur von der Restklasse ab, welcher ν mod. $\mathfrak{a}$ angehört. Bilden wir jetzt die Summe

$$C(\omega) = \sum_{\mu \bmod. \mathfrak{a}} e^{2\pi i S(\mu^2\omega)}, \tag{166}$$

wo μ irgendein volles Restsystem mod. $\mathfrak{a}$ durchläuft, so erhalten wir eine nur von ω abhängige, von der speziellen Wahl des Restsystems aber unabhängige Zahl. Eine solche Summe nennen wir eine **Gaußsche Summe in k**, die zu dem Nenner $\mathfrak{a}$ gehört. Wir verabreden dabei, daß ein Zusatz am Zeichen Σ wie „μ mod. $\mathfrak{a}$" bedeuten soll, daß der Summationsbuchstabe μ ein volles Restsystem mod. $\mathfrak{a}$ zu durchlaufen hat, mit evtl. noch weiter anzuführenden Nebenbedingungen.

Im rationalen Zahlkörper sind diese $C(\omega)$ formal von den in § 52 definierten Gaußschen Summen verschieden, jene lassen sich aber, wie wir gleich sehen werden, auf die $C(\omega)$ zurückführen. — Ist der Nenner $\mathfrak{a} = 1$, so ist offenbar $C(\omega) = 1$.

Wir schreiben, wenn die Formeln dadurch übersichtlicher werden,

$$e^x = \exp x.$$

Hilfssatz a): Es habe $\mathfrak{d}\omega$ den Nenner $\mathfrak{a}$. Dann ist, wenn $\mathfrak{a} \neq 1$,

$$\sum_{\mu \bmod. \mathfrak{a}} e^{2\pi i S(\mu\omega)} = 0.$$

Denn mit μ durchläuft auch $\mu + \alpha$ ein volles Restsystem mod. $\mathfrak{a}$, wenn α ganz ist. Bezeichnen wir den Wert der obigen Summe mit A, so ist daher

$$A = A \cdot e^{2\pi i S(\alpha\omega)}. \tag{167}$$

Hierin kann der Exponentialfaktor nicht für jedes ganze α gleich 1 sein, da alsdann stets $S(\alpha\omega)$ eine ganze rationale Zahl wäre; also müßte nach Satz 101 $\mathfrak{d}\omega$ ganz sein, entgegen der Voraussetzung. Aus (167) folgt daher $A = 0$.

Sind $\varkappa_1$, $\varkappa_2$, α ganze, zum Nenner $\mathfrak{a}$ von $\mathfrak{d}\omega$ teilerfremde Zahlen, so ist

$$C(\varkappa_1\omega) = C(\varkappa_2\omega), \text{ wenn } \varkappa_1 \equiv \varkappa_2\alpha^2 \pmod{\mathfrak{a}}. \tag{168}$$

Denn $\mu\alpha$ durchläuft gleichzeitig mit μ ein volles Restsystem mod. $\mathfrak{a}$, also $C(\varkappa_2\omega) = C(\varkappa_2\alpha^2\omega)$. Für ganzes μ ist dann aber

$$S(\mu^2\varkappa_1\omega) - S(\mu^2\varkappa_2\alpha^2\omega) = S(\mu^2(\varkappa_1 - \varkappa_2\alpha^2)\omega)$$

wegen der Voraussetzung eine ganze rationale Zahl, also

$$C(\varkappa_2\alpha^2\omega) = C(\varkappa_1\omega).$$

Wir zeigen weiter, daß die Gaußschen Summen zum Nenner $\mathfrak{a}$ auf die zum Nenner $\mathfrak{a}_1$ und $\mathfrak{a}_2$ zurückgeführt werden können, wenn $\mathfrak{a} = \mathfrak{a}_1 \cdot \mathfrak{a}_2$ und die ganzen Ideale $\mathfrak{a}_1$ und $\mathfrak{a}_2$ teilerfremd sind.

Hierzu seien $\mathfrak{c}_1$, $\mathfrak{c}_2$ solche ganzen Hilfsideale, daß

cf. p. 97: Satz 74 and remark.

$$\mathfrak{a}_1\mathfrak{c}_1 = \alpha_1, \quad \mathfrak{a}_2\mathfrak{c}_2 = \alpha_2$$

ganze Zahlen sind und $(\mathfrak{a}, \mathfrak{c}_1\mathfrak{c}_2) = 1$. Wir setzen in (166)

$$\omega = \frac{\beta}{\alpha_1\alpha_2}, \text{ wo } \beta = \frac{\mathfrak{b}\mathfrak{c}_1\mathfrak{c}_2}{\mathfrak{d}}.$$

Ein volles Restsystem mod. $\mathfrak{a}$ erhalten wir in der Form

$$\mu = \varrho_1\alpha_2 + \varrho_2\alpha_1,$$

wo ϱ_1, ϱ_2 je ein volles Restsystem mod. $\mathfrak{a}_1$ bzw. mod. $\mathfrak{a}_2$ durchlaufen. Es ist dann

$$e^{2\pi i S(\mu^2\omega)} = e^{2\pi i S\left(\frac{\varrho_1^2\alpha_2\beta}{\alpha_1}\right) + 2\pi i S\left(\frac{\varrho_2^2\alpha_1\beta}{\alpha_2}\right)}.$$

Daher

$$C(\omega) = C\left(\frac{\beta}{\alpha_1\alpha_2}\right) = C\left(\frac{\alpha_2\beta}{\alpha_1}\right) \cdot C\left(\frac{\alpha_1\beta}{\alpha_2}\right). \tag{169}$$

Vermöge dieser Gleichung (169) ist die Berechnung von $C(\omega)$ auf die einer Gaußschen Summe zurückführbar, deren Nenner Potenz eines Primideals ist.

Bei ungeraden Nennern läßt sich die Reduktion noch weiter treiben, nämlich bis zu Primidealnennern.

Es sei nämlich der Nenner $\mathfrak{a} = \mathfrak{p}^a$ Potenz eines ungeraden Primideals $\mathfrak{p}$ und $a \geqq 2$. Bedeutet wieder $\mathfrak{c}$ ein solches ganzes, durch $\mathfrak{p}$ nicht teilbares Hilfsideal, daß $\mathfrak{a}\mathfrak{c} = \alpha$ eine Zahl ist, also

$$\omega = \frac{\beta}{\alpha^a}, \text{ wo } \beta = \frac{\mathfrak{b}\,\mathfrak{c}^a}{\mathfrak{d}},$$

so gilt die Rekursionsformel

$$C\left(\frac{\beta}{\alpha^a}\right) = N(\mathfrak{p})\, C\left(\frac{\beta}{\alpha^{a-2}}\right). \tag{170}$$

Die Summe rechts gehört offenbar zum Nenner $\mathfrak{p}^{a-2}$.

Zum Beweise setzen wir ein volles Restsystem mod. $\mathfrak{p}^a$ in der Form voraus

$$\mu + \varrho\alpha^{a-1},$$

wo

$$\mu \text{ mod. } \mathfrak{p}^{a-1}, \ \varrho \text{ mod. } \mathfrak{p}$$

je ein volles Restsystem durchlaufen. Dann ist

$$C\left(\frac{\beta}{\alpha^a}\right) = \sum_{\mu \text{ mod. } \mathfrak{p}^{a-1}} \sum_{\varrho \text{ mod } \mathfrak{p}} \exp\left\{2\pi i S\left(\frac{(\mu+\varrho\alpha^{a-1})^2\beta}{\alpha^a}\right)\right\}$$

$$= \sum_{\mu \text{ mod. } \mathfrak{p}^{a-1}} \exp\left\{2\pi i S\left(\frac{\mu^2\beta}{\alpha^a}\right)\right\} \sum_{\varrho \text{ mod. } \mathfrak{p}} \exp\left\{2\pi i S\left(\frac{2\mu\varrho}{\alpha}\beta\right)\right\}.$$

Nach Hilfssatz a) ist die Summe über ϱ gleich Null, wenn 2μ, d. h. also, weil $\mathfrak{p}$ ungerade, wenn μ durch $\mathfrak{p}$ nicht teilbar ist. Im andern Falle ist sie gleich $N(\mathfrak{p})$, da jedes ihrer Glieder gleich 1 ist. Mithin

$$C\left(\frac{\beta}{\alpha^a}\right) = N(\mathfrak{p}) \sum_{\substack{\mu \text{ mod. } \mathfrak{p}^{a-1} \\ \mu \equiv 0 \ (\text{mod } \mathfrak{p})}} \exp\left\{2\pi i S\left(\frac{\mu^2\beta}{\alpha^a}\right)\right\}$$

μ hat also alle Zahlen $\nu\alpha$ zu durchlaufen, wo ν ein volles Restsystem mod. $\mathfrak{p}^{a-2}$ durchläuft, d. h. es folgt die behauptete Gl. (170).

Durch wiederholte Anwendung dieser Formel kommen wir bei geradem a auf die Summe $C(\beta)$, welche zum Nenner 1 gehört, also gleich 1 ist. Daher ergibt sich

Hilfssatz b): Ist der Nenner von $\frac{\mathfrak{d}\beta}{\alpha^a}$ gleich $\mathfrak{p}^a$, wo $\mathfrak{p}$ ein ungerades in α genau zur ersten Potenz aufgehendes Primideal ist, so ist

$$C\left(\frac{\beta}{\alpha^a}\right) = N(\mathfrak{p})^{\frac{a}{2}}, \text{ wenn } a \text{ gerade;}$$

$$C\left(\frac{\beta}{\alpha^a}\right) = N(\mathfrak{p})^{\frac{a-1}{2}}\, C\left(\frac{\beta}{\alpha}\right), \text{ wenn } a \text{ ungerade.}$$

Eine ähnliche Reduktion ist auch für Primideale $\mathfrak{p}$ möglich, welche in 2 aufgehen. Für die späteren Anwendungen haben wir davon aber keinen Gebrauch zu machen.

Satz 155: Sei der Nenner $\mathfrak{a}$ *von* $\mathfrak{d}\omega$ *ein ungerades Ideal. Für jede ganze zu* $\mathfrak{a}$ *teilerfremde Zahl* $\varkappa$ *gilt dann*

$$C(\varkappa\omega) = \left(\frac{\varkappa}{\mathfrak{a}}\right) C(\omega).$$

Der Satz ist zunächst richtig, wenn $\mathfrak{a}$ ein Primideal $\mathfrak{p}$ ist. Denn dann ist unter Anwendung von Hilfssatz a)

$$\sum_{\mu \bmod \mathfrak{p}} \left(\frac{\mu}{\mathfrak{p}}\right) e^{2\pi i S(\mu\omega)} = \sum_{\mu \bmod \mathfrak{p}} \left(\left(\frac{\mu}{\mathfrak{p}}\right) + 1\right) e^{2\pi i S(\mu\omega)}.$$

In dieser zweiten Summe haben außer dem Gliede, welches der Restklasse $\mu = 0$ entspricht, nur diejenigen Glieder einen von Null verschiedenen Wert, wo μ quadratischer Rest mod. $\mathfrak{p}$ ist. Und ihr Wert ist daher

$$1 + 2 \sum_{\mu^2} e^{2\pi i S(\mu^2\omega)},$$

worin jetzt μ^2 nur die verschiedenen quadratischen Reste, exkl. 0, durchläuft. Das ist dann gerade die Summe $C(\omega)$, da in ihr jedes Quadrat außer 0 gerade zweimal vorkommt. Also ist

$$C(\omega) = \sum_{\mu \bmod \mathfrak{p}} \left(\frac{\mu}{\mathfrak{p}}\right) e^{2\pi i S(\mu\omega)}. \tag{171}$$

Ersetzt man hierin μ durch $\mu\varkappa$, was an dem Wert der Summe nichts ändert, so erhält man die behauptete Gleichung.

Nach Hilfssatz b) gilt dann die Behauptung auch, wenn der Nenner $\mathfrak{a}$ eine Primidealpotenz $\mathfrak{p}^a$ ist. Denn für gerades a ist $\left(\frac{\varkappa}{\mathfrak{p}^a}\right) = \left(\frac{\varkappa}{\mathfrak{p}}\right)^a = 1$, und in der Tat hat die Gaußsche Summe für ω und $\varkappa\omega$ denselben Wert. Für ungerades a tritt aber nach dem eben Bewiesenen der Faktor $\left(\frac{\varkappa}{\mathfrak{p}}\right) = \left(\frac{\varkappa}{\mathfrak{p}^a}\right)$ hinzu.

Endlich zeigt dann die Formel (169) sofort die Richtigkeit unseres Satzes für beliebige ungerade Nenner.

Aus (171) entnehmen wir, daß in der Tat die in § 52 für den rationalen Zahlkörper definierten Summen $G(1, d)$ eng mit den Gaußschen Summen $C(\omega)$ zusammenhängen und mit der Bestimmung von $C(\omega)$ auch die von $G(1, d)$ geleistet ist.

Endlich schließen wir noch aus (169) und Hilfssatz b):

Satz 156. Gehört die Gaußsche Summe $C(\omega)$ *zum Nenner* $\mathfrak{a}$ *und ist* $\mathfrak{a}$ *das Quadrat eines ungeraden Ideals, so ist*

$$C(\omega) = \left|\sqrt{N(\mathfrak{a})}\right|.$$

§ 55. Thetafunktionen und ihre Fourierentwicklung.

Das analytische Hilfsmittel, welches uns zur Bestimmung der Gaußschen Summen führen wird, ist die Thetafunktion von n Veränderlichen. Die beiden Begriffe hängen auf folgende Art zusammen:

Nehmen wir als einfachsten Fall den Grundkörper $k = k(1)$. Dann untersuchen wir die durch folgende Reihe definierte Funktion von τ:

$$\vartheta(\tau) = \sum_{m=-\infty}^{+\infty} e^{-\pi \tau m^2}.$$

Diese Reihe (eine sog. einfache Thetareihe) konvergiert, solange der reelle Teil von τ positiv ist. Die imaginäre Achse erweist sich als singuläre Linie der analytischen Funktion $\vartheta(\tau)$. Und nun untersuchen wir das Verhalten von $\vartheta(\tau)$ bei Annäherung an einen singulären Punkt $\tau = 2i \cdot r$, wo r eine rationale Zahl. Es zeigt sich, daß $\vartheta(\tau)$ unendlich wird und daß

$$\lim_{\tau=0} \sqrt{\tau}\, \vartheta(\tau + 2ir)$$

existiert. Dieser Grenzwert ist, von unwesentlichen Zahlfaktoren abgesehen, die im vorigen Paragraphen definierte Gaußsche Summe $C(-r)$. Das Verhalten von $\vartheta(\tau)$ läßt sich aber noch auf eine zweite Art bestimmen; es existiert nämlich eine „Transformationsformel" für $\vartheta(\tau)$:

$$\vartheta\left(\frac{1}{\tau}\right) = \sqrt{\tau}\, \vartheta(\tau).$$

Hierdurch wird das Verhalten von $\vartheta(\tau)$ im Punkte $\tau = 2ir$ in Verbindung gebracht mit dem Verhalten von $\vartheta(\tau')$ im Punkte

$$\tau' = \frac{1}{2ir} = -\frac{2i}{4r}.$$

Letzteres hängt, wie oben gesagt, mit der Gaußschen Summe $C\left(\frac{1}{4r}\right)$ zusammen, und durch Vergleich der beiden Resultate ergibt sich eine Beziehung zwischen $C(r)$ und $C\left(-\frac{1}{4r}\right)$, aus der sich $C(r)$ bestimmen läßt und aus der mit Hilfe der Formeln des vorigen Paragraphen das Reziprozitätsgesetz folgt.

Ist der Körper k vom Grade n, und nebst sämtlichen konjugierten Körpern $k^{(p)}$ reell, so tritt an Stelle der einfachen Thetareihe die n-fache Reihe

$$\sum_{\mu} e^{-\pi(t_1 \mu^{(1)2} + t_2 \mu^{(2)2} + \cdots + t_n \mu^{(n)2})},$$

worin die $t_1, \ldots t_n$ Variable mit positiv reellem Teil sind und die Summation über alle ganzen Körperzahlen μ von k zu erstrecken ist. In dieser Reihe setzt man $t_p = w + 2i\omega^{(p)}$, wo ω eine Zahl aus k, und läßt die positive Größe w gegen Null konvergieren.

Ist endlich k ein allgemeiner algebraischer Zahlkörper, unter dessen konjugierten $k^{(1)}, \ldots k^{(r_1)}$ reell, die übrigen nicht reell sind, so haben wir wieder eine n-fache Reihe zu untersuchen. Wir kommen dann aber nicht mit ein- und derselben Funktion von $t_1, \ldots t_n$ zur Ermittelung aller Summen $C(\omega)$ aus, sondern wir brauchen die von ω abhängigen Funktionen

$$\sum_{\mu} \exp\left\{-\pi\sum_{p=1}^{n} t_p\,|\mu^{(p)}|^2 + 2\pi i\sum_{p=1}^{n}\omega^{(p)}\mu^{(p)2}\right\}$$

in der Nähe des Punktes $t_1 = t_2 \cdots = t_n = 0$. Dabei durchläuft wieder μ alle ganzen Zahlen von k.

Schon an dieser Skizze des Beweises ist zu erkennen, was ihm gemeinsam ist mit den transzendenten Methoden des Kap. VI. Es ist die Tatsache, daß **die genauere Kenntnis des Verhaltens einer analytischen Funktion in der Nähe ihrer singulären Stellen eine Quelle von arithmetischen Sätzen** ist.

Dadurch, daß die absoluten Beträge der $\mu^{(p)}$ im einzelnen Glied auftreten, wird die Herleitung der nötigen Formeln im allgemeinsten Falle komplizierter. Um den Hauptgedanken der Beweisführung leichter verständlich zu machen, soll daher im nächsten Paragraphen erst der formal leichtere Fall diskutiert werden, daß alle konjugierten Körper von k reell sind.

Hier entwickeln wir zunächst die Gedankenkette, welche in allen Fällen zur Definition und Aufstellung der Thetareihen und ihrer Transformationsformel führt.

Unter einer **quadratischen Form der n Variabeln** $x_1, \ldots x_n$ versteht man einen Ausdruck

$$Q(x_1, \ldots x_n) = \sum_{i,k=1}^{n} a_{ik}x_i x_k = a_{11}x_1^2 + 2a_{12}x_1x_2 + \cdots,$$

worin die Koeffizienten a_{ik} von den $x_1, \ldots x_n$ unabhängige, reelle oder komplexe Größen mit der Symmetrieeigenschaft $a_{ik} = a_{ki}$ sind.

Eine quadratische Form mit reellen Koeffizienten heiße **positiv definit**, wenn für alle reellen $x_1, \ldots x_n$

$$Q(x_1, \ldots x_n) \geqq 0$$

und das Gleichheitszeichen nur für $x_1 = x_2 \cdots = x_n = 0$ gilt. Eine positiv definite Form von $x_1, \ldots x_n$ ist z. B. $x_1^2 + x_2^2 + \cdots + x_n^2$.

Hilfssatz a): Zu jeder positiv definiten Form $Q(x_1, \ldots x_n)$ gibt es eine positive Größe c, so daß für alle reellen $x_1, \ldots x_n$

$$Q(x_1, \ldots x_n) \geqq c(x_1^2 + x_2^2 + \cdots + x_n^2). \tag{172}$$

Für alle Punkte der n-dimensionalen Kugel $y_1^2 + y_2^2 + \cdots + y_n^2 = 1$ ist nämlich nach Voraussetzung $Q(y_1, \ldots y_n) > 0$, folglich besitzt die stetige Funktion Q auf dieser Kugelfläche ein positives Minimum c, d. h.

$$Q(y_1, \ldots y_n) \geqq c, \text{ wenn } y_1^2 + \cdots + y_n^2 = 1.$$

Setzt man also bei beliebigen reellen x, die nicht alle 0 sind,

$$y_i = \frac{x_i}{\sqrt{x_1^2 + \cdots + x_n^2}} \qquad (i = 1, 2, \ldots n),$$

so folgt die Behauptung (172).

Satz 157. Es sei $Q(x_1, \ldots x_n) = \sum_{i,k=1}^{n} a_{ik} x_i x_k$ eine quadratische Form mit reellen oder komplexen Koeffizienten von der Art, daß der reelle Teil von Q positiv definit ist. Ferner seien $u_1, \ldots u_n$ reelle Veränderliche. Dann ist

$$\sum_{m_1, \ldots, m_n = -\infty}^{+\infty} e^{-\pi Q(m_1 + u_1, \ldots, m_n + u_n)} \tag{173}$$

eine absolut konvergente Reihe, und sie stellt also eine Funktion $T(u_1, \ldots u_n)$ dar. Diese Funktion ist mit Einschluß aller Ableitungen nach den u stetig und hat überdies in jeder der Variabeln u die Periode 1.

Die Reihe (173) heißt eine **n-fache Thetareihe.**

Zum Beweise sei etwa mit Q_0 der reelle Teil von Q bezeichnet. Wegen Hilfssatz a) gibt es ein positives c, so daß

$$Q_0(m_1 + u_1, \cdots, m_n + u_n) \geqq c\left((m_1 + u_1)^2 + \cdots + (m_n + u_n)^2\right).$$

Ferner ist

$$\left| e^{-\pi Q} \right| = e^{-\pi Q_0} \leqq e^{-\pi c \sum_{i=1}^{n} (m_i + u_i)^2}.$$

Wenn wir nun die reellen u_i auf ein Gebiet $|u_i| \leqq \frac{C}{2}$ beschränken, so ergibt sich, unter K eine geeignete Konstante verstanden,

$$\left| e^{-\pi Q} \right| \leqq e^{-\pi c \sum_{i=1}^{n} (m_i^2 - C|m_i|) + K}.$$

Wegen der für jedes $\varepsilon > 0$ gültigen Ungleichung

$$|m_1| + \cdots + |m_n| \leqq \sqrt{n(m_1^2 + \cdots + m_n^2)} \leqq \varepsilon \sqrt{n}(m_1^2 + \cdots + m_n^2),$$

falls

$$m_1^2 + \cdots + m_n^2 > \frac{1}{\varepsilon^2}, \tag{174}$$

erhalten wir aber die Abschätzung

$$|e^{-\pi Q}| \leqq \exp\{-\pi c(1 - \varepsilon C\sqrt{n})(m_1^2 + \cdots + m_n^2) + K\}.$$

Nimmt man ε klein genug, so ist $a = c(1 - \varepsilon C\sqrt{n}) > 0$, und die Glieder der gegebenen Reihe sind daher (mit höchstens endlich vielen Ausnahmen, die (174) nicht erfüllen) dem Betrage nach kleiner als die entsprechenden Glieder der offenbar konvergenten Reihe mit konstanten Gliedern

$$\sum_{m_1, \ldots, m_n} e^{-\pi a (m_1^2 + \cdots + m_n^2) + K}.$$

Die Reihe der absoluten Beträge von (173) ist daher gleichmäßig konvergent, die Summe ist also eine stetige Funktion von $u_1, \ldots u_n$. Diese Funktion $T(u_1, \ldots u_n)$ hat in jeder der Variabeln die Periode 1. Denn es geht z. B. $T(u_1 + 1, u_2, \ldots, u_n)$ in die Reihe für $T(u_1, \ldots u_n)$ über, wenn man den Summationsbuchstaben m_1 durch $m_1 - 1$ ersetzt.

Die gleichmäßige Konvergenz der Reihen, welche aus T durch gliedweises ein- oder mehrmaliges Differentiieren nach den u entstehen, sieht man auf dieselbe Art ein. Wegen

$$Q(m_1 + u_1, \ldots, m_n + u_n) = Q(m_1, \ldots m_n) + 2\sum_{i,k=1}^{n} a_{ik} m_i u_k + Q(u_1, \cdots, u_n),$$

genügt es, die gliedweise Differentiation von

$$\sum_{m_1, \ldots, m_n} \exp\{-\pi Q(m_1, \ldots, m_n) - 2\pi \sum_{i,k=1}^{n} a_{ik} m_i u_k\}$$

zu untersuchen. Durch Differentiation treten im einzelnen Gliede Potenzprodukte von $m_1, \ldots m_n$ und lineare Kombinationen von solchen als Faktoren hinzu. Wegen $|m| < e^{|m|}$ ist aber

$$|m_1^{c_1} \cdots m_n^{c_n}| < e^{c_1|m_1| + \cdots + c_n|m_n|} \qquad (c_i \geqq 0)$$

und eine Schlußweise, wie die oben ausgeführte, zeigt dann die gleichmäßige Konvergenz der differentiierten Reihen, womit der Satz vollständig bewiesen ist.

Die Transformationsformel für die Thetareihen, von der im Anfang dieses Paragraphen die Rede war, erhalten wir nun, indem wir die Periodizität der Funktion T durch ihre Entwicklung in eine Fouriersche Reihe zum Ausdruck bringen, und zwar auf Grund folgender Tatsache, welche wir aus der Analysis herübernehmen:

Es sei $\varphi(u_1, \ldots u_n)$ eine (reelle oder komplexe) Funktion der reellen Variabeln u, welche in jedem Argument periodisch mit der Periode 1 sei. Ferner mögen alle partiellen Ableitungen von φ bis zur $2n^{\text{ten}}$ Ordnung stetig sein. Dann ist φ in eine absolut konvergente Fourierreihe entwickelbar:

$$\varphi(u_1, \ldots u_n) = \sum_{m_1, \ldots, m_n} a(m_1, \ldots m_n) e^{-2\pi i(m_1 u_1 + \cdots + m_n u_n)},$$

worin die Koeffizienten folgende Werte haben:

$$a(m_1, \ldots m_n) = \int_0^1 \cdots \int_0^1 e^{2\pi i(m_1 u_1 + \cdots + m_n u_n)} \varphi(u_1, \ldots u_n) du_1 du_2 \ldots du_n$$

Für $n = 1$ pflegt dieser Satz in den Lehrbüchern der Analysis bewiesen zu werden. Durch den Schluß von n auf $n+1$ läßt er sich dann leicht allgemein beweisen.

Setzen wir hier φ gleich der Thetareihe, die ja die Voraussetzungen erfüllt, so ergibt sich für die Koeffizienten

$$a(m_1, \ldots m_n) = \int_0^1 \cdots \int e^{2\pi i(m_1 u_1 + \cdots + m_n u_n)} \sum_{k_1, \ldots, k_n = -\infty}^{+\infty} e^{-\pi Q(k_1 + u_1, \cdots, k_n + u_n)} dU,$$

worin zur Abkürzung $dU = du_1 du_2 \cdots du_n$ gesetzt ist. Hier vertauschen wir Summation und Integration, was wegen der gleichmäßigen Konvergenz erlaubt ist, und führen dann in dem einzelnen Gliede als neue Integrationsvariable $u_1 - k_1, \cdots, u_n - k_n$ ein. Dadurch verschwinden die $k_1, \ldots, k_n$ aus dem Integranden, treten dafür in den Grenzen auf, und es wird

$$a(m_1, \ldots m_n) = \sum_{k_1, \cdots, k_n} \int_{-k_1}^{-k_1+1} \cdots \int_{-k_n}^{-k_n+1} e^{2\pi i(m_1 u_1 + \cdots + m_n u_n) - \pi Q(u_1, \cdots, u_n)} dU.$$

Die Summe aller dieser Integrale schließt sich zu einem einzigen Integral über den ganzen unendlichen Raum zusammen, und damit ist bewiesen

Satz 158. Die n-fache Thetareihe

$$T(u_1, \ldots u_n) = \sum_{m_1, \cdots, m_n = -\infty}^{+\infty} e^{-\pi Q(m_1 + u_1, \cdots, m_n + u_n)}$$

gestattet die Darstellung

$$T(u_1, \ldots u_n) = \sum_{m_1, \cdots, m_n = -\infty}^{+\infty} a((m)) e^{-2\pi i (m_1 u_1 + \cdots + m_n u_n)},$$

wobei

$$a((m)) = a(m_1, \ldots m_n)$$

$$= \int_{-\infty}^{+\infty} \cdots \int e^{-\pi Q(u_1, \cdots, u_n) + 2\pi i (m_1 u_1 + \cdots + m_n u_n)} du_1\, du_2 \ldots du_n,$$

Für Q wollen wir nun speziell gewählte Formen einsetzen und die Integrale alsdann auswerten.

§ 56. Die Reziprozität zwischen Gaußschen Summen in total reellen Körpern.

Wir nehmen in diesem Paragraphen an, daß der algebraische Zahlkörper k, in welchem wir die Gaußschen Summen aus § 54 untersuchen, **total reell** sei, d. h. daß alle konjugierten Körper $k^{(p)}$ reell seien. Ferner bedeute $\mathfrak{a}$ ein Ideal in $k(\neq 0)$, mit der Basis $\alpha_1, \ldots \alpha_n$. Alsdann verstehen wir unter $t_1, \ldots t_n$ n zunächst positive reelle Variable und wählen die quadratische Form Q von Satz 158

$$Q(x_1, \ldots x_n) = \sum_{p=1}^{n} t_p (\alpha_1^{(p)} x_1 + \cdots + \alpha_n^{(p)} x_n)^2,$$

die ja offenbar positiv ist. Die zugehörige Thetareihe ist

$$\vartheta(t, z; \mathfrak{a}) = \sum_{\mu \text{ in } \mathfrak{a}} \exp\left\{ -\pi \sum_{p=1}^{n} t_p (\mu^{(p)} + z_p)^2 \right\}, \tag{175}$$

worin

$$z_p = \sum_{q=1}^{n} \alpha_q^{(p)} u_q \qquad (p = 1, \cdots n) \tag{176}$$

In der Reihe (175) durchläuft μ alle Zahlen aus $\mathfrak{a}$ genau einmal. Die Fourierkoeffizienten $a(m_1, \ldots m_n)$ aus Satz 158 haben hier die Werte

$$a(m_1, \ldots m_n) = \int_{-\infty}^{+\infty} \cdots \int \exp\left\{ -\pi \sum_{p=1}^{n} t_p z_p^2 + 2\pi i \sum_{p=1}^{n} m_p u_p \right\} dU,$$

wo die z_p mit den Integrationsvariabeln u_p wieder vermöge (176) zusammenhängen.

In diesem Integral führen wir nun die z_p als Integrationsvariable ein. Die Umkehrung der Gleichungen (176) ist

$$u_k = \sum_{p=1}^{n} \beta_k^{(p)} z_p \quad (k = 1, \ldots n),$$

worin nach Satz 102 die Zahlen $\beta_1, \ldots \beta_n$ eine Basis des Ideals $\frac{1}{\mathfrak{a}\mathfrak{d}}$ in k bilden. Es ist dann

$$\sum_{k=1}^{n} m_k u_k = \sum_{p=1}^{n} \lambda^{(p)} z_p, \quad \text{wo} \tag{177}$$

$$\lambda = \sum_{k=1}^{n} \beta_k m_k \text{ eine Zahl aus } \frac{1}{\mathfrak{a}\mathfrak{d}}.$$

$$a((m)) = \frac{1}{|N(\mathfrak{a})\sqrt{d}|}\int_{-\infty}^{+\infty}\cdots\int \exp\left\{-\pi\sum_{p=1}^{n} t_p z_p^2 + 2\pi i \sum_{p=1}^{n} \lambda^{(p)} z_p\right\} dz_1 \cdots dz_n.$$

Nun ist für positive t und reelle λ

$$\int_{-\infty}^{+\infty} e^{-\pi t z^2 + 2\pi i \lambda z} dz = e^{-\frac{\pi\lambda^2}{t}} \int_{-\infty}^{+\infty} e^{-\pi t\left(z - \frac{i\lambda}{t}\right)^2} dz = \frac{e^{-\frac{\pi\lambda^2}{t}}}{\sqrt{t}}, \tag{178}$$

wobei $\sqrt{t}$ den positiven Wert bedeutet. Der Koeffizient a ist also ein Produkt von n solchen Integralen, und damit erhalten wir schließlich aus dem Satz des vorigen Paragraphen:

Satz 159. Die durch (175) *definierte Thetareihe gestattet auch die Darstellung*

$$\vartheta(t, z; \mathfrak{a}) = \frac{1}{N(\mathfrak{a})|\sqrt{d}|\sqrt{t_1 \cdot t_2 \cdots t_n}} \sum_{\lambda \text{ in } \frac{1}{\mathfrak{a}\mathfrak{d}}} \exp\left\{-\pi \sum_{p=1}^{n} \frac{\lambda^{(p)2}}{t_p} - 2\pi i \sum_{p=1}^{n} \lambda^{(p)} z_p\right\} \tag{179}$$

Hierbei durchläuft auf der rechten Seite λ alle Zahlen des Ideals $\frac{1}{\mathfrak{a}\mathfrak{d}}$ in k.

Man erkennt nun sofort, daß diese Gleichung auch für nicht reelle t gilt, wenn nur der reelle Teil von allen t_p positiv ist. Denn dann ist auch der reelle Teil von $\frac{1}{t_p}$ positiv, und die Reihen auf beiden Seiten der Formel stellen wegen der gleichmäßigen Konvergenz in t reguläre analytische Funktionen von $t_1, \ldots t_n$ vor, welche regulär sind für $\Re(t_p) > 0$ $(p = 1, \ldots n)$. Die obige Formel gilt also auch für beliebige t, welche der rechten Halbebene angehören, wenn man unter $\sqrt{t_p}$ diejenige hier eindeutige analytische Funktion versteht, welche für positive t positiv ist, deren Amplitude also zwischen $-\frac{\pi}{4}$ und $+\frac{\pi}{4}$ liegt, und wenn man setzt

$$\sqrt{t_1 \cdots t_n} = \sqrt{t_1} \cdot \sqrt{t_2} \cdots \sqrt{t_n}.$$

Indem wir $z_1 = \cdots = z_n = 0$ nehmen und $\mathfrak{f}$ an Stelle von $\mathfrak{a}$ schreiben, schließen wir aus Satz 159

Satz 160. Für die Funktion von $t_1, \ldots, t_n$

$$\vartheta(t; \mathfrak{f}) = \vartheta(t, 0; \mathfrak{f}) = \sum_{\mu \text{ in } \mathfrak{f}} \exp\left\{-\pi \sum_{p=1}^{n} t_p \mu^{(p)2}\right\}$$

besteht die Transformationsformel

$$\vartheta(t; \mathfrak{f}) = \frac{1}{N(\mathfrak{f})|\sqrt{d}|\sqrt{t_1 \cdots t_n}} \vartheta\left(\frac{1}{t}; \frac{1}{\mathfrak{f}\mathfrak{d}}\right). \tag{180}$$

Weiter entnehmen wir aus Satz 159

Hilfssatz a): Es ist

$$\lim_{t=0} \sqrt{t_1 \cdots t_n}\, \vartheta(t, z; \mathfrak{a}) = \frac{1}{N(\mathfrak{a})\sqrt{d}}, \text{ unabhängig von } z,$$

wenn die komplexen Variabeln $t_1, \ldots t_n$ gleichzeitig so gegen Null konvergieren, daß die reellen Teile von $\frac{1}{t_p}$ positiv ins Unendliche wachsen.

Bezeichnen wir nämlich die kleinste der n Zahlen $\Re\left(\frac{1}{t_p}\right)$ mit r, so ist

$$\left|\exp\left\{-\pi \sum_{p=1}^{n} \frac{1}{t_p} \lambda^{(p)2}\right\}\right| \leqq \exp\left\{-\pi r \sum_{p=1}^{n} \lambda^{(p)2}\right\} \leqq e^{-\pi r c(m_1^2 + \cdots + m_n^2)},$$

wenn c eine nach (172) geeignet gewählte, positive von den t_p unabhängige Konstante ist. Die Summe auf der rechten Seite von (179) mit Ausschluß des Gliedes $m_1 = \cdots = m_n = 0$ ist daher dem Betrage nach

$$\leqq \left(\sum_{m=-\infty}^{+\infty} e^{-\pi r c m^2}\right)^n - 1 < \left(1 + 2\sum_{m=1}^{\infty} e^{-\pi r c m}\right)^n - 1 = \left(1 + \frac{2e^{-\pi r c}}{1 - e^{-\pi r c}}\right)^n - 1,$$

woraus für $\lim r = \infty$ der Hilfssatz a) folgt.

Die Formel (180) wird uns jetzt die gesuchte Beziehung zwischen zwei Gaußschen Summen in k liefern, wenn wir in ihr $\mathfrak{f} = 1$ nehmen. Es sei ω eine von Null verschiedene Zahl in k, $\mathfrak{d}\omega$ habe den Nenner $\mathfrak{a}$, den Zähler $\mathfrak{b}$:

$$\omega = \frac{\mathfrak{b}}{\mathfrak{a}\mathfrak{d}}, \quad (\mathfrak{a}, \mathfrak{b}) = 1.$$

Wir setzen in (180)

$$t_p = x - 2i\omega^{(p)}, \quad \mathfrak{f} = 1,$$

wo x eine positive Größe ist.

Und nun bestimmen wir nach Hilfssatz a), wie sich die beiden Seiten von (180) bei Annäherung an $x = 0$ verhalten.

Zunächst ist

$$\vartheta(x - 2i\omega; 1) = \sum_{\mu} \exp\left\{-\pi \sum_{p=1}^{n} (x - 2i\omega^{(p)}) \mu^{(p)2}\right\}$$

$$= \sum_{\varrho \bmod \mathfrak{a}} e^{2\pi i S(\omega\varrho^2)} \sum_{\nu \text{ in } \mathfrak{a}} \exp\left\{-\pi \sum_{p=1}^{n} x (\nu^{(p)} + \varrho^{(p)})^2\right\}.$$

Denn $\mu = \nu + \varrho$ durchläuft alle ganzen Körperzahlen, wenn ϱ ein volles Restsystem mod $\mathfrak{a}$ und ν alle Zahlen aus $\mathfrak{a}$ durchläuft. Hier ist die innere Summe über ν wieder eine Thetareihe, also

$$\vartheta(x - 2i\omega; 1) = \sum_{\varrho \bmod \mathfrak{a}} e^{2\pi i S(\varrho^2\omega)} \vartheta(x, \varrho; \mathfrak{a}).$$

Und nach Hilfssatz a) ist dann endlich

$$\lim_{x=0} x^{\frac{n}{2}} \vartheta(x - 2i\omega; 1) = \frac{C(\omega)}{N(\mathfrak{a}) |\sqrt{d}|}, \tag{181}$$

wo $C(\omega)$ die Gaußsche Summe aus § 54 bedeutet.

Ebenso ermitteln wir das Verhalten der rechten Seite in (180) bei $x = 0$. Es ist

$$\frac{1}{t_p} = \frac{i}{2\omega^{(p)}} + \tau_p, \quad \text{wo } \tau_p = \frac{-ix}{2\omega^{(p)}(x - 2i\omega^{(p)})},$$

und daher ist der reelle Teil von $\frac{1}{\tau_p}$

$$\Re\left(\frac{1}{\tau_p}\right) = \frac{4\omega^{(p)2}}{x};$$

er wächst also für $x \to 0$ über alle Grenzen. Wir verstehen weiter unter $\mathfrak{c}$ ein ganzes Hilfsideal, so daß

$$\mathfrak{c}\mathfrak{d} \text{ ein Hauptideal}, \quad \mathfrak{c}\mathfrak{d} = \delta \quad \text{und} \quad (\mathfrak{c}, 2\mathfrak{b}) = 1.$$

Die Zahlen aus $\frac{1}{\mathfrak{d}}$ erhält man dann in der Form $\frac{\mu}{\delta}$, wo μ alle Zahlen aus $\mathfrak{c}$ durchläuft. So kommt

$$\vartheta\left(\frac{1}{t}; \frac{1}{\mathfrak{d}}\right) = \sum_{\mu \text{ in } \mathfrak{c}} \exp\left\{-\pi \sum_{p=1}^{n} \left(\tau_p + \frac{i}{2\omega^{(p)}}\right) \frac{\mu^{(p)2}}{\delta^{(p)2}}\right\}.$$

Es sei jetzt

$$\mathfrak{b}_1 \text{ der Nenner von: } \frac{\mathfrak{d}\mathfrak{c}^2}{4\omega\delta^2} = \frac{\mathfrak{a}}{4\mathfrak{b}}. \tag{182}$$

Dann setze man in dieser Summe $\mu = \nu + \varrho$, wo ϱ ein volles Restsystem mod $\mathfrak{b}_1$, welches durch $\mathfrak{c}$ teilbar ist, und ν alle Zahlen von $\mathfrak{b}_1\mathfrak{c}$ durchläuft, und man erhält

$$\vartheta\left(\frac{1}{t};\frac{1}{\mathfrak{d}}\right) = \sum_{\substack{\varrho \bmod \mathfrak{b}_1 \\ \varrho \equiv 0(\mathfrak{c})}} e^{-2\pi i S\left(\frac{\varrho^2}{4\omega\delta^2}\right)} \sum_{\nu \text{ in } \mathfrak{b}_1\mathfrak{c}} \exp\left\{-\pi \sum_{p=1}^{n} \frac{\tau_p}{\delta^{(p)2}} (\nu^{(p)} + \varrho^{(p)})^2\right\}$$

$$= \sum_{\substack{\varrho \bmod \mathfrak{b}_1 \\ \varrho \equiv 0(\mathfrak{c})}} e^{-2\pi i S\left(\frac{\varrho^2}{4\omega\delta^2}\right)} \vartheta\left(\frac{\tau}{\delta^2}, \varrho; \mathfrak{b}_1\mathfrak{c}\right).$$

Nach Hilfssatz a) ist also, wenn x, d. h. τ_p, gegen Null konvergiert,

$$\lim_{x=0} \sqrt{\frac{\tau_1 \cdots \tau_n}{N(\delta)^2}}\, \vartheta\left(\frac{1}{t}:\frac{1}{\mathfrak{d}}\right) = \frac{A}{N(\mathfrak{b}_1\mathfrak{c})|\sqrt{d}|},$$

wo zur Abkürzung steht

$$A = \sum_{\substack{\varrho \bmod \mathfrak{b}_1 \\ \varrho \equiv 0(\mathfrak{c})}} e^{-2\pi i S\left(\frac{\varrho^2}{4\omega\delta^2}\right)}. \tag{183}$$

Nach der Festsetzung der Bedeutung der Wurzelzeichen ist

$$\lim_{x=0} \frac{1}{\left|x^{\frac{n}{2}}\right|} \sqrt{\frac{\tau_1 \cdots \tau_n}{N(\delta)^2}} = \frac{1}{|N(2\omega\delta)|},$$

so daß wir auch schreiben können

$$\lim_{x=0} x^{\frac{n}{2}}\, \vartheta\left(\frac{1}{t};\frac{1}{\mathfrak{d}}\right) = \frac{|N(2\omega\delta)|}{|N(\mathfrak{b}_1\mathfrak{c})\sqrt{d}|} \cdot A. \tag{184}$$

Wenn wir dann endlich in der Transformationsformel (180), wo $\mathfrak{f} = 1$, nach Multiplikation mit $x^{\frac{n}{2}}$ die Größe x gegen Null konvergieren lassen und berücksichtigen, daß im Nenner

$$\lim_{x=0}\sqrt{(x-2i\omega^{(1)})\cdots(x-2i\omega^{(n)})} = \left|\sqrt{N(2\omega)}\right| e^{-\frac{\pi i}{4}(\operatorname{sgn}\omega^{(1)} + \operatorname{sgn}\omega^{(2)} + \cdots \operatorname{sgn}\omega^{(n)})},$$

so folgt aus (181), (184) und wegen $|d| = N(\mathfrak{d})$:

$$\frac{C(\omega)}{N(\mathfrak{a})} = |\sqrt{d}| \cdot \left|\frac{\sqrt{N(2\omega)}}{N(\mathfrak{b}_1)}\right| A \cdot e^{\frac{\pi i}{4} S(\operatorname{sgn}\omega)}$$

$$\frac{C(\omega)}{|\sqrt{N(\mathfrak{a})}|} = \left|\frac{\sqrt{N(2\mathfrak{b})}}{N(\mathfrak{b}_1)}\right| e^{\frac{\pi i}{4} S(\operatorname{sgn}\omega)} A. \quad \left(S(\operatorname{sgn}\omega) = \sum_{p=1}^{n} \operatorname{sgn}\omega^{(p)}\right)$$

Die Größe A ist nun ebenfalls eine Gaußsche Summe, und zwar gehört sie zum Nenner $\mathfrak{b}_1$. Bedeutet nämlich α eine ganze durch $\mathfrak{c}$

teilbare Zahl, so daß $\frac{\alpha}{\mathfrak{c}}$ zu $\mathfrak{b}_1$ prim ist, so kann man in (183) ϱ durch $\varrho\alpha$ ersetzen, und dann ϱ ein volles Restsystem mod $\mathfrak{b}_1$ durchlaufen lassen, und daraus erkennt man, daß

$$A = C\left(-\frac{1}{4\omega}\frac{\alpha^2}{\delta^2}\right).$$

So ergibt sich endlich, wenn man $\frac{\alpha}{\delta} = \gamma$ setzt,

Satz 161. Zwischen Gaußschen Summen besteht die Reziprozität

$$\frac{C(\omega)}{|\sqrt{N(\mathfrak{a})}|} = \left|\frac{\sqrt{N(2\,\mathfrak{b})}}{N(\mathfrak{b}_1)}\right| e^{\frac{\pi i}{4} S(\operatorname{sgn}\omega)}\, C\left(-\frac{1}{4\omega}\gamma^2\right).$$

Hier bedeutet $\mathfrak{a}$ *den Nenner von* $\mathfrak{d}\omega$, $\mathfrak{b}$ *den Zähler von* $\mathfrak{d}\omega$, *ferner ist* $\mathfrak{b}_1$ *der Nenner von* $\frac{\mathfrak{a}}{4\mathfrak{b}}$ *und* γ *ist eine beliebige Körperzahl, so daß* $\mathfrak{d}\gamma$ *ganz und zu* $\mathfrak{b}_1$ *prim ist.*

Das Beweisverfahren, welches wir eben kennen lernten, wird durchsichtiger, wenn es erst für den speziellen Fall ausgeführt wird, daß die Differente $\mathfrak{d}$ des Körpers ein Hauptideal ist, weil dann die Einführung eines Hilfsideals $\mathfrak{c}$ überflüssig wird.

§ 57. Reziprozität zwischen Gaußschen Summen in beliebigen algebraischen Zahlkörpern.

Der Zahlkörper k vom Grade n sei jetzt beliebig; die Numerierung der Konjugierten sei wie in § 34 getroffen, so daß für alle Zahlen μ in k

$\mu^{(p)}$ reell für $p = 1, 2 \cdots r_1$

$\mu^{(p)}$ konjugiert imaginär zu $\mu^{(p+r_2)}$ für $p = r_1 + 1, \cdots r_1 + r_2$.

Wir betrachten jetzt die zu einem beliebigen Ideal $\mathfrak{a}$ $(\neq 0)$ von k gehörige Funktion

$$\vartheta(t, z, \omega; \mathfrak{a}) = \sum_{\mu \text{ in } \mathfrak{a}} \exp\left\{-\pi \sum_{p=1}^{n} [t_p\,|\mu^{(p)} + z_p|^2 - 2i\omega^{(p)}(\mu^{(p)} + z_p)^2]\right\}, \quad (185)$$

worin μ alle Zahlen von $\mathfrak{a}$ durchläuft und die Zeichen folgende Bedeutung haben:

$t_p > 0$ für alle $p = 1, \ldots n$,

$t_{p+r_2} = t_p$ für $p = r_1 + 1, \ldots r_1 + r_2$,

$z_p, \omega^{(p)}$ reell für $p = 1, 2, \ldots r_1$,

$\left.\begin{matrix} z_{p+r_2} \\ \omega^{(p+r_2)} \end{matrix}\right\}$ konjugiert imaginär zu $\left\{\begin{matrix} z_p \\ \omega^{(p)} \end{matrix}\right.$ für $p = r_1 + 1, \ldots r_1 + r_2$.

Bedeutet wieder $\alpha_1, \cdots \alpha_n$ eine Basis von $\mathfrak{a}$, und setzen wir

$$z_p = \sum_{k=1}^{n} \alpha_k^{(p)} u_k, \quad \mu^{(p)} = \sum_{k=1}^{n} \alpha_k^{(p)} m_k, \tag{186}$$

worin dann die $u_1, \ldots u_n$ reell, die $m_1, \ldots m_n$ ganze rationale Zahlen sind, so erkennen wir, daß der in (185) auftretende Exponent eine quadratische Form von $m_1 + u_1, \ldots m_n + u_n$ ist, deren reeller Teil positiv definit ist. Mithin ist die Reihe konvergent, und es kann auf sie Satz 158 angewendet werden.

Der Fourierkoeffizient hat hier folgenden Wert:

$$a((m)) = \int_{-\infty}^{+\infty} \cdots \int \exp\left\{ -\pi \sum_{p=1}^{n} [t_p |z_p|^2 - 2i\omega^{(p)} z_p^2 - 2i m_p u_p] \right\} dU, \tag{187}$$

worin die $z_1, \ldots z_n$ mit den Integrationsvariabeln $u_1, \ldots u_n$ wieder durch (186) zusammenhängen. Drücken wir die u durch die z aus, so nimmt der Exponent wegen Satz 102 wie bei der analogen Formel im vorigen Paragraphen folgende Gestalt an:

$$-\pi \sum_{p=1}^{n} [t_p |z_p|^2 - 2i\omega^{(p)} z_p^2 - 2i\lambda^{(p)} z_p],$$

wo

$$\lambda = \sum_{k=1}^{n} \beta_k m_k \text{ eine Zahl aus } \frac{1}{\mathfrak{a}\mathfrak{d}} \text{ ist,}$$

und die β eine Basis von $\frac{1}{\mathfrak{a}\mathfrak{d}}$ bilden, definiert durch

$$\sum_{p=1}^{n} \beta_q^{(p)} \alpha_k^{(p)} = \begin{cases} 0 \text{ für } q \neq k \\ 1 \text{ für } q = k. \end{cases}$$

Als reelle Integrationsvariable an Stelle der u führen wir nun die reellen und imaginären Teile der z ein: Wir setzen

$$\left.\begin{aligned} z_p &= x_p + i y_p \\ z_{p+r_2} &= x_p - i y_p \end{aligned}\right\} \quad p = r_1 + 1, \ldots r_1 + r_2,$$

und

$$z_p = x_p \qquad p = 1, \ldots r_1$$

Die Funktionaldeterminante der $u_1, \ldots u_n$ nach den x, y hat, wie schon in § 40 benutzt wurde, den Betrag

$$\frac{2^{r_2}}{|N(\mathfrak{a})\sqrt{d}|}, \tag{188}$$

und der Exponent erhält die Gestalt

$$-\pi\sum_{p=1}^{r_1}(t_p - 2i\,\omega^{(p)})\,x_p^2$$

$$-\pi\sum_{p=r_1+1}^{r_1-r_2}[2t_p(x_p^2+y_p^2) - 2i(\omega^{(p)}(x_p+iy_p)^2 + \overline{\omega}^{(p)}(x_p-iy_p)^2)]$$

$$+2\pi i\sum_{p=1}^{r_1}\lambda^{(p)}x_p + 2\pi i\sum_{p=r_1+1}^{r_1+r_2}[\lambda^{(p)}(x_p+iy_p) + \overline{\lambda}^{(p)}(x_p-iy_p)].$$

(Der Querstrich bedeutet wieder die konjugiert imaginäre Größe.) Das Integral (187) geht durch diese Substitution in ein Produkt von r_1 einfachen Integralen nach je einer der Variabeln $x_1, \ldots x_{r_1}$ und ein Produkt von r_2 Doppelintegralen nach den r_2 Paaren x_p, y_p über.

Wir erhalten für $p = 1, \ldots r_1$

$$\int_{-\infty}^{+\infty}\exp\{-\pi(t_p - 2i\omega^{(p)})x^2 + 2\pi i\lambda^{(p)}x\}\,dx = \frac{1}{\sqrt{t_p - 2i\omega^{(p)}}}\,e^{-\pi\frac{\lambda^{(p)2}}{t_p - 2i\omega^{(p)}}}. \qquad (189)$$

Die Wurzel ist dabei mit positiv reellem Teil zu nehmen.

Die Doppelintegrale sind von folgender Gestalt:

$$J = \iint_{-\infty}^{+\infty}\exp\{-2\pi t(x^2+y^2) + 2\pi i(\omega(x+iy)^2 + \overline{\omega}(x-iy)^2$$
$$+ \lambda(x+iy) + \overline{\lambda}(x-iy))\}\,dx\,dy.$$

Ist nun hier $\omega = 0$, so ergibt sich als Integralwert, wie eben:

$$J = \frac{e^{-\frac{2\pi}{t}|\lambda|^2}}{2t}, \quad \text{wenn } \omega = 0.$$

Ist dagegen $\omega \neq 0$, so bringen wir die quadratische Form von x, y in die Gestalt einer Quadratsumme durch Einführung der reellen Variabeln u, v:

$$\sqrt{\omega}\,(x+iy) = u + iv$$
$$\sqrt{\overline{\omega}}\,(x-iy) = u - iv.$$

Dabei wählen wir $\sqrt{\omega}$ irgendwie fest, aber $\sqrt{\overline{\omega}}$ als konjugiert imaginär dazu. Für die Funktionaldeterminante erhält man

$$\frac{\partial(x, y)}{\partial(u, v)} = \frac{1}{\sqrt{\omega}\sqrt{\overline{\omega}}} = \frac{1}{|\omega|},$$

und der Exponent im Integranden lautet nun

$$-2\pi t\frac{u^2+v^2}{|\omega|}+4\pi i(u^2-v^2)+2\pi i\left(\frac{\lambda}{\sqrt{\omega}}(u+iv)+\frac{\bar\lambda}{\sqrt{\bar\omega}}(u-iv)\right)$$

$$=\left(-\frac{2\pi t}{|\omega|}+4\pi i\right)u^2+2\pi i\left(\frac{\lambda}{\sqrt{\omega}}+\frac{\bar\lambda}{\sqrt{\bar\omega}}\right)u$$

$$+\left(-\frac{2\pi t}{|\omega|}-4\pi i\right)v^2+2\pi i\left(\frac{i\lambda}{\sqrt{\omega}}-\frac{i\bar\lambda}{\sqrt{\bar\omega}}\right)v.$$

Dadurch ist J als Produkt zweier einfacher Integrale dargestellt, und zwar findet sich

$$J=\frac{1}{2\sqrt{t^2+4|\omega|^2}}\exp\left\{-\frac{2\pi t}{t^2+4|\omega|^2}|\lambda|^2-\frac{2\pi i}{t^2+4|\omega|^2}(\lambda^2\bar\omega+\bar\lambda^2\omega)\right\} \qquad (190)$$

eine Formel, die ersichtlich auch noch für $\omega=0$ richtig ist.

Wählen wir in diesem Ausdruck λ und ω reell, so wird der Exponent gerade das Doppelte von dem in (189) rechts auftretenden Exponenten.

Schließlich ergibt sich so für $a(m_1,\ldots m_n)$ der Wert

$$a(m_1,\ldots,m_n)=\frac{1}{N(\mathfrak{a})|\sqrt{d}|\,W(t,\omega)}\exp\left\{-\pi\sum_{p=1}^{n}\tau_p|\lambda^{(p)}|^2+2\pi i\sum_{p=1}^{n}\lambda^{(p)2}\varkappa^{(p)}\right\}$$

$$\left.\begin{aligned}\tau_p&=\frac{t_p}{t_p^2+4|\omega^{(p)}|^2}\\ \varkappa^{(p)}&=\frac{-\bar\omega^{(p)}}{t_p^2+4|\omega^{(p)}|^2}\\ W(t,\omega)&=\prod_{p=1}^{r_1}\sqrt{t_p-2i\omega^{(p)}}\cdot\prod_{p=r_1+1}^{r_1+r_2}\sqrt{t_p^2+4|\omega^{(p)}|^2}\\ \lambda^{(p)}&=\sum_{q=1}^{n}\beta_q^{(p)}m_q\end{aligned}\right\}. \qquad (191)$$

Die Quadratwurzeln sind dabei mit positiv reellem Teil zu nehmen.

Wählen wir die $z_1,\ldots z_n$, d. h. auch $u_1,\ldots u_n$ in (185) gleich Null, so erhalten wir zuerst aus Satz 158 die folgende Transformationsformel:

Satz 162. Für die durch (185) *definierte Funktion gilt die Transformationsformel*

$$\vartheta(t,0,\omega;\mathfrak{f})=\frac{1}{N(\mathfrak{f})|\sqrt{d}|\,W(t,\omega)}\,\vartheta\left(\tau,0,\varkappa;\frac{1}{\mathfrak{f}\mathfrak{d}}\right), \qquad (192)$$

wobei der Zusammenhang zwischen t, ω *und* τ, $\varkappa$ *durch* (191) *gegeben ist.*

Um das Verhalten der beiden hier auftretenden Thetareihen bei Annäherung an $t_1=t_2\cdots=t_n=0$ zu ermitteln, müssen wir das

Verhalten von $\vartheta(t, z, \omega; \mathfrak{f})$ an diesem Punkte kennen. Das wird bestimmt durch

Hilfssatz a): Es seien $\sigma_1(t_1), \sigma_2(t_2), \ldots \sigma_n(t_n)$ solche Funktionen resp. von $t_1, \ldots t_n$, daß $\sigma_{p+r_2} = \bar{\sigma}_p$ für $p = r_1 + 1, \ldots r_1 + r_2$, und σ_p reell für $p = 1, 2 \ldots r_1$. Dann gilt, wenn die $t_1, \ldots t_n$ gleichzeitig gegen 0 konvergieren,

$$\lim_{t=0} \sqrt{t_1 t_2 \ldots t_n}\, \vartheta(t, z, t \cdot \sigma; \mathfrak{f}) = \frac{1}{N(\mathfrak{f})\,|\sqrt{d}|},$$

also unabhängig von den z, falls

$$\lim_{t_p=0} \sigma_p(t_p) = 0.$$

Zum Beweise haben wir auf die Reihe nur Satz 158 anzuwenden und den oben gefundenen Wert der Koeffizienten a einzusetzen Es ist nämlich danach, wenn wir an Stelle der $m_1, \ldots, m_n$ die Zahl λ als Kennzeichen des einzelnen Gliedes wählen,

$$\vartheta(t, z, t \cdot \sigma; \mathfrak{f}) = M \sum_{\lambda \text{ in } \frac{1}{\mathfrak{f}\mathfrak{d}}} b(\lambda) e^{2\pi i \sum\limits_{p=1}^{n} \lambda^{(p)} z_p} \tag{193}$$

mit den Werten

$$M = \frac{1}{N(\mathfrak{f})\,|\sqrt{d}|\,W(t, t\sigma)}$$

$$b(\lambda) = \exp\left\{-\pi \sum_{p=1}^{n} \frac{|\lambda^{(p)}|^2}{t_p(1 + 4\,|\sigma_p|^2)} - 2\pi i \sum_{p=1}^{n} \frac{\lambda^{(p)2}\,\bar{\sigma}_p}{t_p(1 + 4\,|\sigma_p|^2)}\right\}.$$

Nun ist

$$\lim_{t=0} \sqrt{t_1 \ldots t_n} \cdot M = \frac{1}{N(\mathfrak{f})\,|\sqrt{d}|} \lim_{t=0} \frac{\sqrt{t_1 \ldots t_n}}{W(t, t\sigma)} = \frac{1}{N(\mathfrak{f})\,|\sqrt{d}|},$$

und wenn wir in der Reihe (193) das Glied mit $\lambda = 0$ auf die andere Seite nehmen, ergibt sich die Ungleichung

$$|\vartheta(t, \ldots) - M| \leqq M \sum_{\substack{\lambda \text{ in } \frac{1}{\mathfrak{f}\mathfrak{d}} \\ \lambda \neq 0}} \exp\left\{-\pi \sum_{p=1}^{n} \frac{|\lambda^{(p)}|^2}{t_p(1 + 4\,|\sigma_p|^2)}\right\},$$

aus welcher dann wie im vorigen Paragraphen die Behauptung von Hilfssatz a) abzulesen ist.

Nun gelangen wir zur Gaußschen Summe, wenn wir in (192) ω gleich einer von 0 verschiedenen Zahl aus k und $\mathfrak{f} = 1$ nehmen:

$$\omega = \frac{\mathfrak{b}}{\mathfrak{a}\mathfrak{d}}, \quad (\mathfrak{a}, \mathfrak{b}) = 1.$$

Es ist

$$\vartheta(t, 0, \omega; 1) = \sum_{\varrho \bmod \mathfrak{a}} e^{2\pi i S(\varrho^2 \omega)} \vartheta(t, \varrho, 0; \mathfrak{a}).$$

Nach Hilfssatz a) wird also

$$\lim_{t=0} \sqrt{t_1 \ldots t_n}\, \vartheta(t, 0, \omega; 1) = \frac{C(\omega)}{N(\mathfrak{a}) |\sqrt{d}|}. \tag{194}$$

Zur Untersuchung der rechten Seite von (192) führen wir ein ganzes Hilfsideal $\mathfrak{c}$ ein, so daß

$$\mathfrak{c} \cdot \mathfrak{d} = \delta \text{ eine Zahl in } k, \quad (\mathfrak{c}, 4\mathfrak{b}) = 1.$$

Es sei weiter

$$\mathfrak{b}_1 \text{ der Nenner von } \frac{\mathfrak{a}}{4\mathfrak{b}}.$$

Nun folgt wieder unmittelbar aus der Definition der Thetareihen

$$\vartheta\left(\tau, 0, \varkappa; \frac{1}{\mathfrak{d}}\right) = \vartheta\left(\frac{\tau}{|\delta^2|}, 0, \frac{\varkappa}{\delta^2}; \mathfrak{c}\right) = \sum_{\substack{\varrho \bmod \mathfrak{b}_1 \\ \varrho \equiv 0 (\mathfrak{c})}} \vartheta\left(\frac{\tau}{|\delta|^2}, \varrho, \frac{\varkappa}{\delta^2}; \mathfrak{b}_1 \mathfrak{c}\right).$$

Nach (191) ist nun

$$\varkappa^{(p)} = \frac{-\bar{\omega}^{(p)}}{t_p^2 + 4|\omega^{(p)}|^2} = -\frac{1}{4\omega^{(p)}} + \frac{t_p^2}{4\omega^{(p)}(t_p^2 + 4|\omega^{(p)}|^2)}$$

$$\varkappa^{(p)} = -\frac{1}{4\omega^{(p)}} + \tau_p \sigma_p, \quad \text{wo } \sigma_p = \frac{t_p}{4\omega^{(p)}},$$

$$\vartheta\left(\frac{\tau}{|\delta|^2}, \varrho, \frac{\varkappa}{\delta^2}; \mathfrak{b}_1 \mathfrak{c}\right) = \vartheta\left(\frac{\tau}{|\delta|^2}, \varrho, \frac{-1}{4\omega\delta^2} + \frac{\tau\sigma}{\delta^2}; \mathfrak{b}_1 \mathfrak{c}\right)$$

$$= e^{2\pi i S\left(\frac{-\varrho^2}{4\omega\delta^2}\right)} \vartheta\left(\frac{\tau}{|\delta|^2}, \varrho, \frac{\tau\sigma}{\delta^2}; \mathfrak{b}_1 \mathfrak{c}\right).$$

Auf diese letzte Thetareihe ist wieder Hilfssatz a) anwendbar, wenn wir die t, d. h. τ gegen 0 konvergieren lassen, wo sich ergibt

$$\lim_{t=0} \sqrt{\frac{\tau_1 \ldots \tau_n}{N(\delta)^2}}\, \vartheta\left(\tau, 0, \varkappa; \frac{1}{\mathfrak{d}}\right) = \frac{1}{N(\mathfrak{b}_1 \mathfrak{c}) |\sqrt{d}|} \sum_{\substack{\varrho \bmod \mathfrak{b}_1 \\ \varrho \equiv 0 (\mathfrak{c})}} e^{-2\pi i S\left(\frac{\varrho^2}{4\omega\delta^2}\right)}. \tag{195}$$

Die letzte Summe ist wieder, wie am Schluß des vorigen Paragraphen bewiesen wurde, $C\left(\frac{-\gamma^2}{4\omega}\right)$, wo γ eine beliebige Zahl aus k ist, für welche

$$\mathfrak{d}\gamma \text{ ganz und zu } \mathfrak{b}_1 \text{ teilerfremd ist.} \tag{196}$$

Die Gleichung (195) läßt sich dann schreiben

$$\lim_{t=0} \sqrt{t_1 \ldots t_n}\, \vartheta\left(\tau, 0, \varkappa; \frac{1}{\mathfrak{d}}\right) = \left|\frac{N(2\omega)}{N(\mathfrak{b}_1)} \sqrt{d}\right| C\left(\frac{-\gamma^2}{4\omega}\right). \tag{197}$$

Wenn wir endlich in der Transformationsformel (192) nach Multiplikation mit $\sqrt{t_1 \ldots t_n}$ alle t gegen Null streben lassen, und berücksichtigen, daß

$$\lim_{t=0} W(t, \omega) = \left|\sqrt{N(2\omega)}\right| e^{-\frac{\pi i}{4} S(\operatorname{sgn} \omega)},$$

wo

$$S(\operatorname{sgn} \omega) = \operatorname{sgn} \omega^{(1)} + \cdots + \operatorname{sgn} \omega^{(r_1)}, \ (= 0, \text{ wenn } r_1 = 0), \tag{198}$$

so erhalten wir aus (194), (197):

Satz 163. Für Gaußsche Summen in k besteht die Reziprozität

$$\frac{C(\omega)}{\left|\sqrt{N(\mathfrak{a})}\right|} = \left|\frac{\sqrt{N(2\mathfrak{b})}}{N(\mathfrak{b}_1)}\right| e^{\frac{\pi i}{4} S(\operatorname{sgn} \omega)} C\left(\frac{-\gamma^2}{4\omega}\right). \tag{199}$$

Hierbei sind $\mathfrak{a}, \mathfrak{b}$ *ganze teilerfremde Ideale,* $\omega = \frac{\mathfrak{b}}{\mathfrak{a}\mathfrak{d}}$, $\mathfrak{b}_1$ *ist der Nenner von* $\frac{\mathfrak{a}}{4\mathfrak{b}}$, *und* γ *und* $S(\operatorname{sgn} \omega)$ *sind durch* (196), (198) *erklärt.*

Diese Gleichung stimmt formal mit der am Schluß des vorigen Paragraphen überein, wo sie aber nur für total reelle Körper bewiesen wurde.[1])

§ 58. Die Vorzeichenbestimmung der Gaußschen Summen im rationalen Zahlkörper.

Die Formel (199) ermöglicht uns nun schon die Wertbestimmung der Gaußschen Summen. Wir wollen in diesem Paragraphen jetzt diese Bestimmung für den rationalen Zahlkörper vornehmen und damit die am Schluß von § 52, Satz 152 aufgeworfene Frage erledigen.

Die Differente von $k(1)$ ist 1.

Wenn also a, b teilerfremde ganze rationale Zahlen sind, so ist

$$C\left(\frac{b}{a}\right) = \sum_{n \bmod a} e^{2\pi i \frac{n^2 b}{a}}.$$

Für ungerade a sagt die Reziprozitätsformel Satz 163

1) Ohne die Thetafunktionen, nur durch Benutzung des Cauchyschen Integralsatzes, hat *L. J. Mordell* (1920) diese Reziprozitätsformel für quadratische Körper bewiesen: On the reciprocity formula for the Gauß's sums in the quadratic field, Proc. of the London Mathem. Society, Ser. 2. Vol. 20 (4). Eine verwandte Formel findet sich schon bei *A. Krazer,* Zur Theorie der mehrfachen Gaußschen Summen, Weber-Festschrift (1912).

$$\frac{C\left(\frac{1}{a}\right)}{|\sqrt{a}|} = \frac{e^{\frac{\pi i}{4}\operatorname{sgn} a}}{2|\sqrt{2}|}\, C\left(\frac{-a}{4}\right) = \frac{e^{\frac{\pi i}{4}\operatorname{sgn} a}}{2\sqrt{2}} \sum_{a \bmod 4} e^{-2\pi i \frac{n^2 a}{4}}$$

$$C\left(\frac{-a}{4}\right) = 2\left(1 + e^{-\frac{\pi i}{2}a}\right) = 2(1 + (-i)^a) = 2(1 - i^a)$$

$$e^{\frac{\pi i}{4}\operatorname{sgn} a} = \frac{\sqrt{2}}{2}(1 + i \operatorname{sgn} a)$$

$$\frac{C\left(\frac{1}{a}\right)}{|\sqrt{a}|} = \frac{1}{2}(1 + i \operatorname{sgn} a)(1 - i^a) = \begin{cases} 1, & \text{wenn } a > 0,\ a \equiv 1(4) \\ i, & \text{wenn } a > 0,\ a \equiv 3(4) \end{cases}$$

$$C\left(\frac{1}{a}\right) = \sqrt{(-1)^{\frac{a-1}{2}} a}, \quad \text{für} \quad a > 0,$$

wo die Wurzel positiv bzw. positiv imaginär zu nehmen ist. Andererseits ist für Primzahlen a nach (171), Seite 223

$$C\left(\frac{1}{|a|}\right) = \sum_{n \bmod a} \left(\frac{n}{a}\right) e^{2\pi i \frac{n}{|a|}}.$$

Für eine ungerade Diskriminante $a = d$ ist aber nach (127)

$$\left(\frac{n}{a}\right) = \left(\frac{a}{n}\right) \quad \text{für} \quad n > 0.$$

Also ist für ungerade Primzahldiskriminanten a

$$\sum_{n=1}^{|a|-1} \left(\frac{a}{n}\right) e^{2\pi i \frac{n}{|a|}} = (\operatorname{sgn} a)^{\frac{|a|-1}{2}} \sqrt{(-1)^{\frac{|a|-1}{2}} |a|} = \sqrt{a},$$

wo die Wurzel positiv bzw. positiv imaginär zu nehmen ist.

Für ungerade Körperdiskriminanten d ist daher die Gaußsche Summe $G(1, d)$ aus § 52, Gl. (150)

$$G(1, d) = \sqrt{d}, \quad \text{wenn } d \text{ eine ungerade Primzahl}, \tag{200}$$

mit $\sqrt{d}$ gleich einer positiven oder positiv imaginären Größe.

Sind nun weiter d_1, d_2 zwei ungerade teilerfremde Diskriminanten so ist nach § 52

$$G(1, d_1 d_2) = \sum_{n \bmod d_1 d_2} \left(\frac{n}{d_1}\right)\left(\frac{n}{d_2}\right) e^{2\pi i \frac{n}{|d_1 d_2|}}$$

$$= \left(\frac{|d_2|}{d_1}\right)\left(\frac{|d_1|}{d_2}\right) G(1, d_1) G(1, d_2) = (-1)^{\frac{\operatorname{sgn} d_1 - 1}{2}\frac{\operatorname{sgn} d_2 - 1}{2}} G(1, d_1) G(1, d_2).$$

Hieraus folgt, daß, wenn (200) für zwei ungerade teilerfremde Diskriminanten d_1, d_2 gilt, sie auch für das Produkt richtig ist. Mithin gilt (200) für jede ungerade Diskriminante.

Schließlich sind noch $G(1, -4)$ und $G(1, \pm 8)$ zu berechnen. Wir finden

$$G(1, -4) = 2i, \quad G(1, 8) = 2\,|\sqrt{2}|, \quad G(1, -8) = 2i\,|\sqrt{2}|. \qquad (201)$$

Ist endlich u eine ungerade Diskriminante, q eine Diskriminante ohne ungeraden Primfaktor, so ist wieder nach (152), (153) in § 52

$$\begin{aligned} G(1, qu) &= \left(\frac{q}{u}\right)\left(\frac{u}{q}\right) G(1, q)\, G(1, u) \\ &= (-1)^{\frac{\operatorname{sgn} q - 1}{2} \cdot \frac{\operatorname{sgn} u - 1}{2}}\, G(1, q)\, G(1, u), \end{aligned}$$

woraus endlich mit den Werten (201) folgt:

Satz 164. Die Gaußschen Summen $G(1, d)$ für die Diskriminante d eines quadratischen Zahlkörpers haben den Wert

$$G(1, d) = \sqrt{d}, \text{ mit positiver bzw. positiv imaginärer Wurzel.}$$

Der Zahlfaktor ϱ in der Klassenzahlformel von Satz 152 hat daher, wie dort schon angegeben wurde, den Wert $+1$.

§ 59. Das quadratische Reziprozitätsgesetz und der erste Teil der Ergänzungssätze.

Nunmehr gehen wir zur Herleitung des quadratischen Reziprozitätsgesetzes für einen beliebigen algebraischen Zahlkörper aus der Formel (199) über. Wir definieren zunächst:

Eine ganze Zahl in k heißt **primär**, wenn sie ungerade und dem Quadrat einer Zahl aus k nach dem Modul 4 kongruent ist.

Eine Zahl α in k heißt **total positiv**, wenn unter ihren Konjugierten die r_1 Zahlen $\alpha^{(1)}, \ldots \alpha^{(r_1)}$ positiv sind.

Wenn alle konjugierten Körper zu k nicht reell sind ($r_1 = 0$), so heißt also jede Zahl in k total positiv. Auch darf man nicht übersehen, daß die Aussage „α ist total positiv" erst in bezug auf einen gegebenen Körper, welcher α enthält, einen Sinn hat. Z. B. ist -1 in $k(1)$ nicht total positiv, wohl aber im Körper $k(i)$.

Um den einfachen Grundgedanken unseres Beweises zu erläutern, machen wir nun zuerst die vereinfachende Annahme, daß die Differente $\mathfrak{d}$ des Körpers k ein Hauptideal (im weitesten Sinne) ist, d. h. es gebe eine Zahl δ in k, so daß

$$(\delta) = \mathfrak{d}.$$

Nun seien α, β zwei ganze ungerade teilerfremde Zahlen. Wir setzen in (199)

$$\omega = \frac{1}{\alpha\beta\delta}, \quad \gamma = \frac{1}{\delta}, \quad \mathfrak{a} = \alpha\beta, \quad \mathfrak{b} = 1, \quad \mathfrak{b}_1 = 4$$

$$\frac{C\left(\frac{1}{\alpha\beta\delta}\right)}{|\sqrt{N(\alpha\beta)}|} = \frac{e^{\frac{\pi i}{4} S(\operatorname{sgn} \alpha\beta\delta)}}{|\sqrt{N(8)}|} C\left(\frac{-\alpha\beta}{4\delta}\right).$$

Überdies ist nach (169) und Satz 155

$$C\left(\frac{1}{\alpha\beta\delta}\right) = \left(\frac{\alpha}{\beta}\right)\left(\frac{\beta}{\alpha}\right) C\left(\frac{1}{\alpha\delta}\right) C\left(\frac{1}{\beta\delta}\right).$$

Nehmen wir nun an (was nachher allgemein bewiesen wird), daß alle Gaußschen Summen mit ungeradem Nenner und auch alle mit dem Nenner 4 von 0 verschieden sind, so können wir auf jede der drei vorkommenden Summen die Reziprozitätsformel anwenden und erhalten

$$\left(\frac{\alpha}{\beta}\right) \cdot \left(\frac{\beta}{\alpha}\right) = e^{\frac{\pi i}{4} S(\operatorname{sgn} \alpha\beta\delta - \operatorname{sgn} \alpha\delta - \operatorname{sgn} \beta\delta)} \frac{C\left(\frac{-\alpha\beta}{4\delta}\right) \sqrt{N(8)}}{C\left(\frac{-\alpha}{4\delta}\right) C\left(\frac{-\beta}{4\delta}\right)}. \qquad (202)$$

Ist nun mindestens eine der beiden Zahlen α, β, etwa α primär, so ist nach (168)

$$C\left(\frac{-\alpha}{4\delta}\right) = C\left(\frac{-1}{4\delta}\right), \quad C\left(\frac{-\alpha\beta}{4\delta}\right) = C\left(\frac{-\beta}{4\delta}\right),$$

und aus (202) folgt für $\alpha\beta = 1$

$$\frac{C\left(\frac{-1}{4\delta}\right)}{\sqrt{N(8)}} = e^{-\frac{\pi i}{4} S(\operatorname{sgn} \delta)}.$$

So erhalten wir

$$\left(\frac{\alpha}{\beta}\right) \cdot \left(\frac{\beta}{\alpha}\right) = e^{\frac{\pi i}{4} S(\operatorname{sgn} \alpha\beta\delta - \operatorname{sgn} \alpha\delta - \operatorname{sgn} \beta\delta + \operatorname{sgn} \delta)}$$

Es ist aber für reelle α, β, δ

$$\operatorname{sgn} \alpha\beta\delta - \operatorname{sgn} \alpha\delta - \operatorname{sgn} \beta\delta + \operatorname{sgn} \delta = (\operatorname{sgn} \alpha - 1)(\operatorname{sgn} \beta - 1) \cdot \operatorname{sgn} \delta \equiv 0 \pmod{4}$$

daher

$$\left(\frac{\alpha}{\beta}\right) \cdot \left(\frac{\beta}{\alpha}\right) = (-1)^{\sum\limits_{p=1}^{r_1} \frac{\operatorname{sgn} \alpha^{(p)} - 1}{2} \cdot \frac{\operatorname{sgn} \beta^{(p)} - 1}{2}}$$

Und dies ist das quadratische Reziprozitätsgesetz für zwei ungerade teilerfremde Zahlen, von denen mindestens eine primär ist.

Wir lassen nun jede besondere Annahme über denen Körper k fallen. Der allgemeine Fall, daß die Differente von k kein Hauptideal ist, wird dadurch formal komplizierter, daß wir noch akzessorische Hilfsideale in den Beweis hineinziehen müssen.

Hilfssatz a): Alle Gaußschen Summen, die zu ungeraden Nennern gehören, sind von Null verschieden.

Ist nämlich $C(\omega)$ eine Summe, zum ungeraden Nenner $\mathfrak{a}$ gehörig, so erhält man alle Summen vom Nenner $\mathfrak{a}$ in der Gestalt $C(\varkappa\omega)$, wo $\varkappa$ ein reduziertes Restsystem mod $\mathfrak{a}$ durchläuft. Denn gehört $C(\omega_1)$ auch zum Nenner $\mathfrak{a}$, so läßt sich die ganze Zahl $\varkappa$ so bestimmen, daß $\mathfrak{d}(\varkappa\omega - \omega_1)$ ein ganzes Ideal ist, und hierfür ist nach (168) $C(\varkappa\omega) = C(\omega_1)$. $C(\varkappa\omega)$ unterscheidet sich aber nach Satz 155 von $C(\omega)$ nur um den Faktor ± 1. Also genügt es, das Nichtverschwinden einer einzigen Gaußschen Summe, die zu dem Nenner $\mathfrak{a}$ gehört, nachzuweisen.

Man wähle zu $\mathfrak{a}$ ein ganzes ungerades, zu $\mathfrak{a}$ teilerfremdes Ideal $\mathfrak{c}$, so daß

$$\mathfrak{a}\mathfrak{c}\mathfrak{d} = \varkappa \quad \text{eine ganze Zahl in } k.$$

Die Summe $C\left(\frac{1}{4\varkappa}\right)$ läßt sich nach (169) als Produkt von drei Gaußschen Summen, resp. zu den Nennern 4, $\mathfrak{a}$, $\mathfrak{c}$ darstellen. Folglich ist es zum Beweise unseres Hilfssatzes ausreichend zu zeigen, daß $C\left(\frac{1}{4\varkappa}\right) \neq 0$. Dies aber folgt aus (199) für $\omega = \frac{1}{4\varkappa}$, da die Summe rechts zum Nenner 1 gehört, also $= 1$ ist.

Hilfssatz b): Jede Gaußsche Summe, die zum Nenner 4 gehört, ist $\neq 0$.

Denn sei $\mathfrak{a}$ ein ungerades Ideal, so daß $\mathfrak{a}\mathfrak{d}$ eine Zahl $\varkappa$ ist. Für jede ungerade ganze Zahl μ ist dann nach Hilfssatz a) $C\left(\frac{1}{\mu\varkappa}\right) \neq 0$; nach (199) ist daher auch

$$C\left(\frac{-\gamma^2\varkappa\mu}{4}\right) \neq 0.$$

Ist aber φ irgendeine Körperzahl, so daß $\mathfrak{d}\varphi$ den Nenner 4 hat, so gibt es ein ganzes ungerades μ, wofür

$$\mathfrak{d}\left(\varphi + \frac{\gamma^2\varkappa\mu}{4}\right) \quad \text{ein ganzes Ideal;}$$

wegen

$$C(\varphi) = C\left(\frac{-\gamma^2\varkappa\mu}{4}\right)$$

ist daher auch $C(\varphi) \neq 0$.

Nunmehr seien α, β ganze ungerade teilerfremde Zahlen in k. Es sei

$$\omega = \frac{\mathfrak{b}}{\mathfrak{d}}, \text{ wo } \mathfrak{b} \text{ ganz, ungerade und zu } \alpha\beta \text{ teilerfremd.}$$

Nach (169) und Satz 155 ist

$$C\left(\frac{\omega}{\alpha\cdot\beta}\right) = C\left(\frac{\beta\omega}{\alpha}\right)\cdot C\left(\frac{\alpha\omega}{\beta}\right) = \left(\frac{\alpha}{\beta}\right)\left(\frac{\beta}{\alpha}\right) C\left(\frac{\omega}{\alpha}\right) C\left(\frac{\omega}{\beta}\right)$$

$$\left(\frac{\alpha}{\beta}\right)\cdot\left(\frac{\beta}{\alpha}\right) = \frac{C\left(\frac{\omega}{\alpha}\right) C\left(\frac{\omega}{\beta}\right)}{C\left(\frac{\omega}{\alpha\beta}\right)}. \tag{203}$$

Auf jede dieser drei Summen werde nun Satz 163 angewandt. Dabei ist $\mathfrak{b}_1 = 4\mathfrak{b}$ und

$$\frac{C\left(\frac{\omega}{\alpha}\right)\cdot C\left(\frac{\omega}{\beta}\right)}{C\left(\frac{\omega}{\alpha\beta}\right)} = \frac{1}{|\sqrt{N(8\mathfrak{b})}|}\,\frac{C\left(\frac{-\gamma^2\alpha}{4\omega}\right) C\left(\frac{-\gamma^2\beta}{4\omega}\right)}{C\left(\frac{-\gamma^2\alpha\beta}{4\omega}\right)}\cdot e^{\frac{\pi i}{4} S(\operatorname{sgn}\omega\alpha + \operatorname{sgn}\omega\beta - \operatorname{sgn}\omega\alpha\beta)}$$

Hier drücken wir $\sqrt{N(8\mathfrak{b})}$ wieder durch eine Gaußsche Summe aus, indem wir in dieser Gleichung $\alpha = \beta = 1$ nehmen, wodurch die linke Seite 1 wird, und durch Einsetzen ergibt sich

$$\frac{C\left(\frac{\omega}{\alpha}\right) C\left(\frac{\omega}{\beta}\right)}{C\left(\frac{\omega}{\alpha\beta}\right)} = v(\alpha,\beta)\,\frac{C\left(\frac{-\gamma^2\alpha}{4\omega}\right) C\left(\frac{-\gamma^2\beta}{4\omega}\right)}{C\left(\frac{-\gamma^2\alpha\beta}{4\omega}\right) C\left(\frac{-\gamma^2}{4\omega}\right)}, \tag{204}$$

worin nun

$$v(\alpha,\beta) = e^{\frac{\pi i}{4} S(\operatorname{sgn}\omega\alpha + \operatorname{sgn}\omega\beta - \operatorname{sgn}\omega\alpha\beta - \operatorname{sgn}\omega)}$$

von ω ganz unabhängig ist, da für reelle ω, α, β

$$\operatorname{sgn}\omega\alpha + \operatorname{sgn}\omega\beta - \operatorname{sgn}\omega\alpha\beta - \operatorname{sgn}\omega = -\operatorname{sgn}\omega(\operatorname{sgn}\alpha - 1)(\operatorname{sgn}\beta - 1)$$

durch 4 teilbar ist und folglich

$$v(\alpha,\beta) = (-1)^{\sum\limits_{p=1}^{r_1}\frac{\operatorname{sgn}\alpha^{(p)}-1}{2}\,\frac{\operatorname{sgn}\beta^{(p)}-1}{2}} \tag{205}$$

Die Abhängigkeit der rechten Seite in (204) von dem akzessorischen ω machen wir dadurch übersichtlicher, daß wir jede der Gaußschen Summen vom Nenner $4\mathfrak{b}$ in zwei vom Nenner 4 bzw. $\mathfrak{b}$ zerspalten. Man stelle nämlich γ als Quotienten ganzer Ideale dar, etwa

$$\gamma = \frac{\mathfrak{c}}{\mathfrak{d}}, \quad \text{wo } (\mathfrak{c}, 4\mathfrak{b}) = 1,$$

und wähle ein ganzes Hilfsideal $\mathfrak{m}$, so daß

$$\mathfrak{b}\mathfrak{m} = \mu \text{ ungerade}; \quad \mu\frac{\gamma^2}{\omega} = \frac{\mathfrak{m}\mathfrak{c}^2}{\mathfrak{b}} \quad \text{werde} = \varkappa \text{ gesetzt.}$$

Nach (169) und Satz 155 ist dann

$$C\left(\frac{-\gamma^2\alpha}{4\omega}\right) = C\left(\frac{-\varkappa\alpha}{4\mu}\right) = C\left(\frac{-\varkappa\mu\alpha}{4}\right)\cdot C\left(\frac{-4\varkappa\alpha}{\mu}\right) = \left(\frac{\alpha}{\mathfrak{b}}\right) C\left(\frac{-\varkappa\mu\alpha}{4}\right) C\left(-\frac{4\varkappa}{\mu}\right),$$

und drei weitere Gleichungen ergeben sich, wenn wir hierin α durch $1, \beta, \alpha\beta$ ersetzen. Ferner ist $\varkappa\mu \doteq \omega\sigma^2$, wo $\sigma = \mathfrak{m}\mathfrak{c}$ eine ganze Zahl ist. In den Summen mit dem Nenner 4 darf also $\varkappa\mu$ durch ω ersetzt werden. So ergibt sich schließlich aus (203), (204)

$$\left(\frac{\alpha}{\beta}\right)\cdot\left(\frac{\beta}{\alpha}\right) = v(\alpha, \beta)\cdot\frac{C\left(\frac{-\omega\alpha}{4}\right) C\left(\frac{-\omega\beta}{4}\right)}{C\left(\frac{-\omega}{4}\right)\cdot C\left(\frac{-\omega\alpha\beta}{4}\right)}, \tag{206}$$

worin ω nun eine beliebige Körperzahl ist, wofür $\mathfrak{b}\omega$ ganz und ungerade.

Setzen wir hier voraus, daß mindestens eine der beiden Zahlen α, β primär ist, etwa α, so ist nach (168)

$$C\left(\frac{-\omega\alpha\beta}{4}\right) = C\left(\frac{-\omega\beta}{4}\right); \quad C\left(\frac{-\omega\alpha}{4}\right) = C\left(\frac{-\omega}{4}\right),$$

und daraus folgt

Satz 165. ***(Quadratisches Reziprozitätsgesetz):*** *Für zwei ungerade teilerfremde ganze Zahlen α, β, von denen mindestens eine primär ist, gilt*

$$\left(\frac{\alpha}{\beta}\right)\cdot\left(\frac{\beta}{\alpha}\right) = (-1)^{\sum\limits_{p=1}^{r_1}\frac{\operatorname{sgn}\alpha^{(p)}-1}{2}\cdot\frac{\operatorname{sgn}\beta^{(p)}-1}{2}}$$

Die Einheit rechts ist sicher $+1$, wenn mindestens eine der beiden Zahlen α, β total positiv ist.

Hieraus schließen wir insbesondere für die Restcharaktere von gewissen ausgezeichneten Zahlen: Es sei β eine Einheit oder das Quadrat eines ungeraden Ideals, so ist jedenfalls $\left(\frac{\alpha}{\beta}\right) = +1$ nach Definition für jedes ungerade teilerfremde α. Wählen wir nun α so, daß

$$\alpha = \mathfrak{a}\mathfrak{c}^2 \quad \text{und } \alpha \text{ total positiv und primär,}$$

so ist nach Satz 164

$$\left(\frac{\beta}{\mathfrak{a}}\right) = \left(\frac{\beta}{\alpha}\right) = \left(\frac{\alpha}{\beta}\right) = +1.$$

d. h.

Satz 166. Jedes ungerade Ideal $\mathfrak{a}$, *welches durch Multiplikation mit einem Idealquadrat zu einer total positiven primären Zahl gemacht werden kann, hat die Eigenschaft:*

$$\left(\frac{\varepsilon}{\mathfrak{a}}\right) = +1$$

für alle Einheiten und Idealquadrate ε, *soweit sie zu* $\mathfrak{a}$ *teilerfremd sind.*

Daß dieser Satz auch umkehrbar ist, wird erst im nächsten Paragraphen bewiesen werden.

Die Gl. (206) gibt übrigens in jedem Falle den Wert von $\left(\frac{\alpha}{\beta}\right)\left(\frac{\beta}{\alpha}\right)$, wenn α, β ungerade nicht primäre Zahlen sind. Setzen wir mit festem ω

$$r(\alpha) = \frac{C\left(\frac{\omega}{4}\alpha\right)}{C\left(\frac{\omega}{4}\right)},$$

so ist

$$r(\alpha_1) = r(\alpha_2), \quad \text{wenn } \alpha_1 \equiv \alpha_2 \xi^2 \pmod{4}$$

für irgendein ungerades ξ; und (206) geht über in

$$\left(\frac{\alpha}{\beta}\right) \cdot \left(\frac{\beta}{\alpha}\right) = v(\alpha, \beta) \frac{r(\alpha) r(\beta)}{r(\alpha\beta)}, \tag{207}$$

gültig für alle ungeraden teilerfremden α, β.

Der zweite Ergänzungssatz bezieht sich auf den Fall, daß die eine der Zahlen α, β nicht mehr ungerade ist.

Es sei die ganze Zahl λ in zwei solche Idealfaktoren $\mathfrak{l} \cdot \mathfrak{r}$ zerlegt, daß $\mathfrak{r}$ ungerade ist, während $\mathfrak{l}$ keinen ungeraden Primfaktor enthält.

$$\lambda = \mathfrak{l}\mathfrak{r}, \quad (2, \mathfrak{r}) = 1.$$

α sei eine zu λ teilerfremde ungerade Zahl, $\omega = \frac{\mathfrak{b}}{\mathfrak{d}}$, $(\mathfrak{b}, 2\alpha\lambda) = 1$. Aus der nach Satz 155 richtigen Gleichung

$$C\left(\frac{\lambda\omega}{\alpha}\right) = \left(\frac{\lambda}{\alpha}\right) C\left(\frac{\omega}{\alpha}\right)$$

schließen wir unter Anwendung der Reziprozität (199)

$$\left(\frac{\lambda}{\alpha}\right) = \frac{C\left(\frac{\lambda\omega}{\alpha}\right)}{C\left(\frac{\omega}{\alpha}\right)} = \frac{C\left(\frac{-\gamma^2\alpha}{4\omega\lambda}\right)}{C\left(\frac{-\gamma^2\alpha}{4\omega}\right)} \cdot \frac{e^{\frac{\pi i}{4} S(\operatorname{sgn}\lambda\omega\alpha - \operatorname{sgn}\omega\alpha)}}{|\sqrt{N(\lambda)}|} \tag{208}$$

insbesondere hieraus für $\alpha = 1$

$$1 = \frac{C\left(\frac{-\gamma^2}{4\omega\lambda}\right)}{C\left(\frac{-\gamma^2}{4\omega}\right)} \frac{e^{\frac{\pi i}{4} S(\operatorname{sgn}\lambda\omega - \operatorname{sgn}\omega)}}{|\sqrt{N(\lambda)}|}. \tag{209}$$

Nun ist wie im vorhergehenden Beweis, weil 4λ und $\mathfrak{b}$ teilerfremd sind,

$$C\left(\frac{-\gamma^2\alpha}{4\omega\lambda}\right) = C\left(\frac{-\varkappa\mu\alpha}{4\lambda}\right) C\left(\frac{-4\lambda\varkappa\alpha}{\mu}\right) = \left(\frac{\alpha}{\mathfrak{b}}\right) C\left(\frac{-4\lambda\varkappa}{\mu}\right) C\left(\frac{-\varkappa\mu\alpha}{4\lambda}\right),$$

$$C\left(\frac{-\gamma^2\alpha}{4\omega}\right) = \left(\frac{\alpha}{\mathfrak{b}}\right) C\left(\frac{-4\varkappa}{\mu}\right) C\left(\frac{-\varkappa\mu\alpha}{4}\right)$$

und wieder speziell für $\alpha = 1$, wenn wir dividieren,

$$\frac{C\left(\frac{-\gamma^2}{4\omega\lambda}\right)}{C\left(\frac{-\gamma^2}{4\omega}\right)} = \frac{C\left(\frac{-4\lambda\varkappa}{\mu}\right)}{C\left(\frac{-4\varkappa}{\mu}\right)} \cdot \frac{C\left(\frac{-\varkappa\mu}{4\lambda}\right)}{C\left(\frac{-\varkappa\mu}{4}\right)}$$

$$\frac{C\left(\frac{-\gamma^2\alpha}{4\omega\lambda}\right)}{C\left(\frac{-\gamma^2\alpha}{4\omega}\right)} = \frac{C\left(\frac{-\gamma^2}{4\omega\lambda}\right)}{C\left(\frac{-\gamma^2}{4\omega}\right)} \cdot \frac{C\left(\frac{-\varkappa\mu\alpha}{4\lambda}\right) C\left(\frac{-\varkappa\mu}{4}\right)}{C\left(\frac{-\varkappa\mu}{4\lambda}\right) C\left(\frac{-\varkappa\mu\alpha}{4}\right)} \tag{210}$$

wobei wir zuletzt noch $\varkappa\mu$ durch ω ersetzen können. Indem wir (210) durch (209) dividieren und (208) anwenden, finden wir

$$\left(\frac{\lambda}{\alpha}\right) = v(\alpha, \lambda) \cdot \frac{C\left(\frac{-\omega\alpha}{4\lambda}\right) C\left(\frac{-\omega}{4}\right)}{C\left(\frac{-\omega}{4\lambda}\right) C\left(\frac{-\omega\alpha}{4}\right)}. \tag{211}$$

Die Gaußschen Summen mit dem Nenner $4\lambda = 4\mathfrak{l}\mathfrak{r}$ lassen sich aber wieder nach (169) auf solche vom Nenner $4\mathfrak{l}$ und $\mathfrak{r}$ zurückführen Dann wählen wir Hilfsideale $\mathfrak{m}$, $\mathfrak{n}$, welche ungerade und zu $\mathfrak{r}\alpha$ prim sind und wofür

$$\lambda_1 = \mathfrak{l}\mathfrak{m}, \quad \varrho = \mathfrak{r}\mathfrak{n}, \quad \sigma = \frac{\lambda_1\varrho}{\lambda} = \mathfrak{m}\mathfrak{n},$$

so ist

$$C\left(\frac{-\omega\alpha}{4\lambda}\right) = C\left(\frac{-\omega\sigma\alpha}{4\lambda_1\varrho}\right) = C\left(\frac{-\omega\sigma\varrho\alpha}{4\lambda_1}\right) \cdot C\left(\frac{-4\lambda_1\omega\sigma\alpha}{\varrho}\right)$$

$$= \left(\frac{\alpha}{\mathfrak{r}}\right) C\left(\frac{-\omega\sigma\varrho\alpha}{4\lambda_1}\right) C\left(\frac{-4\lambda_1\omega\sigma}{\varrho}\right) = \left(\frac{\alpha}{\mathfrak{r}}\right) C\left(\frac{-\omega\varrho^2\alpha}{4\lambda}\right) C\left(\frac{-4\lambda_1\omega\sigma}{\varrho}\right).$$

Setzen wir endlich hierin $\alpha = 1$ und tragen die Resultate in (211) ein, so erhalten wir

$$\left(\frac{\lambda}{\alpha}\right)\left(\frac{\alpha}{\mathfrak{r}}\right) = v(\alpha, \lambda) \cdot \frac{C\left(\frac{-\omega\varrho^2\alpha}{4\lambda}\right) C\left(\frac{-\omega}{4}\right)}{C\left(\frac{-\omega\varrho^2}{4\lambda}\right) C\left(\frac{-\omega\alpha}{4}\right)}.$$

ϱ ist hierbei eine beliebige ungerade, durch $\mathfrak{r}$ teilbare Zahl. Diese letzten Summen hängen nur noch von dem Verhalten von α mod. $4\mathfrak{l}$ ab. Wählen wir insbesondere α als quadratischen Rest mod. $4\mathfrak{l}$, so ergibt sich

Satz 167. Ist $\mathfrak{l}$ *ein ganzes Ideal ohne ungeraden Primfaktor,* λ *eine ganze Zahl mit der Zerlegung* $\lambda = \mathfrak{l}\mathfrak{r}$, *wo* $\mathfrak{r}$ *ein ganzes ungerades Ideal, so gilt*

$$\left(\frac{\lambda}{\alpha}\right)\left(\frac{\alpha}{\mathfrak{r}}\right) = (-1)^{\sum\limits_{p=1}^{r_1} \frac{\operatorname{sgn}\alpha^{(p)}-1}{2}\,\frac{\operatorname{sgn}\lambda^{(p)}-1}{2}}$$

wenn die ungerade Zahl α *quadratischer Rest mod.* $4\mathfrak{l}$ *und zu* λ *teilerfremd ist.*

§ 60. Relativquadratische Körper und Anwendungen auf die Theorie der quadratischen Reste.

Wir betrachten jetzt den Körper $K = K(\sqrt{\mu}, k)$, welcher durch die Quadratwurzel aus einer Zahl μ in k relativ zu k erzeugt wird. Für ihn gelten die Sätze aus § 39 mit $l = 2$. Es ist zweckmäßig, einen Restcharakter einzuführen, welcher etwas von dem quadratischen Restsymbol abweicht.

Definition: Für ein beliebiges Primideal $\mathfrak{p}$ in k werde gesetzt

$$Q(\mu, \mathfrak{p}) = \begin{cases} 1, & \text{wenn } \mathfrak{p} \text{ in } K(\sqrt{\mu}, k) \text{ in zwei verschiedene Faktoren zerfällt,} \\ -1, & \text{wenn } \mathfrak{p} \text{ in } K(\sqrt{\mu}, k) \text{ unzerlegt bleibt,} \\ 0, & \text{wenn } \mathfrak{p} \text{ in } K(\sqrt{\mu}, k) \text{ das Quadrat eines Primideals wird.} \end{cases}$$

Nach den Ergebnissen von § 39 ist dadurch $Q(\mu, \mathfrak{p})$ für alle Primideale definiert, wenn μ, aber nicht $\sqrt{\mu}$ zu k gehört. Überdies ist

$$Q(\mu, \mathfrak{p}) = \left(\frac{\mu}{\mathfrak{p}}\right), \text{ wenn } \mathfrak{p} \text{ ungerade und nicht in } \mu \text{ aufgeht.} \tag{212}$$

$$Q(\mu\alpha^2, \mathfrak{p}) = Q(\mu, \mathfrak{p}) \text{ für jedes } \alpha \neq 0 \text{ in } k.$$

Wir setzen ferner für beliebige ganze Ideale $\mathfrak{a} (\neq 0)$ in k

$$Q(\mu, \mathfrak{a}) = Q(\mu, \mathfrak{p}_1)^{a_1} \cdot Q(\mu, \mathfrak{p}_2)^{a_2} \cdots Q(\mu, \mathfrak{p}_m)^{a_m}, \tag{213}$$

wenn $\mathfrak{a}$ die Zerlegung hat

$$\mathfrak{a} = \mathfrak{p}_1^{a_1} \ldots \mathfrak{p}_m^{a_m}$$

und für jede Quadratzahl μ^2 in k

$$Q(\mu^2, \mathfrak{a}) = 1.$$

Hiernach ist also für zwei ganze Ideale $\mathfrak{a}, \mathfrak{b}$ in k

$$Q(\mu, \mathfrak{a}\,\mathfrak{b}) = Q(\mu, \mathfrak{a}) \cdot Q(\mu, \mathfrak{b}).$$

Endlich ist für ungerade $\mathfrak{a}$, die zu den ganzen Zahlen μ und ν teilerfremd sind,

$$Q(\mu\nu, \mathfrak{a}) = Q(\mu, \mathfrak{a}) \cdot Q(\nu, \mathfrak{a}).$$

Im rationalen Zahlkörper wäre die Einführung dieses Symbols überflüssig, da man hier die Zahlen μ immer von unnötigen quadratischen Faktoren befreit voraussetzen kann, während in anderen Körpern, falls die Klassenzahl gerade ist, μ auch noch akzessorische quadratische Faktoren haben kann, die sich nicht vermeiden lassen.

Mit Hilfe des Symbols Q läßt sich die Zetafunktion von K durch die von k und eine weitere Reihe ausdrücken, wie es in § 49 für den quadratischen Körper geschehen ist. Bedeutet nämlich $\mathfrak{P}$ ein Primideal von K, so ist die Relativnorm in bezug auf k in den Bezeichnungen von Satz 108

$$N_k(\mathfrak{P}) = \mathfrak{p} \quad \text{oder} \quad \mathfrak{p}^2, \quad \text{und} \quad N(\mathfrak{P}) = n(\mathfrak{p}) \quad \text{oder} \quad n(\mathfrak{p}^2),$$

wo $\mathfrak{p}$ das durch $\mathfrak{P}$ teilbare Primideal aus k ist. Wir greifen in dem unendlichen Produkt

$$\zeta_K(s) = \prod_{\mathfrak{P}} \frac{1}{1 - N(\mathfrak{P})^{-s}}$$

diejenigen Faktoren heraus, welche von allen Primteilern $\mathfrak{P}$ eines festen $\mathfrak{p}$ herrühren. Für diese ist dann gerade

$$\prod_{\mathfrak{P}|\mathfrak{p}} (1 - N(\mathfrak{P})^{-s}) = (1 - n(\mathfrak{p})^{-s})(1 - Q(\mu, \mathfrak{p}) n(\mathfrak{p})^{-s})$$

und daher

$$\zeta_K(s) = \zeta_k(s) Z(s)$$

$$Z(s) = \prod_{\mathfrak{p}} \frac{1}{1 - Q(\mu, \mathfrak{p}) \cdot n(\mathfrak{p})^{-s}} = \sum_{\mathfrak{a}} \frac{Q(\mu, \mathfrak{a})}{n(\mathfrak{a})^s}.$$

Da nach der Klassenzahlformel von Satz 123

$$\lim_{s=1} \frac{\zeta_K(s)}{\zeta_k(s)}$$

gleich einer endlichen, von Null verschiedenen Zahl, so schließen wir:

Satz 168.

$$\lim_{s=1} \log Z(s) \ \textit{ist endlich.}$$

Und aus dieser Tatsache entnehmen wir das Analogon zu Satz 147:

Satz 169. Es seien $\mu_1, \mu_2, \ldots \mu_m$ *ganze Zahlen in* k, *derart, daß ein Potenzprodukt* $\mu_1^{x_1} \ldots \mu_m^{x_m}$ *nur dann das Quadrat einer Zahl in* k *ist, wenn alle Exponenten* $x_1, \ldots x_m$ *gerade sind. Es seien* $c_1, c_2, \ldots, c_m$ *beliebige Werte* ± 1. *Dann gibt es unendlich viele Primideale* $\mathfrak{p}$ *in* k, *welche die* m *Bedingungen*

$$\left(\frac{\mu_1}{\mathfrak{p}}\right) = c_1, \quad \ldots \quad \left(\frac{\mu_m}{\mathfrak{p}}\right) = c_m$$

erfüllen.

Infolge der Voraussetzung definiert nämlich die Quadratwurzel aus jedem der $2^m - 1$ Potenzprodukte $\mu = \mu_1^{x_1} \ldots \mu_m^{x_m}$ ($x_i = 0$ oder 1, nicht alle $x_i = 0$) einen relativquadratischen Körper $K(\sqrt{\mu}, k)$. Nun folgt offenbar wie in § 49, daß für $s > 1$

$$\log \prod_{\mathfrak{p}} \left(1 - \frac{Q(\mu, \mathfrak{p})}{n(\mathfrak{p})^s}\right) = - \sum_{\mathfrak{p}} \frac{Q(\mu, \mathfrak{p})}{n(\mathfrak{p})^s} + \varphi(\mu, s),$$

wo $\varphi(\mu, s)$ bei Annäherung an $s = 1$ einem endlichen Grenzwert zustrebt, und daß daher nach Satz 168 auch die erste Summe rechts diese Eigenschaft hat, folglich bleibt auch

$$L(s, \mu) = \sum_{\mathfrak{p}}{}' \left(\frac{\mu}{\mathfrak{p}}\right) \frac{1}{n(\mathfrak{p})^s} \text{ endlich,}$$

da diese Summe sich nach (212) von jener nur in endlich vielen Gliedern unterscheidet. Der Akzent am Zeichen Σ mag hier bedeuten, daß $\mathfrak{p}$ nur die ungeraden Primideale durchlaufen soll, welche nicht in $\mu_1, \mu_2, \ldots, \mu_m$ aufgehen. Andrerseits folgt wieder aus dem Unendlichwerden von $\zeta_k(s)$, wenn $s \to 1$, daß

$$L(s, 1) = \sum_{\mathfrak{p}}{}' \frac{1}{n(\mathfrak{p})^s} \to \infty.$$

Mithin wächst in der Gleichung

$$\sum_{x_1, \ldots, x_m = 0, 1} c_1^{x_1} \ldots c_m^{x_m} L(s, \mu_1^{x_1} \cdot \mu_2^{x_2} \cdot \ldots \cdot \mu_m^{x_m})$$

$$= \sum_{\mathfrak{p}}{}' \left(1 + c_1 \left(\frac{\mu_1}{\mathfrak{p}}\right)\right) \ldots \left(1 + c_m \left(\frac{\mu_m}{\mathfrak{p}}\right)\right) \frac{1}{n(\mathfrak{p})^s}$$

die linke Seite über alle Grenzen, falls $s \to 1$, da nur ein einziges Glied unendlich wird. Auf der rechten Seite bleiben aber nur die Glieder stehen, deren $\mathfrak{p}$ die Forderungen unserer Behauptung erfüllen. Folglich muß es unendlich viele $\mathfrak{p}$ dieser Art geben.

Dieser Existenzsatz ist das wichtigste Hilfsmittel beim Beweise der Umkehrung von Satz 166 und Satz 167, den wir nun führen werden.

§ 61. Zahlgruppen und Idealgruppen. Singuläre Primärzahlen.

In der weiteren Untersuchung haben wir mit solchen Faktorgruppen Abelscher Gruppen zu tun, welche durch die Quadrate der Elemente bestimmt sind. Ist $\mathfrak{G}$ eine Abelsche Gruppe, $\mathfrak{U}_2$ die Untergruppe der Quadrate aller Elemente von $\mathfrak{G}$, so wollen wir jede der Reihen oder Nebengruppen, welche durch $\mathfrak{U}_2$ definiert ist, als einen **Verband** von Elementen aus $\mathfrak{G}$ bezeichnen. Die Faktorgruppe $\mathfrak{G}/\mathfrak{U}_2$ ist nach § 9 die Gruppe der Verbände. Das Einheitselement in der Faktorgruppe ist der **Hauptverband**, d. h. das System der Elemente aus $\mathfrak{U}_2$. Das Quadrat jedes Verbandes ist der Hauptverband; und es gibt genau 2^e verschiedene Verbände, wo e die zu 2 gehörige Basiszahl von $\mathfrak{G}$ ist, falls $\mathfrak{G}$ eine endliche Gruppe ist. Die Anzahl der unabhängigen Verbände, d. h. der unabhängigen Elemente von $\mathfrak{G}/\mathfrak{U}_2$ ist dann e.

Wir führen jetzt eine Reihe von wichtigen Gruppen, Verbänden und darauf bezüglichen Konstanten an:

1. Die Einheiten von k bilden bei Komposition durch Multiplikation eine Gruppe. Die Anzahl der verschiedenen **Einheitenverbände** ist 2^m, wo $m = \frac{n + r_1}{2}$ ist. Denn es gibt $r_1 + r_2 - 1 = m - 1$ Grundeinheiten, dazu tritt noch eine Einheitswurzel aus k, deren Quadratwurzel nicht in k liegt.

2. Alle von Null verschiedenen Zahlen aus k bilden bei Komposition durch Multiplikation eine Gruppe. Ein Zahlverband ist also das System aller Zahlen $\alpha\xi^2$, wo α fest, ξ alle Zahlen von k durchläuft. Alle Zahlen desselben Zahlverbandes haben dieselbe Vorzeichenfolge, wenn wir als Vorzeichenfolge einer Zahl ω in k die r_1 Werte ± 1 : $\operatorname{sgn} \omega^{(1)}, \ldots, \operatorname{sgn} \omega^{(r_1)}$ bezeichnen. (Für $r_1 = 0$ verstehen wir darunter die Zahl $+1$.) Innerhalb der Gruppe aller Zahlverbände bildet die Gruppe der **total positiven Zahlverbände** eine Untergruppe vom Index 2^{r_1}. Es gibt nämlich, falls $r_1 > 0$, offenbar Zahlen ω aus k mit einer beliebig vorgeschriebenen Vorzeichenfolge. Denn ist ϑ eine erzeugende Zahl von k, so nehmen die r_1 Ausdrücke $a_0 + a_1\vartheta^{(i)} + \cdots + a_{r_1-1}\vartheta^{(i)r_1-1}$ $(i = 1, \ldots r_1)$ für reelle a jedes beliebige reelle Wertsystem an, also für rationale a jede Vorzeichenkombination.

3. In der Gruppe der Idealklassen von k gibt es genau 2^e **verschiedene Klassenverbände,** wo e die zu 2 gehörige Basiszahl der Klassengruppe bezeichnet.

4. Diejenigen Zahlverbände, deren Zahlen Quadrate von Idealen in k sind, bilden eine Untergruppe in der Gruppe aller Zahlverbände. Ihr Grad ist 2^{m+e}. Denn nach 3. gibt es e Ideale $\mathfrak{a}_1, \ldots, \mathfrak{a}_e$, welche e unabhängige Klassenverbände definieren, und deren Quadrate Hauptideale sind, etwa $\mathfrak{a}_i^2 = \alpha_i$ $(i = 1, 2, \ldots, e)$. Die e Zahlen $\alpha_1, \ldots, \alpha_e$ definieren e unabhängige Zahlverbände. Ist ω eine Zahl, welche das Quadrat eines Ideals $\mathfrak{c}$ in k ist, so ist $\mathfrak{c}$ einem Potenzprodukt der $\mathfrak{a}_1, \ldots, \mathfrak{a}_e$ äquivalent, und ω unterscheidet sich also nach Multiplikation mit einer geeigneten Einheit von einem Potenzprodukt der $\alpha_1, \ldots, \alpha_e$ um eine Quadratzahl als Faktor. Wir nennen eine Zahl in k **singulär,** wenn sie das Quadrat eines Ideals in k ist. Es gibt also $m + e$ **unabhängige singuläre Zahlverbände.** Sie werden repräsentiert durch $\alpha_1, \ldots \alpha_e$ und m Einheiten aus den m unabhängigen Verbänden.

5. Es bedeute p die Anzahl der unabhängigen singulären Zahlverbände, welche aus total positiven Zahlen bestehen. Demnach gibt es 2^p **singuläre, total positive Zahlverbände.** Die 2^{m+e} singulären Zahlverbände weisen daher Zahlen mit nur 2^{m+e-p} verschiedenen Vorzeichenfolgen auf.

6. Wir rechnen zwei von 0 verschiedene Ideale $\mathfrak{a}, \mathfrak{b}$ zur selben **engeren Idealklasse** und nennen $\mathfrak{a}$ und $\mathfrak{b}$ **im engeren Sinne äquivalent,** falls $\frac{\mathfrak{a}}{\mathfrak{b}}$ gleich einer total positiven Körperzahl gesetzt werden kann. Wir schreiben wieder $\mathfrak{a} \approx \mathfrak{b}$. Die engeren Klassen werden wieder zu einer Abelschen Gruppe, der engeren Klassengruppe, vereinigt. Diejenigen engeren Klassen, welche die Hauptideale im weiteren Sinne enthalten, bilden eine Untergruppe vom Index h. Die Hauptideale definieren offenbar höchstens 2^{r_1} verschiedene engere Klassen. Die engere Klassengruppe hat daher höchstens den Grad $2^{r_1}h$. Es bedeute e_0 die zu 2 gehörige Basiszahl dieser engeren Klassengruppe. Wir bezeichnen mit $\mathfrak{J}_0$ **die Gruppe der engeren Idealklassenverbände.** Ihr Grad ist also 2^{e_0}. Indem wir den Grad von $\mathfrak{J}_0$ auf eine zweite Art bestimmen, ergibt sich die Gleichung

$$e_0 = p + r_1 - m. \tag{214}$$

Bezeichnen wir nämlich mit $\mathfrak{H}$ diejenige Untergruppe von $\mathfrak{J}_0$, deren Klassenverbände durch Hauptideale (im weiteren Sinne) repräsentiert werden können, so ist nach den allgemeinen Gruppensätzen der Grad von $\mathfrak{J}_0$ gleich dem Grade der Faktorgruppe $\mathfrak{J}_0/\mathfrak{H}$ multipliziert mit dem Grad von $\mathfrak{H}$. Nun hat die Faktorgruppe $\mathfrak{J}_0/\mathfrak{H}$ den Grad 2^e. Denn bedeuten $\mathfrak{b}_1, \mathfrak{b}_2, \ldots \mathfrak{b}_e$ Repräsentanten der e unabhängigen Klassenverbände (im weiteren Sinne), so definieren die 2^e Potenzprodukte $\mathfrak{b} = \mathfrak{b}_1^{x_1} \ldots \mathfrak{b}_e^{x_e}$ ($x_i = 0$ oder 1) genau 2^e verschiedene Nebengruppen innerhalb $\mathfrak{J}_0$ in bezug auf $\mathfrak{H}$. Andererseits gibt es zu jedem Ideal $\mathfrak{a}$ eines unter den Potenzprodukten $\mathfrak{b}$ und ein Idealquadrat $\mathfrak{c}^2$, so daß $\mathfrak{a} \sim \mathfrak{b}\mathfrak{c}^2$, also $\mathfrak{a} = \alpha\mathfrak{b}\mathfrak{c}^2$ für eine gewisse Zahl α gilt. Der Verband, welchem $\mathfrak{a}$ angehört, unterscheidet sich also von dem Verband, dem $\mathfrak{b}$ angehört, um den Verband von α, d. h. einen Verband aus der Gruppe $\mathfrak{H}$. Also ist der Grad von $\mathfrak{J}_0/\mathfrak{H}$ gleich 2^e.

Nun gehört ein Hauptideal (γ) zum Einheitselement von $\mathfrak{J}_0$ dann und nur dann, wenn (γ) im engeren Sinne äquivalent mit einem Idealquadrat ist, d. h. wenn γ gleich einer total positiven Zahl multipliziert mit einer singulären Zahl ist, d. h. wenn γ durch Multiplikation mit einer singulären Zahl total positiv gemacht werden kann. Von den 2^{r_1} für γ möglichen Vorzeichenfolgen werden nach 5. genau 2^{m+e-p} durch singuläre Zahlen realisiert, so daß also die Hauptideale genau $2^{r_1-(m+e-p)}$ verschiedene engere Idealklassenverbände definieren. So groß ist daher der Grad von $\mathfrak{H}$. Damit ist die Behauptung (214) bewiesen.

7. Unter den ungeraden Restklassen mod. 4 gibt es genau 2^n **verschiedene Restklassenverbände mod. 4**. Denn aus $\xi^2 \equiv 1 \pmod{4}$ folgt $\xi \equiv 1 \pmod{2}$, $\xi = 1 + 2\omega$ mit ganzem ω. Unter diesen Zahlen sind $N(2) = 2^n$ inkongruente mod. 4 vorhanden.

8. Wir rechnen zwei Zahlen α, β zu derselben **engeren Restklasse mod. $\mathfrak{a}$**, wenn $\alpha \equiv \beta \pmod{\mathfrak{a}}$ und $\frac{\alpha}{\beta}$ total positiv. In jeder Restklasse mod. $\mathfrak{a}$ gibt es aber offenbar Zahlen α, deren r_1 Konjugierte dieselben Vorzeichen haben, wie die einer beliebig gegebenen ganzen Zahl ω. Denn $\alpha + x|N(\mathfrak{a})|\omega$ gehört für jedes ganze rationale x in dieselbe Restklasse mod. $\mathfrak{a}$ wie α und hat für alle hinreichend großen x die gewünschten Vorzeicheneigenschaften. Jede Restklasse mod. $\mathfrak{a}$ zerfällt also in genau 2^{r_1} engere Restklassen mod. $\mathfrak{a}$. Insbesondere gibt es also 2^{n+r_1} **verschiedene engere Restklassenverbände mod. 4**.

9. Sei $\mathfrak{l}$ ein Primfaktor von 2. Unter den ungeraden Restklassen mod. $4\mathfrak{l}$ gibt es 2^{n+1} **verschiedene Restklassenverbände mod. $4\mathfrak{l}$**. Denn aus $\xi^2 \equiv 1 \pmod{4\mathfrak{l}}$ folgt $\xi = 1 + 2\omega$ mit ganzem ω und für ω die Bedingung $\omega(\omega + 1) \equiv 0 \pmod{\mathfrak{l}}$, also $\omega \equiv 0$ oder 1

(mod. $\mathfrak{l}$), das ergibt für ξ genau $2N(2) = 2^{n+1}$ nach $4\mathfrak{l}$ inkongruente Zahlen. Entsprechend gibt es 2^{n+r_1+1} verschiedene engere Restklassenverbände mod. $4\mathfrak{l}$.

10. Das Hauptinteresse beanspruchen die singulären Zahlen, welche zugleich primäre Zahlen sind, ohne Quadratzahlen zu sein. Solche Zahlen heißen **singuläre Primärzahlen**. Nach Satz 120 liefern die singulären Primärzahlen ω diejenigen Körper $K(\sqrt{\omega}, k)$, welche in bezug auf k die Relativdiskriminante 1 haben. Es mögen q **unabhängige Verbände von singulären Primärzahlen** existieren. Nach 4. ist dann $q \leqq m + e$. Die 2^{m+e} verschiedenen singulären Zahlverbände definieren also 2^{m+e-q} verschiedene Restklassenverbände mod. 4, da genau 2^q dieser Zahlverbände primär sind, d. h. dem Hauptverband der Restklassen mod. 4 angehören.

11. Ebenso bezeichne q_0 **die Anzahl der unabhängigen Verbände von singulären Primärzahlen, welche total positiv sind.** Die 2^{m+e} verschiedenen singulären Zahlverbände definieren also nur 2^{m+e-q_0} verschiedene engere Restklassenverbände mod. 4, da je 2^{q_0} unter den singulären Zahlverbänden denselben engeren Restklassenverband mod. 4 definieren.

12. Wir werden schließlich durch Satz 166 zu einer neuen Klasseneinteilung aller ungeraden Ideale nach dem Modul 4 geführt. Zwei ganze ungerade Ideale werden in dieselbe **„Idealklasse mod. 4"** gerechnet, wenn es ein Idealquadrat $\mathfrak{c}^2$ in k gibt, so daß $\mathfrak{a} \sim \mathfrak{b}\mathfrak{c}^2$ und die ganzen Zahlen α, β so gewählt werden können, daß $\alpha\mathfrak{a} = \beta\mathfrak{b}\mathfrak{c}^2$ und $\alpha \equiv \beta \equiv 1$ (mod. 4). Die durch die Multiplikation der Ideale definierte Komposition dieser Klassen bestimmt die **„Klassengruppe mod. 4"**; sie möge mit $\mathfrak{B}$ bezeichnet werden.

Zur Bestimmung des Grades von $\mathfrak{B}$ führen wir die Untergruppe $\mathfrak{H}$ derjenigen Klassen von $\mathfrak{B}$ ein, welche durch ganze ungerade Hauptideale repräsentiert werden können. Der Grad von $\mathfrak{B}$ ist dann nach den allgemeinen Gruppensätzen gleich dem Grad von $\mathfrak{H}$ multipliziert mit dem Grade der Faktorgruppe $\mathfrak{B}/\mathfrak{H}$. Diese Faktorgruppe hat nun den Grad 2^e. Denn sind $\mathfrak{b}_1, \ldots, \mathfrak{b}_e$ ungerade Repräsentanten der e unabhängigen Idealklassenverbände, so definieren die 2^e Potenzprodukte $\mathfrak{b}_1^{x_1} \ldots \mathfrak{b}_e^{x_e} = \mathfrak{b}$ ($x_i = 0$ oder 1) genau 2^e verschiedene Nebengruppen innerhalb $\mathfrak{B}$ mit Bezug auf $\mathfrak{H}$. Und zu jedem ungeraden Ideal $\mathfrak{a}$ gibt es eines dieser Produkte $\mathfrak{b}$ und ein ungerades Idealquadrat $\mathfrak{c}^2$, so daß $\mathfrak{a} \sim \mathfrak{b}\mathfrak{c}^2$, also mit ungeraden Zahlen α, β die Gleichung $\alpha\mathfrak{a} = \beta\mathfrak{b}\mathfrak{c}^2$ besteht. Hierin können wir durch Multiplikation mit demselben Zahlfaktor auf beiden Seiten erreichen, daß

$\alpha \equiv 1 \pmod{4}$, folglich gehören $\mathfrak{a}$ und $\beta\mathfrak{b}$ derselben Idealklasse mod. 4 an; $\beta\mathfrak{b}$ und $\mathfrak{b}$ unterscheiden sich aber nur um ein Ideal aus $\mathfrak{H}$, also wird auch jede Nebengruppe innerhalb $\mathfrak{B}$ durch die $\mathfrak{b}$ repräsentiert, d. h. $\mathfrak{B}/\mathfrak{H}$ hat wirklich den Grad 2^e.

Um weiter den Grad von $\mathfrak{H}$ zu finden, bedenken wir, daß zwei ganze ungerade Zahlen γ_1, γ_2 jedenfalls dann Hauptideale (γ_1) und (γ_2) aus derselben Idealklasse mod. 4 definieren, wenn γ_1 und γ_2 demselben Restklassenverband mod. 4 angehören. Die Idealklasse mod. 4, welcher das Ideal (1) angehört, besteht aus allen den ungeraden Idealen (γ), wofür γ kongruent einer singulären Zahl mod. 4 ist. Die singulären Zahlen definieren nach 10. aber genau 2^{m+e-q} verschiedene Restklassenverbände mod. 4. Folglich gehören die 2^n Rest klassenverbände mod. 4 zu je 2^{m+e-q} zu derselben Idealklasse mod. 4. Der Grad von $\mathfrak{H}$ ist daher $2^{n-(m+e-q)}$. Dadurch ergibt sich

$$\textbf{Grad von } \mathfrak{B} \textbf{ gleich } 2^{n-m+q} = 2^{m-r_1+q}.$$

13. Ist $r_1 > 0$, so definieren wir entsprechend die Gruppe $\mathfrak{B}_0$ der **„engeren Idealklassen mod. 4“.** Wir rechnen zwei ungerade Ideale $\mathfrak{a}, \mathfrak{b}$ zu derselben engeren Idealklasse mod. 4, wenn es ein Idealquadrat $\mathfrak{c}^2$ gibt, so daß $\mathfrak{a} \sim \mathfrak{b}\mathfrak{c}^2$, und die Zahlen α, β so gewählt werden können, daß $\alpha\mathfrak{a} = \beta\mathfrak{b}\mathfrak{c}^2$, $\alpha \equiv \beta \equiv 1 \pmod{4}$, α und β überdies total positiv sind.

Der Grad von $\mathfrak{B}_0$ wird ähnlich wie der von $\mathfrak{B}$ bestimmt. Ist $\mathfrak{H}_0$ die Untergruppe von $\mathfrak{B}_0$, welche durch die ungeraden Hauptideale repräsentiert wird, so ist der Grad von $\mathfrak{B}_0/\mathfrak{H}_0$ wieder 2^e. Der Grad von $\mathfrak{H}_0$ ergibt sich aber nach 11. zu $2^{n+r_1-(m+e-q_0)}$, weil unter den 2^{n+r_1} engeren Restklassenverbänden mod. 4 je 2^{m+e-q_0} sich um einen singulären Zahlverband unterscheiden.

Daher ist der

$$\textbf{Grad von } \mathfrak{B}_0 \textbf{ gleich } 2^{n+r_1-m+q_0} = 2^{m+q_0}.$$

§ 62. Die Existenz der singulären Primärzahlen und die Ergänzungssätze zum Reziprozitätsgesetz.

Die Bestimmung von q und q_0 ergibt sich jetzt durch eine sehr einfache Abzählung.

Hilfssatz a). Es ist $q_0 \leqq e$ und $q \leqq e_0$.

Seien nämlich q_0 unabhängige total positive singuläre Primärzahlen $\omega_1, \omega_2, \ldots \omega_{q_0}$ vorgelegt, und betrachten wir die q_0 Funktionen

$$\chi_i(\mathfrak{a}) = Q(\omega_i, \mathfrak{a}), \quad i = 1, \ldots q_0,$$

des ungeraden Ideals $\mathfrak{a}$. Diese hängen nur von dem Idealklassenverband ab, welchem $\mathfrak{a}$ angehört. Denn ist $\mathfrak{a} \sim \mathfrak{b}\mathfrak{c}^2$ mit ungeradem $\mathfrak{a}, \mathfrak{b}, \mathfrak{c}$ und sind die ungeraden Zahlen α, β so gewählt, daß $\alpha\mathfrak{a} = \beta\mathfrak{b}\mathfrak{c}^2$, so ist, wenn wir ω_i zu $\alpha\mathfrak{a}$ teilerfremd annehmen,

$$\chi_i(\alpha\mathfrak{a}) = \chi_i(\beta\mathfrak{b}\mathfrak{c}^2) = \left(\frac{\omega_i}{\alpha\mathfrak{a}}\right) = \left(\frac{\omega_i}{\beta\mathfrak{b}\mathfrak{c}^2}\right) = \left(\frac{\omega_i}{\beta\mathfrak{b}}\right).$$

Für jede ganze Zahl γ, welche zu $2\omega_i$ teilerfremd ist, ist aber nach dem Reziprozitätsgesetz

$$\left(\frac{\omega_i}{\gamma}\right) = \left(\frac{\gamma}{\omega_i}\right),$$

weil ω_i primär und total positiv; das letzte Symbol ist aber $+1$, weil ω_i singulär ist. Also folgt in der Tat

$$\chi_i(\mathfrak{a}) = \left(\frac{\omega_i}{\mathfrak{a}}\right) = \left(\frac{\omega_i}{\mathfrak{b}}\right) = \chi_i(\mathfrak{b}), \quad \text{wenn} \quad \mathfrak{a} \sim \mathfrak{b}\mathfrak{c}^2.$$

Da ferner $\chi_i(\mathfrak{a}_1 \cdot \mathfrak{a}_2) = \chi_i(\mathfrak{a}_1) \cdot \chi_i(\mathfrak{a}_2)$, so sind nach § 10 die q_0 Funktionen $\chi_i(\mathfrak{a})$ Gruppencharaktere der Gruppe der Idealklassenverbände Nach Satz 169 sind sie auch unabhängige Charaktere. Andererseits hat nach Satz 33 die Gruppe der Idealklassenverbände, da sie den Grad 2^e hat, genau e unabhängige Charaktere, also ist $q_0 \leqq e$.

Analog beweist man, wenn man den engeren Äquivalenzbegriff zugrunde legt, die Beziehung $q \leqq e_0$.

Hilfssatz b): Seien $\varepsilon_1, \ldots \varepsilon_{m+e}$ $m + e$ unabhängige singuläre Zahlen. Dann bilden die $m + e$ Funktionen des ungeraden Ideals $\mathfrak{a}$

$$Q(\varepsilon_i, \mathfrak{a}) \qquad (i = 1, 2, \ldots m + e)$$

ein System unabhängiger Gruppencharaktere der Gruppe $\mathfrak{B}_0$.

Daß diese Funktionen Gruppencharaktere von $\mathfrak{B}_0$ sind, folgt wieder aus Satz 165. Daß sie unabhängig sind, zeigt Satz 169.

Nach den allgemeinen Gruppensätzen von § 10 ist daher

$$m + e \leqq m + q_0,$$

weil $m + q_0$ nach 13. der Grad von $\mathfrak{B}_0$ ist, also $q_0 \geqq e$, und wegen Hilfssatz a) mithin $q_0 = e$. Damit sind folgende beiden Sätze bewiesen:

Satz 170. Es gibt genau e unabhängige singuläre Primärzahlen, etwa $\omega_1, \ldots \omega_e$, die total positiv sind. Dabei ist e die zu 2 gehörige Basiszahl der Gruppe der weiteren Idealklassen des Körpers. Die e Charaktere $Q(\omega_i, \mathfrak{a})$ bilden das vollständige Charakterensystem der Gruppe der Klassenverbände.

Satz 171. Damit ein ungerades Ideal $\mathfrak{a}$ *durch Multiplikation mit einem Idealquadrat in eine total positive und primäre Körperzahl verwandelt werden kann, ist notwendig und hinreichend, daß die Bedingungen*

$$Q(\varepsilon, \mathfrak{a}) = +1$$

für jede singuläre Zahl ε *erfüllt sind.*

Analog folgt durch Betrachtung der Gruppe $\mathfrak{B}$ anstatt $\mathfrak{B}_0$:

Hilfssatz c): Es seien $\varepsilon_1, \ldots \varepsilon_p$ die $p = e_0 + m - r_1$ unabhängigen total positiven singulären Zahlen. Dann bilden die p Funktionen $Q(\varepsilon_i, \mathfrak{a})$ $(i = 1, \ldots p)$ für ungerade $\mathfrak{a}$ ein System unabhängiger Gruppencharaktere der Gruppe $\mathfrak{B}$.

Hieraus folgt, da $\mathfrak{B}$ den Grad 2^{m-r_1+q} hat, wieder

$$m - r_1 + q \geqq p = m - r_1 + e_0$$

$$e_0 \leqq q,$$

also $e_0 = q$ wegen Hilfssatz a) und daher hat $\mathfrak{B}$ den Grad 2^p. Damit ist bewiesen:

Satz 172. Es gibt genau e_0 *unabhängige singuläre Primärzahlen, etwa* $\omega_1, \ldots \omega_{e_0}$. *Dabei ist* e_0 *die zu 2 gehörige Basiszahl der Gruppe der engeren Idealklassen des Körpers. Die* e_0 *Charaktere* $Q(\omega_i, \mathfrak{a})$ *bilden für ungerades* $\mathfrak{a}$ *das vollständige Charakterensystem der Gruppe der engeren Klassenverbände.*

Satz 173. Damit ein ungerades Ideal $\mathfrak{a}$ *durch Multiplikation mit einem Idealquadrat in eine primäre Körperzahl verwandelt werden kann, ist notwendig und hinreichend, daß die Bedingungen*

$$Q(\varepsilon, \mathfrak{a}) = +1$$

für jede total positive singuläre Zahl ε *erfüllt sind.*

Satz 171 und 173 pflegt man als den **ersten Ergänzungssatz** zu bezeichnen.

In ähnlicher Weise gelangen wir zur Umkehrung des Satzes 167, der den Restcharakter nach Zahlen betrifft, die nicht ungerade sind. Wir nennen eine ungerade ganze Zahl α **hyperprimär nach** $\mathfrak{l}$, wo $\mathfrak{l}$ einen Primfaktor von 2 bedeutet, wenn $\alpha \equiv \xi^2 \pmod{4\mathfrak{l}}$ durch eine Zahl ξ aus k erfüllt wird. Die hyperprimären Zahlen nach $\mathfrak{l}$ definieren also den Hauptverband der Restklassen mod. $4\mathfrak{l}$. Nach Nr. 9 des vorigen Paragraphen gibt es 2^{n+1} verschiedene Verbände mod. $4\mathfrak{l}$, aber nur 2^n verschiedene Verbände mod. 4, also enthält jeder Verband mod. 4 genau zwei verschiedene Verbände mod. $4\mathfrak{l}$. Die primären Zahlen definieren also genau zwei verschiedene Restklassenverbände mod. $4\mathfrak{l}$, sie seien mit R_1 und R_2 bezeichnet, R_1 dabei als der Hauptverband mod. $4\mathfrak{l}$ gewählt.

Satz 174. Wenn das in 2 aufgehende Primideal $\mathfrak{l}$ *dem Hauptklassenverband im engeren Sinne angehört, so sind alle* e_0 *unabhängigen singulären Primärzahlen auch hyperprimär nach* $\mathfrak{l}$, *im andern Fall sind dagegen nur* $e_0 - 1$ *unabhängige singuläre Primärzahlen auch hyperprimär nach* $\mathfrak{l}$.

Beweis: Es sei $\mathfrak{c}$ als ungerades Ideal so gewählt, daß $\mathfrak{l}\mathfrak{c}^2 = \lambda$ eine total positive Zahl ist, was im ersten der in Satz 174 genannten Fälle möglich ist. Nach Satz 167 ist dann für jede ungerade, zunächst zu $\mathfrak{l}\mathfrak{c}$ teilerfremde Zahl α

$$\left(\frac{\lambda}{\alpha}\right) = \left(\frac{\lambda}{\alpha}\right)\left(\frac{\alpha}{\mathfrak{c}^2}\right) = +1,$$

wenn α zum Verband R_1 gehört. Betrachten wir nun die Funktion $\left(\frac{\lambda}{\alpha}\right) = Q(\lambda, \alpha)$ nur für primäre Zahlen α, so ist $Q(\lambda, \alpha_1) = Q(\lambda, \alpha_2)$, wenn α_1 und α_2 zu demselben Verbande R_1 oder R_2 gehören, ferner $Q(\lambda, \alpha_1\alpha_2) = Q(\lambda, \alpha_1) \cdot Q(\lambda, \alpha_2)$, also ist $Q(\lambda, \alpha)$ ein Gruppencharakter der Gruppe zweiten Grades, die aus den Elementen R_1, R_2 gebildet wird, wo $R_2{}^2 = R_1$. Dieser Charakter ist aber nicht der Hauptcharakter; denn es gibt nach Satz 169 unendlich viele Primideale $\mathfrak{p}$, wofür $\left(\frac{\lambda}{\mathfrak{p}}\right) = -1$, während die Charaktere $Q(\varepsilon, \mathfrak{p})$ für jedes der p unabhängigen total positiven Idealquadrate ε gleich $+1$ sind. Nach Satz 173 kann man dann $\mathfrak{p}$ durch Multiplikation mit einem geeigneten $\mathfrak{m}^2$ zu einer primären Zahl machen, etwa $\alpha = \mathfrak{p}\mathfrak{m}^2$. Dann ist $Q(\lambda, \alpha) = \left(\frac{\lambda}{\mathfrak{p}}\right) = -1$. Folglich ist $Q(\lambda, \alpha)$ der eindeutig bestimmte Gruppencharakter der Gruppe (R_1, R_2), welcher nicht der Hauptcharakter ist, er ist also $= 1$ dann und nur dann, wenn die primäre Zahl α zu R_1 gehört, d. h. wenn α auch hyperprimär nach $\mathfrak{l}$ ist. Für jede singuläre Primärzahl ω ist nun $Q(\lambda, \omega) = +1$, also sind alle ungeraden singulären Primärzahlen auch hyperprimär nach $\mathfrak{l}$.

Gehört zweitens $\mathfrak{l}$ nicht zum engeren Hauptklassenverband, so wähle man ein ungerades Ideal $\mathfrak{r}$, so daß $\lambda = \mathfrak{l} \cdot \mathfrak{r}$ eine total positive Zahl ist. Da auch $\mathfrak{r}$ nicht dem engeren Hauptklassenverband angehört, gibt es nach Satz 172 unter den e_0 singulären Primärzahlen genau $e_0 - 1$ unabhängige, etwa $\omega_2, \ldots \omega_{e_0}$, so daß $Q(\omega_i, \mathfrak{r}) = +1$ für $i = 2, 3, \ldots e_0$, und eine von jenen unabhängige, ω_1, wofür $Q(\omega_1, \mathfrak{r}) = -1$. Dieses ω_1 ist dann sicher nicht hyperprimär nach $\mathfrak{l}$, denn andernfalls wäre nach Satz 167

$$\left(\frac{\omega_1}{\mathfrak{r}}\right) = \left(\frac{\lambda}{\omega_1}\right)\cdot\left(\frac{\omega_1}{\mathfrak{r}}\right) = +1,$$

während das Produkt nach der Definition von ω_1 gleich -1 ist. Es gehört also ω_1 zum Verband R_2 mod. $4\mathfrak{l}$. Daher gehört jede primäre Zahl zum Verband ω_1 oder ω_1^2 mod. $4\mathfrak{l}$. Wenn nun aber die ungeraden Zahlen α und β demselben Verband mod. $4\mathfrak{l}$ angehören, so ist, wenn $\chi(\alpha) = \left(\frac{\lambda}{\alpha}\right)\left(\frac{\alpha}{\mathfrak{r}}\right)$ gesetzt wird,

$$\chi(\alpha)\cdot\chi(\beta) = \chi(\alpha\beta) = 1, \quad \text{weil } \alpha\beta \text{ hyperprimär mod. } \mathfrak{l},$$

d. h.

$$\chi(\alpha) = \chi(\beta).$$

Folglich kann keine der Zahlen $\omega_2, \ldots, \omega_{e_0}$ dem durch ω_1 repräsentierten Verbande R_2 angehören, da sonst $\chi(\omega_2) = -1$ wäre, während es nach der Definition von ω_2 gleich 1 ist. Mithin sind $\omega_2, \ldots, \omega_{e_0}$ hyperprimär nach $\mathfrak{l}$, ω_1 ist es nicht, womit Satz 174 bewiesen ist.

Satz 175. Es sei $\lambda = \mathfrak{l}\cdot\mathfrak{r}$ eine total positive Zahl, $\mathfrak{r}$ ein ungerades Ideal, $\mathfrak{l}$ ein Primfaktor von 2 Damit die primäre, zu λ teilerfremde ganze Zahl α hyperprimär nach $\mathfrak{l}$ ist, ist notwendig und hinreichend, daß

$$\chi(\alpha) = \left(\frac{\lambda}{\alpha}\right)\left(\frac{\alpha}{\mathfrak{r}}\right) = +1.$$

Daß die Bedingung notwendig ist, sagt Satz 167 aus. Daß sie hinreichend ist, zeigt der Beweis des vorigen Satzes auf folgende Art: Sei erstens $\mathfrak{l}$ äquivalent im engeren Sinne mit einem Idealquadrat; dann kann man ganze Zahlen β, ϱ, λ so finden, daß β ungerade und zu $\alpha\mathfrak{r}$ teilerfremd

$$\lambda\beta^2 = \lambda_0\varrho, \quad \lambda_0 = \mathfrak{l}\cdot\mathfrak{r}_1^2, \quad \varrho = \mathfrak{r}\mathfrak{r}_1^2, \quad \lambda_0, \varrho \text{ total positiv.}$$

Dann ist

$$\chi(\alpha) = \left(\frac{\lambda\beta^2}{\alpha}\right)\left(\frac{\alpha}{\mathfrak{r}}\right) = \left(\frac{\lambda_0\varrho}{\alpha}\right)\left(\frac{\alpha}{\mathfrak{r}}\right) = \left(\frac{\lambda_0}{\alpha}\right)\left(\frac{\alpha}{\varrho}\right)\left(\frac{\alpha}{\mathfrak{r}}\right) = \left(\frac{\lambda_0}{\alpha}\right),$$

und $\left(\frac{\lambda_0}{\alpha}\right) = +1$ ist die notwendige und hinreichende Bedingung, wie oben gezeigt, daß die primäre Zahl α auch hyperprimär ist.

Ist aber $\mathfrak{l}$ nicht im engeren Hauptklassenverband gelegen, so gibt es ja eine singuläre Primzahl ω_1, wofür $\left(\frac{\omega_1}{\mathfrak{r}}\right) = -1$; und 1, ω_1 repräsentiert zugleich die beiden verschiedenen Restklassenverbände mod. $4\mathfrak{l}$, die aus primären Zahlen entstehen. Gehören α und ω_1^a ($a = 0$ oder 1) demselben Verband mod. $4\mathfrak{l}$ an, so ist nach Satz 166 $\chi(\alpha) = \chi(\omega_1^a) = (-1)^a$, also $\chi(\alpha) = +1$, wenn α hyperprimär nach $\mathfrak{l}$ ist, sonst -1.

Satz 175 wird der **zweite Ergänzungssatz** genannt.

§ 63. Eine Eigenschaft der Körperdifferente. Die Hilbertschen Klassenkörper vom Relativgrad 2.

Wir wollen zum Schluß zwei Anwendungen des Reziprozitätsgesetzes machen. Die erste betrifft die Idealklasse, welcher die Körperdifferente $\mathfrak{d}$ angehört.

Satz 176. Die Differente $\mathfrak{d}$ des Körpers k ist stets äquivalent dem Quadrat eines Ideals in k.

Wählen wir eine durch $\mathfrak{d}$ teilbare ganze Zahl ω in k mit der Zerlegung

$$\omega = \mathfrak{a}\mathfrak{d}, \qquad \mathfrak{a} \text{ ungerade,}$$

so brauchen wir zum Beweise unseres Satzes nach Satz 170 nur zu zeigen, daß für jede singuläre total positive Primärzahl ε das Restsymbol $\left(\frac{\varepsilon}{\mathfrak{a}}\right) = +1$ ist, wenn $(\varepsilon, \mathfrak{a}) = 1$.

Hierzu greifen wir auf die Formel (199) für Gaußsche Summen zurück und benutzen Satz 156, welcher den Wert einer Summe bestimmt, die zu einem quadratischen Nenner gehört. Die zum Nenner $4\mathfrak{a}$ gehörige Summe $C\left(\frac{\varepsilon}{4\omega}\right)$, wo $(\varepsilon, \mathfrak{a}) = 1$, zerlegen wir nach (169) in eine Summe vom Nenner 4 und eine vom Nenner $\mathfrak{a}$, indem wir ein ungerades Hilfsideal $\mathfrak{c}$ einführen, so daß

$$\mathfrak{a}\mathfrak{c} = \text{einer Zahl } \alpha, \quad \gamma = \frac{\alpha}{\omega} = \frac{\mathfrak{c}}{\mathfrak{d}}.$$

Dann ist nach (169)

$$C\left(\frac{\varepsilon}{4\omega}\right) = C\left(\frac{\varepsilon\gamma}{4\alpha}\right) = C\left(\frac{4\varepsilon\gamma}{\alpha}\right) C\left(\frac{\alpha\varepsilon\gamma}{4}\right),$$

und wenn ε primär ist, ist die rechte Seite

$$= \left(\frac{\varepsilon}{\mathfrak{a}}\right) C\left(\frac{\gamma}{\alpha}\right) C\left(\frac{\alpha\gamma}{4}\right).$$

Für $\varepsilon = 1$ folgt insbesondere

$$C\left(\frac{1}{4\omega}\right) = C\left(\frac{\gamma}{\alpha}\right) C\left(\frac{\alpha\gamma}{4}\right)$$

und folglich

$$\left(\frac{\varepsilon}{\mathfrak{a}}\right) = \frac{C\left(\frac{\varepsilon}{4\omega}\right)}{C\left(\frac{1}{4\omega}\right)}. \tag{215}$$

Auf die letzten Summen wenden wir nun die Reziprozitätsformel (199) an, wodurch sie in Summen vom Nenner ε übergehen, welche nach Satz 156 unmittelbar sich bestimmen lassen.

Es wird

$$\frac{C\left(\frac{\varepsilon}{4\omega}\right)}{\left|\sqrt{N(4\mathfrak{a})}\right|} = \left|\sqrt{N\left(\frac{2}{\varepsilon}\right)}\right| e^{\frac{\pi i}{4} S(\operatorname{sgn}\omega\varepsilon)}\, C\left(\frac{-\gamma^2\omega}{\varepsilon}\right).$$

Ebenso ist

$$\frac{C\left(\frac{1}{4\omega}\right)}{\left|\sqrt{N(4\mathfrak{a})}\right|} = \left|\sqrt{N(2)}\right| e^{\frac{\pi i}{4} S(\operatorname{sgn}\omega)},$$

daher folgt aus (215)

$$\left(\frac{\varepsilon}{\mathfrak{a}}\right) = e^{\frac{\pi i}{4} S(\operatorname{sgn}\omega\varepsilon - \operatorname{sgn}\omega)} \cdot \frac{C\left(\frac{-\gamma^2\omega}{\varepsilon}\right)}{\left|\sqrt{N(\varepsilon)}\right|},$$

gültig für jede primäre, zu $\mathfrak{a}$ teilerfremde Zahl ε. Setzen wir jetzt voraus, daß ε auch noch eine singuläre Zahl ist, so erhalten wir nach Satz 156 für die Summe $C\left(\frac{-\gamma^2\omega}{\varepsilon}\right)$ den Wert $\left|\sqrt{N(\varepsilon)}\right|$, und folglich

$$\left(\frac{\varepsilon}{\mathfrak{a}}\right) = e^{\frac{\pi i}{4} S(\operatorname{sgn}\omega\varepsilon - \operatorname{sgn}\omega)}, \quad \text{wenn } \omega = \mathfrak{a}\mathfrak{d},\ \mathfrak{a} \text{ ungerade,}$$

und ε singuläre Primärzahl, $(\varepsilon, \mathfrak{a}) = 1$.

Ist endlich überdies ε total positiv, so folgt $\left(\frac{\varepsilon}{\mathfrak{a}}\right) = +1$, und daraus nach Satz 170, daß $\mathfrak{a}$, also auch die Differente $\mathfrak{d}$, dem Hauptklassenverband angehört.

Da die Differenten von Relativkörpern sich nach Satz 111 zusammensetzen, so folgt aus dem eben Bewiesenen auch:

Die Relativdifferente $\mathfrak{D}_k$ eines Körpers K in bezug auf einen Unterkörper k ist stets einem Idealquadrat in K äquivalent.

Da weiter die Relativnorm von $\mathfrak{D}_k$ gleich der Relativdiskriminante von K in bezug auf k ist, so ergibt sich, daß diese in k ebenfalls einem Quadrat äquivalent ist. Und damit ist gezeigt:

Satz 177. Wenn das Ideal $\mathfrak{d}_k$ in k Relativdiskriminante eines Körpers in bezug auf k ist, so ist $\mathfrak{d}_k$ einem Quadrat in k äquivalent.

Als zweite Anwendung der Reziprozitätsgesetze wollen wir die Hilbertschen Klassenkörper von k vom Relativgrad 2 untersuchen. Wir nennen mit Hilbert einen Körper **unverzweigt** in bezug auf k, wenn seine Relativdiskriminante gleich 1 ist. Die unverzweigten Körper, welche durch Adjunktion der Quadratwurzel einer Zahl aus k zu k entstehen, lassen sich angeben, denn nach Satz 120 entstehen sie durch Adjunktion der Quadratwurzel aus einer singulären Primärzahl in k. Die Anzahl der verschiedenen Verbände singulärer Primärzahlen in k ist aber nach Satz 172 gleich $2^{e_0} - 1$ (die Quadratzahlen werden ja nicht zu den singulären Primärzahlen mitgerechnet). Also gilt

Satz 178. Es gibt relativ zu k genau $2^{e_0} - 1$ verschiedene unverzweigte Körper vom Relativgrade 2.

Diese Körper stehen darnach im Zusammenhang mit den Idealklassen von k. Ist die engere Klassenzahl in k ungerade, so gibt es überhaupt keinen unverzweigten Körper vom Relativgrade 2.

Der Zusammenhang mit den Idealklassen tritt noch deutlicher hervor in der Formulierung der Zerlegungsgesetze.

Satz 179. Es sei ω eine singuläre Primärzahl. Dann gibt es in der Gruppe der h_0 engeren Idealklassen eine Untergruppe $\mathfrak{G}(\omega)$ vom Grade $\frac{h_0}{2}$ von der Art, daß ein Primideal $\mathfrak{p}$ dann und nur dann im Körper $K(\sqrt{\omega}, k)$ zerfällt, wenn $\mathfrak{p}$ zu $\mathfrak{G}(\omega)$ gehört.

Die Gesamtheit der ungeraden Ideale $\mathfrak{r}$, wofür $Q(\omega, \mathfrak{r}) = +1$, definiert nämlich in der Gruppe der engeren Klassenverbände nach Satz 172 eine Untergruppe vom Grade $2^{e_0 - 1}$. Da jeder Klassenverband aus $\frac{h_0}{2^{e_0}}$ engeren Klassen besteht, so sind die ungeraden Ideale $\mathfrak{r}$ mit $Q(\omega, \mathfrak{r}) = +1$ identisch mit den ungeraden Idealen, welche in den $\frac{h_0}{2}$ engeren Klassen dieser Gruppe $\mathfrak{G}(\omega)$ liegen.

Das gilt aber auch von den in 2 aufgehenden Primidealen $\mathfrak{l}$. Denn nach Satz 119 ist das in § 60 definierte Zerfällungssymbol $Q(\omega, \mathfrak{l}) = +1$, wenn die ungerade Zahl ω kongruent der Quadrate einer Zahl aus k mod. $\mathfrak{l}^{2c+1}$ ist, wo $\mathfrak{l}^c$ die höchste in 2 aufgehende Potenz von $\mathfrak{l}$ ist. Im anderen Falle ist für ungerade ω $Q(\omega, \mathfrak{l}) = -1$. Nun ist aber ω primär, und $\mathfrak{l}^{2c+1}$ und $\frac{4}{\mathfrak{l}^{2c}}$ sind teilerfremd, also ist $Q(\omega, \mathfrak{l})$ dann und nur dann $= +1$, wenn ω quadratischer Rest mod. $4\mathfrak{l}$ ist. Nach Satz 175 ist aber dies in der Tat nur durch die Idealklasse, welcher $\mathfrak{l}$ angehört, bedingt. Ist nämlich $\lambda = \mathfrak{l} \cdot \mathfrak{r}$ total positiv und $\mathfrak{r}$ ungerade, so ist ω dann und nur dann hyperprimär nach $\mathfrak{l}$, wenn $\left(\frac{\omega}{\mathfrak{r}}\right) = +1$.

Wegen dieser engen Beziehung zu den Idealklassen nennt man die Körper $K(\sqrt{\omega}, k)$ **Klassenkörper** zu k.

In der Art, wie wir die Theorie des relativquadratischen Körpers begründet haben, erscheint das Reziprozitätsgesetz als das erste, die

Existenz der Klassenkörper als eine Folge desselben. In den klassischen Begründungen von *Hilbert* und *Furtwängler* (bei der Untersuchung auch höherer Potenzreste) verläuft der Gedankengang umgekehrt. Es wird erst die Existenz der Klassenkörper auf anderem, übrigens sehr kompliziertem Wege bewiesen, ihr Zusammenhang mit den Idealklassen diskutiert und daraus dann das Reziprozitätsgesetz abgeleitet. Dabei ist das sog. *Eisenstein*sche Reziprozitätsgesetz ein bisher unentbehrliches Hilfsmittel. Auf diesen Weg ist man in allen Fällen angewiesen, wo es sich um Körper von höherem Relativgrad als 2 handelt. Man hat bisher noch nicht solche transzendenten Funktionen entdeckt, welche, wie die Thetafunktionen unserer Theorie, eine Reziprozitätsbeziehung zwischen den Summen ergeben, die für höhere Potenzreste an Stelle der Gaußschen Summen treten. Einen neuen, mit dem Hilbertschen verwandten, sehr fruchtbaren Ansatz macht *Takagi*[1]), dem es damit auch gelingt, einen vollständigen Überblick über alle Relativkörper von k zu gewinnen, die „relativ-Abelsch" sind, d. h. zu k in derselben Beziehung stehen, wie die Kreisteilungskörper zu $k(1)$.

---

1) Über eine Theorie des relativ-Abelschen Zahlkörpers, Journal of the College of Science, Imperial University of Tokyo, Vol. XLI (1920).

Zeittafel.

Euclid (um 300 v. Chr.)
Diophant (um 300 n. Chr.)
Fermat (1601—1665)
Euler (1707—1783)
Lagrange (1736—1813)
Legendre (1752—1833)
Fourier (1768—1830)
Gauß (1777—1855)
Cauchy (1789—1857)
Abel (1802—1829)
Jacobi (1804—1851)
Dirichlet (1805—1859)
Liouville (1809—1882)
Kummer (1810—1893)
Galois (1811—1832)
Hermite (1822—1901)
Eisenstein (1823—1852)
Kronecker (1823—1891)
Riemann (1826—1866)
Dedekind (1831—1916)
Bachmann (1837—1920)
Gordan (1837—1912)
H. Weber (1842—1913)
G. Cantor (1845—1918)
Hurwitz (1859—1919)
Minkowski (1864—1909).

Literaturangaben.

Weitere Ausführungen der in diesem Buch dargestellten Theorieen findet der Leser in folgenden Büchern:

P. Bachmann, Allgemeine Arithmetik der Zahlkörper (= Zahlentheorie, Bd. V). Leipzig, 1905. Nachdruck, New York, N.Y., 1969.

——— Die analytische Zahlentheorie (= Zahlentheorie, Bd. II). Leipzig, 1894. Nachdruck, New York, N.Y., 1969.

——— Grundlehren der neueren Zahlentheorie, 2. Aufl. Berlin, 1921.

——— Die Lehre von der Kreisteilung und ihre Beziehungen zur Zahlentheorie (= Zahlentheorie, Bd. III). Leipzig, 1872. Nachdruck, New York, N.Y., 1969.

P. G. Lejeune-Dirichlet, Vorlesungen über Zahlentheorie. Herausgegeben und mit Zusätzen versehen von R. Dedekind, 4. Aufl. Braunschweig, 1894. Nachdruck, New York, N.Y., 1968.

R. Fueter, Synthetische Zahlentheorie. Leipzig, 1917.

——— Die Klassenkörper der komplexen Multiplikation und ihr Einfluss auf die Entwickelung der Zahlentheorie. (Bericht mit Ausführlichem Literaturverzeichnis.) Jahresbericht der Deutschen Mathematiker-Vereinigung, Bd. 20 (1911).

K. Hensel, Zahlentheorie. Leipzig, 1913.

D. Hilbert, Bericht über die Theorie der algebraischen Zahlkörper. Jahresbericht der Deutschen Mathematiker-Vereinigung, Bd. 4 (1897). Gesammelte Abhandlungen, Bd. 1, S. 63 - 363. Berlin, 1932. Nachdruck, New York, N.Y., 1965. Hier findet sich ein ausführliches Verzeichnis auch der älteren Literatur.

L. Kronecker, Vorlesungen über Zahlentheorie. Herausgegeben von K. Hensel. Bd. 1. Leipzig, 1913.

E. Landau, Handbuch der Lehre von der Verteilung der Primzahlen, Bd. 1, 2. Leipzig, 1910. 2. Aufl. New York, N.Y., 1953.

——— Einführung in die elementare und analytische Theorie der algebraischen Zahlen und der Ideale. Leipzig, 1918. 2. Aufl., Leipzig, 1927. Nachdruck, New York, N.Y., 1949.

——— Vorlesungen über Zahlentheorie, Bd. 1 - 3. Leipzig, 1927. Nachdruck, New York, N.Y., 1969.

H. Minkowski, Diophantische Approximationen. Eine Einführung in die Zahlentheorie. Leipzig, 1907.

H. Weber, Lehrbuch der Algebra, Bd. 1 - 3, 2. Aufl. Braunschweig, 1899/1908. (Bd. 3 unter dem Titel: Elliptische Funktionen und algebraische Zahlen.) 3. Aufl., New York, N.Y., 1962.

Namen- und Sachverzeichnis.

Die Zahlen geben die Seiten an.

CHELSEA
SCIENTIFIC
BOOKS

DIFFERENTIAL AND INTEGRAL CALCULUS

By E. LANDAU

A masterpiece of rigor and clarity.

"And what a book it is! The marks of Landau's thoroughness and elegance, and of his undoubted authority, impress themselves on the reader at every turn, from the opening of the preface . . . to the closing of the final chapter.

"It is a book that all analysts . . . should possess . . . to see how a master of his craft like Landau presented the calculus when he was at the height of his power and reputation."

—*Mathematical Gazette.*

—3rd ed. 1965. 372 pp. 6x9. 8284-0078-4. **$6.95**

HANDBUCH DER LEHRE VON DER VERTEILUNG DER PRIMZAHLEN

By E. LANDAU

TWO VOLUMES IN ONE.

To Landau's monumental work on prime-number theory there has been added, in this edition, two of Landau's papers and an up-to-date guide to the work: an Appendix by Prof. Paul T. Bateman.

—2nd ed. 1953. 1,028 pp. 5⅜x8. 8284-0096-2.
Two vols. in one. **$16.50**

VORLESUNGEN UEBER ZAHLENTHEORIE

By E. LANDAU

The various sections of this important work (Additive, Analytic, Geometric, and Algebraic Number Theory) can be read independently of one another.

—Vol. I, Pt. 2. *(Additive Number Theory) xii + 180 pp. Vol. II. (Analytical Number Theory and Geometrical Number Theory) viii + 308 pp. Vol. III. (Algebraic Number Theory and Fermat's Last Theorem) viii + 341 pp. 5¼x8¼. *(Vol. I, Pt. 1 is issued as **Elementare Zahlentheorie** (in German) or as **Elementary Number Theory** (in English).) 8284-0032-6.

Three vols. in one. **$16.50**

GRUNDLAGEN DER ANALYSIS

By E. LANDAU

The student who wishes to study mathematical German will find Landau's famous *Grundlagen der Analysis* ideally suited to his needs.

Only a few score of German words will enable him to read the entire book with only an occasional glance at the Vocabulary! [A COMPLETE German-English vocabulary, prepared with the novice especially in mind, has been appended to the book.]

—4th ed. 1965. 173 pp. 5½x8½. 8284-0024-5. Cloth **$3.95**
8284-0141-1. Paper **$1.95**

FOUNDATIONS OF ANALYSIS

By E. LANDAU

"Certainly no clearer treatment of the foundations of the number system can be offered. . . . One can only be thankful to the author for this fundamental piece of exposition, which is alive with his vitality and genius."—*J. F. Ritt, Amer. Math. Monthly.*

—2nd ed. 1960. xiv + 136 pp. 6x9. 8284-0079-2. **$3.95**

ELEMENTARE ZAHLENTHEORIE

By E. LANDAU

"Interest is enlisted at once and sustained by the accuracy, skill, and enthusiasm with which Landau marshals . . . facts and simplifies . . . details."

—*G. D. Birkhoff, Bulletin of the A. M. S.*

—1927-50. vii + 180 + iv pp. 5½x8½. 8284-0026-1. **$4.50**

ELEMENTARY NUMBER THEORY

By E. LANDAU

The present work is a translation of Prof. Landau's famous *Elementare Zahlentheorie*, with added exercises by Prof. Paul T. Bateman.

—2nd ed. 1966. 256 pp. 6x9. 8284-0125-X. **$4.95**

Einführung in die Elementare und Analytische Theorie der ALGEBRAISCHE ZAHLEN

By E. LANDAU

—2nd ed. 1927-49. vii + 147 pp. 5⅜x8. 8284-0062-8 **$2.95**

NEUERE FUNKTIONENTHEORIE, *by E. LANDAU.*
See WEYL

CELESTIAL MECHANICS

By P. S. LAPLACE

One of the landmarks in the history of human thought. Four volumes translated into English by NATHANIEL BOWDITCH, with an extensive running commentary by the Translator, plus a fifth volume in the original French containing historical material and commentary on the earlier volumes. For the most part, this latter is incorporated into Bowditch's systematic commentary.

"Undoubtedly the greatest systematic treatise ever published."—*Bulletin of the Amer. Math. Society.*

"The four superb volumes [are] much more than a translation; indeed, the extent of Bowditch's own contributions equals, or perhaps exceeds, that of the translation proper . . . Bowditch's commentary restores all the intermediate steps omitted by Laplace . . . The notes also contain full accounts of progress subsequent to the publication of the original volumes. The fifth, supplementary, volume of the French edition . . . is not translated, but most of its content is embodied in the translator's notes."

—*Nature.*

"A scientific masterpiece . . . armed with intelligent, clarifying commentary."—*Science.*

Note: A set of the original edition of Bowditch's translation (when available) costs between $600.00 and $700.00 in the second-hand book market.

—Vol. I: xxiv+136+746 pp. Vol. II: xviii+990 pp. Vol. III: xxx+910 pp.+117 pp. of tables. Vol. IV: xxvi+1,018 pp. 1829; 1832; 1834; 1839. Reprint, 1967. 6½x9¼. 8284-0194-2. .. Vols. I-IV. **$85.00**

—Vol. V (in French): ix + 508 pp. 1825-1882. Reprint, 1969. 6½x9¼. 8284-0214-0. (In prep.) **$17.50**

8284-0194-2; 8284-0214-0. Five vol. set. **$99.50**